高等学校计算机专业规划教材

数据库原理与应用

（第2版）

蒙祖强　许嘉　编著

清华大学出版社
北　京

内容简介

本着"厚基础，重实践"的原则，本书首先详尽地介绍了关系数据库的理论基础知识和数据库的设计技术和优化方法，然后结合 SQL Server 2017 详细介绍了基于关系数据库基础知识的数据库开发和应用技术。本书共 13 章，涉及内容包括数据库系统的基本概念、关系数据库的理论基础、数据库设计技术和方法、数据库查询语言 SQL、Transact-SQL 程序设计方法、数据库的创建和管理、索引与视图的创建和管理、存储过程和触发器的开发和使用方法、游标的创建和使用方法、事务管理及并发控制、数据完整性和安全性控制、数据库的备份和恢复技术等。

本书第 2 版的特点是，理论部分由浅入深、通俗易懂，在内容上提供了翔实而系统的数据库规范化理论和设计理论等；方法和技术部分覆盖面广，具有良好的可操作性，所述内容全部通过调试运行，涵盖数据库开发所需的核心技术和方法。本书是数据库理论知识和实践性知识按照适当比例有机结合的数据库教材，其实例翔实，逻辑性强，结构清晰，条理清楚，重点突出。每一章后面都配有适量的习题（包括上机题）以及习题答案，供教学和学习参考使用。

本书既适用于研究型本科院校，也适用于应用型本科院校，可作为计算机专业及相近专业的数据库课程教材，也可以作为数据库爱好者和初学者的学习教材，同时也可以为从事数据库系统开发的人员提供参考。

图书在版编目（CIP）数据

数据库原理与应用/蒙祖强，许嘉编著.—2 版.—北京：清华大学出版社，2021.1（2022.1重印）
高等学校计算机专业规划教材
ISBN 978-7-302-56021-0

Ⅰ.①数… Ⅱ.①蒙… ②许… Ⅲ.①数据库系统－高等学校－教材 Ⅳ.①TP311.13

中国版本图书馆 CIP 数据核字(2020)第 127086 号

责任编辑：龙启铭　薛　阳
封面设计：何凤霞
责任校对：胡伟民
责任印制：沈　露

出版发行：清华大学出版社
网　　址：http://www.tup.com.cn，http://www.wqbook.com
地　　址：北京清华大学学研大厦 A 座　　**邮　　编**：100084
社 总 机：010-62770175　　**邮　　购**：010-83470235
投稿与读者服务：010-62776969，c-service@tup.tsinghua.edu.cn
质量反馈：010-62772015，zhiliang@tup.tsinghua.edu.cn
课件下载：http://www.tup.com.cn，010-83470236
印 装 者：三河市铭诚印务有限公司
经　　销：全国新华书店
开　　本：185mm×260mm　　**印　　张**：24　　**字　　数**：600 千字
版　　次：2018 年 3 月第 1 版　2021 年 1 月第 2 版　　**印　　次**：2022 年 1 月第 3 次印刷
定　　价：69.00 元

产品编号：086692-01

前言

自本书第1版出版以来，已经多次印刷，受到了广大师生的普遍欢迎和喜爱。根据读者的反馈以及在教学实践中的体会，我们决定出版第2版，同时开发基于此教材的在线课程，以感谢读者的厚爱。

数据库技术是计算机技术的重要组成部分，也是发展最快、应用最广的计算机技术之一。数据库自20世纪60年代中后期出现以来，经历了五十多年的发展，目前日臻完善，造就了诸多的辉煌，出现了Oracle、DB2、SQL Server等十分成熟、深受用户喜爱的数据库管理软件，带动了一系列的软件产业。如今，不管是在工作中还是在生活和学习中，数据库已经成为各类信息系统和应用系统的技术基础，与人们的生活息息相关。随着新一代信息技术的发展，数据库技术将发挥着更重要的基础作用。

“数据库原理”课程是计算机科学与技术专业和相近专业的主干课程。这门课程的主要特点是实践性强，同时又要求具备良好的理论基础。根据多年的教学体会，我们发现有的学生学完这门课后，仍然难以胜任数据库设计、创建、开发、维护和管理的基本工作，觉得所学的数据库知识比较混乱。出现这种现象的原因可能是多方面的，但我们认为其主要原因之一就是学生类型和教材的搭配问题。高校人才培养的类型大致可以分为研究型人才和应用型人才。应该说，后者所占的比例比较高，他们希望能掌握技术性、实践性比较强的数据库知识，以便为他们毕业后的工作提供技术和方法支持。为此，本书第1版注重于技术型、应用型人才的培养。虽然第1版也提供了必要的理论知识，但其理论部分相对比较薄弱，尤其在关系规范化理论部分，尚未形成系统的理论知识体系。

根据以上考虑，本着“厚基础，重实践”的原则，面向培养基于系统理论知识的应用型、研究型人才，我们着手编著了本书的第2版。与第1版相比，我们在第2版丰富和完善了理论部分，特别是关系规范化理论部分，使之自成一体；同时，在实践部分增加了游标的相关知识，这样就形成了从数据库的理论设计到实践开发和维护的一整套方案。此外，在第2版中删除了介绍SQL Server安装的部分。为了避免内容的扩散，在第1和第2版中所阐述的数据库知识仅依托一种数据库管理系统SQL Server。在第2版中，所涉及的SQL代码都是在当前最新版本SQL Server 2017中调试完成的（实际上，绝大部分SQL代码也适用于其他版本的SQL Server）。本书第2版共分为13章，第1章介绍数据库系统涉及的基本概念，第2章介绍关系数据库的理论基础，尤其系统阐述了关系规范化理论，第3章介绍数据库的设计技术和方法，第4章比较系统地介绍了数据库查询语言SQL，以及数据表创建方法，第5章介绍Transact-SQL程序设计方法，第6章介绍如何创建数据库和管理数据库，第7章介绍索引与视图的创建、管理和使用方法，第8章介绍存储过程和触发器的开发和使用方法，第9章介绍游标的创建和使用方法，这是第2版新增加的另一部分，第10章介绍事务管理及并发控制的技术和方法，第11章和第12章分别介绍如何实现和保证数据的完整性和安全性，第13章比较全面地介绍数据库的备份方法及其恢复技术。

本书的特点是，理论部分由浅入深、通俗易懂，在内容上提供了翔实而系统的数据库设计和优化理论；方法和技术部分覆盖面广，具有良好的可操作性，所述内容全部通过调试运行，涵盖数据库开发所需的核心技术和方法。本书是数据库理论知识和实践性知识按照适当比例有机结合的数据库教材，实例翔实，逻辑性强，结构清晰，条理清楚，重点突出。每一章后面都配有适量的习题(包括上机题)以及习题答案，供教学和学习参考使用。

本书适用于研究型本科院校和应用型本科院校，可作为计算机专业及相近专业的数据库课程教材，也可以作为数据库爱好者和初学者的学习教材，同时也可以为从事数据库系统开发的人员提供参考。本书提供所有的源代码，书中所有的实例代码以及面向工程教育认证的教学大纲和PPT课件都可以从清华大学出版社网站上免费下载。

全书由蒙祖强教授执笔，许嘉副教授修订了第1章和第2章并对全书进行审阅。此外，参与本书编写、资料整理和调试程序的还有秦亮曦、孙宇、梁斌梅、姚怡等。

感谢所有关心和支持本书编写和出版的人员，包括广西大学李陶深教授、陈宁江教授以及一些老师、研究生和技术人员，同时感谢清华大学出版社为本书的编写和出版提供的帮助。本书参考了相关文献和网络资源，在此，对这些资料的著者们表示衷心感谢。

蒙祖强　许　嘉
2020年3月

目录

第 1 章 数据库概述 /1

第 2 章 关系数据库理论基础 /27

第9章 游标 /233

第10章 事务管理与并发控制 /250

第 1 章 数据库概述

本章介绍数据库系统涉及的基本概念，包括数据管理技术的发展历程、大数据管理、数据库系统的概念及其模式结构、数据库管理系统的概念、数据的 4 种逻辑模型、概念模型的描述、E-R 图的概念等。通过本章的学习，读者应该了解或掌握下列内容。

- 了解数据管理技术发展的几个过程。
- 了解大数据的概念、存储技术、处理模式和处理流程等。
- 了解数据库系统的组成部分和数据库系统的模式结构。
- 了解数据库管理系统在数据库系统中的作用。
- 了解数据的 4 种逻辑模型。
- 掌握概念模型及 E-R 图的绘制。

1.1 数据管理技术

本节主要介绍数据管理的相关概念及其发展过程，以帮助读者更好地认识数据库技术出现的背景。

1.1.1 数据管理的概念

走进数据库技术领域，首先遇到的概念是信息、数据、数据处理和数据管理等基本概念。这些概念和术语将贯穿读者对数据库技术学习和应用的全过程。正确地理解这些概念，对读者学习和掌握数据库技术有着重要的意义。

1. 信息与数据

信息(information)是现实世界中对客观事物的反映，这种反映主要体现为事物属性的表现形式，是对事物存在方式或运动状态的刻画。具体地讲，信息是经过加工后的客观事物反映的数据表现形式，它可能对人类的行为产生影响，具有潜在或明显的实际应用价值。

信息的主要特征体现在以下几个方面。

(1) 可传递性。信息是可以传递的，但其传递的前提是必须有载体，且传递过程消耗能量。

(2) 可感知性。信息可以被人类“感觉”到的，但感觉的方式可能由于信息源的不同而呈现多样性。例如，耳朵的感觉方式是听到信息，眼睛的感觉方式是看到信息。

(3) 可管理性。信息是可以被管理的，可以通过一定的方法对信息进行加工、存储、传播、再生和增值等。

信息作为一种资源,与物质和能量一样,在社会活动中产生了深刻而重要的影响。现在,信息已经变成一种产业,“信息社会”“信息经济”等相继产生,它折射着人类对信息的一种依托。

数据(data)是描述事物的符号记录,是信息的符号化表示,是信息的载体。也就是说,数据是信息表示的一种符号形式。这种符号形式可以是语言、图表、数字、声音等。在数据库中,符号形式多表现为记录格式。但不管用什么样的符号形式,其目的只有一个,那就是客观地反映信息的内容。信息的内容不会随着数据表现形式的不同而改变。

在概念上,信息和数据既有区分又有联系。数据是信息的载体,可以有多种表现形式,其目的都是为了揭示信息的内容;信息是数据的内涵,它仅由客观事物的属性来确定,而与数据形式无关。但在实际应用中,如果不需要特别强调信息和数据的差异,这两个概念往往是互换的。例如,“信息处理”和“数据处理”通常意指有相同内涵的两个概念。

2. 数据处理与数据管理

数据处理也称信息处理,它泛指用计算机对各种类型数据进行的处理操作,这些操作包括对数据进行采集、转换、分类、存储、排序、加工、维护、统计和传输等一系列活动。操作过程可能是重复而复杂的,最终结果可能会产生新的数据和信息。数据处理的目的是从原始数据中提取有价值的、可作决策依据的信息。

在复杂的数据处理过程中,有一些操作是基本的,如数据存储、分类、统计和检索等,这些基本的数据操作过程通常称为数据管理。实际上,数据管理是数据处理的任务之一,是数据处理的核心内容,数据库系统的基本功能就是数据管理。

1.1.2 数据管理技术的发展过程

数据管理技术始于20世纪50年代中期以前。六十多年来随着计算机技术的发展,数据管理技术已经发生了深刻的变化,其发展主要经历了人工管理、文件系统和数据库系统三个阶段。以下以这三个阶段为主线,介绍数据管理技术的发展过程及其特点。

1. 人工管理阶段

这一阶段主要是指从计算机诞生到20世纪50年代中期这一个时期。世界上第一台计算机ENIAC于1946年2月14日在美国宾夕法尼亚大学诞生,在随后的近十年中计算机的主要应用是科学计算,处理的是数字数据,数据量不大。计算机没有操作系统(实际上当时根本没有操作系统的概念),也没有数据的管理软件,是以批处理方式对数据进行计算。计算机硬件本身也没有磁盘,所使用的“存储设备”是磁带、卡片等。

这个时期数据管理技术的特点体现在以下几个方面。

(1) 数据不保存。一方面是当时计算机所处理的数据量很小,不需要保存;另一方面是计算机本身就没有有效的存储设备。

(2) 数据缺乏独立性和有效的组织方式。这体现在数据依赖于应用程序,缺乏共享性。其原因在于,数据的逻辑结构跟程序是紧密联系在一起的,程序A处理的数据,对程序B而言可能就无法识别,更谈不上处理。解决的办法是修改数据的逻辑结构,或者修改应用程序。而且,数据的逻辑结构严重依赖于数据的物理结构,要更改数据的逻辑结构就必须重新组织数据的存储结构、存取方法、输入输出方式等。显然,这种数据管理方法仅适用于小量数据,对大量数据则是低效的。

(3) 数据为程序所拥有,冗余度高。由于数据缺乏独立性,一组数据只能为一个程序所拥有,而不能同时为多个程序所共享,这就造成了一份数据的多个拷贝,各程序之间存在大量重复的数据,从而产生大量的冗余数据。

2. 文件系统阶段

这一阶段是从20世纪50年代后期到20世纪60年代中期这一段时间。这个时期,计算机除了用于科学计算以外,还大量用于数据的管理。计算机已经有了操作系统,并且在操作系统之上已经开发了一种专门用于数据管理的软件——文件管理系统。在文件管理系统中,数据的批处理方法发展到了文件的批处理方式,且还可以实现一定程度的联机实时处理。计算机硬件本身已经出现了磁盘、磁鼓等外部存储设备。

在文件系统阶段,数据管理技术的主要特点如下。

(1) 计算机的应用已从单纯的科学计算逐步转移到数据处理上来,特别是在该阶段的后期,数据处理已经成为计算机应用的主要目的。但这时候处理操作还比较简单,主要限于对文件的插入、删除、修改和查询等基本操作。

(2) 数据按照一定的逻辑结构组成文件,并通过文件实现数据的外部存储。即数据是以文件的方式存储在外部存储设备中,如磁盘、磁鼓等。

(3) 数据具有一定的独立性。由于数据是以文件的方式存储,文件的逻辑结构与存储结构可以自由地进行转换,所以多个程序可以通过文件系统对同一数据进行访问,实现了一定程度的数据共享。这样,程序员可以把更多的时间花在程序设计中,而不必把太多精力放在数据的存储设计上。

(4) 文件形式具有多样化。出于对文件管理的需要,除了数据文件以外还产生了索引文件、链接文件、顺序文件、直接存取文件和倒排文件等。

(5) 基本上以记录为单位实现数据的存取。

相对于人工管理阶段而言,上述特点是文件管理系统的优点。但这些优点是相对的,需要改进的地方也是明显的,这体现在以下几个方面。

(1) 数据和程序并不相互独立,数据冗余度仍然比较大。一个程序基本上是对应着一个或一组文件,即数据还是面向应用的,不同的程序还需建立自己的数据文件,能真正实现数据共享的情况并不多。原因在于,文件中数据的逻辑结构与其对应的程序密切相关,而且没有统一标准的逻辑结构。这样,同一份数据可能以不同的方式在多个文件中重复出现,数据的冗余度依然比较大。

(2) 难以保证数据一致性。由于文件之间没有关联机制,所以当对一个数据进行更改时难以保证对该数据的其他副本进行同样的更改。

(3) 文件的数据表达能力还十分有限。这主要体现在,文件中的数据结构比较单一,也比较简单,还难以表示复杂的数据结构。

3. 数据库系统阶段

数据库系统阶段始于20世纪60年代中后期,一直到现在。这时计算机除了用于科学计算以外,更多时候是用于数据管理,而且数据的量已经很大,管理功能也越来越强大。

计算机硬件本身也发生了巨大的变化,出现了大容量磁盘和高主频的CPU等。在软件上,数据的管理软件已经由原来的文件系统上升到了数据库管理系统(Database Management System,DBMS)。不管是管理的功能还是管理的效率都有了长足的进步。这个时期,数据管理的主要特点是数据集中存放在一个地方,这个地方就是数据库。应用程序要实现对数据库中的数据进行访问,则必须通过数据库管理系统来完成。这种基于数据库的数据管理技术就是数据库技术。关于数据库技术,难以用一言两语来概括,但可以从它的一些特点来了解这种技术。其特点体现在以下几个方面。

(1) 数据组织的结构化。数据库在本质上可以看作是文件的集合,数据库中的文件所存放的数据是按照一定的结构组织起来的,而且文件之间是有关联的。在文件系统中,尽管采用了像记录这一类简单的数据结构,但记录间没有关联,彼此是独立的。所以从总体上看,文件系统中的数据是"涣散"的,而数据库中的数据是结构化的,具有统一的逻辑结构。数据的结构化是数据库的主要特征之一,是数据库和文件系统的最大的和根本的区别。

(2) 减少数据冗余度,增强数据共享性。由于数据库中的文件彼此可以建立关联,如果同一数据在多个文件中重复出现,则可以将这些重复的数据单独组成文件,然后通过文件的关联将数据间的逻辑关系连接起来,从而可以最大限度地减少数据库中出现同一数据的多个拷贝,这就有效地减少了数据的冗余。另外,从整个系统上看,数据不再面向某一个特定的应用程序,而是面向由所有应用程序组成的系统。所以一个数据可以为多个应用程序所共享,一个应用程序也可以同时访问多个数据。这既可以提高数据的共享性,又可以减少数据的冗余度。

(3) 保证数据的一致性。通过建立文件间的关联,使得在对某一个数据进行更新时,与之相关的数据也得到相应更改。从而保证数据的一致性,这在文件系统中是难以实现的。

(4) 具有较高的数据独立性。在数据库系统中,数据独立性包含两个方面,一个是数据的物理独立性,另一个是数据的逻辑独立性。数据的物理独立性是指在数据的物理存储结构发生改变时,数据的逻辑结构可以不变的特性;数据的逻辑独立性则是指在总体逻辑结构改变时,应用程序可以不变的一种特性。

数据库之所以具有较好的数据独立性,主要是因为数据库提供了两个映像功能:数据的存储结构和逻辑结构之间的映像或转换功能以及数据的总体逻辑结构和局部逻辑结构之间的映像功能。前者保证了数据的物理独立性,后者则保证了数据的逻辑独立性。由于具有物理独立性,使得在数据的物理结构发生改变时,数据的逻辑结构并没有改变,从而基于该逻辑结构的应用程序也不需要改变;同时,由于具有逻辑独立性,使得在数据的总体逻辑结构发生改变时,一些应用程序所涉及的局部逻辑结构没有改变,所以也不需要修改这些应用程序。可见,数据的独立性可以有效保证应用程序和数据的分离,从而极大地简化了应用程序的设计过程,减少了应用程序的维护代价。

(5) 以数据项为单位进行数据存取。相对文件系统而言,数据库可以实现更小粒度的数据处理,满足更多的应用需求。

(6) 具有统一的数据控制功能。这些功能包括数据的安全性控制、完整性控制、并发控制和一致性控制等功能。

总之，数据管理技术发展的这三个阶段是一个渐进的过程，它们之间的区别主要体现在应用程序和数据的关系上。简而言之，在人工管理阶段，应用程序和数据是“混合”在一起的；在文件系统阶段，应用程序则通过文件系统完成对数据的访问，实现了数据和程序一定程度的分离；在数据库系统阶段，应用程序是通过数据库管理系统（DBMS）对数据进行访问，实现了数据和程序的高度分离。它们之间的这种关系可以分别用图 1.1～图 1.3 来表示。

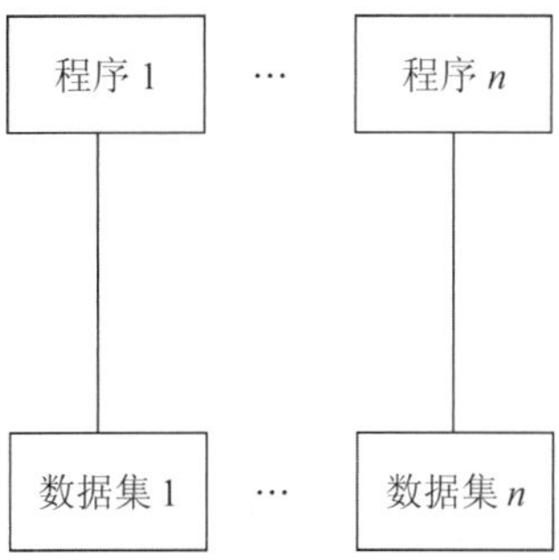

图 1.1 人工管理阶段

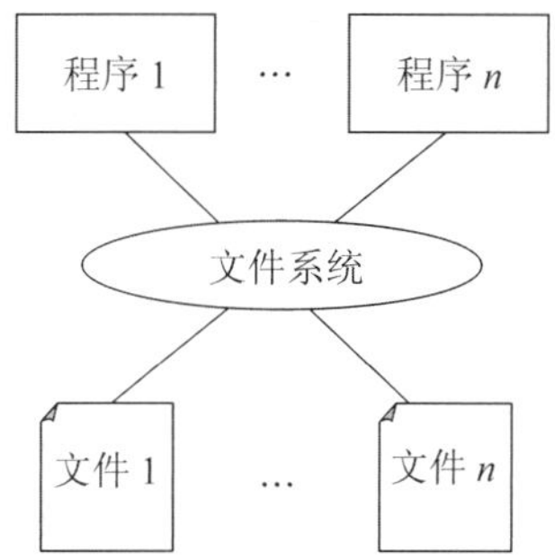

图 1.2 文件系统阶段

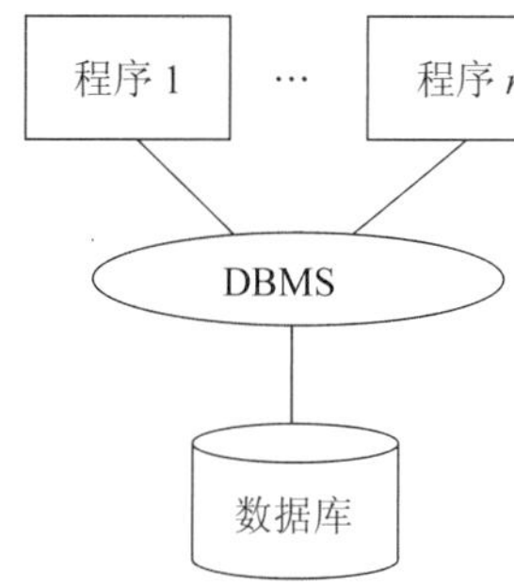

图 1.3 数据库系统阶段

1.2 大数据分析与管理技术

进入 21 世纪，随着互联网技术的飞速发展以及智能终端的广泛应用，数据的生产、采集变得轻而易举，数据正以指数的方式激增，我们已经进入一个全新的信息时代——大数据时代。为实现对大数据的有效处理，需要提供一套全新的、能够实时处理分布海量数据的存储技术和分析方法。目前，这些技术和方法正在不断完善和发展当中，有的已经成熟，为人们提供实实在在的大数据服务。虽然目前大数据技术不是数据库原理的主要内容，但作为计算机及相近专业的学生或读者，我们应该对大数据的概念和发展情况有所了解，毕竟它是数据管理技术发展的最新阶段，甚至有人认为大数据管理是数据管理技术的第四个阶段。显然，它与数据库原理涉及的内容密切相关。实际上，现在许多关系数据库管理系统也支持大数据的管理和分析，如 SQL Server 2014/2016/2017、Oracle Database 12c 等产品提供 NoSQL 数据库来实现对大数据的存储和分析等。所以，本节对大数据的概念、存储技术、处理模式和处理流程等内容进行简要介绍，希望读者能对这些内容有所了解。

1.2.1 关于大数据

随着信息技术的不断发展，越来越多的信息能够以数据的形式被记录下来。互联网、智能终端、各类传感器和物联网设备等都成为数据的来源。数据正以前所未有的速度激增，人们进入了大数据时代。

近些年，学术界、工业界甚至各国政府都开始密切关注大数据的问题。例如，学术界早在2008年就在英国著名学术杂志 *Nature* 上推出了大数据的专刊。美国一些知名数据管理领域的专家从专业角度出发联合发布了一份名为《大数据的机遇与挑战》(*Challenges and opportunities with big data*)的白皮书,从学术角度介绍了大数据的产生、处理流程和所面临的若干挑战。在工业界,全球知名的咨询公司麦肯锡公司(McKinsey)于2011年也发表了一份名为《大数据:下一个创新、竞争和生产力的前沿》(*Big Data:the next frontier for innovation,competition and productivity*)的详尽报告,对大数据带来的巨大影响、关键技术和应用领域进行了详尽阐述和分析。美国政府更是在2012年发布了"大数据研究和发展倡议"(*Big data research and development initiative*),斥资两亿多美元计划在科研、环境、生物医学等领域利用大数据分析管理技术取得新的突破。我国政府也于2015年发布了《中共中央关于制定国民经济和社会发展第十三个五年规划的建议》,提出实施国家大数据战略,超前布局下一代互联网。

目前,"大数据"(Big data)已成为一个炙手可热的名词。从表面上看,其表示数据规模的庞大,但仅从数据规模上无法区分"大数据"这一概念和以往的"海量数据"(Massive data)和"超大规模数据"(Very large data)等概念的区别。然而,至今仍没有一个对"大数据"公认的准确定义。根据维基百科的解释,大数据指的是数据规模巨大到无法通过目前主流的软件工具在合理时间内完成处理的数据集。由此可见,随着时间的推移,计算机的计算能力、存储能力会不断提升,因此大数据的含义也会不断演化。今天所说的大数据在未来可能就不算"大"了,但那时也一定仍会存在更大的数据是当时的技术处理不了的,因而仍会被称为大数据。可见,如何驾驭大数据将会成为人们长期需要面对的数据常态。

要驾驭大数据必须了解大数据的特性。业内将大数据最具代表性的4个特性用4个以字母V开头的英文单词进行归纳,简称为大数据的"4V"特性。

(1) **体量大(Volume)**。大数据体现在数据量极为庞大,其计量单位可以是TB级、PB级甚至更大的计量单位。这为数据存储和处理提出了更高要求。

(2) **速度快(Velocity)**。大数据呈现出高速增长的态势,而且产生速度仍在不断加快。如何对快速产生的数据进行实时处理是颇具挑战的问题。

(3) **多样化(Variety)**。大数据包含多种多样的数据类型,既可以是存储在二维表中的结构化数据,也可以是文本、视频、图像、语音、图(Graph)、文件等非结构化数据。多样化的数据类型使得大数据的存储和检索变得非常复杂。

(4) **价值高(Value)**。大数据中蕴藏着巨大价值,但价值密度低。通过对大数据进行合理的分析,能够从中挖掘出很多有价值的信息,这些信息将有助于提高社会生产效率,提升人们生活质量,或者创造更大商业价值。尽管大数据具有很大价值,但同时大数据的价值密度却是很低的。例如,在连续不断的监控视频中,有价值的画面可能仅仅持续几秒钟。因此,要在浩如烟海的大数据中找到具有价值的部分,则需要开发高效的大数据分析处理技术。

鉴于传统的数据分析处理方法无法满足大数据的分析处理需求,而对大数据进行分析处理又能够创造出极大的价值,因此对大数据分析处理技术进行研究非常有必要。

1.2.2 大数据存储技术

传统关系型数据库所用的关系模型以完善的关系代数理论作为基础,具有规范的定义,遵守各种严格的约束条件,支持事务的 ACID 特性从而确保数据的一致性和正确性,以及提供完备系统的查询优化机制。可见关系模型具有严谨性,因而自 20 世纪 70 年代诞生之日起关系型数据库就成为当前数据管理领域的主流产品类型。目前主流的关系型数据库包括 Oracle、DB2、SQL Server 和 MySQL 等。然而,随着大数据时代的到来,传统关系型数据库的发展面对大数据时代的数据管理需求越来越力不从心,主要体现在以下几个方面。

(1) **无法保证对大数据的查询效率**。在大数据时代,短短的 1min 时间内新浪微博可以产生 2 万条微博,苹果可以产生 4.7 万次应用下载记录,淘宝则可以卖出 6 万件商品,百度可以产生 90 万次搜索记录。可见对于上述公司而言很快就会积累超过 10 亿的数据量。然而,由于关系模型严谨得过于死板,例如,复杂的事务处理机制就成为阻碍其性能提升的桎梏,使得传统关系型数据库在一张包含 10 亿条记录的数据表之上进行 SQL 查询时效率极低。

(2) **无法应对繁多的数据类型**。关系型数据库存储的是清洁规整的结构化数据,然而在大数据时代,数据种类繁多,包括文本、图片、音频和视频在内的非结构化数据所占比重更是超过了 90%,这无疑是关系型数据库所不能应对的。

(3) **横向可扩展能力不足**。传统关系型数据库由于自身设计机理的原因,通常很难实现性价比较高的"横向扩展",即基于普通廉价的服务器扩充现有分布式计算系统,使系统的处理能力和存储能力得到提升。而"横向扩展"是大数据时代计算和存储的重要需求。

(4) **很难满足数据高并发访问需求**。大数据时代诸如购物记录、搜索记录、朋友圈消息等信息都需要实时更新,这就会导致高并发的数据访问,可能产生每秒高达上万次的读写请求。在这种情况下,传统关系型数据库引以为傲的事务处理机制和包括语法分析和性能优化在内的查询优化机制却阻碍了其在并发性能方面的表现。

在以上大数据时代的数据管理需求的推动下,各种新型的 NoSQL 数据库不断涌现,一方面弥补了关系型数据库存在的各种缺陷,另一方面也撼动了关系型数据库的传统垄断地位。NoSQL(Not only SQL)不是指某个具体的数据库,而是对非关系型数据库的统称。NoSQL 数据库采用类似键/值、列族、文档和图(Graph)等非关系数据模型,通常没有固定的表结构,没有复杂的查询优化机制,也没有严格的事务 ACID 特性的约束,因此和关系型数据库相比,NoSQL 数据库具有更优秀的查询效率,更灵活的横向可扩展性和更高的并发处理性,并能够存储和处理非结构化数据。根据所采用的数据模型的不同,NoSQL 数据库具体又可以分为以下 4 类。

(1) **键值(Key-Value)存储数据库**。这一类数据库主要使用哈希表作为数据索引,哈希表中有一个特定的键和一个指针指向特定的数据。这种数据库的优势是简单、易部署、查询速度快;缺点是数据无结构,通常只被当作字符串或者二进制数据。Tokyo Cabinet/Tyrant、Redi、Voldemort、Oracle BDB 等都属于这一类数据库。

(2) **列存储数据库**。这类数据库通常用来应对分布式存储海量数据的存储需求。在列存储数据库中,数据以列簇式存储,将同一列数据存在一起。这种数据库的优点是查找速度快,可扩展性强,更容易进行分布式扩展;缺点是功能相对局限。Cassandra、HBase、Riak 等属于这一类数据库。

(3) **文档型数据库**。这类数据库与键值存储数据库类似,数据按键值(Key-Value)对的形式进行存储,但与键值存储数据库不同的是,Value 为结构化数据。这类数据库适用于 Web 应用。文档型数据库的优点是对数据结构要求不严格,表结构可变,不需要像关系型数据库一样需要预先定义表结构;缺点是查询性能不高,缺乏统一的查询语法。uCouchDB、MongoDB 等属于这一类数据库。

(4) **图(Graph)数据库**。这类数据库专注于构建关系图谱,存储图结构数据,适用于社交网络、推荐系统等。图数据库的优点是能够直接利用图结构相关算法,如最短路径寻址、*N* 度关系查找等;缺点是很多时候需要对整个图做计算才能得出需要的信息。Neo4J、InfoGrid、Infinite Graph 等属于这一类数据库。

NoSQL 数据库不受关系模型约束,具有较好的扩展性,很好地弥补了传统关系型数据库的缺陷。但 NoSQL 数据库并没有一个统一的架构,每一类 NoSQL 数据库都有各自适用的场景。同时,NoSQL 数据库不能严格保证事务的 ACID 特性,导致数据的一致性和正确性没法保证。而且 NoSQL 数据库缺乏完备系统的查询优化机制,在复杂查询方面的效率不如关系型数据库。为此,业界又提出了 NewSQL 数据库。

NewSQL 数据库是对各种新的可扩展、高性能数据库的简称,这类数据库不仅具有 NoSQL 对海量数据的存储管理能力,还保持了传统数据库支持事务 ACID 和 SQL 等特性。不同 NewSQL 数据库的内部架构差异较大,但是有两个共同的特点:都支持关系数据模型;都是用 SQL 作为其主要的访问接口。这类新式关系型数据库在保留传统关系型数据库优良特性的同时,追求提供和 NoSQL 数据库系统相同的扩展性能。由于传统数据库基于磁盘的体系结构进行设计,很多方面无法突破,难以有大的飞跃。NewSQL 能够结合传统关系型数据库和 NoSQL 的优势,且容易横向扩展,这是数据库发展的必然方向。目前市面上已有的 NewSQL 数据库有 Spanner、PostgreSQL、SAP HANA、VoltDB、MemSQL 等。其中,Spanner 是谷歌公司研发的、可扩展的、多版本、全球分布式、同步复制数据库,是谷歌公司第一个可以全球扩展并支持数据外部一致性的数据库。PostgreSQL 是很受欢迎的开源数据库,稳定性强,有大量的几何、字典、数组等数据类型,在地理信息系统领域处于优势地位。SAP HANA 基于内存计算技术,是面向企业分析性应用的产品,主要包括内存计算引擎和 HANA 建模工具两部分。VoltDB 是基于内存的关系型数据库,其采用 NewSQL 体系架构,既追求与 NoSQL 体系架构系统具有相匹配的系统可扩展性,又维护了传统关系型数据库系统的事务特性和 SQL 访问特性,在执行高速并发事务时比传统的关系型数据库系统快 45 倍。MemSQL 有符合 ACID 特性的事务处理功能、SQL 兼容性以及高度优化的 SQL 存储引擎,提供了与 MySQL 相同的编程接口,但速度比 MySQL 快 30 倍。还有一些在云端提供存取服务的 NewSQL 数据库(也可称为云数据库),例如,Amazon RDS 和 Microsoft SQL Azure。

综上所述,大数据时代对数据的存储和处理提出了新的需求,数据存储架构开始向多元化方向蓬勃发展，形成了包括传统关系型数据库（Old SQL）、NoSQL 数据库和 NewSQL 数据库在内的三大阵营。由数据管理技术的发展经验可知，同一种数据存储架构不可能满足所有应用场景，这三大阵营各有各的应用场景和发展空间，传统的关系型数据库并没有被其他两者取代。可以预言，在未来的一段时间内，这三大阵营共存共荣的局面还将持续，一同推动数据管理技术向新的高度发展。

1.2.3 大数据处理模式

大数据具有数据体量大、产生速度快的特点，因而传统的单机串行处理模式往往难以完成对大数据的高效处理，必须借助并行分布式处理方法。根据大数据应用类型的不同，大数据处理模式分为批处理（Batch processing）和流处理（Stream processing）两种。下面以 Apache 的 Hadoop 和 Storm 为例分别介绍批处理和流处理的典型处理模式。

1. 分布式批处理模式的代表——Hadoop

批处理是对数据先存储后统一处理。Hadoop 是一个由 Apache 基金会用 Java 语言开发的开源分布式批处理架构，其中实现了 MapReduce 批处理编程模型。谷歌公司在 2004 年提出的 MapReduce 编程模式是最具代表性的分布式数据批处理模式。MapReduce 模型包含三种角色：Master 进程、Map 进程和 Reduce 进程。其中，Master 进程负责任务的划分与调度，Map 进程用于执行 Map 任务，Reduce 进程用于执行 Reduce 任务。该模型的主要思想是 Master 进程把大规模的数据划分成多个较小的部分，分别映射到多个 Map 进程进行并行处理得到中间结果，之后由 Reduce 进程对这些中间结果进行规约、整理，进而得到最终结果，如图 1.4 所示。

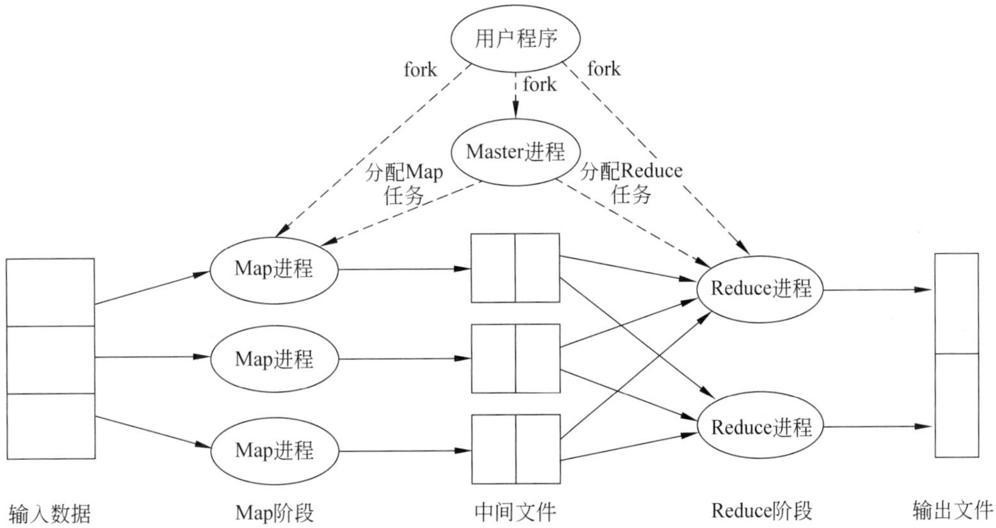

图 1.4 MapReduce 执行流程

一个 MapReduce 作业（MapReduce Job）的执行流程如下。

（1）首先从用户提交的程序创建出 Master 进程，Master 进程启动后划分任务并根据输入文件所在位置和集群信息选择机器创建出 Map 进程或 Reduce 进程。

(2) Master 进程将划分好的任务分配给 Map 进程和 Reduce 进程执行,任务划分和任务分配可以并行执行。

(3) Map 进程执行 Map 任务,即读取相应的输入文件,根据指定的输入格式不断地读取＜key, value＞对,并对每一个＜key, value＞对执行用户自定义的 Map 函数。

(4) Map 进程不断往本地内存缓冲区输出中间＜key, value＞对结果,等到缓冲区超过一定大小时写入到本地磁盘中,Map 进程将中间结果组织成文件,便于后续 Reduce 进程获取。

(5) Map 任务执行完成后向 Master 进程汇报,Master 进程进一步将该消息通知 Reduce 进程。Reduce 进程向 Map 进程请求传输生成的中间结果数据,当 Reduce 进程获取完所有的中间结果后,需要进行排序操作。

(6) Reduce 进程执行 Reduce 任务,即对中间结果的每一个相同的 key 及 value 集合,执行用户自定义的 Reduce 函数,Reduce 函数的输出结果被写入到最终的输出文件。

除了使用 MapReduce 批处理编程框架,Hadoop 的核心内容还包括 HDFS(Hadoop Distributed File System,Hadoop 分布式文件系统)。HDFS 是一个高度容错性的系统,适合部署在廉价的机器上。HDFS 能提供高吞吐量的数据访问,适合处理大规模数据集的应用程序。

Hadoop 的优点包含以下几个方面。

(1) **方便部署**。Hadoop 可以方便地部署在由一般商用机器构成的大型集群或者云计算服务之上。

(2) **容错健壮**。即使集群中的计算机硬件频繁出现失效,Hadoop 也能够处理大多数此类故障。

(3) **容易扩展**。Hadoop 通过增加集群节点,可以线性地扩展以处理更大的数据集。

(4) **使用简单**。Hadoop 允许用户快速编写出高效的并行代码。

(5) **免费、开源**。Hadoop 是一款开源批处理框架,可以免费使用。

Hadoop 的典型应用包括网络搜索、日志处理、推荐系统、数据分析、视频图像分析和数据集成等。

2. 分布式流处理模式的代表——Storm

和先存储再处理的批处理模式不同,流处理将源源不断产生的数据视为数据流,每当新的数据到达系统时就立刻对数据进行处理并返回结果。可见,流处理适合包括网页点击量统计、股票交易数据分析和传感器网络事件检测等实时分析应用。Apache Storm 是一个免费、开源的分布式实时流处理系统。Storm 在流处理中的地位相当于 Hadoop 对于批处理的重要地位。

Storm 基于拓扑(Topology)实现对数据流的分布式实时处理。拓扑是一个有向无环图(Directed Acyclic Graph),一个典型的 Storm 的拓扑结构如图 1.5 所示。Topology 中数据以元组(Tuple)的形式进行转发和处理。和 Hadoop 中的 MapReduce 作业不同,Storm 的拓扑一经启动将永久运行,不断处理实时到达的数据元组。Storm 拓扑由 Spout 和 Bolt 两类组件构成。Spout 作为数据产生者,从一个外部源(例如 Kafka)读取数据并向 Storm 拓扑中喷射数据元组。Bolt 作为数据消费者,对所接收的数据元组进行处理和

转发。一个复杂的 Storm 拓扑可由多个 Spout 和多个 Bolt 组成，且可以为每个 Spout 或 Bolt 设置其任务(Task)并行度，由多个任务并行完成其处理逻辑。Storm 提供多种组件间的数据分发策略，例如，随机分组(Shuffle grouping)、按字段分组(Field grouping)、全局分组(Global grouping)和广播发送(All grouping)，用以完成 Storm 拓扑中上游组件的各个任务向下游组件的各个任务的数据分发。

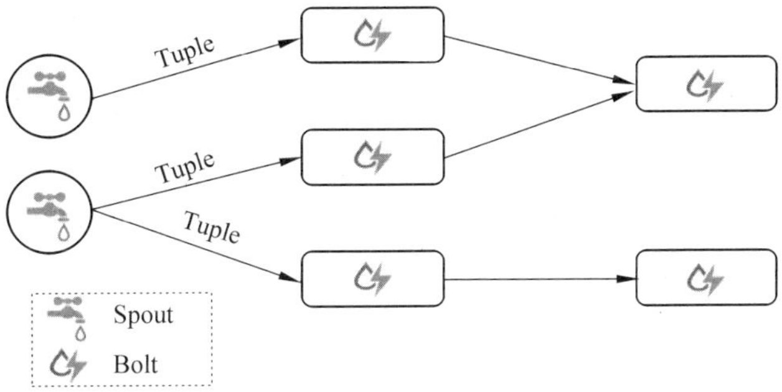

图 1.5　一个典型的 Storm 拓扑

Storm 的优点包含以下几个方面。

(1) **易整合**：Storm 可以方便地与数据库系统进行整合。

(2) **易使用**：Storm 提供丰富的 API，方便用户的使用。

(3) **易扩展**：Storm 可以方便地部署和运行在大规模分布式集群中。

(4) **易纠错**。Storm 可以自行重启故障节点，并完成对故障节点任务的重新分配。

(5) **可靠的消息处理**：Storm 保证每个消息都能被系统完整处理。

(6) **免费、开源**：Storm 是一款开源流处理框架，可以免费使用。

1.2.4　大数据处理的基本流程

大数据来源广、类型多，但是大数据处理的基本流程是一致的，包括数据集成、数据分析和数据解释三大步骤。

1. 数据集成

大数据的一个重要特性就是多样化(Variety)，这意味着产生大数据的来源广泛、类型庞杂，并经常存在数据冗余和错漏现象，给数据处理带来了巨大挑战。要想处理大数据，首要任务就是对数据源抽取的数据进行合理的集成。数据集成是指通过访问、解析、规范化、标准化、整合、清洗、抽取、匹配、分类、修饰和数据交付等功能把不同来源、格式、特点、性质的数据在逻辑上或物理上有机地集中，从而为后期数据处理提供保障。数据集成的目的是保证数据的质量和可信性。LinkedIn 公司曾经的数据产品主管 D. J. Patil 在其著作《数据柔术：化数据为产品的艺术》(*Data Jujitsu*：*The Art of Turning Data Into Product*)中指出，大数据项目中 80%的工作都是清洗数据。可见，如果数据集成工作没有做好，会导致整个大数据项目的延期甚至失败。因此，在大数据给人们带来价值之前，必须对其进行合理的集成。

2. 数据分析

数据分析是整个大数据处理流程中的核心环节，因为大数据所蕴含的价值需要通过数据分析得以实现。传统的数据分析技术包括数据挖掘、机器学习、统计分析等，在用于处理大数据时可能需要进行必要的调整，因为这些技术在处理大数据时面临一些新的挑战，体现在以下几个方面。

(1) 大数据价值大(Value)的特性虽然意味着大数据蕴含巨大价值，但是大数据同时也存在价值密度低的特点，体现在大数据中存在大量的冗余数据、噪声数据、遗漏数据和错误数据。因此，在进行数据分析之前，需要对大数据进行数据清洗、整合等集成工作。然而，对如此大规模的数据进行清洗和整合无疑会对硬件环境和算法性能提出新的要求。

(2) 大数据速度快(Velocity)的特性决定了大数据拥有不容小觑的产生速率。因此，很多数据分析应用都要求能对快速产生的数据进行实时分析，快速给出分析结果。在这种情况下，数据分析的准确性不再是大数据分析应用的主要因素，需要人们设计数据分析算法时在数据处理的实时性和处理结果的准确性之间取得一定平衡。例如，目前机器学习研究领域正在如火如荼地设计高效的在线机器学习算法。

(3) 大数据体量大(Volume)和多样化(Variety)的特性决定了大数据规模庞大、类型庞杂。这导致整个大数据的数据分布特性很难被获取，也就很难利用数据分布这类重要信息对相关数据分析技术进行优化。

3. 数据解释

虽然数据分析是大数据处理的核心，但是用户更关注对分析结果的展示。即使分析过程高效、分析结果正确，如果没有通过容易理解的方式给用户展示大数据的分析结果也将会大大降低分析结果的实际价值，极端情况下甚至会误导用户。传统的数据解释方法是在计算机终端上打印显示分析结果或以文本的形式向用户呈现分析结果。这种数据解释方法在面对小数据量时不失为一种省力高效的选择。然而，大数据的分析结果往往规模大而且结果之间的关系错综复杂，因而传统的数据解释方法不适用于解释大数据的分析结果。目前，业界推出了很多数据可视化技术，用图表等形象的方式向用户展现大数据的分析结果。常见的数据可视化技术包括标签云(Tag cloud)、历史流(History flow)和空间信息流(Spatial information flow)等。国内外也有一些很好的数据可视化软件产品，例如，国外的 Tabluea、FusionCharts、D3.js、iCharts，以及国内的海致 BDP、国云大数据魔镜等，供用户根据具体应用的需求进行选用。

1.3 数据库系统概述

数据库技术的出现是数据管理技术的一次质的飞跃，同时也将计算机对解决实际问题的能力向前推进了一大步。数据库系统是以数据库技术为核心的计算机应用系统，其主要目的是处理生产和实践过程中产生的数据和信息，实现生产过程管理的自动化和信息化，提高信息管理效率。有的数据处理后还可能产生“意想不到”的有用信息，可提供决策的依据。如今，数据库系统在企事业单位、各科研院所等部门和单位发挥着越来越重要的作用。

1.3.1 数据库系统

简单地说，数据库系统是基于数据库的计算机应用系统。从逻辑结构看，数据库系统一般包含4个部分：数据库、数据库管理系统、应用程序和系统用户（包括系统管理员等），其关系如图1.6所示。

（1）数据库。数据库是数据库系统存放结构化数据的地方，是长期存储的、有组织的、可共享的数据的集合。这些数据最终是以文件的形式存储在磁盘上，但只有数据库管理系统才能对这些文件进行存取操作，一般用户“看不懂”这些文件中的数据。每一个数据库都至少有一个这样的文件，称为数据文件。SQL Server数据库的数据文件以.mdf或.ndf为扩展名。

（2）数据库管理系统（DBMS）。DBMS是数据库的管理软件，是应用程序和数据库之间的桥梁，即应用程序必须通过DBMS才能存取数据库中的数据。DBMS对数据的存取操作最终体现为对数据文件的更新和修改，但应用程序不能直接执行这种更新和修改操作。DBMS在数据库系统中是不可或缺的，其作用十分重要。SQL Server 2008就是SQL Server数据库系统的一种DBMS。

（3）应用程序。应用程序是指通过访问数据库来完成用户操作的程序。它介于系统用户和DBMS之间，用户通过操作应用程序来获取他们的需求，而应用程序则通过DBMS访问数据库来实现用户提出的需求。在构建一个数据库系统的过程中，应用程序的开发一般要占大部分的时间。应用程序可以用Java、JSP、.NET等技术开发。

（4）系统用户。系统用户大致分为两类——系统用户和系统管理员。系统用户是指应用程序的用户，他们是整个数据库系统的最终使用者；系统管理员可以分为不同级别类型的管理人员，他们主要负责数据库的管理和维护工作。

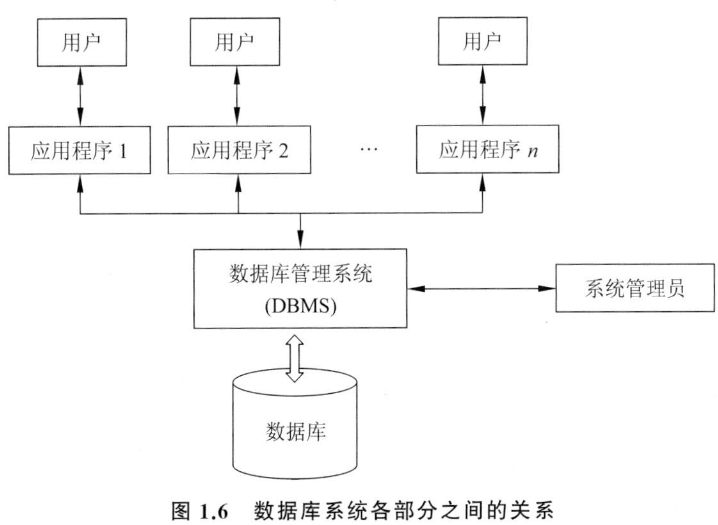

图1.6 数据库系统各部分之间的关系

另外，从组成结构看，数据库系统包含一切支持系统运行的硬件、软件、人员、数据库等部分。硬件包括计算机、网络等，软件包括操作系统、DBMS、应用程序等支持数据库系统运行的所有软件,人员包括应用程序设计人员、开发人员、系统终端用户、系统管理员等。

1.3.2 数据库系统的模式结构

现在数据库系统软件产品非常多,它们可能基于不同的操作系统,支持不同的数据库语言,采用不同的数据结构,等等。但是,它们的体系结构却基本相同,那就是三级模式结构。三级模式结构是由美国国家标准学会(American National Standards Institute, ANSI)所属的标准计划和要求委员会(Standards Planning And Requirements Committee,SPARC)于1975年提出的,称为SPARC分级结构。

三级模式结构将数据库系统抽象为三个层次,分别为内模式、概念模式和外模式。各模式的关系如图1.7所示。

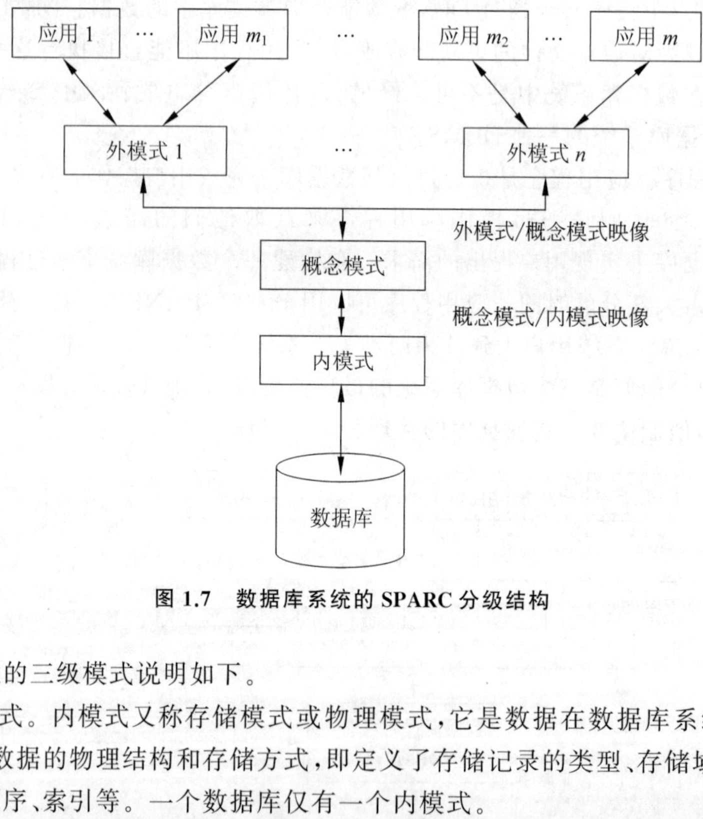

图1.7 数据库系统的SPARC分级结构

现对上述的三级模式说明如下。

(1) 内模式。内模式又称存储模式或物理模式,它是数据在数据库系统中最底层的表示,描述了数据的物理结构和存储方式,即定义了存储记录的类型、存储域的表示、存储记录的物理顺序、索引等。一个数据库仅有一个内模式。

(2) 概念模式。概念模式又称逻辑模式,简称模式,它用于对整个数据库中数据的逻辑结构和特征、实体及其性质与联系进行描述。但这种描述并不涉及具体的物理存储方式和硬件环境,也不涉及任何特定的应用程序及其开发工具(如C语言、Java语言等)。一个数据库也只有一个概念模式,它是现实世界中按用户需求将某一个应用环境的所有信息抽象而形成的一个整体逻辑,是整个数据库数据在逻辑上的视图。

(3) 外模式。外模式是概念模式的一个子集,这个子集是为某一个特定用户所使用的。从这个角度看,外模式是面向用户的,所以外模式又称为子模式或用户模式。本质上，外模式是应用程序所使用的局部数据的逻辑结构和特征的描述，是使用该应用程序的用户所看到的数据视图，即用户视图。

以上三个模式分别从三个不同层次的级别对数据库进行抽象，即分别抽象为用户级、概念级、物理级数据库。用户级数据库对应于外模式，是从用户的角度对数据库进行抽象，是用户看到和使用的用户视图的集合。物理级数据库对应于内模式，是从数据的物理存储结构的角度对数据库进行抽象。概念级数据库对应于概念模式，介于用户级和物理级之间，是程序开发人员看到和使用的数据库。总之，外模式是概念模式的子集，概念模式是内模式的逻辑表示，而内模式则是概念模式的物理表示。

DBMS在外模式和概念模式之间提供外模式/概念模式映像功能，在概念模式和内模式之间提供概念模式/内模式映像功能。前者保证了数据的逻辑独立性，后者则保证了数据的物理独立性。

1.3.3　数据库管理系统

从前面的介绍可以知道，数据库管理系统(DBMS)是数据库的管理软件，它是数据库系统的一个关键组成部分。应用程序对数据库的操作和访问都是在DBMS的控制下进行的，这些操作包括数据库定义、数据查询、数据更新、数据删除和添加等。因此，DBMS可以理解为应用程序与数据库之间具有相应管理功能的接口。本书介绍的知识中，大部分是在DBMS环境下来介绍的。SQL Server 2017就是由微软提供的一个典型的DBMS。

DBMS的功能主要包括以下几个方面。

1. 数据库定义功能

DBMS一般都提供数据定义语言(Data Definition Language，DDL)，可以分别用于定义外模式、概念模式和内模式。用DDL编写的外模式、概念模式和内模式分别称为源外模式、源概念模式和源内模式。它们经过模式翻译程序翻译后将形成相应的内部表示，分别称为目标外模式、目标概念模式和目标内模式。这些目标模式被保存在数据字典中(又称系统目录)，它们是用于刻画数据库的框架结构，是对数据库(而不是数据)的一种描述，也是DBMS存取和管理数据的基本依据。例如，DBMS根据数据字典中定义的目标模式，从物理记录中导出全局逻辑记录，又从全局逻辑记录导出用户所要检索的记录。

2. 数据操纵功能

DBMS还提供数据操作语言(Data Manipulation Language，DML)，这种语言用于实现对数据库的查询、添加、修改和删除等基本操作。查询是对数据库最常用的一种操作，所以DML又常常称为查询语言。显然，除此外，DML还具有数据添加、删除和修改功能，其对应的操作统称为更新操作。

DML又分为宿主型的和自主型的(或自含型的)DML。宿主型的DML用于嵌入到其他语言(称为主语言)当中，例如，把它嵌入到PASCAL、FORTRAN、C等高级语言中。这类DML本身不能独立使用，这也就是它之所以称为宿主型DML的原因。自主型的(或自含型)DML则是交互式命令语言，其语法简单，每条语句都可以独立执行。如今，DBMS一般既提供宿主型的DML也提供自主型的DML，或者提供集宿主型和自主型于一体的 DML,其典型的代表就是著名的 SQL(Structured Query Language)。SQL 语句既可以嵌入到其他的高级语言中,也可以单独交互执行。

用户或者应用程序对数据库的操作实际上是通过 DBMS 控制并执行 DML 语句来实现的。自主型的 DML 是交互式命令语言,DBMS 通常以解释执行的方式运行它们。对于宿主型的 DML,DBMS 提供以下两种执行方法。

(1) 预编译方法。这种方法的原理是,由 DBMS 提供的预编译程序对包含 DML 的主语言进行扫描,识别出 DML,然后把这些 DML 转换成合法的主语言代码,以便主语言的编译程序能够接受和执行它们。

(2) 修改、扩充主语言编译程序的方法。这种方法又称为增强编译方法,增强后的编译程序既可以编译主语言代码,也可以编译和执行嵌入的 DML 语句。

3. 数据库运行管理功能

数据库运行管理是 DBMS 提供的重要功能之一,它是数据系统能够正确、有效运行的基本保证。这种管理功能主要包括存取控制、安全性检测、并发控制、完整性约束条件的检查和执行、数据库内部的维护和管理等。

4. 数据库的建立和维护功能

这包括数据库初试数据的装载和转换、数据库的转储和恢复、数据库的重组织功能和性能监视、分析功能等。这些功能主要是由 DBMS 提供的实用程序来完成的。

不同的 DBMS 版本所提供的功能可能不尽相同。总的来说,中大型系统提供的功能比较齐全,一般具有上述 4 大功能,而小型系统的功能则相对较弱。

1.4 数据模型

数据库中存放的是数据,这些数据是特定信息的符号表示。而信息则是对现实世界中的实体进行抽象的结果。那么,在数据库系统中是如何抽象、表示和处理现实世界中的实体信息的呢?在数据库研究领域中,人们已经总结了一种抽象工具,那就是数据模型。数据模型是数据库的形式构架,形式化地描述了数据库的数据组织方式,它用于提供信息表示和操作手段。

数据模型可以分为三种类型:概念模型、逻辑模型和物理模型。概念模型又称信息模型,是从用户观方面来对数据和信息进行建模的结果,是对现实世界的事物及其联系的第一级抽象,它不依赖于具体的计算机系统,不是 DBMS 支持的模型,主要用于描述用户所关心的信息结构,属于信息世界中的模型,用于数据库的设计;逻辑模型是对客观事物及其联系的数据描述,包括网状模型、层次模型、关系模型和面向对象模型等,它是从计算机系统观方面来进行建模的,主要用于 DBMS 的实现,属于计算机世界的模型;物理模型则是对数据最底层的抽象,用于描述数据在计算机系统内部的表示方式和存取方法,其实现由 DBMS 完成,用户不必过多考虑物理模型问题。从概念模型到逻辑模型的转换可以由设计人员完成,也可以借助数据库设计工具辅助设计人员完成;从逻辑模型到物理模型的转换则由 DBMS 自动完成,一般设计人员不需要关心这一层次的转换如何实现。

本节主要介绍数据模型的一些共同性质和几种类型的逻辑模型,1.5 节介绍概念模型。

1.4.1　数据模型的基本要素

数据模型的两大主要功能是用于描述数据及其关联。它包含三个基本要素，即数据结构、数据操作和数据的约束条件。

1. 数据结构

数据结构用于描述数据的静态特性，它是所研究对象类型的集合。根据所描述的静态特性的不同，可以将这些对象分为两种类型，一种是用于描述数据的性质、内容和类型等相关的对象，称为数据描述对象；另一种是用于描述数据间关系信息的对象，称为数据关系描述对象。

对于数据描述对象，应该指出对象所包含的项，并对项进行命名，指出项的数据类型和取值范围等。例如，在有关学生信息的数据模型中，研究的对象是学生，这些对象应包含学号、姓名、性别、籍贯、总成绩等数据项。同时这些数据项是有数据类型和取值范围的，如总成绩为数字型，其取值范围是 0～100，等等。

对于数据关系描述对象，应指明各种不同对象类型之间的关系及关系的性质，并对这些关系进行命名。正是由于这些数据关系描述对象的存在，使得数据库能够建立不同文件之间的关联，支持对不同类型记录数据的同时访问，使得数据库与文件系统有着本质的区别。

2. 数据操作

数据操作用于对数据动态特性的描述，它是对数据库中各种对象类型的实例允许执行的所有操作及相关操作规则的集合。数据操作又分为查询和更新两种类型，其中，更新操作包括插入、删除和修改。在数据模型中，要明确定义操作的各项属性，如操作符、操作规则以及实现操作的语言等。

3. 数据的约束条件

数据的约束条件是一组完整性规则的集合。完整性规则是指既定的数据模型中数据及其关系所具有的制约性规则和依存性规则。这些规则通过限定符合数据模型的数据库状态及其变化的方法来保证数据的正确性、有效性和相容性。

每一种类型的数据模型都有自己的完整性约束条件。例如，关系模型的完整性约束条件集中体现在实体完整性和参照完整性。

以上三个要素构成了一个数据模型完整的描述。其中，数据结构是基础，它确定着数据模型的性质；数据操作是关键，它确定着数据模型的动态特性；约束条件主要起辅助作用。

1.4.2　4 种主要的数据模型

在数据模型的 3 个要素中，数据结构是基础，它确定着数据模型的性质。典型的数据结构主要有层次结构、网状结构、关系结构和面向对象的结构 4 种，基于这些数据结构的数据模型分别称为层次模型、网状模型、关系模型和面向对象模型。下面对这几个模型进行简单的介绍。

1. 层次模型

层次模型(Hierachical Model)是数据库系统中发展较早、技术上也比较成熟的一种数据模型。它的数据结构是根树,其特点如下。

(1) 有且仅有一个节点没有父节点,这个节点就是根树的根节点。

(2) 除了根节点外,其他节点有且仅有一个父节点,但可能有0个或者多个子节点。

在这种数据结构中,具有相同父节点的子节点称为兄弟节点,没有子节点的节点称为叶节点。由此可以看出,这种数据结构具有分明的层次,这就是称之为层次模型的原因。

在根树的层次结构中,每个节点代表一个实体型。但由于层次模型中的实体型是用记录型来表示,所以根树中的每个节点实际上是代表着一个记录型。由于每个记录型节点有且仅有一个父节点(根节点除外),所以只要每个节点指出它的父节点,就可以表示出层次模型的数据结构。如果要访问某一个记录型节点,则可以运用相关的根树遍历方法从根节点开始查找该节点,然后对其访问。

现实世界中,事物之间的关系往往体现为层次关系。例如,一个学校包含多个学院,一个学院又包含多个系和研究所等。这样,学校、学院、系和研究所等实体非常自然地构成了现实世界中的层次关系。层次模型正是为了满足描述这种层次关系的需要而产生的。所以,它的表达方式自然、直观,但是其缺点也很明显。

(1) 处理效率低。

这是因为层次模型的数据结构是一种根树结构,对任何节点的访问都必须从根节点开始。这使得对底层节点的访问效率变低,并且难以进行反向查询。

(2) 不易进行更新操作。

更新操作包括插入、修改和删除等操作。对某一个树节点进行这种更新操作时,都有可能导致整棵根树大面积的变动。对大数据集来说,这可是一个沉重的负担。

(3) 安全性不好。

这主要体现在,当删除一个节点时,它的子节点和孙子节点都将被删除。所以,必须慎用删除操作。

(4) 数据独立性较差。

当用层次命令操作数据的时候,它要求用户了解数据的物理结构,并需要显式地说明存取途径。

2. 网状模型

网状模型的数据结构是网状结构。这种结构是对层次结构进行相应拓展后的结果,其特点如下。

(1) 允许存在一个以上的节点没有父节点。

(2) 一个节点可以拥有多个父节点。

网状模型反映着现实世界中实体间更为复杂的联系。由上述特点可以看出,节点间没有明确的从属关系,一个节点可以与其他多个节点有联系。例如,图1.8表示了学生A、B和课程C、D、E之间的一种选修联系的网状结构。

与层次模型类似,网状结构中的每个节点代表一个实体型,而这种实体型是用记录型

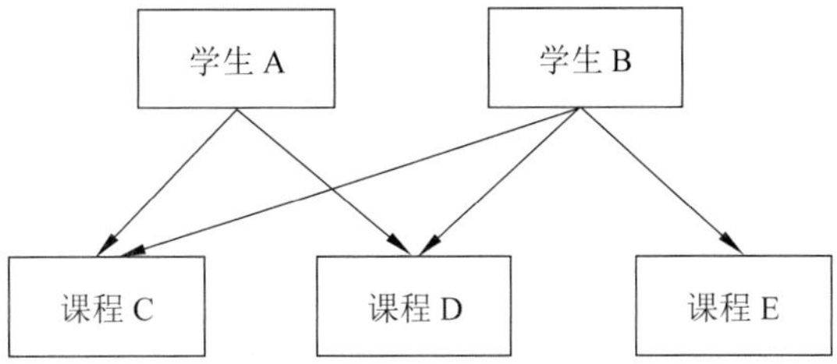

图 1.8　课程选修网状结构

来表示的。与层次结构不同的是：在层次结构中有且仅有一个根节点，而在网状结构中则允许同时存在多个"根节点"；在层次结构中每个节点有且仅有一个父节点（根节点除外），而在网状结构中则允许一个节点同时有多个"父节点"。

这种结构上的差异，也导致了节点对应的记录型结构的变化。网状模型中节点间联系的实现必须由节点同时指出其父节点和子节点的方法来完成。而在层次模型中，每个节点只需指定其父节点即可（根节点除外）。也正是由于这种差异的存在，使得网状模型在性质和功能上发生了重要的改变。这主要体现在：网状模型比层次模型具有更大的灵活性和更强的数据建模能力。例如，它非常容易用于描述现实世界中多对多的关系，而且还可以用于描述两个实体之间存在两个或者两个以上的联系。

虽然网状模型具有较强的数据建模能力和较大的灵活性，但是其结构的复杂性同时也限制了它进一步的应用。其缺点主要体现在：由于在使用网状模型时，用户必须熟悉数据的逻辑结构，所以结构的复杂性增加了用户查询和定位的难度；不支持对于层次结构的表达等。

对于小数据量而言，层次模型和网状模型的缺点可能不太明显，但是当作用于大数据量时，其缺点就显得非常突出。所以，这两种模型不适合用于当今以处理海量数据为特征的数据处理任务中。目前，它们基本上退出了市场，取而代之的是关系模型。

3. 关系模型

关系模型是当今最为流行的一种数据模型。在关系模型中，实体间的联系是通过二维关系（简称关系）来定义的，其数据结构就是二维关系。每一种二维关系都可以用一张二维表来表示，表达直观、明了。所以，很多时候是把二维表和关系直接等同起来，简称为（二维）关系表。关系模型就是若干张关系表的集合。

关系模型具有非常成熟的理论基础，详细讨论将在第 2 章中进行，在此主要介绍关系模型涉及的一些概念及其特点。

关系模型涉及的术语主要包括以下几个。

(1) 关系：一张二维表。

(2) 记录（或元组）：关系表中的一行。

(3) 字段（或属性）：关系表中的一列。

(4) 域：即字段的值域，也就是字段的取值范围。

(5) 数据项（或分量）：某一个记录中的一个字段值。

(6) 主关键字段（或主码）：简称主键，是关系表中一个或者多个字段的集合，这些记录的值能够唯一地标识每一个记录。

(7) 关系模式：是对关系的一种抽象的描述，其描述格式为"关系名(字段1,字段2,…,字段n)"，其中，"字段1"带下画线，表示该字段是主关键字段。

关系模型的特点主要体现在以下几个方面。

(1) 具有严密的数学基础。关系代数、关系演算等都可以用于对关系模型进行定性或者定量的分析，探讨关系的分开和合并及其有关性质等。

(2) 概念单一化、表达直观，但又具有较强的数据表达和建模能力。一般来说，一个关系只表达一个主题，如果有多个主题在一起，则需要将它们分开，用多个关系来表示，这就是概念的单一化。

(3) 关系都已经规范化。即关系要满足一定的规范条件，这使得关系模型表现出特有的一些性质。例如，在一个关系中数据项是最基本的数据单位，它不能再进行分解；同一个字段的字段值具有相同的数据类型；各字段的顺序是任意的，记录的顺序也是任意的，等等。

(4) 在关系模型中，对数据的操作是集合操作，即操作的对象是记录的集合，操作所产生的结果也是记录的集合。这种操作不具有明显的方向性，不管如何操作，其难度都一样。而在层次模型和网状模型中，对数据的操作带有明显的方向性，在正反两个方向上操作的难度完全不一样。

目前，绝大多数数据库系统都采用关系模型。自20世纪80年代以来，厂商推出的DBMS几乎都支持关系模型，就算不是基于关系模型的DBMS也都开发了相应的关系模型接口。本书也将重点基于关系模型介绍数据库应用开发的相关技术。

虽然这样，但是关系模型也不是万能的，其缺点体现在以下几个方面。

(1) 对复杂问题的建模能力差。在对复杂问题建模时一般都会呈现出错综复杂的关系，而关系模型仅限于用二维关系来表示这些复杂关系，无法用递归和嵌套的方式来描述(因为它不允许嵌套记录和嵌套关系的存在)。所以，在许多时候关系模型显得力不从心。

(2) 对象语义的表达能力比较差。现实世界中，对象之间的关系往往不仅限于量的关系，还可能体现语义之间的联系，蕴涵着特定的内涵。但关系模型为了规范化这些关系，可能会强行拆开这种语义联系，造成不自然的分解，从而使得在执行查询等操作时出现语义不合理的结果。

(3) 可扩充性差。关系模式只支持记录的集合这一种数据结构，并且数据项不可再分，无法形成嵌套记录和嵌套关系，所以它无法扩充成层次模型或网状模型。且它不支持抽象数据类型，不能对多种类型数据对象进行管理。

4. 面向对象模型

面向对象方法(Object-Oriented Paradigm，OOP)是近年来出现的一种新颖的、具有独特优越性的方法，其基本出发点就是按照人类认识世界的方法和思维方式来分析和解决问题。面向对象方法提供了一种全新的对问题进行建模的手段，由这种方法进行建模和表示而形成的数据模型就是面向对象模型。

目前，面向对象模型的相关理论和方法还不够成熟，主要是处于理论研究和实验阶段。在此不做过多的介绍。

以上介绍了 4 个典型的数据模型。概括地说，层次模型和网状模型是早期的数据模型，已基本退出市场。面向对象模型是出于对当今复杂问题的处理和建模的需要而提出的，目前正处于发展当中，相关理论有待进一步完善。现在流行和实用的是关系模型。关系模型以其简单、灵活等特点并以完备的理论体系为基础，迅速占领了几乎整个市场。目前流行的大多数数据库软件都是基于关系模型。

1.5　概念模型的描述

将现实世界中的实际问题转换为计算机能够接受和处理的数据模型，这需要人工的参与，涉及相关的建模技术和方法。本节对此做一个简要的介绍。

1.5.1　概念模型

使用计算机来解决实际问题的前提是，首先将现实世界中的客观对象抽象为计算机能够处理的信息和数据。对数据库系统来说，DBMS 软件都是基于某一种数据模型的，因此需要将具体的客观对象抽象为 DBMS 支持的数据模型。

从数据模型的建模方法来看，一般是先将现实世界中的问题建模为信息世界中的概念模型，然后将信息世界中的概念模型转换为机器世界中的逻辑模型。具体地讲，对于现实世界中的客观对象，首先找出其影响问题性质的特征属性，然后将这些属性特征及其关系转换为相应的信息结构，形成信息世界中的问题描述。这种描述是概念级的，与任何具体的计算机系统都不相关，也与任何一种具体的 DBMS 无关，是原问题在信息世界中的概念模型。即概念模型是实际问题经过抽象、建模后得到的一种信息结构，它是实际问题在信息世界中的表示和描述。

当确认概念模型已经能够充分表达原问题（现实世界）的时候，再将这种概念模型转换为数据库系统中某一个既定 DBMS 支持的数据模型，形成机器世界中的逻辑模型。

这种不同世界中的数据模型建模和转换过程可以用图 1.9 来表示。

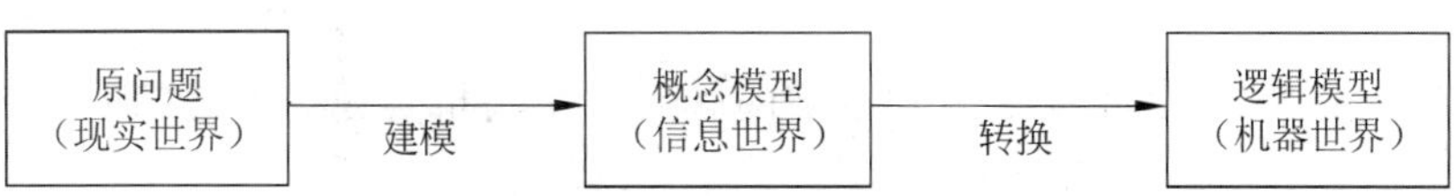

图 1.9　从现实世界到机器世界的转换过程

由于概念模型去掉了原问题（实际问题）中无关问题性质的琐碎的属性信息，且与具体的计算机系统和 DBMS 无关，所以可以充分、大胆地使用概念模型，以寻求对原问题最好的解决方案，而不必考虑如何实现以及在哪一种计算机上实现。显然，使用概念模型可以有效抓住问题的主要特征，减小问题的复杂性，并且可以摆脱具体而烦琐的实现细节，集中精力专注于对原问题解决方案的设计当中。

1.5.2　实体及其联系

概念模型创建过程是对现实世界中的实际问题进行抽象和建模的过程。对于这种抽象和建模方法,已经有一些非常成熟的技术可遵循。其中,E-R图方法就是一种著名的建模技术。在运用此方法之前,先介绍与此有关的信息世界涉及的相关概念。

以下是信息世界涉及的相关概念。

1. 实体

实体是客观存在的并可以相互区分的事物。实体可以是具体的人、事和物,如张三、这学期的选课、1号体育场等,也可以是抽象的概念,如教师、学生、课程等,还可以是事物与事物之间的关联,如选修等。

2. 属性

实体的属性是指实体所具有的特性。在信息世界中,实体的存在是由实体的属性来刻画的。一个实体可能有多个属性,但有些属性与问题的解决无关,这些属性在问题建模时应该不予以考虑,而仅选择那些确定着问题性质的属性。例如,学生是一个实体,学生的存在是通过其属性来体现的,如姓名、性别、成绩等。有无气管炎(气管疾病)也可以作为学生这个实体的一个属性,但是从学生信息管理这个角度看,这个属性是不必要的。

3. 码

码又称关键字,它是一个或者多个属性的集合,这种属性集可以唯一标识每个实体。例如,学号对于学生来说是唯一的,所以学号可以作为学生实体的码。

4. 域

一个属性的取值范围称为该属性的域。例如,对成绩这个域,其取值范围是0～100。

5. 实体型

实体型是指用实体名和实体属性名的集合来共同刻画同一类实体。这样,根据实体型,凡是具有相同属性的实体都将被归为一类,它们有共同的特征和属性。例如,学生(学号,姓名,性别,籍贯,成绩)是一个实体型。

6. 实体集

实体集就是实体的集合。

7. 联系

联系是指事物之间的关系(现实世界)在信息世界中的反映,它分为两种类型:实体内部的联系和实体之间的联系。实体内部的联系通常是指实体属性之间的联系,而实体之间的联系是指实体集之间的联系。

假设 A 和 B 分别表示两个实体集,则 A 和 B 之间的联系分为以下3种类型。

1) 一对一联系

对于实体集 A 中的每一个实体,实体集 B 中至多有一个实体与之对应,反之亦然,则这种对应关系就称为 A 和 B 之间的一对一联系,记为(1∶1)。

2) 一对多联系

对于实体集 A 中的每一个实体,实体集 B 中有 $n(n>0)$ 个实体与之对应;而且对实体集 B 中的每一个实体,实体集 A 中至多只有一个实体与之对应,则这种对应关系就称为 A 和 B 之间的一对多联系,记为(1∶n)。

3) 多对多联系

对于实体集 A 中的每一个实体,实体集 B 中有 $n(n>0)$ 个实体与之对应;而且对实

体集 B 中的每一个实体，实体集 A 中也有 $m(m>0)$ 个实体与之对应，则这种对应关系就称为 A 和 B 之间的多对多联系，记为 $(m:n)$。

1.5.3　E-R 图

现实世界中的实际问题可以用自然语言来描述。当将现实世界中的实际问题转换为信息世界中的概念模型时，用什么来描述这种概念模型呢？在数据库理论中，通常用 E-R 图来描述概念模型。E-R 图是 Entity Relationship Diagram 的简称，它提供了表示实体型、属性和联系的方法。其中，用矩形表示实体，矩形框内写明实体名；用椭圆形表示属性，用无向边将其与相应的实体连接起来；用菱形表示实体之间的联系，用无向边分别与有关实体连接起来，同时在无向边旁标上联系的类型（$1:1$，$1:n$ 或 $m:n$）。

使用 E-R 图对问题进行抽象和建模的详细过程将在第 2 章中介绍，下面先介绍使用 E-R 图来描述一个给定概念模型的方法。

1. 实体及其属性的表示

在 E-R 图中，实体是用方框来表示，方框内填上实体名。属性则用椭圆（或圆圈）来表示，其中也填上属性名。方框和椭圆之间用线来连接，表示属性对实体的所属关系。

例如，对于一个实体型——学生（学号，姓名，成绩），其 E-R 图如图 1.10 所示。

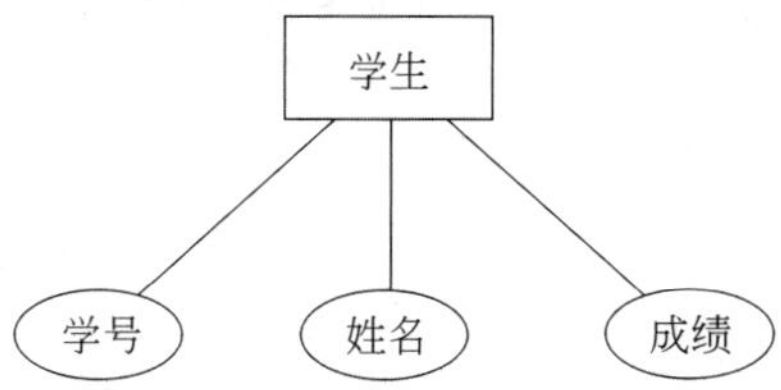

图 1.10　学生实体及其属性的 E-R 图

2. 实体型之间联系的表示

1）两个实体型之间联系的表示

在 E-R 图中，两个实体型之间的联系用一个菱形来表示，菱形内标上联系的名称，菱形和两个表示实体的方框之间用线来连接，表示该联系是哪两个实体之间的联系。

两个实体型 A 和 B 之间的联系共有三种类型：$(1:1)$、$(1:n)$ 和 $(m:n)$，它们对应的 E-R 图分别如图 1.11(*a*)～图 1.11(*c*)所示。

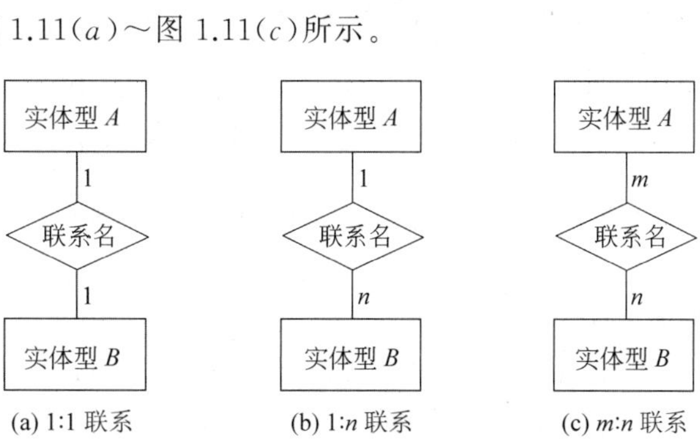

图 1.11　两个实体之间的各种联系

2）多个实体型(3个或3个以上)之间联系的表示

多个实体型之间联系的表示问题可以由两个实体型之间联系的表示方法加以推广而得到解决。我们考虑三个实体型 A、B、C 之间联系的表示问题，这种联系可以表示为 $m:n:o$，其中，$m,n,o>0$。$m:n:o$ 表示的意思是，实体型 A、B 之间的联系为 $m:n$，实体型 A、C 之间的联系为 $m:o$，实体型 B、C 之间的联系为 $n:o$。

例如，对于供应商、仓库和零件，由于一个供应商可以提供多种零件并存放在不同仓库中，而一种零件也可以由多个供应商提供并存放在不同仓库中，同时一个仓库也可以存放不同供应商提供的多种零件。所以供应商、仓库和零件之间的联系是多对多联系，其E-R图可以用图1.12表示。

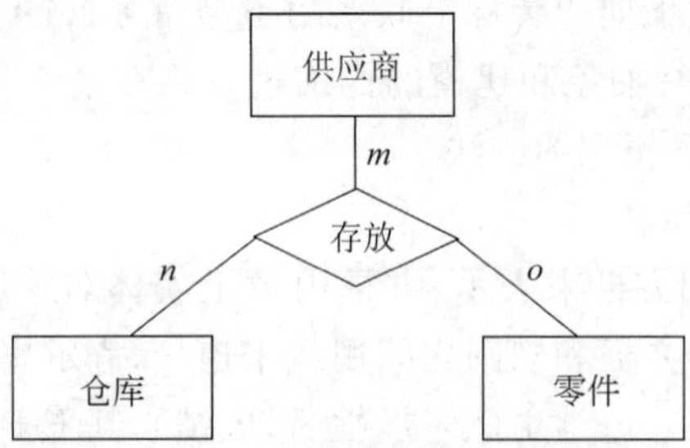

图1.12　3个实体型之间多对多联系

由3个实体型之间多对多联系的表示方法不难推出3个实体型之间一对一、一对多联系的表示方法，同时也可以将3个实体型之间联系的表示方法推广到4个或4个以上实体型之间联系的表示方法，在此不再赘述。

3. 实体型内部联系的表示

同一个实体型内部的实体之间也可能有联系。这种联系也有三种类型：$1:1$、$1:n$ 和 $m:n$，它们对应的E-R图分别如图1.13(a)～图1.13(c)所示。

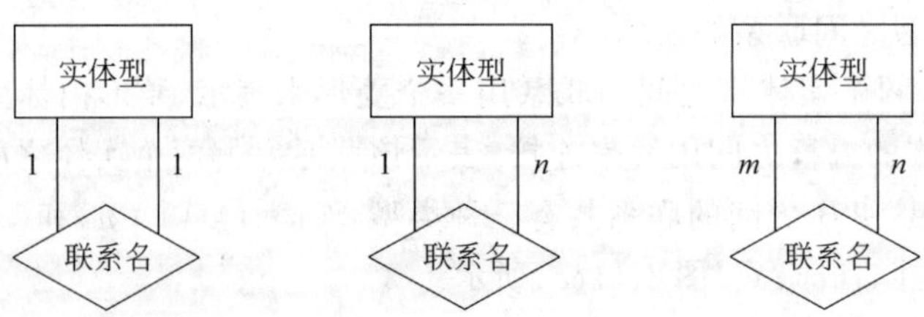

(a) 1:1 联系　(b) 1:*n* 联系　(c) *m*:*n* 联系

图1.13　实体型内实体之间的各种联系

例如，职工实体型中的实体具有领导与被领导的联系，这种联系是一对多联系，可以用图1.14表示。

4. 联系属性的表示

每个实体都有自己的属性，这很好理解。但说联系有属性，这可能不易被人们接受。实际上，联系也有自己的属性，这种情况也会出现的。例如，库存是供应商和仓库之间的联系，而库存量就是库存的一个属性。联系的属性的表示方法与实体的类似。例如，对于供应商和仓库之间的联系(库存),其属性(库存量)可以表示为如图1.15所示。

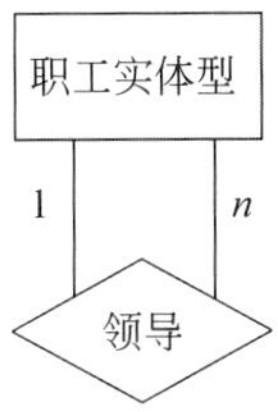

图 1.14　职工实体型内的一对多联系

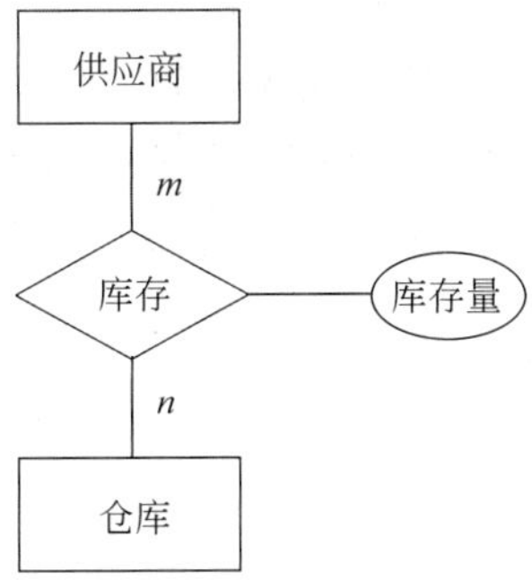

图 1.15　联系属性的表示

以上介绍的实体、属性和联系及其之间关系的表示方法是E-R图设计的基本知识。利用这些基本知识可以将现实世界中的复杂问题抽象成信息世界中的概念模型。实际上,概念模型通常是用E-R图表示的,E-R图的设计过程就是对问题进行抽象和建模的过程。

习　　题

一、填空题

1. 数据管理技术的发展经历了________、________和________3个阶段。

2. 在数据库中,最小的数据单位是________。

3. 在关系模型中,实体及实体间的联系是利用________来描述的。

4. 当应用程序严重依赖于数据的逻辑结构时,数据管理技术处于________阶段;当应用程序高度独立于数据的逻辑结构时,数据管理技术处于________阶段。

5. 数据结构是数据模型的一个基本要素,目前主要的数据结构有________、________、________和________。

6. SQL Server数据库属于________数据库。

7. 大数据的4大特性包括________、________、________和________。

8. 大数据的处理模式包括两种,分别是________和________。

9. 大数据处理的基本流程包括________、________和________。

二、简答题

1. 信息与数据有何区别与联系?

2. 什么是数据管理? 它与数据处理有何关系?

3. 简述数据库、数据库管理系统和数据库系统的概念。

4. 数据库管理系统有哪些功能?

5. 什么是数据模型? 其基本要素包含哪些?

6. 数据模型可以分为哪几种类型?

7. 数据的逻辑模型分为哪几种?

8. 什么是概念模型? 概念模型一般用什么来表示? 有何作用?

9. 什么是实体? 实体之间的联系有哪几种? 如何表示?

10. 与文件系统相比,数据库系统有哪些优点?

11. 大数据批处理模式和流处理模式有何区别?

第2章

关系数据库理论基础

掌握必要的数据库理论知识是应用数据库技术的基础。本章主要介绍关系模型和关系代数，这是数据库理论的数学基础。进而介绍关系数据库的概念和特点，接着介绍函数依赖和关系模式的相关知识，这是本章的核心内容，最后介绍关系模式的分解和规范化。通过本章的学习，读者应该掌握下列内容。

- 了解关系模型和关系代数的相关知识。
- 了解关系数据库的概念和特点。
- 了解函数依赖的概念，掌握函数依赖的判断方法。
- 重点掌握关系模式的范式及关系模式的分解和规范化方法。

2.1 关系模型

关系模型的基本要素包括关系数据结构、关系操作和关系完整性约束三部分。关系模型的数据结构是一种二维关系的集合，关系及其运算具有严密的数学理论基础。关于关系模型的有关术语在第1章中已经有所介绍，以下主要从数学论的角度来剖析关系模型的各个要素，为透彻地理解和掌握关系数据库理论奠定基础。

2.1.1 关系模型的数据结构——关系

在关系模型中，实体以及实体之间的联系都是用关系这种数据结构来描述的，它确定着关系模型的性质，具有重要的作用。

定义 2.1 令 $D=D_1\times D_2\times\cdots\times D_n=\{(d_1,d_2,\cdots,d_n)\mid d_i\in D_n,i=1,2,\cdots,n\}$，即 D 为 $D_1,D_2,\cdots,D_n$ 的笛卡儿积，则 D 的任何非空子集 R 都称为 $D_1,D_2,\cdots,D_n$ 上的 n 元关系，其中 D_i 为有限的属性值域，$i=1,2,\cdots,n$。

一个 n 元关系 R 通常记为 $R(D_1,D_2,\cdots,D_n)$，R 中的任一元素 $(d_1,d_2,\cdots,d_n)$ 称为 n 元组，简称元组(Tuple)。元组中的每个值 d_i 称为分量。n 称为关系的度或元。当 $n=1$ 时，R 称为单元关系；当 $n=2$ 时，R 称为二元关系。

从这个定义可以看出，一个关系实际上就是若干元组的集合。注意，一个关系必须是有限元组的集合，无限集合对数据库技术来说是无意义的。

笛卡儿积可以用一张二维表直观地表示。例如，假设笛卡儿积 $D=D_1\times D_2\times D_3$，其中，$D_1$ 为学号的集合，等于{202001，202002}，D_2 为姓名的集合，等于{李思思，刘洋}，D_3 为英语成绩(简称“英语”)的集合，等于{90，85，70}。于是，$D=$ {202001，202002}×{李思思,刘洋}×{90,85,70}={(202001,李思思,90),(202001,李思思,85),(202001,李思思,70),(202001,刘洋,90),(202001,刘洋,85),(202001,刘洋,70),(202002,李思思,90),(202002,李思思,85),(202002,李思思,70),(202002,刘洋,90),(202002,刘洋,85),(202002,刘洋,70)}。如果用一张二维表来表示,则可以非常直观地表示该笛卡儿积,如表2.1所示。

表2.1 笛卡儿积 D 的二维表

学号(D_1)	姓名(D_2)	英语(D_3)
202001	李思思	90
202001	李思思	85
202001	李思思	70
202001	刘洋	90
202001	刘洋	85
202001	刘洋	70
202002	李思思	90
202002	李思思	85
202002	李思思	70
202002	刘洋	90
202002	刘洋	85
202002	刘洋	70

因为 D 为一个笛卡儿积,所以由定义2.1,D 的任意子集都是3元关系。例如,令 R={(202001,刘洋,70),(202002,李思思,90)},R 为 D 的一个子集,所以 R 为3元关系。这个关系可表示为 $R(D_1,D_2,D_3)$,其对应二维表如表2.2所示。

表2.2 3元关系 R 的一个二维表

学号(D_1)	姓名(D_2)	英语(D_3)
202001	刘洋	70
202002	李思思	90

理论上讲,笛卡儿积 D 本身也是一种关系,但这种关系由于过于泛化而可能会导致语义上的矛盾,从而失去实际意义。例如,元组(202001,刘洋,90)和元组(202001,刘洋,85)就是一对矛盾的元组,因为学号为"202001"、姓名为"刘洋"的学生的英语成绩不可能同时取90分和85分这两个值。一般来说,只有部分关系有意义,而不是全部。

一个关系是笛卡儿积的有限子集,是一张二维表,由此可以衍生出数据库理论中的许多概念。现说明如下。

关系:一个关系等同于一张二维表,是有限元组的集合;一个数据库可以视为若干关系的集合。

元组：二维表中的一行对应一个元组，也称为记录。例如，在如表 2.2 所示的关系中，由“202001”“刘洋”和“70”构成的行就是元组(202001，刘洋，70)。

属性：二维表中的每一列都称为属性或字段。

域：即属性的值域，也就是属性的取值范围。例如，在如表 2.2 所示的关系中，“学号”这个属性的值域为{202001，202002}。

分量：一个元组中的一个属性值，也常称为数据项。例如，表 2.2 中的“刘洋”“70”等都是数据项。数据项不能再分了，它是关系数据库中最小的数据单位。

候选码和主码：如果二维表中存在一个属性或若干属性组合的值能够唯一标识表中的每一个元组，且如果缺少其中任一属性，那么得到的新的属性组合将不能唯一标识每一个元组，则该属性或属性组合就称为候选码，简称码；如果一个表存在候选码，且从中选择一个候选码用于唯一标识每一个元组，则该候选码称为主码(Primary key)。主码也常称为主键(主关键字段)。

主属性和非主属性：包含在任何候选码中的属性都称为主属性，不包含在任何候选码中的属性称为非主属性。

一个关系通常被要求满足下列性质。

(1) 列是同质的，即每一列中的分量是同一类型的数据，它们都是来自同一个域。

(2) 每一列为一个属性，不允许存在相同属性名的情况。

(3) 列的顺序是任意的，也就是说，列的次序可以任意交换。

(4) 不允许存在两个相同的元组。

(5) 行的顺序是任意的，也就是说，行的次序可以任意交换。

(6) 每一个分量都是不可再分的，即不允许表中套表。

一般来说，一个关系数据库产品(如 SQL Server)并不是自动支持这 6 条性质的，而是需要通过定义约束条件等方法来保证关系满足这些性质。

在关系数据库理论中还有一个重要的概念——关系模式，在下文中经常用到这个概念。

定义 2.2 假设一个 n 元关系 R 的属性分别为 $A_1, A_2, \cdots, A_n$，令 $R(A_1, A_2, \cdots, A_n)$ 表示关系 R 的描述，称为关系模式。

简单地理解，关系模式是由属性构成，与属性值无关。为了体现关系模式中的主码，对构成主码的属性添加下画线。例如，在关系模式 $R(\underline{A, B}, C, D, E)$ 中，属性 A 和 B 的组合是该关系模式的主码。

关系模式是描述关系的“型”，即凡是具有相同属性的关系都属于相同的“型”，即它们都属于同一个关系模式。因此，一个关系模式可以视为一类具有相同类型的关系的集合，属于同一个关系模式的关系都拥有相同的属性(但属性值却不一定相同)。一个特定的关系是其对应关系模式的“值”，或者说关系是关系模式这个集合中在某一时刻的一个“元素”。关系和关系模式之间的联系就好像是数据类型和数据之间的联系。所以严格地说，关系模式和关系是有区别的，即前者是后者的抽象，后者是前者的特定实例；关系模式是静态的、相对稳定的，关系是动态的、随时间变化的，是关系模式在某一时刻的状态。但在运用中常常将它们统称为关系,读者可根据上下文来区分。

2.1.2 关系操作

关系作为笛卡儿积的一个子集,理论上可以运用集合运算对其进行操作。但是作为关系模型的一种数据结构,针对它的集合运算要受到很大的限制。这些操作主要分为两大类,一种是查询操作,另一种是更新操作。

查询操作是最常用和最主要的操作,包括以下几种。

(1) 选择:从关系中检索出满足既定条件的所有元组的集合,这种操作就称为选择。其中,选择的条件是以逻辑表达式给出的,使表达式的值为真的元组被选取。从二维表的结构上看,选择是一种对行的操作。

(2) 投影:从关系中选出若干个指定的属性来组成新的关系,这种操作就称为投影。从二维表的结构上看,投影是一种对列的抽取操作。

(3) 连接:从两个关系中抽出满足既定条件的元组,并将它们"首尾相接"地拼接在一起,从而形成一个新的关系,这种操作称为连接。

(4) 除:除操作是一种行列同时参加的运算。

以下3个选择操作的共同特点是,参加运算的两个关系必须有相同的属性个数,且相应属性的取值分别来自同一个域(属性名可以不同)。

(1) 并:将两个关系中的元组合并到一起(纵向),从而形成一个新的关系,这种操作称为并。

(2) 交:将两个关系中的共同元组组成一个新的关系,这种操作称为交。

(3) 差:将第一个关系中的元组减去第二个关系中的元组,从而也产生了新的关系,这种操作称为差。

更新操作包括插入、删除和修改操作。

(1) 插入:把一个关系(元组的集合)插入到已有的关系中,形成新的关系,这种操作称为插入。

(2) 删除:从一个关系中删除满足既定条件的所有元组,剩下的元组构成新的关系,这种操作称为删除。

(3) 修改:利用给定的值更改关系中满足既定条件的所有元组的对应分量值,更改后得到新的关系,这种操作称为修改。

以上这些操作中,选择、插入、删除和修改是最常用的4种关系操作。

关系操作的特点是针对集合进行的,即操作的对象是元组的集合,操作后所得到的结果也是元组的集合。而非关系模型(网状模型和层次模型)的操作对象是一个元组。

以上是用代数方式对常用的操作进行了简要的说明,此外,还可以从逻辑方式(关系演算)的角度对这些操作进行说明。但关系代数和关系演算已经被证明在功能上是等价的,所以本书主要介绍关系代数,而不对关系演算进行介绍。

2.1.3 关系的完整性约束

关系并不是一种简单的集合,它是关系模型的数据结构。因此,不但针对关系的运算受到诸多的限制，而且关系本身也要满足一些基本要求——关系的完整性约束。完整性约束包括实体完整性约束、参照完整性约束以及用户定义的完整性约束。其中，实体完整性约束和参照完整性约束是必须被满足的，用户定义完整性约束则由用户根据应用领域的需要进行定义，可自由选择。

1. 实体完整性

实体完整性要求每一个关系中的主码属性的值不能为空或部分为空（NULL）。主码设置的目的是用于区分关系中的元组，以将各个元组区别开来。如果主码中的属性值可以为空，那么在关系中将存在一些不确定的元组，这些元组将不知道是否能够与别的元组有区别（因为空值被系统理解为"不知道"或"无意义"的值），这在关系模型中是不允许的。而且，各个元组在主码上的取值不允许相等，否则就不满足实体完整性约束。

实体完整性是关系模型必须满足的完整性约束条件。

【例 2.1】 考虑如表 2.3 所示的学生关系 student（学号，姓名，性别，专业号）和如表 2.4 所示的课程关系 course（课程号，课程名，学分）。假设学生关系的主码为"学号"，课程关系的主码为"课程号"，那么学生关系的"学号"以及课程关系的"课程号"的取值就不能为空，而且取值不能重复（能唯一标识每一行），否则就不满足实体完整性。

表 2.3　student 关系表

学号	姓名	性别	专业号
202001	刘洋	男	z1
202002	李思思	女	z2
202003	陈永江	男	z2
202004	王大河	男	z3
202005	吕文星	男	z3
202006	李鑫	女	NULL

表 2.4　course 关系表

课程号	课程名	学分
13986	数据库原理	4
13987	操作系统	4
13988	数据结构	6
13989	软件工程	3

2. 参照完整性

参照完整性与外码密切相关，这里先介绍外码的概念。

对于关系 R 和 S，假设 F 是关系 R 的一个属性或一组属性，但 F 不是 R 的码，K 是关系 S 的主码，且 F 与 K 相对应（或相同），则 F 称为 R 的外码（Foreign key），R 和 S 分别称为参照关系（Referencing relation）和被参照关系（Referenced relation），如图 2.1

所示。

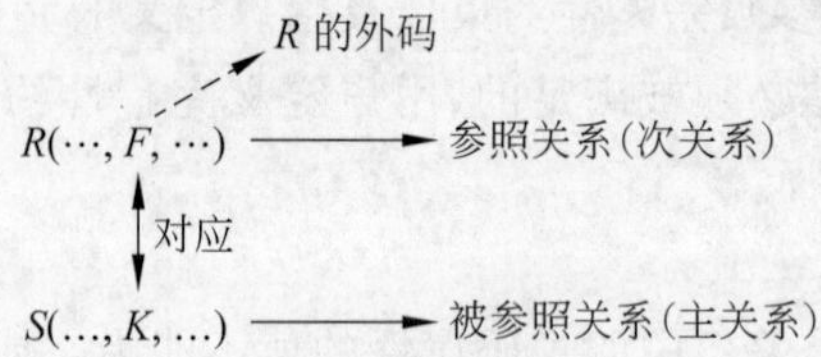

图 2.1 参照关系

通常,F 与 K 是相同的属性或属性集,至少它们的取值范围相同。一般情况下,F 与 K 是相同的属性。

外码 F 中的每个属性值必须等于主码 K 的某一个属性值或为空值,这种约束就是关系模型的参照完整性约束。这意味着如果要在关系 R 中插入一个元组,则该元组在属性 F 上的取值必须等于关系 S 中某一个元组在主码 K 上的取值或为空值,否则不能插入该元组。进一步可以发现,当关系 S 为空时,不能向关系 R 中插入元组;当要删除关系 S 中的一些元组时,必须先删除关系 R 中与这些元组相关联的元组。

参照完整性也是关系模式必须满足的完整性约束条件。

考虑另外一个选课关系 SC(学生编号, 课程编号, 成绩),如表 2.5 所示。可见属性组{学生编号,课程编号}为该关系的主码。

表 2.5 SC 关系表

学生编号	课程编号	成　绩
202001	13989	78
202001	13987	85
202002	13989	89
202003	13986	92

在选课关系"SC(学生编号,课程编号,成绩)"中,属性"学生编号"不是该关系的码,但它与学生关系"student(学号, 姓名, 性别, 专业号)"的主码"学号"相对应(见表 2.3),所以属性"学生编号"是选课关系的外码,选课关系为参照关系,学生关系为被参照关系。同理,属性"课程编号"也是选课关系的外码(见表 2.4),选课关系为参照关系,课程关系为被参照关系。

选课关系中由于外码"学生编号"和"课程编号"共同组成了该关系的主码,根据实体完整性规则,这两个属性的取值不能为空,只能为相应被参照关系中相应列中的取值。例如,表 2.5 中"学生编号"列的属性值"202001"必须等于表 2.3 中"学号"列中的某一个属性值;表 2.5 中的"课程编号"列的属性值"13989"必须等于表 2.4 中"课程号"列中的某一个属性值。

然而,若有如表 2.6 所示的专业关系 major(专业编号, 专业名),该关系的主码是"专业编号",且如表 2.3 所示学生关系中的"专业号"与该关系中的"专业编号"相对应,即"专业号”是学生关系 student 的外码。在这种情况下，由于学生关系 student 中的“专业号”不是该关系的主码，因而“专业号”列的属性值可以取空值。例如，表 2.3 中学生“李鑫”所对应的“专业号”为空值，这表明尚未给该学生分配专业。

表 2.6 major 关系表

专业编号	专业名
K0301	202001
K0302	202002
K0303	202001
K0304	202003

3. 用户定义的完整性

用户定义的完整性是指由用户定义的、针对某一具体应用需求制定的约束条件，多用于满足数据的一些语义要求。例如，在如表 2.5 所示的关系 SC 中，经常定义这样的约束：成绩的取值必须为 0～100；又如，某些属性值不能为空或取值必须唯一等。

用户定义完整性约束可以有效减少应用程序的负担，关系数据库管理系统都提供定义和检验这类完整性的机制和方法。

2.2 关系代数

关系代数是关系模型的理论基础，是关系数据库操纵语言的一种数学表达。关系操作在本质上是一种基于集合的代数运算。这种运算的操作对象和运算后所得到的结果都是元组的集合，实际上是对传统集合运算的一种拓展。以下先介绍关系代数的基本集合运算，然后介绍专门针对关系模型的关系运算。本节内容实际上是对前述关系操作的数学化描述。

2.2.1 基本集合运算

基本集合运算是指集合的并、交、差和笛卡儿积运算，这些运算都是二元运算。我们约定：本节中 $\boldsymbol{R}$ 和 $\boldsymbol{S}$ 都默认是 n 元关系，且对应属性取自同一个值域。以下介绍基于关系的基本集合运算。

1. 并∪

n 元关系 R 和 S 的并是一种新的 n 元关系，这个新的关系是由 R 的元组或 S 的元组组成，记为 $R\cup S$，即

$$R \cup S=\{x \mid x \in R \vee x \in S\}$$

2. 交∩

n 元关系 R 和 S 的交是一种新的 n 元关系，这个新的关系是由 R 和 S 的共同元组组成，也就是说，由既属于 R 的元组又属于 S 的元组组成，记为 $R\cap S$，即

$$R \cap S=\{x \mid x \in R \wedge x \in S\}$$

3. 差—

n 元关系R 和S 的差是一种新的n 元关系，这个新的关系是由属于R 的元组但不属于S 的元组组成，记为$R-S$，即

$$R - S = \{x \mid x \in R \wedge x \notin S\}$$

4. 笛卡儿积

笛卡儿积一般是指广义笛卡儿积，这种运算不要求参加运算的关系含有相同的属性集。

设R 和S 分别是n 元关系和m 元关系，则R 和S 的笛卡儿积是一种$(n+m)$元关系，该关系是由R 的每一个元组分别与S 的每一个元组进行"首尾并接"所得到的元组的集合，记为$R\times S$，即

$$R \times S = \{x_r x_s \mid x_r \in R \wedge x_s \in S\}$$

其中，$x_r x_s$ 是表示由元组x_r 和元组x_s 并接而得到的新元组。例如，如果$x_r=$(1班,李好,78)且$x_s=$(03987,陈永江,01,3班)，则$x_r x_s=$(1班,李好,78,03987,陈永江,01,3班)。

显然，如果关系R 和S 的元组个数分别为k_r 和k_s，则$R\times S$ 的元组个数为$k_r\times k_s$。

2.2.2 关系运算

相对普通集合来说，关系还拥有一些自己的特殊的运算，主要包括选择(σ)、投影(π)、连接($\bowtie$)、除($/$)等。在介绍这些运算之前，先约定一种表示方法：设x 为某一个关系R 的一个元组，L 为R 的关系模式的一个子集(即属性子集)，则令$x(L)$表示由元组x 在属性子集L 上的所有分量构成的新元组。例如，对于关系$R(A,B,C,D)$，令$x=(a,b,c,d)$，则$x(\{A,B,C\})=(a,b,c)$，$x(\{C,D\})=(c,d)$，$x(\{B\})=(b)$等。

1. 选择σ

从关系中筛选出满足既定条件的元组，这些元组又组成了一个新的关系，那么这个操作过程就称为选择。

选择的操作符用σ 表示，选择条件则用逻辑公式来表示，不妨用τ 表示逻辑公式。这样，对关系R 的选择运算就可以表示为$\sigma_\tau(R)$，即

$$\sigma_\tau(R) = \{x \mid x \in R \wedge \tau(x) = \text{true}\}$$

其中，"$\tau(x)=\text{true}$"表示元组x 满足条件公式τ。显然，对于选择运算，关键是设置选择条件τ。在数据查询中，条件公式τ 通常是由<、>、≤、≥、=、between、∧、∨ 等连接符号构成的条件表达式或逻辑表达式。

考虑如表2.3所示的学生关系student。令选择条件$\tau=$(性别='男'∧专业号='z3')，则选择运算σ_τ(student)表示查找那些专业号为"z3"的男同学，结果如表2.7所示。

表2.7 执行选择σ_τ(student)后得到的关系

学号	姓名	性别	专业号
202004	王大河	男	z3
202005	吕文星	男	z3

2. 投影 π

投影是指从关系中选出若干个指定的属性来组成新的关系。令投影的操作符为 π，L 为指定的属性子集，则关系 R 在属性子集 L 上的投影就可以表示为 $\pi_L(R)$，即

$$\pi_L(R)=\{x(L) \mid x \in R\}$$

其中，根据前面的约定可知，$x(L)$ 表示由元组 x 在属性集 L 上的取值构成的新元组。

例如，对于如表 2.3 所示的学生关系 student，令 $L=\{$姓名，性别$\}$，则学生关系在 L 上的投影：

$$\begin{aligned}\pi_L(\text{student})&=\{x(L) \mid x \in R\}\\&=\{x(\{\text{姓名,性别}\}) \mid x \in R\}\\&=\{(\text{刘洋,男}),(\text{李思思,女}),(\text{陈永江,男}),(\text{王大河,男}),\\&\quad(\text{吕文星,男}),(\text{李鑫,女})\}\end{aligned}$$

即结果如表 2.8 所示。

表 2.8 关系 student 投影后

姓　名	性　别
刘洋	男
李思思	女
陈永江	男
王大河	男
吕文星	男
李鑫	女

投影还有一种表示方法就是在投影运算表达式 $\pi_L(R)$ 中用指定的属性在关系 R 中的序号来代替 L 中的属性名。例如，对于上述投影 $\pi_{\{\text{姓名,性别}\}}(\text{student})$ 也可以表示为 $\pi_{\{2,3\}}(\text{student})$。

可见，投影就是从关系表中按指定的属性抽取相应的列，由这些列组成一个新的关系。简而言之，投影运算是对列进行筛选，而选择运算则对行进行筛选。

3. 连接 $\bowtie$

连接运算是二元运算，即涉及两个关系的运算。假设参与运算的两个关系是 R 和 S，则连接运算的结果是 R 和 S 笛卡儿积中满足属性间既定条件的元组的集合，即它是 R 和 S 笛卡儿积的一个子集。连接运算常用的主要有两种：等值连接和自然连接。

1）等值连接

对于关系 R 和 S，假设 F 和 M 分别是关系模式 R 和 S 的属性子集，如果按照 F 和 M 进行连接，则 R 和 S 的等值连接表示为：

$$R \bowtie_{F=M} S=\{x_r x_s \mid x_r \in R \wedge x_s \in S \wedge x_r(F)=x_s(M)\}$$

其中，$x_r x_s$ 表示由元组 x_r 和 x_s 连接起来而构成的新元组。可以看到，等值连接 $R \bowtie S$ 是 R 和 S 笛卡儿积的一个子集，子集中的元组在 F 和 M 上的取值相等。

2）自然连接

自然连接实际上是一种特殊的等值连接，它是在等值连接的基础上加上两个条件：①参与比较的属性子集 F 和 M 必须是相同的，即 $F=M$；②形成的新关系中不允许存在重复的属性，如果有则去掉。R 和 S 的自然连接可以表示为：

$$R \bowtie_F S = \{x_r x_s \mid x_r \in R \wedge x_s \in S \wedge x_r(F) = x_s(F)\}$$

其中，F 是关系 R 和 S 都包含的属性(组)。

考虑如表2.9和表2.10所示的两个关系，分别表示学生的基本信息和学生的考试成绩。

表2.9　关系 stu_info

姓　名	年　龄	籍　贯
刘洋	19	北京
王晓珂	22	上海
王伟志	20	上海
王伟志	21	天津

表2.10　关系 grade

姓　名	高　数	英　语
岳志强	22	66
王晓珂	98	89
王伟志	22	68
王强	68	82

那么，等值连接 stu_info $\bowtie_{年龄=高数}$ grade 和 stu_info $\bowtie_{姓名=姓名}$ grade 以及自然连接 stu_info $\bowtie_{姓名}$ grade 的结果分别如表2.11～表2.13所示。从这三个结果的对比中读者不难比较这几种连接的区别。

表2.11　stu_info $\bowtie_{年龄=高数}$ grade

姓　名	年　龄	籍　贯	姓　名	高　数	英　语
王晓珂	22	上海	岳志强	22	66
王晓珂	22	上海	王伟志	22	68

表2.12　stu_info $\bowtie_{姓名=姓名}$ grade

stu_info.姓名	年　龄	籍　贯	grade.姓名	高　数	英　语
王晓珂	22	上海	王晓珂	98	89
王伟志	20	上海	王伟志	22	68
王伟志	21	天津	王伟志	22	68

表2.13　stu_info $\bowtie_{姓名}$ grade

姓　名	年　龄	籍　贯	高　数	英　语
王晓珂	22	上海	98	89
王伟志	20	上海	22	68
王伟志	21	天津	22	68

4. 除/

对于关系模式 $\boldsymbol{R}(L_R)$ 和 $\boldsymbol{S}(L_S)$，其中，L_R 和 L_S 分别表示 $\boldsymbol{R}$ 和 $\boldsymbol{S}$ 的属性集，令 $L = L_R \cap L_S$，即 L 表示关系 $\boldsymbol{R}$ 和关系 $\boldsymbol{S}$ 的公共属性。对于任意 $x \in \pi_{L_R - L}(R)$，令 $L_x = \{t(L) \mid t \in R \wedge t(L_R - L) = x\}$，则 L_x 称为 x 在 R 中关于 L 的**像集**。关系 $\boldsymbol{R}$ 和 $\boldsymbol{S}$ 的除运算产生一个新关系：该新关系由投影 $\pi_{L_R-L}(R)$ 中的某些元组组成，这些元组在 R 中关于 L 的像集包含 S 在 L 上的投影 $\pi_L(\boldsymbol{S})$。于是，关系 $\boldsymbol{R}$ 和 $\boldsymbol{S}$ 的除 $\boldsymbol{R}/\boldsymbol{S}$ 可以表示：

$$\boldsymbol{R}/\boldsymbol{S} = \{t(L_R - L) \mid t \in \boldsymbol{R} \wedge \pi_L(\boldsymbol{S}) \subseteq L_x \wedge x = t(L_R - L)\}$$

考虑如表 2.14(a)和表 2.14(b)所示的关系 R 和 S，求 R/S。

令 $L_R = \{A, B, C, D\}$，$L_S = \{C, D, F\}$，则 $L = \{C, D\}$，$L_R - L = \{A, B\}$ 以及 $L_S - L = \{F\}$。于是，$\pi_{L_R-L}(R) = \pi_{\{A,B\}}(R) = \{(a_1, b_1), (a_2, b_2), (a_3, b_3)\}$，其中，各元组关于 $L = \{C, D\}$ 的像集如下。

$$L_{(a1,b1)} = \{(c_1, d_1), (c_2, d_2)\}$$
$$L_{(a2,b2)} = \{(c_3, d_3)\}$$
$$L_{(a3,b3)} = \{(c_4, d_4)\}$$

S 在 L 上的投影 $\pi_L(S) = \pi_{\{C,D\}}(S) = \{(c_1, d_1), (c_2, d_2)\}$。由于 $L_{(a1,b1)}$ 包含 $\pi_L(S)$，而 $L_{(a2,b2)}$ 和 $L_{(a3,b3)}$ 都不包含 $\pi_L(S)$，故 $R/S = \{(a_1, b_1)\}$，其对应的二维表如表 2.14(c)所示。

表 2.14　关系 *R* 和 *S*

(a) 关系 R

A	B	C	D
$a1$	$b1$	$c1$	$d1$
$a1$	$b1$	$c2$	$d2$
$a2$	$b2$	$c3$	$d3$
$a3$	$b3$	$c4$	$d4$

(b) 关系 S

C	D	F
$c1$	$d1$	$f1$
$c2$	$d2$	$f2$

(c) 关系 R/S

A	B
$a1$	$b1$

用类似方法可以计算 stu_info/grade 为空集。

与集合论相比，这里介绍的关系运算显得比较简单，但这些内容是 SQL 查询功能的理论基础。要深入理解 SQL 的查询功能，特别是想在理论上去探讨这些功能，最好先掌握这些知识。

2.3 关系数据库

关系数据库是迄今最为流行的数据库，如 Server SQL 数据库、Oracle 数据库等都是关系数据库。关系数据库已广泛应用于实际工程项目，如电信、银行、办公、电子商务等领域无一不与关系数据库有着密切的联系。掌握关系数据库的原理、概念等有关知识是 IT 从业人员必备的基本常识。

2.3.1 关系数据库的概念

关系数据库(Relation database)是以关系模型为基础的数据库，它是利用关系来描述实体及实体之间的联系。简单地说，一个关系数据库是若干个关系的集合。一个关系可表示为一张二维表(也称数据表)，因此一个关系数据库也可以理解为若干张二维表的集合。本章前面介绍的内容都是关系数据库的代数理论基础，对我们理解关系数据库的原理有很大的帮助。

一张数据表是由一系列的记录(行)组成，每一条记录由若干个数据项组成。数据项也是前面讲到的字段值、属性值，它是关系数据库中最小的数据单位，不能再分解。

在关系数据库中，每一张数据表都有自己的表名。在同一个数据库中，表名是唯一的。当要访问数据库中的某一个数据项时，先通过表名找到相应的数据表，然后检索到该数据项所在的记录，最后通过记录访问到该数据项。

读者可能发现，在前面介绍关系模型时经常提到"元组""分量"等概念，而在关系数据库中又经常提到"记录""数据项"等概念。这显得很混乱，到底它们之间是怎样的关系呢？实际上，"元组""分量"等概念多用于描述关系模型，可理解为理论范畴中的概念；而"记录""数据项"则分别是"元组""分量"在关系数据库中的映像，不妨理解为它们的实例化对象。由此可以看出，它们基本上是对应的。这种对应关系说明如表 2.15 所示(但这种对应关系不是严格的，在使用中要视上下文而定)。

表 2.15 术语的对应关系

关系模型	关系数据库
关系	数据表
元组	记录
属性	字段
分量	数据项
域	字段值域
主码	主关键字段(主键)
外码	外关键字段(外键)
关系模式	字段集

2.3.2 关系数据库的特点

关系数据库的主要特点和优点如下。

(1) 具有较小的数据冗余度，支持创建数据表间的关联，支持较为复杂的数据结构。

(2) 应用程序脱离了数据的逻辑结构和物理存储结构，数据和程序之间的独立性高。

(3) 实现了数据的高度共享，为多用户的数据访问提供了可能。

(4) 提供了各种相应的控制功能，有效保证数据存储的安全性、完整性和并发性等，为多用户的数据访问提供了保证。

2.4 函数依赖

关系数据库是若干张数据表的集合，这些表是用于描述实体及其之间的关联。问题是，对于给定的现实问题，为减少数据冗余以及避免由此带来的其他问题，要在数据库中设计哪些数据表？怎么设计？表之间的关联又如何？这些都是数据库设计需要考虑的重要问题。通过分析属性之间的函数依赖，并由此规范化设计的关系模式，可以为解决这些问题提供一种有效的方法。

2.4.1 函数依赖的概念

在一个关系模式中，属性之间一般存在关联，彼此间有依赖和制约关系，这种关系通常称为数据依赖。数据依赖又分为函数依赖和多值依赖，其中，函数依赖对数据库设计十分重要。本节主要介绍函数依赖及其在关系模式优化中的应用。

先考虑如表2.3所示的学生关系模式 student(学号，姓名，性别，专业号)，其中，学号唯一确定着每一个学生实体，不同的学号所对应的学生实体是不一样的。一旦学号确定了，其他属性值(即姓名、性别、专业号)也就确定了；然而，当其他属性值(如性别)确定了，学号却不一定确定。例如，性别为女的学生实体有两个，这两个实体的学号分别为"202002"和"202006"。分析关系模式的这种确定关系对数据表的设计至关重要，这就是函数依赖分析的主要任务。为此，先对函数依赖进行形式化定义。

定义 2.3　设 $\boldsymbol{R}(U)$是属性集 U 上的一个关系模式，A，$B\subseteq U$，对于 $\boldsymbol{R}(U)$的任意一个关系 r，若关系 r 的任意两个元组 x_1，x_2 满足 $x_1(A)=x_2(A)$，则必有 $x_1(B)=x_2(B)$，那么 **A 函数决定 B**，或称 **B 函数依赖于 A**，记为 **A→B**，A 中的每个属性都称为**决定因素**(Determinant)，其中，$x_1(A)$表示元组 x_1 在属性集 A 上的取值。如果 $A\to B$ 且 $B\to A$，则记为 $A\leftrightarrow B$；如果 $A\to B$ 不成立，则记为 $A\nrightarrow B$。通常，用 $\boldsymbol{F}$ 表示关系模式 $\boldsymbol{R}(U)$上所有函数依赖构成的集合，称为 $\boldsymbol{R}(U)$的**函数依赖集**。

【例 2.2】　考虑如表2.3所示的学生关系模式 student(学号，姓名，性别，专业号)。按照常理，学号是不允许重复的，因此学号相同的两个学生元组在其他属性上的取值肯定相同，于是可以推出{学号}→{姓名}，{学号}→{性别}，{学号}→{专业号}。

属性间的这种函数依赖关系实际上跟语义有关，它属于语义范畴的概念。例如，如果不允许出现重名的学生元组，则可以有{姓名}→{学号}，进而{学号} ↔ {姓名}。

为方便起见，如果属性集是由单个属性构成，标识集合的大括号"{"和"}"可以省略，如"{学号}→{姓名}"可以写成"学号→姓名"。

注意，函数依赖不是指关系模式 $\boldsymbol{R}(U)$的某一个或某一些关系满足的约束条件，而是指关系模式 $\boldsymbol{R}(U)$的所有关系均需要满足的约束条件。换而言之，在设计关系模式时，不能仅针对某一个特定的关系来判断函数依赖，而必须从实际问题的语义上考虑，要考虑每一个可能的关系(或者说，从问题的语义上去全面考虑每一种可能)。例如，表2.3刻画了一个特定的关系(由6个元组构成)。假设这个关系为 r，则关系 r 的任意两个元组 x_1，

x_2 均满足：如果 x_1(姓名)=x_2(姓名)，则必有 x_1(学号)=x_2(学号)。于是，根据定义 2.3，似乎有：姓名→学号。但是根据一般常识(语义)，可能有重复的人名，从而上述断言不成立，因而"姓名→学号"不成立，除非有明确的语义信息表示：在面向的应用中，没有重复的人名出现。总之，函数依赖是语义范畴的概念。可以利用一个具体的关系来确定某一个函数依赖不成立，但不能据此断定某个函数依赖是成立的；要断定某个函数依赖是成立的，必须利用问题的语义来完成，考虑所有可能的关系。

下面介绍如何判断两个属性集之间的函数依赖关系。

令 X 和 Y 为 U 的两个不同的子集，X 和 Y 之间的联系是通过元组在这两个属性集上的取值的对应关系来体现的。与实体间的联系类似，X 和 Y 之间的联系类型也包括以下三种。

(1) 1∶1 型(一对一)。这时 X 和 Y 之间存在函数依赖：$X \to Y$ 且 $Y \to X$，即 $X \leftrightarrow Y$。

(2) m∶1 型(多对一)。这时只存在函数依赖：$X \to Y$。

(3) m∶n 型(多对多)。这时 X 和 Y 之间不存在任何函数依赖关系。

这些关联类型为我们提供了一种直观、快速找出一个关系上所有函数依赖的方法。例如，在如表 2.3 所示的关系中，学号和性别之间的联系类型是 m∶1 型(如两个学号 202002 和 202006 对应一个性别值"女")，因此存在函数依赖：学号→性别；类似地，学号→姓名、学号→专业号。

如前所述，这种判断只是为我们断定函数依赖提供第一层"感知"，仅仅是一种辅助信息，不一定正确，因为我们依据的只是某一个特定的关系，并不是所有的关系。例如，如果仅观察如表 2.3 所示的关系(特定的关系)，那么学号和姓名之间的联系类型是 1∶1 型。但实际经验告诉我们，姓名可能有重复，这样就有可能出现多个不同的学号对应同一个姓名的情况，因此这种联系类型应该是 m∶1 型，而不是 1∶1 型。

定义 2.4 设 $R(U)$是属性集 U 上的一个关系模式，$A, B \subseteq U$。若 $A \to B$ 是一个函数依赖，如果 $B \subseteq A$，则称 $A \to B$ 为一个平凡函数依赖；如果 $B \not\subseteq A$，则称 $A \to B$ 为一个非平凡函数依赖。

对于任意 $B \subseteq A$，显然有 $A \to B$，它是一种平凡函数依赖。例如，"{学号，姓名}→姓名"是一种平凡函数依赖。由于平凡函数依赖没有实际意义，一般不予以讨论，在默认情况下提到的函数依赖均指非平凡函数依赖。

定义 2.5 设 $R(U)$是属性集 U 上的一个关系模式，$A, B \subseteq U$。若 $A \to B$ 是一个函数依赖，并且对于任意 $C \subset A$ 且 C 非空，均有 $C \nrightarrow B$，则称 $A \to B$ 是一个**完全函数依赖**(Full functional dependency)，即 B 完全函数依赖于 A，记为 $A \xrightarrow{f} B$，否则称 $A \to B$ 是一个**部分函数依赖**(Partial functional dependency)，即 B 部分函数依赖于 A，记为 $A \xrightarrow{p} B$。

【例 2.3】 考虑如表 2.5 所示的选课关系模式 SC(学生编号，课程编号，成绩)，{学生编号，课程编号}$\xrightarrow{f}$成绩，因为学生编号$\nrightarrow$成绩且课程编号$\nrightarrow$成绩。又如，对于如表 2.3 所示学生关系模式 student(学号，姓名，性别，专业号)，不难看出，{学号，姓名}$\xrightarrow{p}$性别，因为确实有{学号，姓名}→性别，但学号→性别。

显然，对于函数依赖 $A \to B$，如果 A 只包含一个属性，则必有 $A \xrightarrow{f} B$，因为这时的 A 不存在非空真子集。也就是说，只有当决定因素是组合属性时，讨论部分函数依赖才有意义。

定义 2.6　设 $R(U)$ 是属性集 U 上的一个关系模式，$A, B, C \subseteq U$。若 $A \to B$ ($B \not\subseteq A$, $B \nrightarrow A$)，且 $B \to C$ ($C \not\subseteq B$) 成立，则称 C 传递函数依赖于 A，记为 $A \xrightarrow{t} C$。

在上述定义中，要求 $B \not\subseteq A$ 且 $C \not\subseteq B$，这意味着不考虑平凡函数依赖；如果允许 $B \to A$，则 $A \leftrightarrow B$，这时称 C **直接函数依赖**于 A，而不是传递函数依赖。所以，在传递函数依赖定义中，$B \nrightarrow A$ 是必需的。

【例 2.4】　对于关系模式——分班(学号，班级号，班长)，容易知道学号→班级号，班级号→班长，又因为班级号↛学号，于是学号 $\xrightarrow{t}$ 班长。

在参与传递的两个函数依赖 $A \to B$ 和 $B \to C$ 中，如果 $A \to B$ 和 $B \to C$ 都是完全函数依赖，那么产生的传递函数依赖 $A \xrightarrow{t} C$ 也是完全函数依赖；$A \to B$ 和 $B \to C$ 中只要有一个是部分函数依赖，则 $A \xrightarrow{t} C$ 是部分函数依赖。

综上所述，函数依赖包括三种类型：完全函数依赖、部分函数依赖和传递函数依赖。传递函数依赖可能与其他两个函数依赖同时体现在一个函数依赖上，这时通过在箭头上方标注“f,t”或“p,t”来区别，例如，$A \xrightarrow{f,t} B$，$A \xrightarrow{p,t} B$ 分别表示 B 完全且传递依赖于 A 和 B 部分且传递依赖于 A。

2.4.2　函数依赖的性质(Armstrong 公理系统)

函数依赖关系并不是相互独立的，它们之间存在着一些逻辑蕴涵关系。这种关系有时候对挖掘新的函数依赖有着非常重要的作用。例如，有时候我们已经知道了一些函数依赖，从这些函数依赖中可以非常直观地发现另外一些关键的函数依赖，这种发现可能较之直接从关系中寻找要容易得多。

那么，这里的问题是，已知由若干个函数依赖构成的集合 F，如何从这个集合 F 中发现其蕴涵的函数依赖？显然，这个发现的过程就是一个推理的过程，需要一套推理规则。1974 年，Armstrong 首次提出了这样的一套推理规则，由此构成的系统就是著名的 Armstrong 公理系统。

在关系模式 $R(U)$ 中，假设 A, B, C, D 为 U 的任意子集，那么在 Armstrong 公理系统中，基于函数依赖集 F 的推理规则可以归结为以下 3 条。

(1) 自反律：若 $C \subseteq B$，则 $B \to C$ 为 F 所蕴含(平凡函数依赖)。

证明：对任意一个关系 r，由于 $C \subseteq B$，故对关系 r 的任意两个元组 x_1, x_2，如果 $x_1(B) = x_2(B)$，则必有 $x_1(C) = x_2(C)$，即有 $B \to C$。

(2) 增广律：若 $B \to C$ 为 F 所蕴含，则 $B \cup D \to C \cup D$ 为 F 所蕴含。

证明(反证法)：如果关系 r 中存在元组 x_1, x_2，它们不满足函数依赖 $B \cup D \to C \cup D$，即 $x_1(B \cup D) = x_2(B \cup D)$，但 $x_1(C \cup D) \neq x_2(C \cup D)$。$x_1(B \cup D) = x_2(B \cup D)$ 蕴含着 $x_1(B) = x_2(B)$ 且 $x_1(D) = x_2(D)$。由已知条件 $B \to C$，故有 $x_1(C) = x_2(C)$。由

$x_1(C \cup D) \neq x_2(C \cup D)$可知,$x_1(C) \neq x_2(C)$或$x_1(D) \neq x_2(D)$。如果$x_1(C) \neq x_2(C)$,这与上述结论矛盾;如果$x_1(D) \neq x_2(D)$,这也与上述的结论矛盾。所以,假设不成立,即增广律成立。

(3) 传递律:若$B \to C$且$C \to D$为F所蕴含,则$B \to D$为F所蕴含。

证明:对于任意关系r以及关系r中任意两个元组x_1,x_2,假设$x_1(B) = x_2(B)$。因$B \to C$,故$x_1(C) = x_2(C)$;因$C \to D$,故$x_1(D) = x_2(D)$。这说明,如果$x_1(B) = x_2(B)$,则必有$x_1(D) = x_2(D)$,因此$B \to D$成立。

基于上述的推理规则,进一步得到下列的推理规则。

(4) 自合规则:$B \to B$。

(5) 合并规则:若$B \to C$且$B \to D$,则$B \to C \cup D$。

(6) 分解规则:若$B \to C \cup D$,则$B \to C$且$B \to D$。

(7) 复合规则:若$A \to B$且$C \to D$,则$A \cup C \to B \cup D$。

(8) 伪传递规则:由$B \to C$,$A \cup C \to D$,有$A \cup B \to D$。

定理 2.1 在关系模式$R(U)$中,B及B_1,B_2,…,B_n是U的子集,则$B \to B_1 \cup B_2 \cup \cdots \cup B_n$成立的充分必要条件是$B \to B_i$成立,其中,$i = 1, 2, \cdots, n$。

证明:先证必要性。已知$B \to B_1 \cup B_2 \cup \cdots \cup B_n$成立,根据分解规则,$B \to B_i$成立,其中,$i = 1, 2, \cdots, n$。

再证充分性。已知$B \to B_i$成立,其中,$i = 1, 2, \cdots, n$,根据合并规则,$B \to B_1 \cup B_2 \cup \cdots \cup B_n$成立。证毕。

下文中为表述方便,将左部相同的多个函数依赖$B \to B_1$,$B \to B_2$,…,$B \to B_n$转换为$B \to B_1 \cup B_2 \cup \cdots \cup B_n$的操作称为对这些函数依赖的**极大化处理**;相应地,将多个关系模式$\mathrm{R_1(B \cup B_1)}$,$\mathrm{R_2(B \cup B_2)}$,$\mathrm{R_n(B \cup B_n)}$转换为$\mathrm{R_1(B \cup B_1 \cup B_2 \cup \cdots \cup B_n)}$的操作称为对这些关系模式的**极大化处理**。

2.4.3 候选码和主码

在关系模型中,码是一个很重要的概念。前面已经提到这个概念,这里利用函数依赖的概念,就候选码和主码给出严格的定义。

定义 2.7 在关系模式$R(U)$中,假设$A \subseteq U$,如果$A \xrightarrow{f} U$,则A称为关系模式$R(U)$的一个候选码;候选码可能有多个,从候选码中选择一个用于唯一标识关系中的每一个元组,则该候选码称为**主码**(Primary key)。

通常将主码和候选码简称为码。包含在任何码中的属性称为**主属性**(Prime attribute),不包含在任何码中的属性称为**非主属性**(Nonprime attribute),或**非码属性**(Non-key attribute)。最简单的情况,单个属性构成码;最极端的情况是,一个关系模式的所有属性构成码,称为全码(All key)。

码是由一个或多个属性组成,可从三个方面去理解它。第一是标识性,或称区分性,是指关系中任意两个不同的元组在这些属性上取值不一样,换而言之,这些属性可以唯一区分关系中的每一个元组;第二是极小性,意指如果一个候选码是由多个属性组成,则其中每一个属性都是必要的，删除其中任意一个属性，剩下的属性就不能唯一标识关系中的每一个元组；第三是语义性，必须从语义上去考虑一个属性组是否可以作为码，而不能仅凭某一个特定的关系来判断。例如，在如表 2.2 所示的关系中，各个元组在英语这个属性上的取值是不相同的，因此该属性似乎可以区别每一个元组，属于该关系的码，但实际语义是：学生考取的英语成绩有可能是相同的，因此该属性不能作为关系的码。

总之，对于候选码和主码，需要注意以下两点。

(1) 为正确理解候选码 A，应该紧紧抓住其以下三个特性。

① 标识性：A 可以函数决定 U，即 $A \rightarrow U$，可以唯一标识关系中的每一个元组。

② 极小性：A 具有极小性，即 A 的任何真子集都不可能函数决定 U。

③ 语义性：候选码和主码也是语义范畴的概念，在实际中必须从问题的语义上去判断一个属性组是否可以作为关系的码。

(2) 候选码可能有多个。如果有多个候选码，则它们的地位是平等的，任何一个都可以被设置为主码。在应用当中，一般是根据实际需要来将某一个候选码设置为主码。

定理 2.2　在关系模式 $R(U)$中，对任意 A，$B \subseteq U$ 且 $A \cup B = U$，如果 $A \xrightarrow{f} B$，则有 $A \xrightarrow{f} U$，从而 A 是关系模式 $R(U)$的一个候选码。

该定理的证明留作练习。利用该定理，可比较容易找出一个关系的候选码。

【例 2.5】　考虑如表 2.16 所示的学生成绩关系模式，其中，U=｛学号，姓名，系别，成绩｝。对于属性“学号”，容易验证：学号$\xrightarrow{f}$｛姓名，系别，成绩｝，而｛学号｝$\cup$｛姓名，系别，成绩｝$=U$。根据定理 2.2，“学号”是学生成绩关系模式的一个候选码。

表 2.16　学生成绩关系

学　号	姓　名	系　别	成　绩
1	赵高	计算机系	60
2	赵高	计算机系	71
3	王永志	计算机系	87
4	蒙恬	电子商务系	87
5	蒙恬	电子商务系	54
6	李思思	电子商务系	92

通过判断属性集之间的联系类型获得一个关系模式的函数依赖集 F。利用函数依赖集 F，可以求出所有的候选码，这是数据库设计当中的一个重要的能力。下面先看一个例子。

【例 2.6】　对于关系模式 $R(U)$，假设 $U=\{a, b, c, d, e\}$，函数依赖集 $F=\{\{a,b\} \rightarrow c, b \rightarrow d, c \rightarrow e, \{c,e\} \rightarrow b, \{a,c\} \rightarrow b\}$，求该关系模式的所有候选码。

解：根据候选码的定义，如果 A 是 $R(U)$的候选码，则要求 $A \xrightarrow{f} U$。为此，需要先找到满足 $A \xrightarrow{f} U$ 的 A。这样的 A 多出现在 F 中函数依赖的左边，这包括 b，c，$\{a,b\}$，$\{c,$

$e\}$，$\{a,c\}$。根据 Armstrong 公理系统，$b \to U$ 不为 F 所蕴含，故 $\{b\}$ 不可能是 $R(U)$ 的候选码，同理，$\{c\}$ 也不是。

现考察 $\{a,b\}$。由 $\{a,b\} \to c$ 和 $c \to e$ 推出 $\{a,b\} \to e$。加上 F 包含 $\{a,b\} \to c$ 和 $b \to d$，故由复合规则，$\{a,b\} \to \{c,d,e\}$，进而 $\{a, b\} \to \{a, b, c, d, e\} = U$。从 F 看，可以推出 $a \nrightarrow U$ 且 $b \nrightarrow U$，故 $\{a, b\} \xrightarrow{f} U$，从而 $\{a,b\}$ 为 $R(U)$ 的一个候选码。类似可证，$\{a,c\}$ 也是 $R(U)$ 的一个候选码。但是，作为决定因素，$\{c,e\}$ 能够函数决定的最大子集是 $\{b,c,d,e\}$，因此 $\{c,e\} \nrightarrow U$，故 $\{c,e\}$ 不是候选码。

总之，$\{a,b\}$ 和 $\{a,c\}$ 是 $R(U)$ 的两个候选码。

上述分析方法似乎也可以找到一个关系模式的候选码，但总是觉得思路不够清晰，带有很大的"随机性"。为此，下面介绍一种思路确定的、可以求出一个关系模式所有候选码的方法。

2.4.4 属性集闭包与候选码求解方法

定义 2.8 设 $R(U)$ 是一个关系模式，F 为 $R(U)$ 的一个函数依赖集，$B, C \subseteq U$。如果利用 Armstrong 公理系统中的推理规则能够从函数依赖集 F 中推出 $B \to C$，则称 F 逻辑蕴涵 $B \to C$，记为 $F \mid= B \to C$；F 所逻辑蕴涵的函数依赖的集合称为 F 的闭包，记为 F^+，即 $F^+ = \{B \to C \mid F \mid= B \to C\}$。

在关系模式优化时，很多时候需要判断 F 是否逻辑蕴涵 $B \to C$。如果 F^+ 已经计算出来，那么只要判断是否 $B \to C \in F^+$ 即可。但是，计算 F^+ 是一个 NP 难问题。根据组合数学，U 的子集一共有 $2^{|U|}$ 种，这样一共就有 $2^{|U|} \times 2^{|U|} = 2^{|U|^2}$ 种函数依赖。我们需要逐一判断每一个函数依赖是否可以由 F 推出，这样才能求出闭包 F^+。显然，这是一个指数级复杂度的问题，一般不直接计算 F^+。

定义 2.9 设 $R(U)$ 是一个关系模式，F 为 $R(U)$ 的一个函数依赖集，B 是 U 的一个子集，令 $B_F^+ = \{a \in C \mid B \to C \in F^+, C \subseteq U\}$，$B_F^+$ 称为属性集 B 关于 F^+ 的**闭包**，或简写为 B^+。

根据 B^+ 的定义，不难证明下面的定理。

定理 2.3 设 $R(U)$ 是一个关系模式，F 为 $R(U)$ 的一个函数依赖集，B 是 U 的一个子集，则有：

(1) $B^+ = \{a \in C \mid F \mid= B \to C, C \subseteq U\}$。

(2) $B \subseteq B^+$。

(3) F 逻辑蕴涵 $B \to C$（即 $B \to C \in F^+$）当且仅当 $C \subseteq B^+$。

判断 $B \to C$ 是否成立就变成了 B^+ 的计算问题以及判断 C 是否包含于 B^+ 的问题。由于计算 B^+ 要比计算 F^+ 容易得多，且 $|B^+|$ 远远小于 $|F^+|$，因此判断 F 是否逻辑蕴涵 $B \to C$ 就变成一件相对简单的事情。

为了表述的简便，当一个集合仅由一个元素构成时，本书一般将表示集合的符号"{"和"}"去掉，仅写该元素本身。例如，如果 $B = \{b\}$，$C = \{a, c\}$，则 B^+ 和 $B \to C$ 分别写成 b^+ 和 $b \to \{a, c\}$。

闭包求解算法：给定 F 和子集 B，计算闭包 B^+。

(1) 令 $L=B$。

(2) 遍历 F 中各个函数依赖，如果存在未用的函数依赖 $A \to C \in F$，使得 $A \subseteq L$，则令 $L=L \cup C$ 并将该函数依赖标记为已用，否则转步骤(4)。

(3) 重复步骤(2)。

(4) 返回 L(L 即为所求的闭包 B^+)。

【例 2.7】 假设关系模式 $R(U)$的函数依赖集 $F=\{a \to b,\ b \to c,\ h \to b\}$，请计算闭集 a^+ 及$\{b,h\}^+$，其中 $U=\{a,\ b,\ c,\ h\}$。

解：先计算 A^+，过程如下。

(1) $L=\{a\}$。

(2) 遍历 F，发现 $a \to b$ 的左部为当前 L 的子集，故令 $L=L \cup \{b\}=\{a,\ b\}$。

(3) 遍历 F，发现 $b \to c$ 的左部为当前 L 的子集，故令 $L=L \cup \{c\}=\{a,\ b,\ c\}$。

(4) 遍历 F，未发现未用的函数依赖满足条件，输出 L。

结果，$a^+=\{a,\ b,\ c\}$。

然后再计算$\{b,h\}^+$，过程如下。

(1) $L=\{b,h\}^+$。

(2) 遍历 F，发现 $b \to c$ 的左部为当前 L 的子集，故令 $L=L \cup \{c\}=\{b,c,h\}$。

(3) 遍历 F，发现 $h \to b$ 的左部为当前 L 的子集，故令 $L=L \cup \{b\}=\{b,c,h\}$。

(4) 遍历 F，未发现未用的函数依赖满足条件，输出 L。

结果，$\{b,h\}^+=\{b,c,h\}$。

对给定的属性集 B，B^+ 表示 B 函数决定的最大属性集合。如果 $B^+=U$，则意味着 $B \to U$，这样 B 至少包含一个候选码。

对于关系模式 $R(U)$，F 为函数依赖集。为求 $R(U)$的所有候选码，先利用函数依赖集 F 对 U 中的属性划分为如下 4 类。

(1) L 类：仅出现在 F 中函数依赖左部的属性。

(2) R 类：仅出现在 F 中函数依赖右部的属性。

(3) N 类：在 F 中函数依赖左右两边均未出现的属性。

(4) LR 类：在 F 中函数依赖左右两边均出现的属性。

定理 2.4 对于给定的关系模式 $R(U)$及其函数依赖集 F，a 是 U 中的一个属性，即 $a \in U$，则有下面的结论。

(1) 若 $a \in L$ 类，则 a 包含在$R(U)$的每一个候选码中，即 a 为$R(U)$的每一个候选码的成员。

(2) 若 $a \in R$ 类，则 a 不包含在$R(U)$的每一个候选码中。

(3) 若 $a \in N$ 类，则 a 包含在$R(U)$的每一个候选码中，同 L 类属性。

(4) 若 $a \in \mathrm{LR}$ 类，则 a 可能包含在候选码中，也可能没有。

(5) 令 $\mathrm{LN}=\{a \in L$ 类$\cup N$ 类 $\mid a \in U\}$，即 LN 表示 U 中所有属于 L 类或 N 类属性的集合，如果 $\mathrm{LN}^+=U$，则 LN 是 $R(U)$唯一的候选码。

由 Armstrong 公理系统和属性集闭包的定义，不难给出该定理的证明，本书在此省略此证明过程。

L 类和 N 类的属性肯定包含在每一个候选码中，R 类中的属性则不包含在任一候选码中，而 LR 类中的属性则可能包含也可能不包含在任一候选码中。因此，需要做的是检查 LR 类的每一个属性子集和 LN 的并集是否是一个候选码。假设 LR 类中的属性个数为 n，则 LR 类属性的非空子集个数为 2^n-1。根据候选码的极小性，如果一个属性子集是候选码，则包含该属性子集的其他子集不可能是候选码了。因此，可以从检查 LR 类属性的 1 元子集开始，然后是 2 元子集、3 元子集、……、最后是 n 元子集；如果 i 元子集和 LN 的并集已经是一个候选码了(根据组合数学，i 元子集的个数为 $C(i,n)$)，则不需要再考虑包含该 i 元子集的其他 k 元子集了($i<k\leqslant n$)，从而减少不必要的计算开销。这样，通过搜索 LR 类的所有非空属性子集，可以求出一个关系模式所有的候选码。下面给出具体的求解步骤。

候选码求解算法：给定关系模式 $R(U)$ 以及函数依赖集 F，求 $R(U)$ 的所有候选码。

```
(1)  Ckeys=φ;            //用于存放候选码
(2)  利用F,求出L类、R类、N类、LR类属性,然后将这4类属性集分别记为L、R、N、LR,并令
     LN=L∪N;
(3)  计算LN⁺,如果LN⁺=U,则转步骤(10),否则转步骤(4);
(4)  For i to n do        //n=|LN|
     {
(5)      产生LN的m个i元子集:LN(i,1),LN(i,2),…,LN(i,m),其中,m=C(i,n);
(6)      For j to m do
         {  //注:将LN跟每一个i元子集进行并集,然后有选择地计算它们的闭包
(7)         如果LN∪LN(i,j)不包含Ckeys中的任何元素(已产生的候选码),则:
(8)             计算(LN∪LN(i,j))⁺;
(9)             如果(LN∪LN(i,j))⁺=U,则令Ckeys=Ckeys∪{LN∪LN(i,j)};
                                                   //LN∪LN(i,j)为候选码
         }
     }
(10) 输出Ckeys,结束计算过程。
```

计算结束后，Ckeys 包含的即为所要求的对应关系模式的所有候选码。

【例 2.8】 对于关系模式 $R(U)$，假设 $U=\{a,b,c,d\}$，函数依赖集 $F=\{b\to d,d\to b,\{a,c\}\to d,\{a,d\}\to b\}$，试求 $R(U)$ 的所有候选码。

解：根据上述给出的候选码求解算法，先求出 L 类、R 类、N 类、LR 类属性，结果 $L=\{a,c\}$，$R=\phi$，$N=\phi$，$\mathrm{LR}=\{b,d\}$，由此 $\mathrm{LN}=L\cup N=\{a,c\}$。然后计算 $\{a,c\}^+$，结果 $\{a,c\}^+=U$，故 $\{a,c\}$ 为关系模式 $\boldsymbol{R}(U)$ 的唯一候选解。

【例 2.9】 考虑例 2.6 中的关系模式 $R(U)$，试用上述方法求 $R(U)$ 的所有候选码。

解：按上述候选码求解算法，求 $R(U)$ 所有候选码的步骤如下。

(1) Ckeys$=\phi$；

(2) 求出 L 类、R 类、N 类、LR 类属性，结果 $L=\{a\}$，$R=\{d\}$，$N=\phi$，$\mathrm{LR}=\{b,c,e\}$，由此 $\mathrm{LN}=L\cup N=\{a\}$；

(3) $LN^+=\{a\}\neq U$,故 $LN=\{a\}$还不是候选码,需要继续后面的计算;

(4) 产生 $LR=\{b,c,e\}$的1元子集:$\{b\}$,$\{c\}$,$\{e\}$,一共有3个;

(5) 将LN跟每个1元子集合并,结果得到3个属性集:$\{a,b\}$,$\{a,c\}$,$\{a,e\}$;

(6) 求各个并集的闭包,结果:$\{a,b\}^+=\{a,b,c,d,e\}=U$,$\{a,c\}^+=\{a,b,c,d,e\}=U$,$\{a,e\}^+=\{a,e\}\neq U$,这表明$\{a,b\}$和$\{a,c\}$是候选码,添加到集合Ckeys中,这时 $Ckeys=\{\{a,b\},\{a,c\}\}$;

(7) 产生 $LR=\{b,c,e\}$的2元子集:$\{b,c\}$,$\{b,e\}$,$\{c,e\}$,一共有3个;

(8) 将LN跟每个2元子集合并,结果得到3个属性集:$\{a,b,c\}$,$\{a,b,e\}$,$\{a,c,e\}$;

(9) 这时,由于这3个属性集都包含Ckeys中至少一个元素(候选码),所以都不需要计算它们的闭包;

(10) 产生 $LR=\{b,c,e\}$的3元子集:$\{b,c,e\}$,一共有1个;

(11) 将LN跟该3元子集合并后得到:$\{a,b,c,e\}$,同样,由于$\{a,b,c,e\}$包含Ckeys中至少一个元素,所以不需要计算它的闭包;

(12) 计算过程结束。

结果,Ckeys输出的内容为$\{a,b\}$,$\{a,c\}$。这表明$\{a,b\}$和$\{a,c\}$是关系模式$R(U)$所有的候选码。可以看到,这种方法的求解思路十分清晰,而且可以保证找到所有的候选码。

2.4.5 依赖函数的等价及最小函数依赖集

如果把F^+看成是一种知识空间,那么F是F^+的"知识基",它决定了F^+的结构和规模。那么,一个自然的想法是,除了F以外,还有别的不同于F的函数依赖集G使得$G^+=F^+$吗?答案是肯定的,这涉及函数依赖等价的概念。

定义2.10 对于关系模式$R(U)$的两个函数依赖集F和G,如果$G^+=F^+$,则称F和G是等价的。

如前所述,计算G^+和F^+是NP难问题,因此通过判断是否有$G^+=F^+$来判断F和G是否等价是不现实的。但运用下面的定理,等价问题的判断就变得简单了。

定理2.5 对于关系模式$R(U)$的两个函数依赖集F和G,F和G等价的充要条件是$G\subseteq F^+$和$F\subseteq G^+$。

证:必要条件是显然的,只需证明充分条件,即证明$F^+=G^+$,为此先证明$F^+\subseteq G^+$。

对任意$A\rightarrow B\in F^+$,由定理2.3,$B\subseteq A_F^+$,而$F\subseteq G^+$,故$A_F^+\subseteq A_{G+}^+$,从而$B\subseteq A_{G+}^+$。再根据定理2.3,$A\rightarrow B\in(G^+)^+$,而$(G^+)^+=G^+$,即$A\rightarrow B\in G^+$,因而$F^+\subseteq G^+$。

同理可证,$G^+\subseteq F^+$,因此$F^+=G^+$。证毕。

定理2.5表明,为了判断F和G是否等价,只需判断$G\subseteq F^+$和$F\subseteq G^+$;为了判断$F\subseteq G^+$,只需逐一判断对所有$A\rightarrow B\in F$,都有$A\rightarrow B\in G^+$,即判断$B\subseteq A_G^+$;对于$G\subseteq F^+$,也有类似的情况。这样,问题的关键就变成了A_F^+和A_G^+的计算,而不是计算F^+和G^+,这样的判断就变得简单多了。

一个函数依赖集F一般是经过观察关系模式后提取出来的,其中有的函数依赖是冗余的或是平凡的,有的可能包含多余的属性,而有的可能可以从其他函数依赖推导出来。显然,我们需要得到一个最简单、最精炼的函数依赖集,这就是最小函数依赖集的概念。

定义 2.11 假设 F 是关系模式 $R(U)$ 的一个函数依赖集，$F_{\min}$ 称为 F 的一个**最小函数依赖集**，如果 $F_{\min}$ 满足下列 3 个条件：

(1) $F_{\min}^{+}=F^{+}$；

(2) 对任意 $A \rightarrow B \in F_{\min}$，其左部 A 不包含冗余的属性(如果存在 $A' \subset A$，使得 $F_{\min}-\{A \rightarrow B\} \cup \{A' \rightarrow B\}$ 等价于 $F_{\min}$，则 A 包含冗余属性集 $A-A'$)，其右部 B 都是单属性集；

(3) $F_{\min}$ 不包含冗余的函数依赖(如果 $F_{\min}-\{A \rightarrow B\}$ 等价于 $F_{\min}$，则 $A \rightarrow B$ 是冗余的)。

简单而言，最小函数依赖集 $F_{\min}$ 是这样的一种函数依赖集：它与 F 等价，其中每一个函数依赖的右部都是单属性集，它不包含冗余的属性和冗余的函数依赖。对于冗余函数依赖，可以从另外一个角度来理解，那就是可以由其他函数依赖推导出的函数依赖。

为构造求解 $F_{\min}$ 算法，先给出下列两个定理，以用于判断冗余函数依赖和冗余属性集。

定理 2.6 设有关系模式 $R(U)$，其函数依赖集为 F，假设 $C \cup D \rightarrow B \in F$ 以及 $C \rightarrow B \in F$，其中，C 和 D 都不是空集，则 $C \cup D \rightarrow B$ 是冗余的函数依赖。

证明：令 $G=F-\{C \cup D \rightarrow B\}$。

一方面，$G=F-\{C \cup D \rightarrow B\} \subseteq F \subseteq F^{+}$，即 $G \subseteq F^{+}$。另一方面，对任意 $X \rightarrow Y \in F$，如果 $X \rightarrow Y \neq C \cup D \rightarrow B$，则显然有 $X \rightarrow Y \in G \subseteq G^{+}$；如果 $X \rightarrow Y = C \cup D \rightarrow B$，则由于 $C \rightarrow B \in F$，进而 $C \rightarrow B \in F-\{C \cup D \rightarrow B\}$，即 $C \rightarrow B \in G$，而且加上 $C \cup D \subseteq (C \cup D)_G^{+}$，所以 $B \subseteq (C \cup D)_G^{+}$，于是 $C \cup D \rightarrow B \in G^{+}$，即 $X \rightarrow Y \in G^{+}$，从而 $F \subseteq G^{+}$。

综上所述，$G \subseteq F^{+}$ 且 $F \subseteq G^{+}$，根据定理 2.5，G 与 F 等价，即 $F-\{C \cup D \rightarrow B\}$ 与 F 等价，这说明 $C \cup D \rightarrow B$ 是冗余的函数依赖。证毕。

类似于 Armstrong 公理，该定理可用于快速判断一些冗余函数依赖。例如，假设 $F=\{\{a,b\} \rightarrow c,\ a \rightarrow c\}$，则 $\{a,b\} \rightarrow c$ 是冗余的函数依赖，应予以去除。这也可以利用 Armstrong 公理推导出来：因为 $a \rightarrow c$ 且 $b \rightarrow b$，所以 $\{a,b\} \rightarrow \{b,c\}$；又因为 $\{b,c\} \rightarrow c$，所以 $\{a,b\} \rightarrow c$，即 $\{a,b\} \rightarrow c$ 可以由 $a \rightarrow c$ 推导出来，因而 $\{a,b\} \rightarrow c$ 是冗余的函数依赖。

定理 2.7 设有关系模式 $R(U)$，其函数依赖集为 F，假设 $C \cup D \rightarrow B \in F$ 以及 $C \rightarrow B \in F^{+}$，其中，$C$ 和 D 都不是空集，则 D 是冗余的属性集。

该定理的证明留作练习。

下面给出求解最小函数依赖集的算法。

最小函数依赖集求解算法：给定关系模式 $R(U)$ 的函数依赖集 F，计算最小函数依赖集 $F_{\min}$。

(1) 右部单属性化：对任意 $A \rightarrow B \in F$，如果 $B=\{b_1, b_2, \cdots, b_k\}$ 不是单属性集($k \geqslant 2$)，则利用定理将之转换为右部为单属性集的函数依赖：$A \rightarrow b_1, A \rightarrow b_2, \cdots, A \rightarrow b_k$。

(2) 消除冗余函数依赖：对每一个函数依赖集 $A \rightarrow B \in F$，令 $F'=F-\{A \rightarrow B\}$(相当于假设 $A \rightarrow B$ 是冗余函数依赖)，然后计算 $A_{F'}^{+}$，若 $B \subseteq A_{F'}^{+}$(意味着 F' 蕴含 $A \rightarrow B$，因而 $A \rightarrow B$ 是冗余的)，则从 F 中去掉 $A \rightarrow B$。

(3) 消除左部冗余属性：对任意 $A \rightarrow B \in F$，如果 $A=C \cup D$ 不是单属性集(C 和 D 都不是空集)，那么计算 C_F^{+}，若 $B \subseteq C_F^{+}$，则 D 是冗余属性集(见定理 2.7)，应消除。

(4) 最后得到的 F 即为最小函数依赖集 $F_{\min}$。

注意，F_{min}并不是唯一的，它跟 F 中各函数依赖的处置顺序有关，跟冗余属性的处置顺序也有关。

【例 2.10】 设有关系模式 $R(U)$，$U=\{a, b, c, d\}$，函数依赖集 $F=\{a\to c, c\to a, b\to\{a, c\}, d\to\{a, c\}, \{b, d\}\to a\}$。请求出 F 的最小函数依赖集。

解：在运用求解 F_{min}算法的过程中（或之前），先用 Armstrong 公理及定理 2.6 做一些简要的判断（有时候可以迅速去除一些可以由其他函数依赖推导出来的冗余函数依赖），以去除一些明显的冗余函数依赖。

(1) 根据定理 2.1，将 F 中每一个函数依赖的右边都转换成为单属性集，结果是：$F=\{a\to c, c\to a, b\to a, b\to c, d\to a, d\to c, \{b, d\}\to a\}$。

(2) 因为 $b\to c$ 可由 $b\to a$ 和 $a\to c$ 推导出来，故 $b\to c$ 是冗余的，予以删除，这时 $F=\{a\to c, c\to a, b\to a, d\to a, d\to c, \{b, d\}\to a\}$。

(3) 因为 $d\to c$ 可由 $d\to a$ 和 $a\to c$ 推导出来，故 $d\to c$ 是冗余的，予以删除，这时 $F=\{a\to c, c\to a, b\to a, d\to a, \{b, d\}\to a\}$。

(4) 因为$\{b, d\}\to a\in F$ 和 $b\to a\in F$，所以根据定理 2.6，$\{b, d\}\to a$ 予以删除，$F=\{a\to c, c\to a, b\to a, d\to a\}$。

(5) 假设 $a\to c$ 是冗余的，令 $F'=F-\{a\to c\}=\{c\to a, b\to a, d\to a\}$，经计算，$a_{F'}^{+}=\{a\}$，故$\{c\}\not\subseteq a_{F'}^{+}$，所以 $a\to c$ 不是冗余函数依赖，不能从 F 中删除。

(6) 用同样方法可以发现，其他的函数依赖也不能从 F 中删除，结果最小函数依赖集 $F_{min}=\{a\to c, c\to a, b\to a, d\to a\}$。

【例 2.11】 设有关系模式 $R(U)$，$U=\{a, b, c, d, e, g\}$，函数依赖集 $F=\{c\to a, \{a, c, d\}\to b, d\to\{e, g\}, \{c, g\}\to b\}$。请求出 F 的最小函数依赖集。

解：根据求解 F_{min}算法，求解步骤如下。

(1) 根据定理 2.1，将 F 中每一个函数依赖的右边都转换成为单属性集，结果是：$F=\{c\to a, \{a, c, d\}\to b, d\to e, d\to g, \{c, g\}\to b\}$。

(2) 假设 $c\to a$ 是冗余的，令 $F'=F-\{c\to a\}=\{\{a, c, d\}\to b, d\to e, d\to g, \{c, g\}\to b\}$，在 F'中 $c^{+}=c$，但 c^{+}不包含 a，故 $c\to a$ 不是冗余的，不能被删除，这时 F 不变。

(3) 假设$\{a, c, d\}\to b$ 是冗余的，令 $F'=F-\{\{a, c, d\}\to b\}=\{c\to a, d\to e, d\to g, \{c, g\}\to b\}$，在 F'中$\{a, c, d\}^{+}=\{a, b, c, d, e, g\}$，$\{a, c, d\}^{+}$包含 b，故$\{a, c, d\}\to b$ 是冗余的，应删除，这时 $F=\{c\to a, d\to e, d\to g, \{c, g\}\to b\}$。

(4) 假设 $d\to e$ 是冗余的，令 $F'=F-\{d\to e\}=\{c\to a, d\to g, \{c, g\}\to b\}$，在 F'中 $d^{+}=\{d, g\}$，不包含 e，故不能删除 $d\to e$，这时 F 不变。

(5) 假设 $d\to g$ 是冗余的，令 $F'=F-\{d\to g\}=\{c\to a, d\to e, \{c, g\}\to b\}$，在 F'中 $d^{+}=\{d, e\}$，不包含 g，故不能删除 $d\to g$，这时 F 不变。

(6) 假设$\{c, g\}\to b$ 是冗余的，令 $F'=F-\{\{c, g\}\to b\}=\{c\to a, d\to e, d\to g\}$，在 F'中$\{c, g\}^{+}=\{a, c, g\}$，不包含 b，故不能删除$\{c, g\}\to b$，这时 F 不变。

(7) 在 F 中 $g^{+}=g$，不包含 b，故 c 不是冗余属性。

(8) 在 F 中 $c^{+}=\{c, a\}$，不包含 b，故 g 不是冗余属性。

(9) 结果 $F=\{c\to a, d\to e, d\to g, \{c, g\}\to b\}$，即最小函数依赖集 $F_{min}=\{c\to a,$

$d \to e$，$d \to g$，$\{c, g\} \to b\}$。

上述过程中，步骤(2)～(6)属于求解 F_{min} 算法中的步骤(2)，步骤(7)和(8)则属于算法中的步骤(3)。

2.5 关系模式的范式

一个好的关系模式要满足一些既定的标准，这些标准就是所谓的范式(Normal Form)。范式一共分为6个等级，从低到高依次是第一范式(1NF)、第二范式(2NF)、第三范式(3NF)、BC范式(BCNF)、第四范式(4NF)和第五范式(5NF)。1NF、2NF、3NF是由Codd于1971—1972年提出来的；1974年，Codd等又进一步提出BCNF；1976年，Fagin则提出4NF；后来又有人提出5NF。高等级范式是在低等级范式的基础上增加一些约束条件而形成的，也就是说，等级越高，范式的约束条件就越多，要求就越严格。各种范式之间的包含关系可以描述如下。

$$5NF \subset 4NF \subset BCNF \subset 3NF \subset 2NF \subset 1NF$$

通过模式分解，可以将一个低级别的范式转换为若干个高一级的范式，而这种转换过程称为**规范化**。理论上讲，设计的数据库满足的范式级别越高就越好，但过高的要求意味数据库受到诸多的限制，进而可能影响其性能和应用价值。在实际应用中，应当根据实际需要来决定所设计的数据库应当满足哪一级别的范式。由于1NF和2NF存在许多缺点，现在的关系数据库一般是基于3NF及以上级别范式进行设计的。本节主要介绍第一至第三范式以及BC范式。

2.5.1 第一范式(1NF)

定义 2.12 设 $R(U)$ 是一个关系模式，U 是关系 R 的属性集，若 U 中的每一个属性 a 的值域只包含原子项，即不可分割的数据项，则称 $R(U)$ 属于第一范式，记为 $R(U) \in 1NF$。

第一范式是关系模式满足的最低要求。这意味着，关系中元组的分量是最小的数据单位，关系不能相互嵌套。例如，我们在撰写文档材料时经常制作类似于如表2.17所示的表格。但该数据表所对应的关系模式不属于第一范式，因为其中每个元组在"学生人数"属性上的属性值都不是原子项，它们都可以再分，实际上它们都是由两个原子项复合而成。为将其转换为第一范式，需要将复合项(非原子项)分解为原子项即可，结果如表2.18所示。

表 2.17 非第一范式的学生表

班级	学生人数		平均成绩
	男	女	
1班	25	30	81.5
2班	20	25	82.1
3班	22	24	79.8

表 2.18 第一范式的学生表

班级	男生人数	女生人数	平均成绩
1班	25	30	81.5
2班	20	25	82.1
3班	22	24	79.8

满足第一范式是关系模式的最低要求。但仅满足第一范式的关系模式还存在许多问题。考虑下面的例子。

【例 2.12】 假设有一个研究生信息管理系统，该系统涉及的信息主要包括导师信息、研究生信息以及所选课程信息（supervisor, student, course）等。为此，设计了如下的一个关系模式。

SSC（学号，姓名，系别，导师工号，导师姓名，导师职称，课程名称，课程成绩）

作为例子，下文将多次用到该关系模式。为方便表述，关系模式 SSC 中的属性全部用英文表示：

SSC(SNo, SName, SDept, TNo, TName, TTitle, CName, CScore)

其中，简写的英文跟上述属性是一一对应的，分别表示学生的学号、姓名、系别，导师的工号、姓名、职称，以及课程的名称、分数。

根据常识可以知道：

(1) 一位研究生只有一位导师（不含副导师），但一位导师可以指导多位研究生。

(2) 一位研究生可以选修多门课程，一门课程也可以被多位研究生选修。

(3) 一位研究生选修一门课程后有且仅有一个成绩。

(4) 不同的课程，课程名是不相同的，即课程名是唯一的。

基于以上语义信息以及属性（集）之间的联系类型，可以求出该关系的函数依赖集 F：

SNo→SName

SNo→SDept

SNo→TNo

TNo→TName

TNo→TTitle

{SNo, CName}→CScore

上述函数依赖都是完全函数依赖。根据 Armstrong 公理及定理 2.1 证明下列函数依赖成立：

{SNo, CName}→{SNo, SName, SDept, TNo, TName, TTitle, CName, CScore}

证明如下。

① SNo→TNo; 【已知函数依赖】

② TNo→{TName, TTitle}; 【已知函数依赖】

③ SNo→{TName, TTitle}; 【①②传递律】

④ SNo→{SName, SDept};

⑤ SNo→{SName, SDept, TNo, TName, TTitle} 【①③④定理 2.1】

⑥ {SNo, CName}→CScore; 【已知函数依赖】

⑦ {SNo, CName}→{SName, SDept, TNo, TName, TTitle, CScore};
【⑤⑥复合规则】

⑧ {SNo, CName}→{SNo, CName}; 【自反律】

⑨ {SNo, CName}→{SNo, SName, SDept, TNo, TName, TTitle, CName, CScore}。
【⑦⑧定理 2.2】

由于去掉 SNo 或者 CName 都可以导致⑨式所示的函数依赖不成立,因此:

$$\{SNo, CName\} \xrightarrow{f} \{SNo, SName, SDept, TNo, TName, TTitle, CName, CScore\}$$

根据定义 2.7,{SNo, CName}是关系模式 SSC 的候选码,实际上是唯一的候选码,所以只能选择它为模式的主码。

但只满足第一范式的要求是远远不够的。下面考虑关系模式 SSC 的一个关系,如表 2.19 所示。

表 2.19 关系模式 SSC 的一个关系

SNo	SName	SDept	TNo	TName	TTitle	CName	CScore
20170201	刘洋	计算机系	2008021	刘媛媛	副教授	机器学习	90
20170202	王晓珂	计算机系	2008021	刘媛媛	副教授	机器学习	87
20170203	王伟志	智能技术系	2008021	刘媛媛	副教授	机器学习	78
20170203	王伟志	智能技术系	2008021	刘媛媛	副教授	高级人工智能	93
20170206	李思思	计算机系	2005013	罗悦	教授	高级人工智能	90
20170206	李思思	计算机系	2005013	罗悦	教授	数据挖掘	90
20170207	蒙恬	大数据技术系	2005013	罗悦	教授	数据挖掘	77
20170208	张宇	大数据技术系	2008022	傅伟娜	副教授	数据挖掘	50

从表 2.19 可以看出,关系模式 SSC 存在如下问题。

1. 数据冗余

关系中每个元组既包含研究生信息,也包含导师信息以及所选课程的信息。由于一位导师可指导多名研究生(如刘媛媛指导 3 位学生,罗悦指导 2 位),因此这些研究生对应的元组都包含同一个导师的相同信息。这样,一位导师带有多少名研究生就有多少条重复的导师信息,如"刘媛媛"包含 4 条重复的信息。类似地,"罗悦""李思思"和"王伟志"也有重复。这就造成了数据冗余,如果数据量很大,就会浪费大量的存储空间,同时也为这些数据的维护付出巨大的代价。

2. 插入异常

假设名为"杨国栋"的老师刚刚被聘为研究生导师,但他还没有招收学生(这种情况经常出现),所以这时也就没有他的研究生信息和研究生选修课程的信息,这意味着 SNo 和 CName 等属性的属性值为空(NULL)。如果这时在关系 SSC 中插入该导师的信息,则会产生异常。这是因为属性 SNo 和 CName 是主码,其取值不能为空。这种异常就是插入异常。可见,插入异常的存在使得添加导师信息的操作无法完成。

3. 删除异常

假设名为"罗悦"的导师刚招收了两名研究生(李思思和蒙恬),但过了一个学期以后,这两个研究生都因出国而注销学籍了。注销时,将这两个研究生对应的元组从关系 SSC 中删除(全部删除)。但由于删除操作是以元组为单位进行的,所以导师"罗悦"的信息也将全部被删除,以后就无法使用该导师的信息了。显然,这也是一种"异常",称为删除异常。

此外，关系模式SSC还容易产生数据不一致等其他的一些问题。例如，当导师"刘媛媛"的职称由副教授晋升为教授时，需要更新TTitle一列中的前4个数据项；如果由于某种原因(如断电等)而只更新部分数据项，那么就造成了数据不一致。由此可见，仅满足第一范式的关系模式确实还存在许多问题。为此，人们在第一范式的基础上增加了一些约束条件，从而得到第二范式。

2.5.2 第二范式(2NF)

定义2.13 设$R(U)$是一个关系模式，如果$R(U)\in 1NF$且每个非主属性都完全函数依赖于任一候选码，则称$R(U)$属于第二范式，记为$R(U)\in 2NF$。

第二范式是在第一范式的基础上，增加了条件"每个非主属性都完全函数依赖于任一候选码"而得到的，因此它比第一范式具有更高的要求。也就是说，第二范式是在第一范式的基础上消除非主属性对码的部分函数依赖而得到的。简而言之，第二范式消除了部分函数依赖。

注意，如果一个关系模式的候选码都是由一个属性构成，那么该关系模式肯定属于第二范式，因为此时每个非主属性都显然完全函数依赖于任一候选码。如果一个关系模式的属性全是主属性，则该关系模式也肯定属于第二范式，因为此时不存在非主属性。

【例2.13】 继续考虑例2.12中的关系模式SSC(SNo, SName, SDept, TNo, TName, TTitle, CName, CScore)。该关系的唯一候选码为{SNo, CName}，因此SName, SDept, TNo, TName, TTitle, CScore这6个属性为其非主属性。请分析该模式是否属于第二范式。

显然，有SNo→SName，且因SNo是单属性，故SNo $\xrightarrow{f}$ SName。这说明，非主属性SName并非完全函数依赖于码{SNo, CName}，而是部分函数依赖，即{SNo, CName} $\xrightarrow{p}$ SName，所以此关系模式不属于第二范式。

因为关系模式SSC不属于第二范式，这决定了它还存在数据冗余、插入异常和删除异常等问题。为此，需要进一步规范化为第二范式，这需要投影分解的方法来实现。下面通过引入两个定理来介绍这种分解方法。

定理2.8 对于关系模式$R(U)$，假设A和B是U的子集，如果B部分函数依赖于A，即$A\xrightarrow{p}B$，则必存在A的真子集A'，使得B完全函数依赖于A'，即$A'\xrightarrow{f}B$。

证明：因为$A\xrightarrow{p}B$，所以A不可能是单元集。令A_1表示从A中删除某一个属性后得到的子集，如果$A_1\xrightarrow{f}B$，则令$A'=A_1$，即A'为所求的真子集；如果仍然有$A_1\xrightarrow{p}B$，则继续重复上述删除步骤，在经过有限步以后必找到这样的真子集A'。证毕。

要构造满足第二范式的关系模式，需要消除关系模式中的部分函数依赖关系。定理2.8告诉我们，任何一个部分函数依赖必"包含"一个完全函数依赖，于是可以通过"挖出"这样的完全函数依赖的方法来逐步消除部分函数依赖。这便得到下面的定理。

定理2.9 假设有关系模式$R(U)$，且$R(U)\in 1NF$，但$R(U)\notin 2NF$，并假设非主属性集B部分依赖于候选码W，即$W\xrightarrow{p}B$，那么存在$A\subset W$，使得$A\xrightarrow{f}B$，于是$R(U)$分解

为 $R_1(A \cup B)$ 和 $R_2(U-B)$，$R_1(A \cup B) \in 2NF$，且 $R(U)=R_1(A \cup B) \bowtie_A R_2(U-B)$，即此分解为无损连接分解。

该定理的证明留作练习。

定理 2.9 的基本原理是每次分解时，至少“破坏”一条部分函数依赖，从而将原关系模式分解为两个更小的函数依赖，其中一个属于 2NF。根据定理 2.9，给出如下的 2NF 规范化算法。

2NF 规范化算法：给定属于 1NF 的关系模式 $R(U)$，将之无损分解为若干属于 2NF 的关系模式。

(1) $\rho=\phi$；

(2) 在关系模式 $R(U)$ 中，找出部分函数依赖，假设为 $W \xrightarrow{p} B$，其中，W 为一候选码，B 为非主属性集 B；

(3) 找出 W 的一个真子集 A，使得 $A \xrightarrow{f} B$；

(4) 将 $R(U)$ 分解为 $R_1(A \cup B)$ 和 $R_2(U-B)$，并令 $\rho=\rho \cup \{R_1(A \cup B)\}$；

(5) 如果 $R_2(U-B) \in 2NF$，令 $\rho=\rho \cup \{R_2(U-B)\}$，转步骤(6)，否则令 $R(U)=R_2(U-B)$，转步骤(2)；

(6) 返回 ρ，算法结束。

结果，ρ 包含若干个属于 2NF 的关系模式，而且这种分解是无损连接分解。这种分解也可以用于将关系模式分解为更高级别的关系模式。但遗憾的是，这种分解方法有时候不能保持函数依赖。

【例 2.14】 继续考虑例 2.12 中的关系模式 SSC，将之分解成为满足第二范式的关系模式。

在关系模式 SSC 中，主属性集 A＝{SNo, CName}，非主属性集 B＝{SName, SDept, TNo, TName, TTitle, CScore}。{SNo, CName}是唯一的候选码，其函数依赖集 F 蕴含如下 5 个部分函数依赖(最后两个是由传递函数依赖得到的)。

$\{SNo, CName\} \xrightarrow{p} SName$

$\{SNo, CName\} \xrightarrow{p} SDept$

$\{SNo, CName\} \xrightarrow{p} TNo$

$\{SNo, CName\} \xrightarrow{p,t} TName$

$\{SNo, CName\} \xrightarrow{p,t} TTitle$

由于存在非主属性对主属性的部分依赖，因此关系模式 SSC 不属于第二范式。需要将 SSC 分解成其他更小的关系模式，每次分解都会破坏至少一条部分函数依赖，最终使得形成的各关系模式不蕴含这种部分函数依赖，从而得到属于第二范式的多个关系模式。

当选择部分函数依赖 $\{SNo, CName\} \xrightarrow{p} SName$ 来分解时，由于 $SNo \xrightarrow{f} SName$，根据定理 2.9，SSC 可分解为 R({SNo, SName}) 和 R({SNo, CName} ∪ {SDept, TNo, TName, TTitle, CScore})，其中，R({SNo, SName}) ∈ 2NF，不需再分解；R({SNo,

CName}∪{SDept，TNo，TName，TTitle，CScore})需要重复上述的分解过程。在此过程中，每次分解时都破坏当前关系模式中至少一个部分函数依赖。当所有关系模式中都不存在部分函数依赖时，即可停止分解。完整的分解过程如下。

关系模式 SSC

$=R(\{SNo, SName\}) \bowtie_{SNo} R(\{SNo, CName\} \cup \{SDept, TNo, TName, TTitle, CScore\})$

$=R(\{SNo, SName\}) \bowtie_{SNo} R(\{SNo, SDept\}) \bowtie_{SNo} R(\{SNo, CName\} \cup \{TNo, TName, TTitle, CScore\})$

$=R(\{SNo, SName\}) \bowtie_{SNo} R(\{SNo, SDept\}) \bowtie_{SNo} R(\{SNo, TNo\}) \bowtie_{SNo} R(\{SNo, CName\} \cup \{TName, TTitle, CScore\})$

$=R(\{SNo, SName\}) \bowtie_{SNo} R(\{SNo, SDept\}) \bowtie_{SNo} R(\{SNo, TNo\}) \bowtie_{SNo} R(\{SNo, TName\}) \bowtie_{SNo} R(\{SNo, CName\} \cup \{TTitle, CScore\})$

$=R(\{SNo, SName\}) \bowtie_{SNo} R(\{SNo, SDept\}) \bowtie_{SNo} R(\{SNo, TNo\}) \bowtie_{SNo} R(\{SNo, TName\}) \bowtie_{SNo} R(\{SNo, TTitle\}) \bowtie_{SNo} R(\{SNo, CName\} \cup \{CScore\})$

$=R(\{SNo, SName, SDept, TNo, TName, TTitle\}) \bowtie_{SNo} R(\{SNo, CName, CScore\})$

最后一步就是按“决定因素聚类”原则，对多个关系模式进行极大化处理，结果形成两个关系模式。前者包含学生信息和导师信息，后者主要包含课程信息。为提高可读性，将这两个关系模式分别表示为下面两个模式。

student_supervisor(<u>SNo</u>，SName，SDept，TNo，TName，TTitle)

course(<u>SNo，CName</u>，CScore)

显然，这两个关系模式中都不存在非主属性部分函数依赖于主属性的情况，因此二者都属于第二范式。

关系模式 SSC 分解后变成两个关系模式，其中，student_supervisor 是被参照关系(主关系)，course 是参照关系(次关系)；SNo 在 student_supervisor 中是主码，在 course 中是外码。通过主码、外码的关联，这两个关系模式可以拥有与原关系模式 SSC 完全一样的语义视图，但却缓解了数据冗余、更新异常、插入异常、删除异常等问题。我们利用这两个关系模式 student_supervisor 和 course 来表示如表 2.19 所示的关系，结果如表 2.20 和表 2.21 所示。

表 2.20　关系模式 student_supervisor 的一个关系

SNo	SName	SDept	TNo	TName	TTitle
20170201	刘洋	计算机系	2008021	刘媛媛	副教授
20170202	王晓珂	计算机系	2008021	刘媛媛	副教授
20170203	王伟志	智能技术系	2008021	刘媛媛	副教授
20170206	李思思	计算机系	2005013	罗悦	教授
20170207	蒙恬	大数据技术系	2005013	罗悦	教授
20170208	张宇	大数据技术系	2008022	傅伟娜	副教授

表 2.21 关系模式 course 的一个关系

SNo	CName	CScore
20170201	机器学习	90
20170202	机器学习	87
20170203	机器学习	78
20170203	高级人工智能	93
20170206	高级人工智能	90
20170206	数据挖掘	90
20170207	数据挖掘	77
20170208	数据挖掘	50

经过分解后,从表 2.20 和表 2.21 上看,在数据冗余、插入异常和删除异常方面有所改进,但问题依然存在,主要表现在:①表 2.20 中王伟志和李思思的重复数据记录各减少了一条,节省了一定的存储空间。但刘媛媛和罗悦仍然有多条重复记录。②假设名为"杨国栋"的老师刚刚被聘为研究生导师,同时招收了名为"李娜"的学生,但该学生还没有选课,这时是可以插入到关系 student_supervisor 中,而在如表 2.19 所示的关系中是不允许插入的。但是,如果杨国栋刚刚被聘为研究生导师,而没有开始招生学生,这时杨国栋的信息还是不能被插入到关系 student_supervisor 中,因为主码是 SNo,其值不能为 NULL。③在如表 2.19 所示的关系中,假设张宇(导师为傅伟娜)要对选修的课程"数据挖掘"进行无效处理,因而要删除第 8 条记录,这样就会将张宇及其导师傅伟娜的信息一起从该关系中删除;然而,在分解后,可以通过删除关系 course 中的第 8 条记录来实现对该课程的无效处理功能(张宇及傅伟娜的信息不被删除)。显然,分解后的模式比原关系模式 SSC 有所改进,但是该模式仍然存在删除异常问题。例如,李思思和蒙恬过了一个学期以后欲出国学习,因而要注销学籍,这时需要从关系 student_supervisor 中删除李思思和蒙恬所在的两条记录,但导师"罗悦"的信息仍然将全部被删除。

进一步分析可以发现,出现的问题集中在关系模式 student_supervisor 上。该关系模式虽然属于第二范式,但其中存在传递函数依赖,这是导致出现这些问题的主要原因。

下面再看一个例子,巩固对第二范式的学习。

【例 2.15】 设有关系模式 teacher(课程名,任课教师名,任课教师职称),表 2.22 为关系模式 teacher 的一个关系表。假设每名教师可以上多门课,每门课只由一名教师上,且教师没有重名,请问关系模式 teacher 属于几范式?

表 2.22 关系模式 teacher 的一个关系表

课　程　名	任课教师名	任课教师职称
数据库原理	王宁	教授
操作系统	李梦祥	讲师

续表

课　程　名	任课教师名	任课教师职称
C语言程序设计	黄思羽	副教授
软件工程	陈光耀	教授
计算机网络原理	王宁	教授
多媒体技术	李梦祥	讲师

关系模式 teacher 的候选码只有“课程名”,而“任课教师名”和“任课教师职称”都是非主属性。显然有函数依赖集{课程名→任课教师名，任课教师名→任课教师职称，课程名$\xrightarrow{t}$任课教师职称},即每个非主属性都完全依赖于候选码,故关系模式 teacher 属于 2NF。

虽然例 2.15 中关系模式 teacher 属于 2NF,然而仍存在数据冗余和插入、删除操作异常。例如,若某任课教师上多门课,则需要在 teacher 表中存储多次该教师的职称信息(数据冗余);对于一个新来的教师,如果其还没有排课,那么将无法输入该教师的信息,因为课程名作为主码不能为空(插入异常);又如删除一个任课教师的所有任课记录,则找不到该任课教师名和职称信息了(删除异常)。导致这种数据冗余和操作异常的原因在于该关系模式中存在传递函数依赖,这将在 2.5.3 节中举例说明。

2.5.3 第三范式(3NF)

定义 2.14 设 $R(U)$是一个关系模式,如果 $R(U)\in$ 2NF 且每个非主属性都不传递函数依赖于任一候选码,则称 $R(U)$属于第三范式,记为 $R(U)\in$ 3NF。

如果一个关系模式的属性全是主属性,那么该关系模式肯定属于第三范式,因为该关系模式不存在非主属性。第三范式是在第二范式的基础上消除非主属性对码的传递函数依赖而得到的。简而言之,第三范式消除了传递函数依赖。

【例 2.16】 假设有一个关于学生选课信息的关系模式——s_c(SNo，课程号，名次),其相关语义是：SNo 和课程号分别是学生和课程的唯一标识属性,每一名学生选修的每门课程有一个名次,且名次不重复。

根据上述语义,其函数依赖包括：{SNo，课程号}→名次,{课程号，名次}→SNo。所以,{SNo，课程号}和{课程号，名次}是此关系的候选码。可见,其所有的属性都是主属性,没有非主属性,故此关系模式属于第三范式。

传递函数依赖的存在同样会导致数据冗余度增加、删除冲突和插入冲突等问题,这在分析关系模式 student_supervisor 时已经指出了。

假设关系模式 $R(U)\in$ 2NF,但 $R(U)\notin$ 3NF,这说明至少存在一个传递函数依赖：$A\xrightarrow{t}C$,其中,A 为某一候选码,C 为非主属性集。这意味着必存在另一属性集 $B\subseteq U$,使得 $A\rightarrow B$ 且 $B\rightarrow C$,其中,$B\not\subseteq A$，$B\nrightarrow A$，$C\not\subseteq B$。显然,$A\cap C=\phi$。可以将 $R(U)$分成至少两个关系模式,使得 $A\rightarrow C$ 且 $C\rightarrow B$ 分别投影到不同的关系模式中,这样就可以避免这种传递函数依赖。但如前所述,这种分解不一定能保持函数依赖。下面介绍一种通过利用最小函数依赖集来实现分解关系模式的方法,该方法可以保持函数依赖。

3NF 规范化算法 1:给定 $R(U)$ 及其函数依赖集 F,将之分解成若干属于 3NF 的关系模式,并保持函数依赖。

(1) 计算 F 的最小函数依赖集 F_{min};

(2) 找出 U 中所有不在 F_{min} 中出现的属性,令 U_0 表示这些属性的集合,F_0 表示对应的函数依赖集,并令 $U=U-U_0$;

(3) 如果存在 $A \to B \in F$,且 $A \cup B=U$,则令 $\rho=\{R(U)\}$,转步骤(6);

(4) 按"决定因素聚类"原则,对 F_{min} 中的函数依赖进行极大化处理,即若 F_{min} 中有 $A \to B_1$, $A \to B_2$, …, $A \to B_k$,则将它们复合成 $A \to B \cup B_2 \cup \cdots \cup B_k$;

(5) 将每个极大化后的函数依赖 $A \to B \cup B_2 \cup \cdots \cup B_k$ 转换为对应的关系模式 $R(A \cup B \cup B_2 \cup \cdots \cup B_k)$,并令 ρ 表示所有这样关系模式的集合,假设 $\rho=\{R_0(U_0), R_1(U_1), \cdots, R_t(U_t)\}$(若 $U_i \subseteq U_j$,则去掉 U_i,$i \neq j$);

(6) 返回 ρ,停止分解。

根据最小函数依赖集的定义,F_{min} 不会蕴含传递函数依赖,而且这种分解没有丢失 F_{min} 中任何既有的函数依赖,因此它是保持函数依赖的分解,但这种分解不一定是无损连接分解。下面进一步给出既具有无损连接性又保持函数依赖的 3NF 规范化算法。

3NF 规范化算法 2:给定 $R(U)$ 及其函数依赖集 F,将之分解成若干属于 3NF 的关系模式,并保持函数依赖以及具有无损连接性。

(1) 利用 3NF 规范化算法 1 对 $R(U)$ 进行分解,假设获得的保持函数依赖的分解 $\rho=\{R_0(U_0), R_1(U_1), \cdots, R_t(U_t)\}$;

(2) 检查 ρ 是否为无损连接分解(有关检查方法见 2.6.2 节),如果不是无损连接分解,则转步骤(3),否则转步骤(6);

(3) 找出 $R(U)$ 的一个候选码 A;

(4) 如果存在某一 U_i,使得 $U_i \subseteq A$,则将 $R_i(U_i)$ 从 ρ 中去掉;

(5) 令 $\rho=\rho \cup \{R_t+1(A)\}$;

(6) 返回 ρ,算法停止。

显然,3NF 规范化算法 2 首先判断算法 1 产生的分解是否为无损连接分解,如果不是,则在分解中添加一个候选码,以"约束"ρ 中的各个关系模式,实现无损连接的功能。

【例 2.17】 利用 3NF 规范化算法 1 对关系模式 student_supervisor(见例 2.14)进行规范化,使之满足第三范式。

在例 2.14 中,关系模式 SSC 被分解成为两个关系模式:student_supervisor 和 course。不难看出,course∈3NF。但是,关系模式 student_supervisor 的函数依赖集 F={SNo→SName, SNo→SDept, SNo→TNo, TNo→TName, TNo→TTitle}。可以看到,该关系模式唯一候选码是{SNo}。函数依赖集 F 蕴含两个传递函数依赖:

$$\text{SNo} \xrightarrow{t} \text{TName}$$

$$\text{SNo} \xrightarrow{t} \text{TTitle}$$

因此,student_supervisor∉3NF。我们需要做的工作是:将关系模式分解 student_

supervisor,使得上述两个函数依赖不能投影到同一个关系模式中。下面按照3NF规范化算法1对其进行分解。

(1) 经计算,F 的最小函数依赖集 $F_{min}=F$(没有变化);

(2) U 中所有属性均在 F_{min} 中出现,故 $U_0=\phi$;

(3) 按"决定因素聚类"原则(F_{min} 中有两个不同的决定因素:SNo和TNo),对 F_{min} 中的函数依赖进行极大化处理,结果 $F_{min}=\{SNo\to\{SName, SDept, TNo\}, TNo\to\{TName, TTitle\}\}$;

(4) 将每个极大化后的函数依赖转换为对应的关系模式,并令 ρ 表示这些关系模式的集合,即 $\rho=\{$student(SNo, SName, SDept, TNo), supervisor(TNo, TName, TTitle)$\}$。

也就是说,利用3NF规范化算法,student_supervisor被分解为两个关系模式:

student(<u>SNo</u>, SName, SDept, TNo)

supervisor(<u>TNo</u>, TName, TTitle)

可以验证,这两个关系模式对原来关系模式保持了函数依赖;同时,这两个关系模式的各自函数依赖集不再蕴含传递函数依赖。因此,它们都属于第三范式,且保持函数依赖。利用定理2.11可以验证,该分解也是无损连接分解,不再需要算法2对其做进一步处理。

将如表2.20所示的关系分解为两个关系模式的实例,结果分别如表2.23和表2.24所示。

表2.23 关系模式student的一个关系

SNo	SName	SDept	TNo
20170201	刘洋	计算机系	2008021
20170202	王晓珂	计算机系	2008021
20170203	王伟志	智能技术系	2008021
20170206	李思思	计算机系	2005013
20170207	蒙恬	大数据技术系	2005013
20170208	张宇	大数据技术系	2008022

表2.24 关系模式supervisor的一个关系

TNo	TName	TTitle
2008021	刘媛媛	副教授
2005013	罗悦	教授
2008022	傅伟娜	副教授

从表2.23和表2.24可以看出,数据冗余程度较分解之前大为减少,前面所说的插入异常和删除异常已经不存在。

有些传递依赖关系比较简单,不必严格按照3NF规范化算法来分解,而是遵从实体的相对独立性,让一个关系模式只表述一个实体或一个实体之间的关联,这样也可能直接分解成属于第三范式甚至更高范式的关系模式。可参考下面的例子。

【例 2.18】 假设有一个关于员工信息的关系模式:

emp_info(Eno, Ename, Dept, Dleader)

其中,Eno为员工编号,Ename为员工姓名,Dept为员工所在部门,Dleader为部门领导。请说明该关系模式属于第几范式以及它存在的问题。

根据常识,员工编号是唯一的,每个员工只属于一个部门,每个部门只有一个领导(这里假设领导不属于员工范畴,且不考虑纵向领导关系),一个人可能担任多个部门的领导。显然,员工编号(Eno)为唯一的码,该关系模式的函数依赖集 F={Eno→Ename, Eno→Dept, Dept→Dleader}。

显然,这些函数依赖都是完全函数依赖,这说明所有非主属性都完全函数依赖于码Eno,且F蕴含Eno→Dleader,所以关系模式emp_info属于第二范式。但在该关系模式中,非主属性Dleader传递函数依赖于码Eno,即 $Eno \xrightarrow{t} Dleader$,因此它不属于第三范式。

由于上述传递函数依赖是由下面两个完全函数依赖导致的:

Eno→Dept

Dept→Dleader

因此,在分解时应将这两条完全函数依赖放到不同的关系模式中。或者形象地说,对于存在的传递链"Eno→Dept→Dleader",从节点Dept上将此传递链切开,从而形成以下两个模式。

emp_info2(Eno, Ename, Dept)

dept_info2(Dept, Dleader)

其中,关系模式emp_info2的码为Eno,dept_info2的码为Dept。

显然,在消除传递函数依赖后得到的两个关系模式emp_info2和dept_info2都属于第三范式,因为它们当中都不存在传递函数依赖。

注意,属于3NF的关系模式主要是消除了非主属性对于候选码的传递函数依赖和部分函数依赖,但并没有考虑主属性和候选码之间的依赖关系。它们之间存在的一些依赖关系也会引起数据冗余和操作异常等问题。为此,人们提出了更高一级的范式——BC范式。

2.5.4 BC范式(BCNF)

定义 2.15 设 $R(U)$ 是一个关系模式且 $R(U) \in 1NF$,如果对于 $R(U)$ 中任意一个非平凡函数依赖 $B \to C$,B 必含候选码,则称 $R(U)$ 属于BC范式,记为 $R(U) \in BCNF$。

BCNF的定义意味着,在一个关系模式中,如果每一个决定因素都包含候选码,则该关系模式属于BC范式。BC范式不但消除了非主属性和主属性之间的部分函数依赖和传递函数依赖,而且消除了主属性内部之间的这两类函数依赖。简而言之,BC范式消除了所有的部分函数依赖和传递函数依赖。

对于 BC 范式中的每一个关系 $R(U)$，它们具有下列性质。

(1) $R(U)$中的每一个非主属性都完全函数依赖于任何一个候选码。若不然，假设存在一个非主属性 attr 部分函数依赖于一个候选码 B_0，即 $B_0 \xrightarrow{p} \text{attr}$。那么，由定理 2.8，必存在 B_0 的一个真子集 B_0'，使得 $B_0' \rightarrow \text{attr}$。由于 $B_0' \rightarrow \text{attr}$ 是一个非平凡函数依赖。根据 BCNF 的定义，B_0'必包含某一个候选码 C_0。显然，由于候选码 B_0 的真子集包含该候选码 C_0，所以 B_0 也包含 C_0 且 C_0 异于 B_0。这说明一个候选码包含一个异于自己的另外一个候选码，这是不可能的。

(2) $R(U)$中的每一个主属性完全函数依赖于任何一个不包含它的候选码。其理由跟(1)的理由相似。

(3) $R(U)$中没有属性完全函数依赖于非候选码的属性集。若不然，假设存在一个异于任何一个候选码的属性集 B_0 和某一个属性 attr，使得属性 attr 完全函数依赖于 B_0，即 $B_0 \xrightarrow{f} \text{attr}$，亦即 $B_0 \rightarrow \text{attr}$。于是，由 BCNF 的定义，$B_0$ 必包含某一个候选码 C_0。因为 B_0 异于任何一个候选码，所以 $B_0 \neq C_0$，因而 $C_0 \subset B_0$。由于 C_0 为候选码，所以 $C_0 \rightarrow \text{attr}$。这说明，存在 B_0 的一个真子集 C_0，使得 $C_0 \rightarrow \text{attr}$。但这与 $B_0 \xrightarrow{f} \text{attr}$ 相矛盾。

(4) 如果 $R(U) \in \text{BCNF}$，必有 $R(U) \in \text{3NF}$(但反之不然，见例 2.21)。首先，根据(1)，在 $R(U)$中每个非主属性都完全函数依赖于任一候选码，故 $R(U) \in \text{2NF}$。其次，假设 $R(U) \notin \text{3NF}$，则存在某个非主属性 C_0 传递函数依赖于某一个候选码 A_0，即 $A_0 \xrightarrow{t} C_0$。这意味着：存在属性集 B_0，使得 $A_0 \rightarrow B_0(B_0 \not\subseteq A_0,\ B_0 \nrightarrow A_0)$，$B_0 \rightarrow C_0(C_0 \not\subseteq B_0)$。根据 BCNF 的定义，$B_0$ 必包含候选码，从而 $B_0 \rightarrow A_0$，这与传递函数依赖的定义矛盾，故 $R(U) \in \text{3NF}$。这一点说明，属于 BCNF 的关系消除了任何属性集(包括主属性和非主属性)对候选码的部分依赖和传递依赖。因此，在 BC 范式的定义中，虽然没有明确要求 $R(U) \in \text{3NF}$，但是该定义确实保证了"其非主属性既不部分函数依赖于候选码，也不传递函数依赖于候选码"，因而 BCNF 为 3NF 的一个真子集，即 $\text{BCNF} \subset \text{3NF}$。

理解这些性质对深刻领会 BC 范式的内涵有着重要的作用。

基于上述的理解，进一步可以推出下列性质。这个性质虽然只是一个关系模式属于 BC 范式的一个充分条件，但其直观指导意义非常明显，它在数据库设计中有着非常重要的作用。

定理 2.10 设 $R(U)$是一个关系模式，且 $R(U) \in \text{3NF}$，如果 $R(U)$只有一个候选码，则 $R(U) \in \text{BCNF}$。

证明：假设 $R(U)$唯一的候选码为 B，对于 $R(U)$中任意一个非平凡函数依赖 $C \rightarrow D$，只要证明 C 包含 B 即可。

假设 C 不包含 B，即 $B \not\subseteq C$。由于 B 是唯一的候选码，所以 C 不包含任何候选码，加上 C 的任意性，从而 $C \nrightarrow B$，C 的任意性也说明 $C \not\subseteq B$。

由于 B 为候选码，所以 $B \xrightarrow{f} U$，进而可知 $B \rightarrow U$。因为 C 是 U 的子集，根据自反律，$U \rightarrow C$，于是 $B \rightarrow C$。由于 $C \rightarrow D$ 为非平凡函数依赖，所以 $D \not\subseteq C$。于是，根据上面的结论 $C \not\subseteq B$ 和 $C \nrightarrow B$，从而 $B \xrightarrow{t} D$ 为传递函数依赖，这与 $R(U) \in \text{3NF}$ 矛盾。证毕。

例如，对于前面介绍的由关系模式 SSC 分解而成的三个关系模式：student、supervisor 和 course，由于它们都是第三范式，而且每个关系模式都只有一个候选码，所以这三个关系模式都属于 BCNF。

特别地，在一个属于 3NF 的关系模式中，当仅有一个属性能够唯一标识每个元组时，则这个关系模式属于 BCNF，且该属性为唯一的候选码。

【例 2.19】 观察例 2.18 中分解后形成的关系模式：

```
emp_info2(Eno, Ename, Dept)
```

该关系模式中既没有部分函数依赖也没有传递依赖，所以属于 3NF。且由于仅有唯一的属性 Eno 能够唯一标识每一个元组，所以这个关系属于 BCNF。

定理 2.10 看起来简单，但它非常有用。这是因为，在许多情况下，设计的关系往往都是有且仅有一个能够唯一标识每一个元组的属性，这时只要保证不存在对该属性的部分函数依赖和传递函数依赖即可断定该关系属于 BCNF，而不用对 BCNF 的定义进行验证，从而避免了复杂的验证过程，提高设计效率。

当然，定理 2.10 中的条件只是一个关系属于 BCNF 的充分条件，但不是必要条件。也就是说，满足该定理条件的关系必属于 BCNF，但不满足该定理条件的关系也可能属于 BCNF，如例 2.20。

【例 2.20】 对于学生住宿关系模式 StuDom(学号，姓名，系别，宿舍)而言，假定“姓名”属性也具有唯一性，那么关系模式 StuDom 拥有两个由单属性组成的候选码，分别是“学号”和“姓名”。由于非主属性，即“系别”和“宿舍”，不存在对任一候选码的部分或传递函数依赖，所以关系模式 StuDom 属于第三范式。同时关系模式 StuDom 中除“学号”和“姓名”外没有其他决定因素，所以 StuDom 关系模式属于 BC 范式。

此例中，关系模式 StuDom 有两个候选码，分别是“学号”和“姓名”，而不是只有一个候选码(不满足定理 2.10 的条件)，但它却属于 BC 范式。

那么有没有属于第三范式的关系模式却不属于 BC 范式的情况呢？

【例 2.21】 考虑关系模式 EPS(工号，姓名，项目名，绩效工资)，其相关语义是：某公司中，工号是唯一的，员工没有重名，每个员工去完成一个项目后可获得唯一的绩效工资。由此语义可以得到如下的函数依赖。

工号↔姓名
{工号，项目名}→绩效工资
{姓名，项目名}→绩效工资

在关系模式 EPS 中，{工号，姓名，项目名}是主属性集，绩效工资是非主属性，有两个候选码：{工号，项目名}和{姓名，项目名}。可以看到，非主属性既没有部分函数依赖于也没有传递函数依赖于候选码，故该关系模式属于第三范式。但是，由于工号↔姓名，这意味着：工号→姓名且姓名→工号，因而{工号，项目名}$\xrightarrow{p}$姓名，{姓名，项目名}$\xrightarrow{p}$工号。这是主属性对主属性的部分函数依赖，因此不属于 BC 范式。这种依赖同样造成数据冗余和操作异常。例如，数据库中员工姓名的存储次数等于该员工所完成的项目数；当要修改员工姓名时，需要检索并修改所有存储的姓名，这容易造成数据不一致等问题。

下面介绍一种将一个关系模式转换为若干个属于 BC 范式的关系模式的方法，称为 **BCNF 规范化算法**。

BCNF 规范化算法：给定关系模式 $R(U)$，将之无损分解为若干属于 BC 范式的关系模式。

(1) $\rho=\{R(U)\}$，并令 fg=0；

(2) 找出 $R(U)$的所有候选码；

(3) For each $R'(U')$ in ρ do

{

(4) $\rho_2=\phi$；

(5) 如果在 $R'(U')$中存在左部不包含候选码的函数依赖 $A\to B$，其中，A 不包含候选码，$B\not\subseteq A$，那么将 $R'(U')$分解为 $R'_1(A\cup B)$和 $R'_2(U'-B)$，并令 $\rho_2=\rho_2\cup\{R'_1(A\cup B), R'_2(U'-B)\}$，同时令 fg=1，否则不需要分解 $R'(U')$，令 $\rho_2=\rho_2\cup\{R'(U')\}$；

}

(6) 令 $\rho=\rho_2$；

(7) 如果 fg=1，则转步骤(3)，否则转步骤(8)； //fg=0 表示在最近循环中没有任何关系模式被分解，故不需要重复以上分解步骤

(8) 返回 ρ，算法结束。

上述算法中，由于 A 是 $R'_1(A\cup B)$唯一的候选码，故该关系模式属于 BC 范式。这样，该算法就可以将原关系模式分解成一系列属于 BC 范式的关系模式，结果 ρ 包含若干个属于 BCNF 的关系模式，而且这种分解是无损连接分解。

【例 2.22】 对教学关系模式 Teach(学生，教师，课程)，若每一名教师只教授一门课，每门课可由多名教师教授，某一名学生选定某门课即对应一个固定的教师。由此语义可以得到下述函数依赖集。

{学生，课程}→教师
{学生，教师}→课程
教师→课程

可以看到，{学生，课程}和{学生，教师}均是候选码，所有属性都是主属性，不存在非主属性，因而也就不存在任何非主属性对候选码的传递函数依赖或部分函数依赖，故关系模式 Teach 属于第三范式。但是，关系模式 Teach 不属于 BC 范式，因为函数依赖"教师→课程"的决定因素——"教师"不含任一候选码。实际上，函数依赖"{学生，教师}→课程"和"教师→课程"表明存在主属性对码的部分函数依赖：{学生，教师}$\xrightarrow{p}$课程。

依据 BCNF 规范化算法，因为函数依赖"教师→课程"的左部不包含候选码，所以关系模式 Teach(学生，教师，课程)分解为下列两个模式。

```
Teach1({教师}∪{课程})
Teach2({学生, 教师, 课程}-({教师}-{课程}))
```

即分解为：

```
Teach1(教师, 课程)
Teach2(学生, 课程)
```

显然,这两个关系模式都属于 BCNF。

如果一个关系模型中的关系模式都属于 BCNF,则称该关系模型满足 BCNF,称基于该关系模型的关系数据库满足 BCNF。一个满足 BCNF 的关系数据库已经极大地减少数据的冗余,对所有关系模式实现了较为彻底的分解,消除了插入异常和删除异常,已经达到了基于函数依赖为测度的最高规范化程度。

2.6 关系模式的分解和规范化

规范化就是将关系模式设计为满足既定范式的过程。规范化主要是通过模式分解的方法来完成,即一个低级范式的关系模式,通过模式分解转换为若干个高一级范式的关系模式。规范化理论是数据库设计的基本指导理论。

2.6.1 关系模式的规范化

在关系模型中,第一范式(1NF)是关系模式要满足的最低要求。但是在满足第一范式后,关系依然存在着一些问题,如数据冗余、更新异常、插入异常、删除异常等。这就需要对关系做进一步的限制,于是出现了 2NF、3NF、BCNF、4NF、5NF 一共 5 种范式。每一种范式是在前一种范式的基础上增加一些约束条件而形成的,所以后一种范式较前一种范式的要求更严。

关系模式的规范化实际上就是通过模式分解将一个较低范式的关系模式转换为多个较高范式的关系模式的过程。从范式变化的角度看,关系模式的规范化是一个不断增加约束条件的过程;从关系模式变化的角度看,规范化是关系模式的一个逐步分解的过程。关系模式的分解是关系模式规范化的本质问题,其目的是实现概念的单一化,即使得一个关系仅描述一个概念或概念间的一种联系。通过分解可以将一个关系模式分成多个满足更高要求的关系模式,这些关系模式可以在一定程度上解决或缓解数据冗余、更新异常、插入异常、删除异常等问题。当一个关系满足 BCNF 时,这些问题就得到较好的解决。所以,范式的有效分解是关系模式规范化的一种非常好的方法。

关系模式分解实际上又是一个关系模式的属性投影和属性重组的过程,所以又称**投影分解**。投影和重组的基本指导思想是逐步消除数据依赖中不适合的成分,结果将产生多个属于更高级别范式的关系模式。投影分解的步骤就是低级范式到高级范式转换的步骤,具体步骤如下。

(1) 基于消除关系模式中非主属性对候选码的函数依赖的原则,对 1NF 关系模式进行合理的投影(属性重组),结果将产生多个 2NF 关系模式。

(2) 基于消除关系模式中非主属性对候选码的传递函数依赖的原则,对 2NF 关系模式进行合理的投影,结果将产生多个 3NF 关系模式。

(3) 基于消除关系模式中主属性对候选码的传递函数依赖的原则,对 3NF 关系模式进行合理的投影,结果将产生多个 BCNF 关系模式。

在投影分解过程中，需要满足的两个条件是：保持函数依赖性和具有无损连接性。但这两个条件具有一定程度的冲突，有时候彼此是相互矛盾的。根据相关研究结果，已确认以下几个事实。

(1) 如果仅要求保持函数依赖，那么一个关系模式最高可以分解到3NF。

(2) 如果仅要求分解的无损连接性，那么一个关系模式最高可以分解到BCNF(实际上达到4NF)。

(3) 如果既要求分解的无损连接性又要求保持函数依赖，那么一个关系模式最高可以分解到3NF。

如果一个关系数据库都使用了BCNF关系，那么这个数据库已经很完美了。注意，如果片面地追求满足更高级别的范式，可能会使得数据库的设计过程变得非常复杂，甚至会影响到应用程序的开发，加重代码编写的工作量。从系统开发的总成本计算，追求过高级别的范式可能得不偿失。所以，在数据库设计中，对范式的选用应慎重考虑。

2.6.2 关系模式的分解

通过对关系模式进行分解来实现关系模式的规范化是常采用的一种规范化方法。但这种分解不是任意的，而是有前提的。根据前提的不同，关系模式分解可以分为无损连接分解、保持函数依赖的分解以及既保持函数依赖又具有自然连接无损的分解。也就是说，一个无损连接分解并不一定能够保持函数依赖；反之，一个能够保持函数依赖的分解也不一定是无损连接分解。无损连接特性和保持函数依赖特性是关系模式分解的基本要求和必须满足的基本条件。

1. 无损连接分解

定义 2.16 假设有关系模式$R(U)$及其函数依赖集F，假设$R(U)$被分解为$R_1(U_1)$，$R_2(U_2)$，…，$R_n(U_n)$，如果对任意满足F的关系$r \in R(U)$，均有$r=r_1 \bowtie r_2 \bowtie \cdots \bowtie r_n$，那么这种分解称为关于$F$的无损连接分解，其中，$r_i$是$r$在$U_i$上的投影，$i=1,2,\cdots,n$。

我们可以对一个关系模式进行任意的分解，但这种分解可能不是无损连接分解。那么进行无损连接分解是否有章可循呢？实际上，前面介绍的关系模式规范化方法实现的模式分解都是无损连接分解。那么，如何判断一个分解是否为无损连接分解呢？先看一个相对简单的例子。

【例 2.23】 已知关系模式$R(\underline{a}, b, \underline{c}, d, e)$，其函数依赖集$F=\{a \to b, c \to d, \{a, c\} \to e\}$。现将其分解为以下三个关系模式。

$R_1(\underline{a, c}, e)$

$R_2(\underline{a}, b)$

$R_3(\underline{c}, d)$

请问这个分解是无损连接分解吗？

解：因为$c \to d$，所以有：

$R(\underline{a}, b, \underline{c}, d, e)=R_{12}(\underline{a}, b, \underline{c}, e) \bowtie R_3(\underline{c}, d)$

又因为$a \to b$，所以有：

$R_{12}(\underline{a}, b, \underline{c}, e)=R_1(\underline{a, c}, e) \bowtie R_2(\underline{a}, b)$

可以看到,上述每一步分解都是按照某一个主码进行的,保证每一次分解前的任意一个关系等于分解后对应两个关系的自然连接,因此这种分解是无损连接分解。

显然,此例中关系模式的函数依赖集比较简单,通过简单观察即可判断分解前的关系是否等于分解后对应关系的自然连接。但对于函数依赖集比较复杂的情况,这种方法难以奏效。但如果一个关系模式仅分解为两个关系模式,则该模式存在一个简单无损连接分解测试定理。

定理 2.11 假设 S 和 T 为关系模式 R 分解后所得到的两个关系模式,则该分解为无损连接分解的充分必要条件是:$(S\cap T)\rightarrow(S-T)$或$(S\cap T)\rightarrow(T-S)$。

【例 2.24】 已知关系模式 $R(a, b, c)$,其函数依赖集 $F=\{a\rightarrow b, b\rightarrow c\}$,假设将该关系模式分解为如下两个关系模式:$R_1(a, b)$和 $R_2(a, c)$,请问该分解是否是无损连接分解?

解:由$\{a, b\}\cap\{a, c\}=\{a\}$,$\{a, b\}-\{a, c\}=\{b\}$,而 $a\rightarrow b\in F$,所以,$(\{a, b\}\cap\{a, c\})\rightarrow(\{a, b\}-S\{a, c\})$。根据定理 2.11,该分解是无损连接分解。

【例 2.25】 已知关系模式 $R(a, b, c, d)$,其函数依赖集 $F=\{\{a, b\}\rightarrow c, a\rightarrow b, b\rightarrow d, c\rightarrow a\}$,请问下列分解中哪些是无损连接分解?

① $\rho_1=\{R_1(a, c), R_2(b, d)\}$;②$\rho_2=\{R_1(a, d), R_2(b, c)\}$;③$\rho_3=\{R_1(a, b, c), R_2(b, d)\}$。

解:由于这些分解都是分为两个关系模式,所以可以使用定理 2.11 对它们进行判断。对于①和②,$R_1\cap R_2$ 均为空集,故这两个分解都不满足定理 2.11 的条件,因此都不是无损连接分解;对于③,由于 $R_1\cap R_2=\{b\}$,$R_2-R_1=\{d\}$,且 $b\rightarrow d\in F$,所以$(R_1\cap R_2)\rightarrow(R_2-R_1)$,从而 ρ_3 是无损连接分解。

有时候,可能分解形成多于两个关系模式,这时定理 2.11 就不适用。下面介绍一种一般性的无损连接分解测试算法,理论上它可以用于判断任意一个分解是否为无损连接分解。

给定一个含有 n 个属性的关系模式 $R(U)$,F 为 R 的函数依赖集(为简化过程,建议用 F_{min} 代替 F,至少将所有函数依赖的右部转换为单属性集),假设其分解为 m 个关系模式 $R_1(A_1)$, $R_2(A_2)$, …, $R_m(A_m)$,其中,$U=\{c_1, c_2, \cdots, c_n\}$,$A_i\subseteq U$, $i\in\{1,2,\cdots,m\}$, $A_1\cup A_2\cup\cdots\cup A_m=U$,判断该分解是否为无损连接分解的测试算法(简称**无损分解测试算法**,也称**表格法**)如下。

(1) 构造表格 T:构造一个$(m+1)\times(n+1)$的表格 T,T 中第一行从第二列开始依次摆放 c_1, c_2,…, c_n(第一格留空),第一列中从第二行开始依次摆放 A_1,A_2,…,A_m,即每一行对应子关系模式,每一列对应一个属性,为方便描述,表格 T 中属性 c_i 和模式 A_j 交汇处的单元格用 $T[i,j]$表示,如表 2.25 所示。

表 2.25 分解测试算法中用到的表格样式

	c_1	c_2	…	c_j	…	c_n
A_1						

续表

	c_1	c_2	…	c_j	…	c_n
A_2						
…						
A_i				$T[i,j]$		
…						
A_m						

(2) 初始化表格 T：对于单元格 $T[i,j]$，如果属性 c_j 包含在属性集 A_i 中，即 $c_j \in A_i$，则令 $T[i,j]=a_j$，否则令 $T[i,j]=b_{ij}$（注：此处 a_j 和 b_{ij} 只是一个符号，没有其他特别的含义）。

(3) 更新表格 T：对 F 中的函数依赖 $c_j \to c_k$，找到列 j 中所有值为 a_j 的单元格，假设 $T[i_1,j]=T[i_2,j]=\cdots=T[i_k,j]=a_j$，然后观察 $T[i_1,k]$，$T[i_2,k]$，…，$T[i_k,k]$，如果存在其中之一的值为 a_k，则令这些单元格的值均为 a_k，即令 $T[i_1,k]=T[i_2,k]=\cdots=T[i_k,k]=a_k$，否则令 $T[i_1,k]=T[i_2,k]=\cdots=T[i_k,k]=b_{tj}$，其中，$t=\min\{i_1, i_2,\cdots,i_k\}$，$\{i_1, i_2,\cdots,i_k\}\subseteq\{1,2,\cdots,m\}$。

(4) 循环判断：依次对 F 中的函数依赖，反复执行步骤(3)，直到表格 T 的状态不再发生改变或有一行全为 a 时转步骤(5)。

(5) 结果判断：如果表格 T 中有一行全为 a，即 $a_1, a_2, \cdots, a_n$，那么此分解相对于函数依赖集 F 是无损连接分解。

【例 2.26】 已知关系模式 $R(a, b, c, d, e)$，其函数依赖集 $F=\{a\to c, c\to d, b\to c, \{c,e\}\to a\}$，假设将该关系模式分解为 $\rho=\{R_1(a, b, e)、R_2(b, d, e)、R_3(b, c, e)\}$。请用分解测试算法判断分解 ρ 是否为无损连接分解？

解：该关系有 4 个属性，分解为 3 个关系模式。按照分解测试算法，判断过程如下。

(1) 构造一个 4×5 的表格 T。

(2) 初始化表格 T：对于第二行，先观察单元格 $T[1, 1]$，由于其对应列的属性 a 包含在对应行的关系模式属性集 $\{a, b, e\}$ 中，即 $a\in\{a, b, e\}$，所以令 $T[1, 1]=a_1$。同理，因 $b\in\{a, b, e\}$，故令 $T[1,2]=a_2$；因 $e\in\{a, b, e\}$，故令 $T[1,5]=a_5$。但由于 $c\notin\{a, b, e\}$，故 $T[1, 3]=b_{13}$；由于 $d\notin\{a, b, e\}$，故 $T[1, 4]=b_{14}$。对其他行也做同样的设置，结果如表 2.26(a)所示。

(3) 更新表格 T：对于 F 中的函数依赖 $a\to c$ 和 $c\to d$，由于在属性列 a 和 c 上都只有一个 a，因而不会修改表 2.26(a)。对于 $b\to c$，由于在列 b 中 $T[1,2]=T[2,2]=T[3,2]=a_2$，且在列 c 中 $T[3,3]=a_3$，所以令 $T[1,3]=T[2,3]=T[3,3]=a_3$。更新后结果如表 2.26(b)所示。

对于 F 中的函数依赖 $\{c, e\}\to a$，由于在属性列 c 上 $T[1,3]=T[2,3]=T[3,3]=a_3$ 以及在属性列 e 上 $T[1,5]=T[2,5]=T[3,5]=a_5$，而且在列 a 上 $T[1,1]=a_1$，所以令 $T[1,1]=T[2,1]=T[3,1]=a_1$。更新后结果如表 2.26(c)所示。

表 2.26 例 2.26 判断过程

(a) 表格的初始化结果

	a	b	c	d	e
a,b,e	a_1	a_2	b_{13}	b_{14}	a_5
b,d,e	b_{21}	a_2	b_{23}	a_4	a_5
b,c,e	b_{31}	a_2	a_3	b_{34}	a_5

(b) 运用 $b \rightarrow c$ 后的结果

	a	b	c	d	e
a,b,e	a_1	a_2	a_3	b_{14}	a_5
b,d,e	b_{21}	a_2	a_3	a_4	a_5
b,c,e	b_{31}	a_2	a_3	a_4	a_5

(c) 运用 $\{c, e\} \rightarrow a$ 后的结果

	a	b	c	d	e
a,b,e	a_1	a_2	a_3	b_{14}	a_5
b,d,e	a_1	a_2	a_3	a_4	a_5
b,c,e	a_1	a_2	a_3	a_4	a_5

从表 2.26(c)可以看出,第三行全为 a,即 a_1、a_2、a_3、a_4、a_5,所以算法不需要重新运用 F 中的函数依赖对表 T 进行更新了。该结果表明:分解 ρ 是无损连接分解。

2. 保持函数依赖的分解

保持函数依赖是保持关系模式分解前后语义的一致性。下面先给出保持函数依赖分解的形式化定义。

定义 2.17 一个关系模式 $R(U)$ 被分解成 n 个关系模式:$\rho = \{R_i(U_i) \mid i \in \{1, 2, \cdots, n\}\}$,$F$ 为 $R(U)$ 的函数依赖集,令 $F_i = \{A \rightarrow B \mid A \rightarrow B \in F^+ \text{ 且 } A \cup B \subseteq U_i\}$,$F_i$ 称为 F 在 R_i 上的投影,其中,$i \in \{1, 2, \cdots, n\}$;令 $\bigcup_{i=1}^{n} F_i = F_1 \cup F_2 \cup \cdots \cup F_n$。如果 $F^+ = \left(\bigcup_{i=1}^{n} F_i\right)^+$,则称分解 ρ 保持函数依赖。

由于计算函数依赖集的闭包是一种 NP 难问题,不能通过直接判断 F^+ 与 $\left(\bigcup_{i=1}^{n} F_i\right)^+$ 是否相等的方法断定 ρ 是否保持函数依赖。但利用定理 2.5,可以快速地判断给定的分解是否保持函数依赖。

【例 2.27】 对于关系模式 $R(U)$,其中,U=\{SNo, SName, SDept, MName\},其函数依赖集 F=\{SNo→SName, SNo→SDept, SDept→MName\},假设其分解为 ρ=\{R_1(SNo, SName, SDept), R_2(SNo, MName)\},R_1 和 R_2 对应的函数依赖集分别为 F_1=\{SNo→SName, SNo→SDept\}和 F_2=\{SNo→MName\}。请判断该分解是否为保持函数

依赖的分解。

解：根据定义 2.17，需要判断 $F^+=(F_1\cup F_2)^+$，进而由定理 2.5，需要判断 $F\subseteq(F_1\cup F_2)^+$ 和 $(F_1\cup F_2)\subseteq F^+$。对于 F 中的前两个函数依赖 SNo→SName，SNo→SDept，它们都属于 $(F_1\cup F_2)$，因此它们显然属于 $(F_1\cup F_2)^+$；但对于 F 中的第三个函数依赖 SDept→MName，由于 $\{SDept\}^+_{F1\cup F2}=\{SDept\}$，而 $\{MName\}\not\subseteq\{SDept\}^+_{F1\cup F2}$，因此 SDept→MName $\notin(F_1\cup F_2)^+$，即 $F\not\subseteq(F_1\cup F_2)^+$，从而 $F^+\neq(F_1\cup F_2)^+$，所以分解 ρ 未能保持函数依赖。也就是说，分解后，函数依赖 SDept→MName 丢失了。由于 ρ 未能保持函数依赖，分解后的模式仍然会造成数据冗余、更新异常等问题。

注意，该分解是无损连接分解，请读者自行验证。

3. 既保持函数依赖又具有自然连接无损的分解

实际上，无损连接分解和保持函数依赖的分解是两个相互独立的模式分解。但它们的优缺点具有一定的互补性。

无损连接分解可以保证分解所得到的关系模式经过自然连接后又得到原关系模式，不会造成信息的丢失。但是，这种分解可能带来数据冗余、更新冲突等问题。造成这些问题的原因是，无损连接分解不是按照关系模式所蕴涵的数据语义来进行分解。而保持函数依赖的分解则正好是按照数据语义来进行分解，它可以使分解后的关系模式相互独立。避免由无损连接分解带来的问题，但它在某些情况下可能造成信息丢失。一个自然的想法就是构造这样的分解：该分解既是保持函数依赖的分解，又具有自然连接无损的特性。这种分解就称为既保持函数依赖又具有自然连接无损的分解。

【例 2.28】 继续考虑例 2.27 中的关系模式 $R(U)$，其中，$U=$\{SNo, SName, SDept, MName\}，其函数依赖集 $F=$\{SNo→SName, SNo→SDept, SDept→MName\}，现在将该关系模式分解为 $\rho_2=\{R_3$(SNo, SName, SDept), R_4(SDept, MName)\}，R_3 和 R_4 对应的函数依赖集分别为 $F_3=$\{SNo→SName, SNo→SDept\}和 $F_4=$\{SDept→MName\}。请判断该分解是否为保持函数依赖的分解以及是否为无损连接分解。

解：根据定理 2.5，容易验证分解 ρ_2 是保持函数依赖的分解；根据定理 2.11 或表格法，也可以验证该分解是无损连接分解。也就是说，ρ_2 既保持了函数依赖特性也具备无损连接特性。

2.7 关系规范化理论综合分析

本章学习的最终目的，是能够运用关系规范化理论对给定的关系模式进行分析和优化。这主要通过判断给定的关系模式属于第几范式来确定关系模式的等级，然后通过投影分解的方法对关系模式进行分解，使之满足相关的范式要求，从而达到优化关系模式的目的。这需要综合运用最小函数依赖集、属性集闭包、选码求解算法、各类规范化算法等。本节主要通过三个例子来说明如何综合使用这些概念、知识和方法。

【例 2.29】 对于例 2.12 中的关系模式 SSC(SNo, SName, SDept, TNo, TName, TTitle, CName, CScore)，其函数依赖集 $F=$\{SNo→SName, SNo→SDept, SNo→TNo, TNo→TName, TNo→TTitle, \{SNo, CName\}→CScore\}。分解后得到如下的三

个关系模式(见例 2.14 和例 2.17)。

student(SNo, SName, SDept, TNo)

supervisor(TNo, TName, TTitle)

course(SNo, CName, CScore)

请说明以上三个关系模式都属于 BC 范式,并验证该分解是无损连接分解,同时保持函数依赖。

解:令 $F_{student}$, $F_{supervisor}$, F_{course} 分别表示关系模式 student, supervisor 和 course 的函数依赖集,则可以发现:

$F_{student}$ = {SNo→SName, SNo→SDept, SNo→TNo}

$F_{supervisor}$ = {TNo→TName, TNo→TTitle}

F_{course} = {{SNo, CName}→CScore}

根据候选码求解算法可以发现,SNo 是关系模式 student 唯一的候选码,且所有非主属性都没有部分或传递依赖于该候选码,因此 student 属于第三范式,再根据定理 2.10,student 属于 BC 范式;类似地,supervisor 和 course 也都属于 BC 范式。

令 ρ={student, supervisor, course}表示关系模式 SSC 的上述分解。以下利用表格法先验证分解 ρ 是无损连接分解。

先按照表格法创建和初始化一个表格 T,如表 2.27(a)所示。

然后依次运用 F 中的函数依赖更新如表 2.27(a)所示表格 T 中的元素,结果如表 2.27(b)所示。

表 2.27　表格法验证分解 ρ 是无损连接分解

(a) 表格的初始化结果

	SNo	SName	SDept	TNo	TName	TTitle	CName	CScore
SNo, SName, SDept, TNo	a_1	a_2	a_3	a_4	b_{15}	b_{16}	b_{17}	b_{18}
TNo, TName, TTitle	b_{21}	b_{22}	b_{23}	a_4	a_5	a_6	b_{27}	b_{28}
SNo, CName, CScore	a_1	b_{32}	b_{33}	b_{34}	b_{35}	b_{36}	a_7	a_8

(b) 依次运用 F 中函数依赖后的结果

	SNo	SName	SDept	TNo	TName	TTitle	CName	CScore
SNo, SName, SDept, TNo	a_1	a_2	a_3	a_4	a_5	a_6	b_{17}	b_{18}
TNo, TName, TTitle	b_{21}	b_{22}	b_{23}	a_4	a_5	a_6	b_{27}	b_{28}
SNo, CName, CScore	a_1	a_2	a_3	a_4	a_5	a_6	a_7	a_8

从表 2.27(b)可以看到,最后一行全为 a,故根据表格法,分解 ρ 相对于函数依赖集 F 是无损连接分解。

其次,再验证分解 ρ 是保持函数依赖的。

实际上,$F_{student}$, $F_{supervisor}$, F_{course} 也分别是函数依赖集 F 在关系模式 student, supervisor 和 course 的投影。由于 $F_{student} \cup F_{supervisor} \cup F_{course} = F$,当然有 $F^+ = (F_{student} \cup$

$F_{supervisor} \cup F_{course})^+$，所以分解 ρ 是保持函数依赖的。

【例 2.30】 设有关系模式 $R(U)$，其中，$U=\{a, b, c, d\}$，其函数依赖集 $F=\{a\rightarrow c, c\rightarrow a, b\rightarrow\{a, c\}, d\rightarrow\{a, c\}, \{b, d\}\rightarrow a\}$。

(1) 求出 $R(U)$的所有候选码；

(2) 求$\{a, c\}^+$；

(3) 请说明 $R(U)$属于第几范式？如果不属于 3NF，请将之规范化为 3NF，同时使其既具有无损连接性又保持函数依赖性。

解：(1)根据 F，可以得到 $L=\{b, d\}$，$R=\phi$，$N=\phi$，$LR=\{a, c\}$，于是 $LN=L\cup N=\{b, d\}$，LN 的闭包 $LN^+=\{a, b, c, d\}$。由于 $LN^+=U$，$\{b, d\}$是该关系模式的唯一候选码。

(2) 观察 F，左部为$\{a, c\}$的子集的函数依赖只有两个：$a\rightarrow c$ 和 $c\rightarrow a$，从而根据属性集闭包的求解方法，$\{a, c\}^+=\{a, c\}$。

(3) 根据步骤(1)可知，$\{b, d\}$是该关系模式的唯一候选码，F 中蕴含部分函数依赖 $\{b, d\}\xrightarrow{p}\{a, c\}$，因此该模式不属于 2NF，更不属于 3NF。下面用 3NF 规范化算法将 $R(U)$分解为若干个属于 3NF 的关系模式。

① 计算 F 的最小函数依赖集 $F_{min}=\{a\rightarrow c, c\rightarrow a, b\rightarrow a, d\rightarrow a\}$；

② U 中所有属性均已在 F_{min} 中出现，故 $U_0=\phi$，U 不变；

③ 按"决定因素聚类"原则，对 F_{min} 中的函数依赖进行极大化处理，结果 F_{min} 还是不变；

④ 将每个极大化后的函数依赖转换为对应的关系模式，结果得到 $R_1(a, c)$，$R_2(c, a)$，$R_3(b, a)$和 $R_4(d, a)$，前面两个是一样的，整理后得到 $\rho_1=\{R_1(a, c), R_3(b, a), R_4(d, a)\}$，该分解是保持函数依赖的分解；

⑤ 利用表格法可以验证 $\rho_1=\{R_1(a, c), R_3(b, a), R_4(d, a)\}$不是无损连接分解，所以根据 3NF 规范化算法 2，将候选码$\{b, d\}$作为新的关系模式添加到 ρ_1 中，得到 $\rho_2=\{R_1(a, c), R_3(b, a), R_4(d, a), R_5(b, d)\}$。可以验证，$\rho_2$ 是保持函数依赖的无损连接分解，其中每一个关系模式都属于 3NF。

【例 2.31】 设有关系模式 $R(U)$，其中，$U=\{a, b, c, d, e, f\}$，其函数依赖集 $F=\{d\rightarrow f, c\rightarrow d, \{c, d\}\rightarrow e, a\rightarrow e\}$。请问该关系模式是否属于 BCNF？如果不属于，请将其分解为 BCNF。

解：(1) 利用候选码求解算法，求解 $R(U)$所有的候选码，结果$\{a, b, c\}$是唯一的候选码；

(2) 由于 $c\rightarrow d$，$a\rightarrow e$，故存在非主属性 d 和 e 对候选码$\{a, b, c\}$的部分函数依赖，所以该关系模式不属于 2NF；

(3) 下面使用 BCNF 规范化算法将 $R(U)$分解为若干个属于 BCNF 的关系模式。

① 对于 U，$\{a, b, c\}$是码，选择 $d\rightarrow f$ 进行分解，结果得到 $U_1=\{d, f\}$，$F_1=\{d\rightarrow f\}$，以及 $U_2=\{a, b, c, d, e\}$，$F_2=\{c\rightarrow d, \{c, d\}\rightarrow e, a\rightarrow e\}$；

② 对于 U_2，$\{a, b, c\}$仍是码，选择 $c\rightarrow d$ 进行分解，结果得到 $U_3=\{c, d\}$，$F_3=$

$\{c \to d\}$,以及$U_4=\{a, b, c, e\}$, $F_4=\{c \to e, a \to e\}$(因为F_2蕴含$c \to e$);

③ 对于U_4,$\{a, b, c\}$仍是码,选择$c \to e$进行分解,结果得到$U_5=\{c, e\}$, $F_5=\{c \to e\}$,以及$U_6=\{a, b, c\}$, $F_6=\phi$。

④$\rho=\{\{d, f\}, \{c, d\}, \{c, e\}, \{a, b, c\}\}$即为$R(U)$的无损连接分解。

习 题

一、选择题

1. 关于候选码和主码,下列说法正确的是(　　)。

A. 一个关系可以拥有多个主码

B. 一个关系有且必须拥有一个主码

C. 一个关系至多拥有一个主码

D. 一个关系肯定存在多个候选码

2. 关系规范化理论主要用于(　　)。

A. 设计和优化关系模式,减少数据冗余等问题

B. “清洗”数据,避免重复数据进入数据库

C. 优化数据库系统,以构建结构良好的计算机系统

D. 属于数据库理论研究范畴,在数据库设计实践中一般没有应用价值

3. 用于关系数据库中进行关系模式设计的理论是(　　)。

A. 关系规范化理论　　B. 关系运算理论

C. 关系代数理论　　D. 关系演算理论

4. “数据项是关系数据库中最小的数据单位”,即数据项在关系数据库中不能再被拆分,这个限制是第几范式对关系数据库的要求?(　　)

A. 1NF　　B. 2NF　　C. 3NF　　D. BCNF

5.如果关系模式R属于第一范式,在消除所有的部分函数依赖后,形成的关系模式必定属于(　　)。

A. 1NF　　B. 2NF　　C. 3NF　　D. 4NF

6. 若关系R的候选码都是由单属性构成的,则R属于第几范式?(　　)

A. 1NF　　B. 2NF　　C. 3NF　　D. BCNF

7. 关系模式分解的结果(　　)。

A. 唯一

B. 不唯一,效果相同

C. 不唯一,效果不同,有正确与否之分

D. 不唯一,效果不同,有应用的不同

8. 如果关系模式R中若没有非主属性,则(　　)。

A. R属于1NF但不一定属于2NF

B. R属于2NF但不一定属于3NF

C. R属于3NF但不一定属于BCNF

D. R 属于 BCNF

9. 如果关系模式 R 属于 2NF，则 R（　　）。

A. 不可能属于 1NF

B. 可能属于 3NF

C. 必定属于 1NF 且必定属于 3NF

D. 以上均不对

10. 3NF 同时又属于（　　）。

A. 2NF　　B. 1NF　　C. BCNF　　D. 1NF，2NF

11. 任何一个满足 2NF 但不满足 3NF 的关系模式都不存在（　　）。

A. 主属性对码的部分依赖　　B. 非主属性对码的部分依赖

C. 主属性对码的传递依赖　　D. 非主属性对码的传递依赖

12. 假设关系模式 R 的属性间依赖如下：$A \rightarrow B$，$B \rightarrow C$，经过投影分解后得到如下结果，其中哪个结果最可能属于 3NF？（　　）

A. R_1(A，B)，R_2(B，C)　　B. R_1(A，C)，R_2(B，C)

C. R_1(A，B)，R_2(A，C)　　D. 都不是

13. 将关系模式从 3NF 规范化为 BCNF 的过程中，消除了主属性对码的（　　）。

A. 部分函数依赖　　B. 传递函数依赖

C. 完全函数依赖　　D. 部分函数依赖和传递函数依赖

14. 设有关系模式 R（工号，姓名，职称，工资），其中，工资是由职称唯一决定，而职称是由工号唯一决定。现通过分解对其进行规范化，下列哪个结果是正确的且属于第三范式？（　　）。

A. R_1（工号，姓名），R_2（职称，工资）

B. R_1（工号，职称，工资），R_2（工号，姓名）

C. R_1（工号，姓名，职称），R_2（职称，工资）

D. 以上都不对

15. 假设在关系模式 $L(a, b, c)$ 中，其函数依赖集包括：$\{a, c\} \rightarrow b$，$\{a, b\} \rightarrow c$，$b \rightarrow c$，则（　　）。

A. 关系 L 属于 1NF，但不属于 2NF

B. 关系 L 属于 2NF，但不属于 3NF

C. 关系 L 属于 3NF，但不属于 BCNF

D. 以上均不对

16. 已知关系模式 $R(a, b, c, d, e)$ 及其函数依赖集 $F=\{a \rightarrow d, b \rightarrow c, e \rightarrow a\}$，该关系模式的候选关键字是（　　）。

A. $\{a, b\}$　　B. $\{b, e\}$　　C. $\{c, d\}$　　D. $\{b, c\}$

17. 设有关系模式 $R(a, b, c, d, e, f)$，函数依赖集 $F=\{a \rightarrow b, (c, a) \rightarrow d, (e, f) \rightarrow a, (e, b) \rightarrow f, (e, c) \rightarrow f\}$，关系模式 R 的一个候选码是（　　）。

A. (c, a)　　B. (e, f)　　C. (e, b)　　D. (e, c)

18. 关系模式 R 中的属性全是主属性，则 R 的最高范式必定是(　　)。

A. 1NF　　B. 2NF　　C. 3NF　　D. BCNF

19. 如果 $A \to B$，那么属性 A 和属性 B 的联系是(　　)。

A. 一对多　　B. 多对一　　C. 多对多　　D. 以上都不是

20. 在关系数据库中，任何二元关系模式的最高范式必定是(　　)。

A. 1NF　　B. 2NF　　C. 3NF　　D. BCNF

21. 设数据库关系模式 $R=(a, b, c, d, e)$，有下列函数依赖 $F=\{a \to \{b, c\}, d \to e, c \to d\}$，下述对 R 的分解中，哪些分解是 R 的无损连接分解？(　　)

Ⅰ. $R_1(a, b, c)$ 和 $R_2(c, d, e)$

Ⅱ. $R_1(a, b)$ 和 $R_2(a, c, d, e)$

Ⅲ. $R_1(a, c)$ 和 $R_2(b, c, d, e)$

Ⅳ. $R_1(a, b)$ 和 $R_2(c, d, e)$

A. 只有Ⅳ　　B. Ⅰ和Ⅱ　　C. Ⅰ、Ⅱ和Ⅲ　　D. 都不是

22. 设关系模式 $R(a, b, c)$，函数依赖集 $F=\{b \to c\}$，如果将 R 分解为 $R_1(a, b)$ 和 $R_2(b, c)$，则该分解(　　)。

A. 既不是无损连接，也不保持函数依赖的分解

B. 不是无损连接，但保持函数依赖的分解

C. 是无损连接，也不保持函数依赖的分解

D. 是无损连接，也保持函数依赖的分解

23. 已知关系模式 $R(U)$，其中 $U=\{a, b, c, d\}$，$F=\{a \to b, d \to c, b \to a, c \to a\}$。那么下列分解中是无损分解的是(　　)。

A. $\rho_1=\{R_1(a, b), R_2(c, d)\}$　　B. $\rho_2=\{R_1(b, c), R_2(a, d)\}$

C. $\rho_3=\{R_1(b, c, d), R_2(b, d)\}$　　D. $\rho_4=\{R_1(a, b), R_2(c, b)\}$

二、填空题

1. 关系模型的基本要素包括________、________和________。

2. 关系模型的数据结构是________。

3. 根据一般常识，关系模式学生(学号 姓名，系别，成绩)的主码是________，主属性是________，非主属性是________。

4. 关系的完整性约束包括________、________和________。

5. 关系的交操作作 $R \cap S=$________。

6. 已知关系 student 如表 2.28 所示，令 $L=\{a, c, d\}$，则投影 $\pi_L(\text{student})=$________________________。

表 2.28　关系 student

a	*b*	*c*	*d*
1	aaa	100	$a+1$
2	bbb	200	$b+1$

续表

a	*b*	*c*	*d*
3	ccc	300	$c+1$
4	ddd	400	$d+1$
5	eee	500	$e+1$

7. 在如下的两个关系模式中,“职工”和“部门”的主码分别是________和________,________属性可能是外码。

职工(<u>职工号</u>,姓名,性别,部门号,年龄)
部门(<u>部门号</u>,部门名称)

8. 连接运算包括________和________。
9. 关系模式的规范化主要通过________来实现。
10. 关系模式分解的准则是________和________。

三、简答题

1. 关系操作主要有哪些?
2. 简述关系数据库的概念。
3. 请简述关系和关系模式的区别。
4. 外码的属性值可以为空(NULL),为什么?
5. 什么是主码?其作用是什么?
6. 指出下列关系模式的主码,并说明原因。

course_score(学号,姓名,课程号,成绩)

7. 等值连接和自然连接有何区别与联系?
8. 什么是函数依赖?它有什么作用?
9. 与BC范式相比,第三范式的缺点体现在什么地方?
10. 简述关系数据库的主要特点。
11. 已知某一个关系如表2.29所示,从该表中可以看出,属性 a 和 b 之间的联系是 $m:1$,b 和 c 之间的联系是 $m:n$,因此 $a\to b$,但 b 和 c 之间不存在任何函数依赖关系。请问这种推断正确吗?

表2.29　某一关系

a	*b*	*c*
1	1	1
2	1	2
3	2	2
4	2	1

四、设计题

1. 设 $R(U)$ 为一关系模式，其中，$U=\{a, b, c, d, e, f\}$，其函数依赖集 $F=\{a \to b, c \to d, d \to e, e \to f, f \to c\}$，求关系模式 $R(U)$ 的所有候选码。

2. 已知关系模式 $R(U)$ 的函数依赖集 $F=\{a \to b, c \to d, \{b, d\} \to c\}$，其中，$U=\{a, b, c, d\}$，请问该关系模式是否属于第三范式？如果不是，请将它分解为第三范式。

3. 已知有关系模式：student(学号，姓名，成绩，学院，班级，备注)，其相关语义是：学号是全校范围内统一编号的，一个学生只能属于一个班级，一个班级只能属于某一个学院。请指出该关系模式的不妥之处，并加以改进。

4. 已知有关系模式：course_score(学号，姓名，专业，课程名，成绩)，其相关语义是：学号是全校统一编号，课程名是不重复的，一个学生可以选修多门课程，一门课程一般同时被多位学生选修，不同课程其名称是不一样的。请指出该关系模式属于第几范式，如果不属于第三范式，请将它分解为属于第三范式的若干子模式。

5. 假设要为某一个工厂开发一套信息管理系统，在调研时发现，系统所涉及的对象包括员工、部门和产品，其描述信息如下。

描述员工的属性：工号、姓名、性别、年龄、职称、部门号
描述部门的属性：部门号、名称、规模
描述产品的属性：产品号、产品名、数量、价格

相应语义是：每个员工属于一个部门，他们可能生产多种产品，一种产品也可能为多个员工所生产；工号、部门号、产品号在工厂内都是唯一的。系统要能够方便计算每个员工以及每个部门所创造的价值(产品数量×产品价格)。

请根据这些信息，为系统设计相应的关系模式。

五、证明题

1. 请证明定理2.2，即证明：在关系模式 $R(U)$ 中，对任意 $A, B \subseteq U$ 且 $A \cup B = U$，如果 $A \xrightarrow{f} B$，则有 $A \xrightarrow{f} U$，从而 A 是关系模式 $R(U)$ 的一个候选码。

2. 试用 Armstrong 公理系统证明合并规则：若 $B \to C$ 且 $B \to D$，则 $B \to C \cup D$。

3. 设有关系模式 $R(U)$，其中，$U=\{a, b, c, d\}$，其函数依赖集 $F=\{a \to c, c \to a, b \to \{a, c\}, d \to \{a, c\}, \{b, d\} \to a\}$。构造如下两个分解。

$\rho_1=\{R_1(a, c), R_3(a, b), R_4(a, d)\}$

$\rho_2=\{R_1(a, c), R_3(a, b), R_4(a, d), R_5(b, d)\}$

请证明，ρ_1 不是无损连接分解，ρ_2 是无损连接分解。

4. 请证明定理2.6，即：假设有关系模式 $R(U)$，其函数依赖集为 F，假设 $C \cup D \to B \in F$ 以及 $C \to B \in F^+$，其中，C 和 D 都不是空集，则 D 是冗余的属性集。

5. 请证明定理2.9，即：假设有关系模式 $R(U)$，且 $R(U) \in 1NF$，但 $R(U) \notin 2NF$，并假设非主属性集 B 部分依赖于候选码 W，即 $W \xrightarrow{p} B$，那么存在 $A \subset W$，使得 $A \xrightarrow{f} B$，于是 $R(U)$ 分解为 $R_1(A \cup B)$ 和 $R_2(U-B)$，$R_1(A \cup B) \in 2NF$，且 $R(U)=R_1(A \cup B) \bowtie_A R_2(U-B)$，即此分解为无损连接分解。

第3章 数据库设计技术

本章主要介绍数据库设计的方法和步骤，包括从数据库设计的需求分析开始，到数据库概念结构设计、逻辑结构设计、物理结构设计以及数据库的实施、运行和维护的整个过程。如果说第2章学的是数据库设计理论，那么本章介绍的就是对这些理论的应用方法。通过本章的学习，读者应该了解和掌握下列内容。

- 了解数据库设计的一般步骤，掌握需求分析的过程和方法。
- 掌握数据库结构设计的方法，包括概念结构设计、逻辑结构设计和物理结构设计。
- 理解数据库的实施、运行和维护方法。

3.1 数据库设计概述

在应用数据库技术解决实际问题时，需要针对给定应用环境，构造最优的数据库模式，然后基于该模式创建相应的数据库及其应用系统，使得形成的数据库系统能够有效地进行各种数据存储和管理任务，满足用户的各种应用需求，而这个过程就是数据库设计。

一般地，数据库设计是指在现有的应用环境下，从建立问题的概念模型开始，逐步建立和优化问题的逻辑模型，最后建立其高效的物理模型，并据此建立数据库及其应用系统，使之能够有效地收集、存储和管理数据，满足用户的各种应用需求。简单而言，数据库设计是数据库及其应用系统的设计。本章介绍的数据库设计主要是针对数据库本身的设计，较少涉及应用系统的设计。

数据库设计是数据库应用系统开发的关键技术之一，其最终目的可以归结为两点：①满足用户的需求；②简化应用程序的编程设计，实现系统协同、高效的开发，减少开发成本。从过程看，数据库设计主要分为6个步骤：系统需求分析、概念结构设计、逻辑结构设计、物理结构设计、数据库实施、数据库系统运行和维护，各步骤的先后关系如图3.1所示。其中，对每一个步骤，如果设计结果不满足要求，都可以返回前面的任一步骤，直到满足要求为止。

由于实际问题的时空复杂性，数据库设计过程中也存在诸多的不确定因素，加上应用程序运行环境的制约，这就使得数据库设计变得异常复杂。一般来说，数据库设计不是"一次到位"，而是"认识-设计-纠正-认识"的一种反复并逐步求精的过程。但是经过长期的积累，人们总结了数据库设计有关理论和方法，形成了数据库设计的一些基本规律，可为实际的数据库设计提供理论和经验参考。

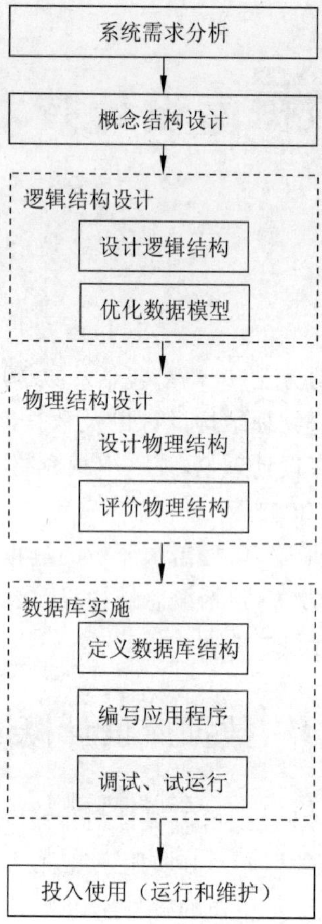

图 3.1 数据库设计的基本步骤

3.2 需求分析

需求分析是了解用户需求,然后明确用户需求,最后形成需求文字表达(需求分析说明书)的一个过程。需求分析的最终结果就是形成一份有效的需求分析说明书。本节将从系统调研方法、需求分析所需要的技术和方法,以及数据字典的形成等方面来阐述需求分析的过程。

3.2.1 系统调研过程

系统调研也称项目调研,即把系统开发当作项目来运作,其主要目的是通过接触用户以了解并最终明确用户的实际需求。这个过程是一个系统分析人员理解和掌握用户业务流程的过程,是一个需要不断与用户进行沟通和磋商的过程。系统调研方法比较灵活,因人、因系统而异。但大致的调研过程基本一样,可以分为以下几个步骤来完成。

(1) 充分了解项目背景以及开发的目的。

(2) 深入用户单位(指使用该系统的机构和组织)进行调查。包括了解单位的组织结构、运作方式，了解各部门的职责和功能。然后从数据流的角度分析各个部分的特性以及它与其他部门之间的关系，如各部门的输入(输出)数据及其格式是什么，这些数据来自哪里、去向何方等，并做相应的记录。

这个步骤是调查的重点，而且难度比较大，难点在于如何建立与用户的沟通渠道。因为用户与系统分析人员一般都具有不同的技术背景，所以经常导致这种情况的出现：用户认为已经说清楚了的东西而分析人员也许对之还不能理解，或者用户提出的要求过高，超出了计算机能够处理的范围等。当出现这种情况时，需要分析人员不断地询问或说明，时间久了就会导致用户的厌倦。因此，在进行这项调查前分析人员应该做好充分的准备，例如，拟好调查方案，设计合理而简洁的调查表等。

下面给出了一种调查方法，可供读者参考和选用。

① 单位情况及其运作方式的介绍。第一次到用户单位做现场调查时，系统分析人员都应同时到场，并邀请单位的相关负责人及各部门负责人就单位情况和各部门运作方式等方面做简要的介绍，并回答系统分析人员的一些问题。目的是使系统分析人员对整个单位及其各部门的关系有一个初步的理解。

② 对部门工作职能的深入了解。在总体介绍之后，系统分析人员应分头深入各个部门进行现场观摩，请专人具体介绍，允许的话可进行跟班作业，以准确理解用户的需求。

③ 召开调查会。通过对部门的观察后，应该有一个初步的书面总结，这时分析人员也已经对部门的职责和运作方式有一个较为深入的理解。为验证这个理解的正确程度，通过询问、讨论、填调查表等方式来召开一次调查会是必要的。但这种调查会召开的次数要严格控制，一般1～2次为宜，否则会令用户厌倦。

④ 如果与用户还没有就需求达成共识，相关分析人员可有选择地重复第②和③步。

需要提醒的是，不管在什么时候，保持与用户良好的关系都是系统顺利开发的必要条件。

(3) 确定用户需求、明确系统功能和边界。综合各个分析人员的调查结果，形成系统的功能说明，确定哪些功能是系统要实现的，哪些是不应该实现的，或者是不能实现的。所有这些结果都应该跟用户确认后以书面形式确定下来。

以上调研结果是下一步设计的前提和基础，任何不准确的结果都会导致开发工作的返工，增加开发成本。所以，在系统调研时应尽最大的努力做出具有最小误差的调研结果。

3.2.2　需求分析的方法

1. SA 方法

在已有调研结果的基础上，运用需求分析的各种方法，形成高质量的系统需求说明书。但这是针对整个系统的设计而言。如果仅针对数据库设计来说，那就是形成用户需求的有效表达，这种表达在说明书中多以数据流图、数据字典等形式来描述。

用户需求的表达一般是面向系统分析员的。为建立用户需求的表达，可以采用多种分析方法来完成。这些方法主要包括自顶向下和自底向上两种方法，其中常采用的方法是自顶向下的结构化分析方法(Structured Analysis,SA)。这种方法的分析过程符合人类对问题的认识并最终解决的一般过程,其分析过程简单、实用,现已在众多领域中得到应用。其特点可以归结为一棵树的生长过程:先创建树根,然后创建树根节点的子节点,接着创建各子节点的子节点,直到创建所有的树叶节点为止。在这棵树中,树根节点相当于整个系统(第一层次上的系统),其子节点相当于第二层次上的系统,……,最后层次上的系统由叶子节点表示,它对系统分析人员是可认知的(认为已经清楚而不必再分解了)。可见,自顶向下的SA方法是从整个系统开始,采用逐层分解的方式对系统进行分析的方法。

例如,当初次面对一个复杂的系统时,只能对它有一个初步的了解,比如这个系统的功能是什么,输入和输出分别是什么;也可能认识得比这个层次稍微细一点儿,如这个系统分为几个大的子系统,每个子系统的作用及其关系,以及子系统输入/输出情况等。为寻求对整个系统的全面认识,需要对各子系统做进一步的分解,明确各个子系统的作用、系统之间的数据流向关系等。这个分解、认识的过程要持续到产生的每个子系统都能够被分析人员认知为止。基于这种分解的分析方法就是典型的自顶向下的结构化分析方法。

2. 数据流图

实际上,SA方法只是对问题分析的一种思想,在具体的分析过程中还需要借助其他的分析工具,这样才能完成对分析过程和结果的记录、对用户需求的表达等。其中,数据流图就是最为常用的辅助分析工具和描述手段。

数据流图是以图形的方式来刻画数据处理系统中信息的转变和传递过程,是对现实世界中实际系统的一种逻辑抽象表示,但又独立于具体的计算机系统。以下对数据流图常采用的符号做一个简要介绍。

1) 数据流

顾名思义,数据流是流动中的数据。所以数据流图是用有方向的曲线或直线来表示,用箭头表示数据流的方向,其旁边标以数据流的名称。其格式如图3.2所示。

图 3.2 数据流格式

其中,数据流名不是随意取的,而是应该能够简要地概括数据流的含义,且易于理解。下文提到的数据名、加工名、文件名等都有同样的要求。

数据流可以来自数据的源点、加工和数据文件,可以流向数据的终点、加工和数据文件。但是,当数据取自文件或者流向文件时,相应的有向直线或曲线可以不命名,因为从相应的文件中即可知道流动的是什么数据。

2) 数据的源点和终点

显然,系统中的数据是来自系统以外的其他数据对象,其最终的流向也是系统以外的有关数据对象。这种向系统提供数据的数据对象统称为系统的**数据源点**,而系统数据所流向的数据对象则统称为**数据终点**。这两个概念的引入是为了帮助用户对系统接口界面的理解。在数据流图中,**数据源点**和**数据终点**都是用方框来表示,方框中标以数据的名称。其格式如图 3.3 所示。

图 3.3　数据源点和数据终点格式

3) 加工

加工是对数据处理的一个抽象表示。如果这种"加工"还不为系统分析员所理解,则需要 SA 方法对其进行分解,直到所得到的加工已经足够简单、不必再分时为止。这时的加工也称为**基本加工**。在数据流图中,加工是用圆圈(或椭圆)表示,圆圈中标以加工的名称。其格式如图 3.4 所示。

4) 数据文件

数据文件是表示数据临时存放的地方,"加工"能够对其进行数据读取或存入。在数据流图中,数据文件通常用平行的双横线表示,旁边标以数据文件名。其格式如图 3.5 所示。

图 3.4　加工格式

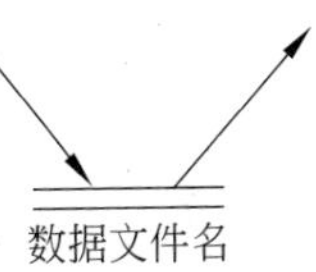

图 3.5　数据文件格式

此外,对于数据流图中的一个节点,可能有几条表示数据流的有向线出自或指向该节点。那么,该节点对数据流的影响方式(流出情况)或这几股数据流对该节点的作用方式是多种的。这种影响和作用方式说明如表 3.1 所示。

表 3.1　数据流的关系

符号表示	说　明
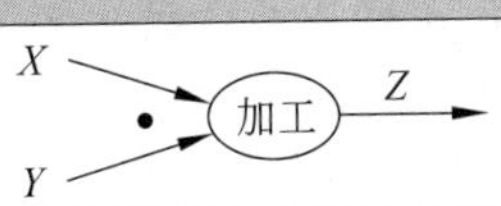	表示在收到 X 和 Y 后才进行加工,然后产生 Z
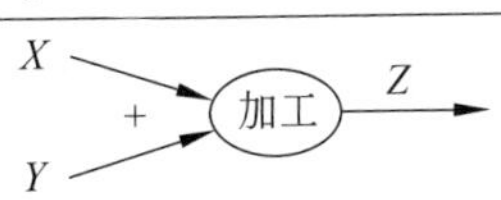	表示在收到 X 或者收到 Y 后即可进行加工,结果产生 Z
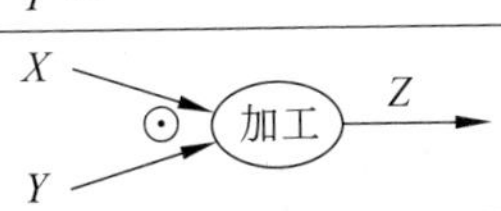	表示从数据流 X 和 Y 中选择其中之一来进行加工,结果产生 Z
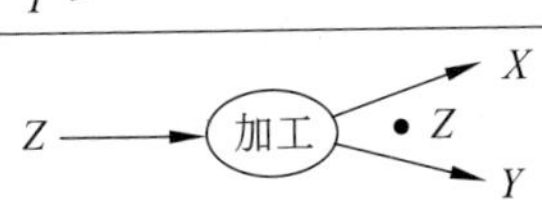	表示在对 Z 进行加工后同时产生 X 和 Y
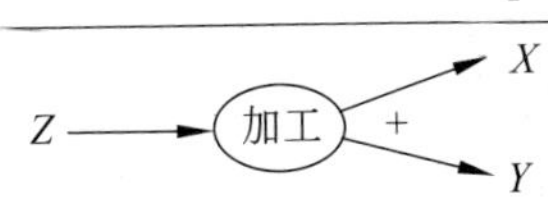	表示在对 Z 进行加工后,产生 X 或者 Y,或者两者都产生

续表

符号表示	说　明
	表示在对 Z 进行加工后，仅产生 X 和 Y 的其中之一

以上是数据流图中常用的符号，除这些外，还有其他一些符号，读者可参考有关书籍。

3. 基于数据流图的 SA 方法

自顶向下的 SA 分析方法可以与数据流图有机地结合起来，将对系统的分析过程和结果形象地表示出来。在数据流图中，SA 分析方法主要体现在对“加工”进行分解的过程。对数据流图的绘制和分解过程就是用户需求的分析及其表达的形成过程。

一个系统的数据流图是由多个子图构成的，如果加上子图之间的分解关系，就可以形成一棵树。但由于所有的子图通过表示分解关系的边连在一起而形成的树将是很庞大的，无法在同一平面中画出，所以在绘制数据流图时要分为多个子图来画。绘制的原则一般是，先绘制树根节点对应的子图，然后绘制根节点的子节点所对应的子图，一直绘制到所有叶子节点对应的子图为止。

下面以某石化集团的样品分析管理系统（一个子系统）的开发为例，介绍数据流图的基本绘制方法。

（1）绘制根节点图。从加工粒度上看，根节点图（即根节点对应的数据流图）是最大的数据流图，它是将整个应用系统当作一个加工。例如，对于样品分析管理系统（YPFXMS），其根节点子图如图 3.6 所示。

图 3.6　YPFXMS 的根节点数据流图

（2）绘制子节点图。对系统开发来说，数据流图的根节点不提供任何有用的信息，需要对加工“样品分析管理系统”做进一步的分解。在调研中发现，不是每一种样品都需要分析，能够分析的是那些已经有计算公式或分析方案的样品，而且送样（被送用于分析的样品）要先存在样品分析员那里，样品分析员则按照某一个原则一次对这些送样进行分析。在送样被分析后，还需要对分析的结果进行检查，如果发现分析结果不合格（是指分析手段和方法出错），则返回给样品分析员重新进行分析，分析合格则返回给送样人员。于是，分解后得到如图 3.7 所示的数据流图。

图 3.7 中有 3 个节点，分别以“1”“2”“3”标记。如果某一个节点对应的加工内部还包含数据流，则对该加工进一步分解，直到不能再分而形成基本加工为止。例如，节点“2”对应的加工“样品分析实验”还可再分解，从而可以按照上述方法绘制相应的数据流图。这时数据流图中所有的加工节点都以“2.”开头，如“2.1”“2.2”等，表明这些加工是由加工“2”分解得到的。这样能使得数据流图层次清楚，一目了然。

当一个系统的数据流图绘制完了以后，应该和用户做进一步的交流，以确认数据流图

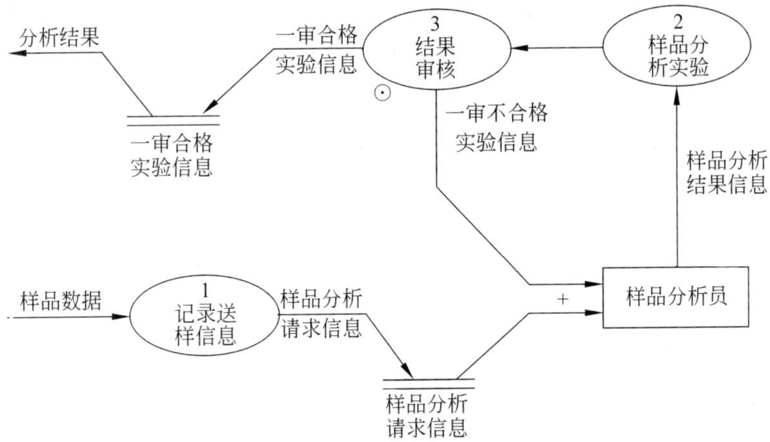

图 3.7 根节点 0 的子节点数据流图

是能够充分表达用户需求的。

3.2.3 形成数据字典

数据流图主要是表示数据和处理之间的关系,但缺乏对数据流、数据文件、加工等图中各个元素进行描述的能力。实际上,数据流图是将用户头脑中的需要转换为机器能够接受的表达的一个中转站,但数据流图表示的信息离机器能够接受的信息还比较远。如果把用户需求和机器表示放在两头,数据流图放在两者之间,那么数据流图更靠近用户需求一些,而相对远离机器表示。为此,需要引入数据字典的概念,通过数据字典可以加强数据流图的信息表达能力,同时这种表达拉近了与机器表示的距离,使得用户需求从纯粹的逻辑表达逐步转向机器表示,为数据库的实施奠定基础。

与数据流图一样,数据字典也是 SA 方法中一种有力的工具。通常情况下,数据字典与数据流图结合使用,主要是用于对数据流图中出现的各种元素进行描述,给出所有数据元素的逻辑定义。简而言之,数据字典是数据流图中数据元素的描述。这种描述是由一系列的条目组成,但不同的应用、不同的系统其组成的条目可能有所不同。一般来说,至少应该包括数据流、数据文件、加工和数据项 4 种条目,这 4 种条目的组成格式有较大的差别。现对这些条目及其格式说明如下。

1. 数据项条目

数据项是数据构成的最小组成单位,它不能再分割。数据项条目用于说明数据项的名称、类型、长度、取值范围等。例如,在课题管理系统中数据项"课题申请代码"条目可描述如下。

数据项名:课题申请代码。

类型:字符型。

长度:12。

取值范围:000000000000～999999999999。

取值说明:前 4 位为年份,第 5 和 6 位、第 7 和 8 位分别表示月份和日期,后 4 位表示当天的课题序号。

2. 数据流条目

数据流条目主要用于说明数据流的组成(由哪些数据项组成),数据流的来源和流向以及数据流量等信息。例如,数据流"样品分析请求信息"条目描述如下。

数据流名称:样品分析请求信息。

组成:申请表编号、申请表名称、分析项目代码、样品编号、样品名称、送样日期、送样人员。

来源:记录送样信息(加工)。

去向:样品分析请求信息(文件)。

流量:10~20个每天。

3. 数据文件条目

数据文件条目用于说明数据文件是由哪些数据项组成、组织方式、存储频率如何等信息。例如,数据文件"一审合格实验信息"条目如下。

文件名:一审合格实验信息。

数据组成:实验记录表编号、实验记录表名称、实验日期、实验环境、实验目的、操作人员、原料规格、实验配方与工艺、操作过程与现象、实验结果与讨论、记录人员、实验组长、课题代码。

组织方式:按实验记录表编号递增排列。

存储频率:1次/天。

4. 加工条目

加工条目主要用于说明加工的逻辑功能,指明输入数据和输出数据等信息。其中,逻辑功能项用于指出该加工用来做什么、对加工处理的一些要求等。例如:

加工编号:1。

加 工 名:记录送样信息。

输入数据:样品数据。

输出数据:样品分析请求信息。

逻辑功能:对送检的样品数据进行登记,并由此转换成样品分析请求信息。

数据字典是对系统调研所收集的大量数据进行详细分析所得到的主要结果。它是数据库设计阶段的一项主要成果,因而它的创建是一项重要的工作,但同时也是一项费时的工作。

对数据字典的维护也是一项艰巨的任务。对于中型规模以上的系统来说,数据字典都是比较庞大的,可能包含成千上万个条目。在数据字典中需要保持这些条目的准确性、一致性,要按照一定的顺序来排列这些条目,以方便查找。这些工作量是非常可观的。幸运的是,现在有很多用于创建和维护数据字典的软件,使人们的工作量大大地减少。但是,软件是代替不了人的,创建和维护的许多工作还需要人工的参与。因此,深入理解数据字典的形成过程及其维护方法,都是学习数据库设计的主要任务。

3.3　数据库结构设计

在需求分析后，将形成系统的数据流图和数据字典。在此基础上，可以对数据库的结构进行设计。数据库结构包括概念结构设计、逻辑结构设计和物理结构设计 3 个部分。

3.3.1　概念结构设计

1. 概念结构及其设计思想

需求分析的成果是数据流图和数据字典，这是对用户需求在现实世界中的一次抽象。但这种抽象还只是停留在现实世界当中，而概念结构设计的目的就是将这种抽象转换为信息世界中基于信息结构表示的数据结构——概念结构，即概念结构是用户需求在信息世界中的模型。

数据库的概念结构独立于它的逻辑结构，更与数据库的物理结构无关。它是现实世界中用户需求与机器世界中机器表示之间的中转站。它既有易于用户理解、实现分析员与用户交流的优点，也有易于转换为机器表示的特点。当用户的需求发生改变时，概念结构很容易做出相应的调整。所以，概念结构设计是数据库设计的一个重要步骤。

概念模式描述的经典工具是 E-R 图，由 E-R 图表示的概念模型就是所谓的 E-R 模型。E-R 模型的创建和设计过程就是概念结构的创建和设计过程，所以概念结构的设计集中体现为 E-R 模型的设计。

E-R 模型的优点主要体现在：它具有较强的表达能力，可以充分表示各种类型数据及数据之间的联系；数据表达形式简单，没有过多的概念，定义严格，无二义性等；E-R 模型是以图形的形式出现，表示直观。

E-R 图的基本画法在第 1 章中已经进行了介绍，那么如何基于 E-R 图进行概念结构设计呢？实际上，对于概念结构的设计，人们已经总结了以下 4 种设计指导思想。

(1) 自顶向下：首先根据用户需求定义全局概念结构的 E-R 模型，然后对其分解，逐步细化。

(2) 自底向上：首先根据各个部门的需求定义局部概念结构的 E-R 模型，然后将这些局部的 E-R 模型拼接成为全局的 E-R 模型，从而形成全局概念结构。

(3) 先主后次：分析各种子需要的“轻重”，首先设计最重要的概念结构，形成它的 E-R 模型，然后定义次要概念结构的 E-R 模型，接着按照类似的方法定义其他所有概念结构的 E-R 模型，最后将这些模型继承起来，形成全局概念结构。

(4) 上下混合：这是指将自顶向下和自底向上这两种方法结合起来使用的一种设计方法。

在实际应用当中，概念结构设计通常采用的是自底向上的设计方法(而需求分析一般是采用自顶向下的方法)，即这种方法分为两步：①先建立局部概念结构的 E-R 模型；②然后将所有的局部 E-R 模型集成起来形成全局概念结构。以下主要介绍这种自底向上的概念结构设计方法。

2. 局部 E-R 模型的设计

E-R 模型的设计是基于需求分析阶段产生的数据流图和数据字典来进行的。一个系统的数据流图是按分层来绘制，是由多张数据流图构成。基于一张数据流图及其对应的数据字典部分进行的 E-R 模型设计得到的是一个局部概念。所以，采用从局部到全局的概念结构设计方法也就是很自然的事了。

局部应用所涉及的数据都已经收集在数据字典中，但如何从中进一步抽象出系统的实体以及实体间的联系却是基于局部数据流图进行 E-R 模型设计的主要困难。实体和实体间联系的划分并无统一的标准，一般采用的划分原则是：先凭经验，后做调整。

经验是指在一般情况下对于那些具有共同特征和行为的对象，可以将其抽象为实体；对象的共同特征和行为可以抽象为实体的属性。调整是指在凭经验做出抽象后，根据具体的应用和建模环境对实体与其属性之间的关系以及实体与实体之间的关系做出相应的更改，有可能使得原来的属性变为实体，原来是实体的变为属性等，从而也导致了实体间关系的改变。

对于实体及实体间关系的抽象还应注意以下三点：①在同一应用环境中，被抽象为属性的事物就不能再被抽象为实体了，否则会导致“属性又包含属性”的错误，这违反第一范式；②属性具有不可再分性，所以具有不可再分性的事物一般都应抽象为属性，而具有可再分性的事物一般不能抽象为属性；③一个事物不能同时被抽象为两个实体的属性，即一个属性只能隶属于一个实体。

例如，对于一个企业信息管理系统来说，企业中的工作人员可以抽象为“职工”实体，而工作人员的姓名、性别、年龄、职称、部门等可以抽象为“职工”实体的属性，如图 3.8 所示。

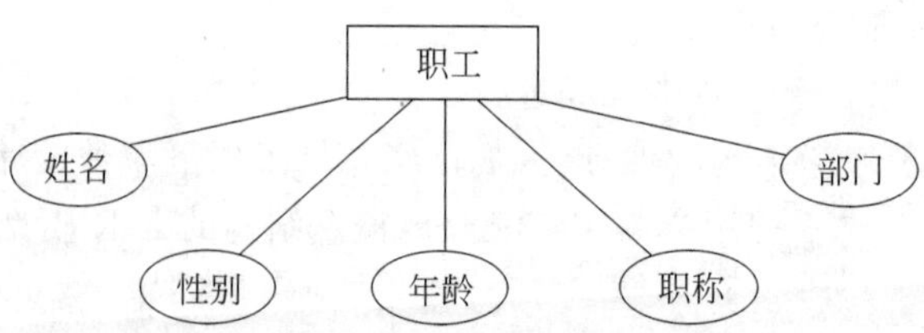

图 3.8 “职工”实体属性图

这是凭普遍经验做出的抽象(第一感觉就认为应该做出这样的抽象)，但这可能不正确或不全面，需要做进一步的调整。例如，如果在这个系统中除了“职工”信息以外还需要考虑部门的一些信息，如部门的名称、人数、经理、位置等信息，那就应该对前面的抽象做调整：应该将“部门”由原来作为“职工”的属性改为一个新的实体——“部门”实体，同时原来作为属性的“部门”被删除(这避免了一个事物既作为属性又作为实体的情况出现)。这两个实体的关系是“部门”拥有“职工”(或者“职工”隶属于“部门”)，即“拥有”是这两个实体之间的联系。这样，原来的 E-R 图进一步得到调整和扩充，变为如图 3.9 所示。

假设从需求分析中还发现，部门中的职工所做的工作是开发项目，用于说明项目的信息包括项目名称、项目性质、项目开发的起始时间、项目经费、项目经理等。于是，将项目抽象为实体，形成“项目”实体，如图 3.10 所示。

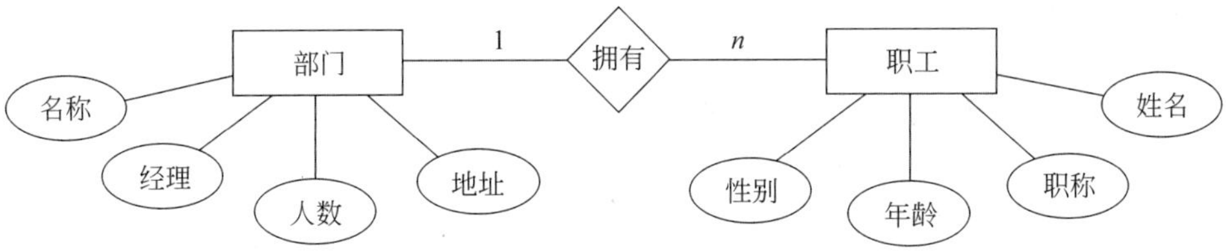

图 3.9　“部门”和“职工”的 E-R 图

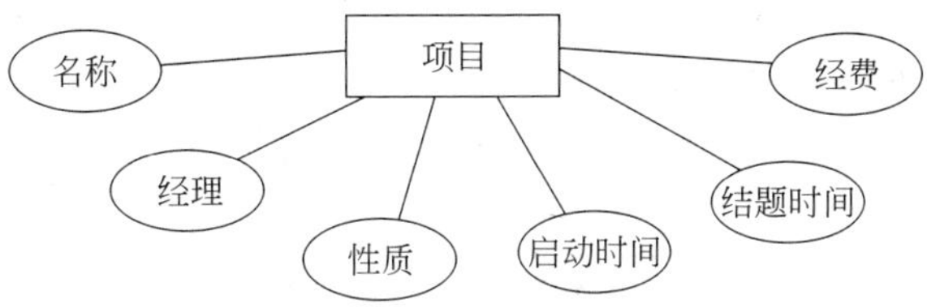

图 3.10　“项目”实体属性图

3. 全局 E-R 模型的集成

显然，相对于一个整体而言，以上画出的 E-R 图是局部的，这些 E-R 图应该能够合成一张总的 E-R 图。对概念结构来说，就是将局部概念结构集成为全局的概念结构。

例如，根据需求分析结果可以进一步发现，在这个企业中每个部门都有承接多个项目的可能，每个职工只参加一个项目。于是，将如图 3.9 和图 3.10 所示的 E-R 图拼接起来，结果得到了整个系统的 E-R 图，如图 3.11 所示。

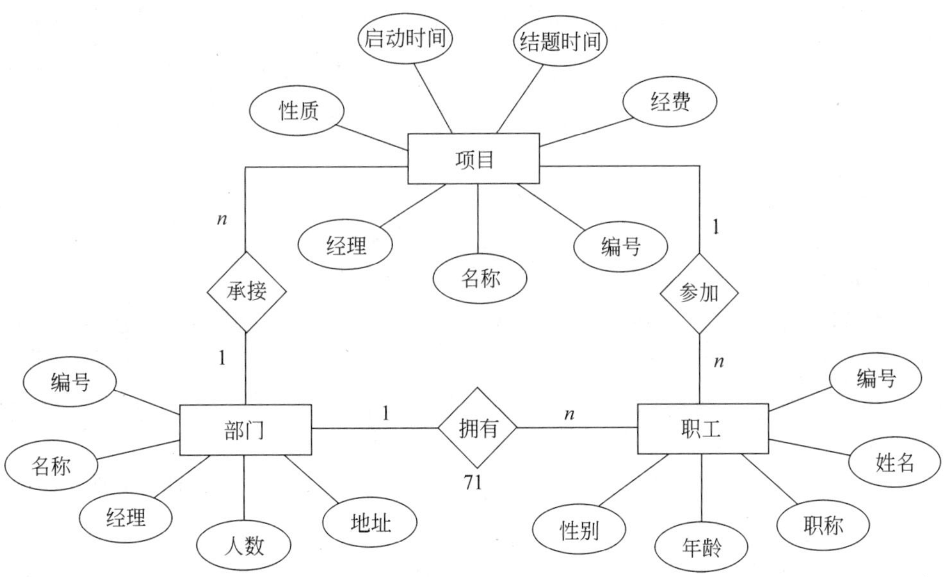

图 3.11　企业管理信息系统的 E-R 图

从以上 E-R 图的创建过程中可以看出，这种创建方法基本上是按照先局部后全局的自底向上的设计思想来实现的，E-R 图的创建过程是一个不断修正的反复过程。当然，实际系统不可能这么简单,但从这个设计过程中读者可以体会到一个系统 E-R 图设计的一般方法,由此可以融会贯通,举一反三。

一般来说,局部 E-R 图可能是由多人设计的,即使是由同一个人设计,但由于设计是在不同的时间、不同的条件下完成的,这都有可能造成各个局部 E-R 图的不一致,从而使得在局部 E-R 图的拼接过程中产生许多问题。这些问题主要体现为各个局部 E-R 图之间的冲突,其中包括命名冲突、属性冲突和结构冲突等。

1) 命名冲突

命名冲突是指意义不同的元素在不同的局部 E-R 图中有相同的名字,或者是有相同意义的元素在不同的局部 E-R 图中具有不相同的名字。名字冲突的解决比较容易,只要开发人员进行充分的协商,制定统一的命名规则即可解决。

2) 属性冲突

属性冲突是指同义同名的属性在不同的局部 E-R 图中的取值类型、范围、所使用的单位等却完全不一样。例如,有的将职工编号定义为长度为 12B 的字符串类型,有的则定义为长度为 8B 的字符串类型,有的可能将职工编号定义为整型,等等。一般来说,在一个 E-R 图中不应该存在属性冲突。这种冲突也主要是通过协商、加强沟通来解决的。

3) 结构冲突

结构冲突是指一个事物在一个局部 E-R 图中被抽象为实体,而在另一个局部 E-R 图中又被抽象为属性。这时不能直接将这两个局部 E-R 图拼接为一个 E-R 图,首先要解决结构冲突问题。解决的办法是,视具体情况将相应的属性改为实体,或者将相应的实体改为属性。但这种操作又可能引起别的问题,更改时要慎重。

还有一种结构冲突是相同的实体在不同的局部 E-R 图中有不同的属性或不同的联系。对于前一种情况,一种简单的解决方法是:使该实体的属性集为它在各 E-R 图中的属性集的并;对于后一种情况,解决方法相对复杂,要视具体情况对联系进行分解,或者进行其他的调整。

另外,在构建的 E-R 图中,最好不要包含环形结构,因为这容易出现"死循环"参照关系。例如,假设实体 X、Y 和 Z 以及它们之间的联系 a、b 和 c 构成如图 3.12 所示的 E-R 图,则该 E-R 图出现"死循环"问题,因为在据此图建立数据表时,将出现 X 参照 Y、Y 参照 Z、Z 参照 X 的"死循环"参照关系,从而无法创建数据表。因此,如果一个 E-R 图包含环形结构,则需要进一步确认对概念结构的建模是否正确,重新修改 E-R 图,或者直接将环中的一条边(关联)去掉,以破坏"死循环"结构。

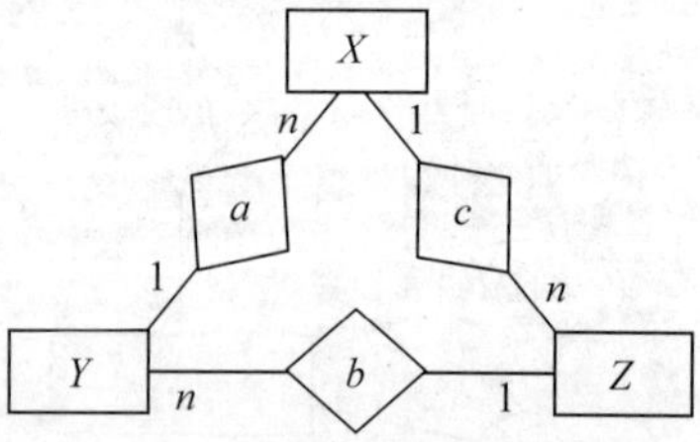

图 3.12 带环结构的 E-R 图

显然,读者可能注意到,如图 3.10 所示的 E-R 图就包含环结构。但该环结构并非是"死循环"结构,因此不会出现无法建表的情况,其表达的实体参照关系是正确的。

解决结构冲突所需要的工作量比较大,解决过程比较烦琐。所以在设计局部 E-R 图前,分析人员应尽可能地加强沟通,达成较为全面的共识,尽量避免出现结构冲突的问题。

3.3.2 逻辑结构设计

数据库的逻辑结构设计就是将以E-R图表示的概念结构转换为DBMS支持的数据模型并对其进行优化的过程。如今，绝大多数的数据库都是关系数据库，所以在此主要介绍概念结构到关系模型的转换方法和相关技术。

概念结构是由E-R图来描述的，所以这种转换问题可以归结为E-R图到关系模型的转换问题。E-R图的基本元素是实体、属性和联系等，于是E-R图到关系模型的转换就变成了实体、属性和联系等基本元素到关系模式的转换问题了。

1. 实体和属性的转变

这种转变比较简单、直观，即一个实体转换为一个关系模式，其中实体名变成了关系模式的名称，实体属性相应地变成了关系的属性。例如，图3.11中的三个实体分别转换为以下三个关系模式。

项目(<u>编号</u>,名称,经理,性质,启动时间,结题时间,经费)
部门(<u>编号</u>,名称,经理,人数,地址)
职工(<u>编号</u>,姓名,性别,职称,年龄)

2. 1∶1联系的转变

一对一联系的转变比较简单。其中，最直观和最简单的方法就是创建一个独立的关系模式，该关系模式的属性是由该联系本身的属性以及与之相连的实体的候选码(每个实体中取一个候选码)组成。例如，一个仓库仅由一个仓库管理员管理，而一个仓库管理员也只能管理一个仓库，所以仓库管理员和仓库之间的联系是管理，管理时间为8h(一天)，其E-R图如图3.13所示。

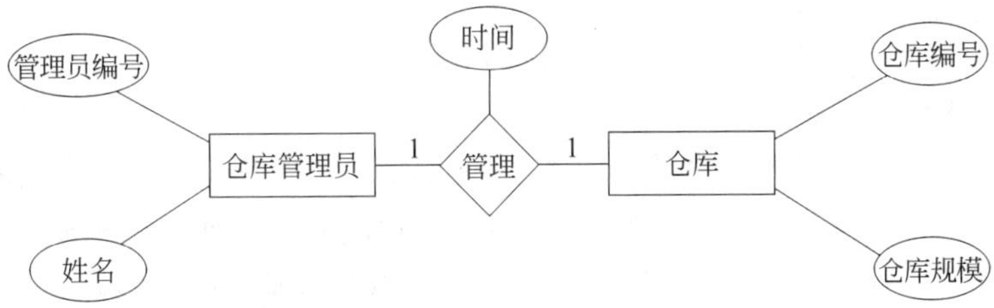

图3.13 "仓库管理员"和"仓库"及其联系的E-R图

可见，"仓库管理员"和"仓库"之间的联系是1∶1，该联系转换后形成如下的关系模式。

管理(<u>管理员编号</u>,仓库编号,时间)

其中，管理员编号和仓库编号分别为"仓库管理员"实体和"仓库"实体的候选码，时间是"管理"联系的属性。

但是，有时为了减少数据冗余或者其他原因，也可以将联系对应的关系合并到与之相连的某一个实体对应的关系中去。合并的方法是，将一个实体的候选码以及联系的属性添加到另一个实体对应的关系中。例如，对于以上例子，易知"仓库管理员"实体对应的关系如下。

仓库管理员(管理员编号,姓名)

这时,只需将“仓库”实体的候选码“仓库编号”以及联系的属性“时间”一起添加到仓库管理员关系中即可,从而实现对联系“管理”的转换,结果得到的关系模式如下。

仓库管理员(管理员编号,姓名,仓库编号,时间)

当然,也可以将“仓库管理员”的候选码和联系的属性“时间”一起添加到仓库关系中,结果得到如下的关系模式。

仓库(仓库编号,仓库规模,管理员编号,时间)

一般来说,联系可以合并到任意与之相连的实体对应的关系中。但在实际应用中,往往从效率的角度来考虑如何进行合并。例如,对于上面的例子,如果查询仓库关系比查询仓库管理员关系要频繁得多,则应将联系合并到仓库管理员关系中去,这样可以提高整个系统的效率。

3. 1∶*n* 联系的转变

与一对一联系类似,一对多联系可以转换为一个独立的关系模式,也可以将联系合并到 n 端对应的关系模式中。例如,对于如图 3.11 所示的 E-R 图,“拥有”联系是一对多联系,当把这个联系转换为独立的关系模式时,则得到如下的关系模式。

拥有(职工.编号,部门.编号)

如果用合并的方法对该联系进行转换,则得到如下的关系模式。

职工(职工.编号,姓名,性别,年龄,职称,部门.编号)

其中,以上的“编号”属性都是相应实体的主码。

4. *m*∶*n* 联系的转变

多对多联系只能转换为一个独立的关系模式,其属性集是由与该联系相连的实体的属性(码)以及该联系本身的属性转换而得到的。例如,一个仓库可以存放多种零件,一种零件也可以存放在多个仓库中,可见仓库和零件之间的联系——“存放”是(m∶n)联系。假设其 E-R 图如图 3.14 所示。

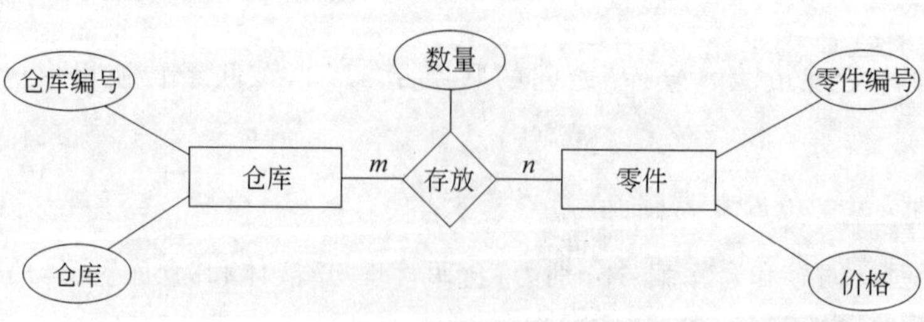

图 3.14 “仓库”和“零件”及其联系的 E-R 图

那么,“存放”联系转换为独立的关系模式后,结果如下。

存放(仓库编号,零件编号,数量)

以上讨论的是与两个实体相连的联系(称为二元联系)的转换问题。对于多元联系的转换问题,不难从二元联系转换方法的推广中获得解决,不再赘述。

5. 应用规范化理论实现逻辑结构的优化

逻辑结构设计的结果是数据模型。以上主要介绍了如何将以 E-R 图表示的概念结构转换为以关系模型表示的逻辑结构。在形成关系模式后,还需要对其进行优化处理,以尽可能地减少数据冗余、删除冲突和插入冲突等问题。对关系模式的优化处理主要是基于规范化理论进行的,具体操作方法可参见第 2 章的相关内容。

6. 用户子模式的设计

用户子模式也称为外模式,它是面向用户的,是用户可见的数据模型部分。它可以屏蔽概念模式,有助于实现程序与数据的独立,可以满足不同用户对数据的个性化需求,同时也有利于数据库的管理。

用户子模式的设计主要是利用局部 E-R 图,因为每一张 E-R 图一般都是表示局部概念结构。现在流行的 DBMS 一般都提供了视图功能,支持用户的虚拟视图。可以利用这个功能设计符合不同局部应用需要的用户子模式。

3.3.3 物理结构设计

在逻辑结构设计阶段得到的数据模型只是一个理论上的概念,与具体的计算机系统无关。但是,基于数据模型的数据库最终还是必须存放到某个具体的物理设备中,由特定的 DBMS 来管理。所以,如何选取合理的存储结构和有效的存储路径,以充分利用系统资源、提高数据库的性能,这就是物理结构设计需要完成的任务。

简而言之,物理结构设计就是为既定的数据模型选取特定的、有效的存储结构和存储路径的过程。特定性是指跟具体的计算机系统有关,包括操作系统和 DBMS 等;有效性是指以尽可能少的系统资源获取数据库尽可能高的运行效率。可以看出,物理结构设计的内容主要包括数据库存储结构的确定和数据库存取方法的确定。

1. 数据库存储结构的设计

数据库存储结构设计的任务是确定数据的存放位置和使用的存储结构,具体讲,确定如何在磁盘空间中存储关系、索引、日志、备份等数据库文件,以及如何设置系统存储参数,目的是使得以最小的系统资源获取最高的系统性能。

存储结构的设计是在已选定的 DBMS 和硬件条件下进行的,主要从以下两个方面考虑。

1) 确定数据的存放方式

在大多的关系 DBMS 中,数据的分类和指定存储是通过数据文件的划分和存储来实现的。因为在 DBMS 中,不能直接指定数据的存放位置,而只能通过一定的机制实现数据文件的指定存放,从而实现将数据存放在指定的位置。所以,确定了数据文件的存放位置也就确定了数据的存放位置。

数据文件的划分和存储主要是基于数据访问的稳定性、安全性、效率等方面考虑的,相应的指导性规则包括:

(1) 数据库文件和日志文件应该分开存放在磁盘中。

(2) 如果计算机系统中有多个磁盘，可以将数据库文件分为多个文件，并分布在不同的磁盘中。

(3) 将数据表和索引等分开存放在不同的数据库文件中。

(4) 大的数据对象要分散存储在不同的数据库文件中。

以上操作，对不同的DBMS有不同的操作方式，但大多都提供这些操作功能。而对设计人员来说，他必须熟悉DBMS提供的这些功能及其操作方法。

2) 确定系统参数的配置

系统参数是指DBMS提供的设置参数。这些参数主要包括数据库的大小、同时连接的用户数、缓冲区个数和大小、索引文件的大小、填充因子等。DBMS一般都对这些参数设置了初始值，但这些设置并不一定适应每一种应用环境，这需要设计人员重新设计。

这些参数的配置操作一般都可以在DBMS提供管理工具中完成。例如，SQL Server 2008提供的管理工具是SQL Server Management Studio(SSMS)，SSMS可以管理SQL Server 2008的所有组件，包括访问、配置、控制和开发这些组件。

2. 确定存取方法

存取方法即关系模式的存取方法，其目的是实现数据的快速存取。每一种DBMS都提供了多种不同的存取方法，其中索引法是最常用的一种，在实际开发当中用得最多。以下重点介绍这种存取方法。

索引为什么可以提高数据库中数据的存取速度呢？这个道理与目录可以提高书的查阅速度的道理一样，即可以将索引形象地比喻为目录。实际上，索引正是基于目录的原理来设计的，它是“数据标题”和数据内存地址的列表。通过索引可以从部分数据检索中实现数据的快速查找，从而提高数据的查询效率。

但是索引的创建并不是无代价的。索引本身也是一种数据表，同样占用存储资源，而且要保持与数据表的同步，这要求在进行数据更新操作(包括添加、删除和修改操作)时也要对索引进行相应的更新操作。如果索引很大时，其占用的空间资源以及对其更新维护所需要付出的代价同样是非常可观的。所以对索引的创建与否，应该慎重考虑。

在创建索引时，要考虑以下几个经验性的指导原则。

(1) 在经常用于检索的列上创建索引，特别是要对主码创建索引(一般是由DBMS自动完成)。

(2) 在外键上创建索引，因为它经常用于与其他关系进行连接查询。

(3) 多在以读为主或者经常需要排列的列上创建索引。因为索引已经排序，它可以加快读取速度和排序效率。

(4) 多在经常用于条件查询的列上创建索引，特别是对那些常常出现少量元组满足条件的列。

而对具有以下性质的列，则不宜对其创建索引。

(1) 对于不经常用于检索的列，则不宜在其上创建索引。因为其上有无索引是无关紧要的，创建了反而浪费存储空间。

(2) 对于那些值域很小的列不应该创建索引。例如，不宜在“性别”列上创建索引，因为“性别”只有两个值：“男”和“女”，索引对这种列并无作用。

(3) 对于值域严重分布不均匀的列不宜在其上创建索引。

(4) 对于更新操作非常频繁的列，不宜在其上创建索引。因为在进行更新操作时，不但要更新数据表的内容，而且还要更新索引表中的索引项，这会降低系统的效率。

(5) 对于长度超过30B的列，一般不要在其上创建索引。因为在过长的列上创建索引，索引所占的存储空间就大，索引级数也随之增加，从而会消耗系统资源、降低系统效率。如果非要创建不可，最好能够采取索引属性压缩措施。

3.4 数据库的实施、运行和维护

在数据库的逻辑结构和物理结构设计完了以后，就可以将这些设计结果付诸实践，并创建相应应用程序，形成实际可运行的系统。系统运行之后还需要对其进行日常维护。这些工作就是数据库实施、运行和维护要讨论的内容。

3.4.1 数据库实施

数据库的实施是在数据库逻辑设计和物理设计的基础之上进行的。与前面设计不同的是，数据库实施后将形成一种能够实际运行的系统，这种系统是将前面设计结果付之实践而形成的，是动态的；而前面的设计(包括需求分析、概念、逻辑设计和物理设计等)是在纸上进行的，停留在文档阶段，是静态的，但它们是数据库实施的基础，是数据库系统能够稳定、高效运行的前提。

数据库实施包括以下几方面的内容。

1. 建立数据库结构

根据物理结构的设计结果，选定相应的DBMS。然后在该DBMS中利用其提供的DDL建立数据库结构。

例如，在SQL Server中，可用下列的SQL语句来分别创建数据库和数据表。

```
CREATE DATABASE database_name
CREATE TABLE table_name
```

关于它们的使用格式，将在第4章中详细介绍。此外，在SQL Server中，还为数据库结构的创建提供了可视化的图形界面操作方法，极大地提高工作效率。

在数据库结构定义以后，通过DBMS提供的编译处理程序编译后即可形成实际可运行的数据库。但这时的数据库还仅仅是一个框架，内容是空的。要真正发挥它的作用，还需要编写相应的应用程序，将数据保存在其中，形成一个“有血有肉”的动态系统。

2. 装载测试数据，编写调试应用程序

应用程序设计与数据库设计可以同时进行，但应用程序的代码编写和调试则是在数据库结构创建以后进行的。应用程序的设计、编写同样是一个复杂的过程，相关的设计技术可参见软件工程方面的书籍。

应用程序的编写和调试是一个反复进行的过程，其中需要对数据库进行测试性访问。

所以,这时应该在数据库中装载一些测试数据。这些数据可以随机产生,也可以用实际数据作为测试数据(但这些实际数据要留有副本)。但不管用什么产生方法,使用的测试数据都应该能充分反映实际应用中的各种情况,以使得可以充分测试应用程序是否符合实际应用的要求。

3. 试运行

在应用程序调试完了以后,给数据库加载一些实际数据并运行应用程序,但还没有正式投入使用,而只是想查看数据库应用系统各方面的功能,那么这种运行就称为试运行。试运行也称联合调试,与调试的目的基本一样,但侧重点有所不同。调试主要是为了发现系统中可能存在的错误,以便及时纠正;试运行虽然也需要发现错误,但它更注重于系统性能的检测和评价。所以,试运行的主要工作如下。

(1) 系统性能检测。包括测试系统的稳定性、安全性和效率等方面的指标,查看是否符合设计时设定的目标。

(2) 系统功能检测。运行系统,按各个功能模块逐项检测,检查系统的各个功能模块是否能够完成既定的功能。

如果检测结果不符合设计目标,则返回相应的设计阶段,重新修改程序代码或数据库结构,直到满足要求为止。如果不符合要求就强行投入使用,可能会产生意想不到的灾难性后果。对此,用户和开发方都应该慎重考虑。

总之,试运行是系统交付使用的最后一道"门槛",能否在这一关中正确而充分地检测一个系统对以后的正式运行有着非常重要的意义。

3.4.2 数据库系统的运行和维护

试运行结束并被证实符合设计要求后,数据库就可以正式投入使用。数据库的正式使用标志着数据库开发阶段的基本结束,同时意味着数据库运行和维护阶段的开始。数据库的运行和维护并不是数据库设计的终点,而是数据库设计的延续和提高。

数据库的日常运行和维护也是一项专业性很强的工作,需要很强的专业技术。维护工作不是普通的用户就能够胜任的,一般是由系统管理员(DBA)完成。这种工作就是软件产品的售后服务。

在数据库的运行和维护阶段,DBA 的主要工作如下。

1. 数据库的转储和恢复

一旦数据库正式投入使用,企业的相关数据将全部存入数据库(一般不会另记在纸质材料中)。如果数据库发生故障,可能会导致这些数据的丢失,从而造成企业的重大损失。所以,为了尽量避免在数据库发生故障时造成数据丢失,DBA 应当根据应用的具体要求指定相应的备份和恢复方案,保证一旦发生故障,能够尽快将数据库恢复到某一种一致性的最近状态,尽量减少损失。

数据库转储正是为了解决上述问题而提出一种数据库恢复技术,它是指定期地把整个数据库复制到磁盘或者其他存储设备上保护起来的过程。实际上,数据库的转储和恢复是数据库运行维护中最重要的工作之一。

2. 数据库性能的检测、分析和改善

随着运行时间的增加，数据库的物理存储不断发生改变，加上数据量和用户的不断增加，这都使得数据库的运行性能不断下降。为此，DBA 必须利用 DBMS 提供的性能监控和分析工具定期地对数据库的各种性能指标进行检测，以便及早地发现问题并采取相应的优化和改善措施。

3. 数据库的安全性和完整性维护

不管是从企业内部还是从企业外部来讲，数据库的安全性和完整性都是至关重要的。作为数据库的管理者，DBA 必须对数据库的安全性和完整性负责。所以，DBA 应该认真审核每一个用户的身份，并正确授予相应的权限；随着时间的推移和应用环境的改变，对安全性的要求也随之发生变化，这要求 DBA 对数据库的安全性控制做出相应的调整，以适应新的情况。类似地，数据库的完整性约束条件也会发生变化，这同样要求 DBA 做出相应的修正，以满足新的要求。

4. 数据库的重组和重构

数据的插入、修改和删除是数据库的基本操作。这些操作的多次使用会使得数据在磁盘上的存储分布越来越散，导致数据的存储效率降低，整个系统性能下降。这时应该对数据库进行重新组织(即重组)，以提高系统的性能。现在流行的 DBMS 一般都提供重组功能。

随着应用发展的需要，用户可能要求增加某些属性或实体，也可能要求删除某些属性或实体，或者要求修改某些实体之间的联系等。为满足这种要求，需要对数据库的模式和内模式进行调整，如增加或删除某些列和表、增加或删除某些索引、修改数据库的完整性约束条件等，这种调整就是对数据库进行重新构造的过程，即数据库的重构。现在流行的 DBMS 也提供数据库重构功能。

数据库重组和数据库重构有着本质的区别，这主要体现在：数据库重组的目的是为了提高系统的性能，它通过 DBMS 提供的功能对数据库在磁盘上的存储分布进行调整来达到重组的目的，重组不会改变数据库的模式和内模式；数据库重构的目的则是为了实现新的用户需求，它需要修改数据库结构，从而使得数据库的概念模式和内模式也被修改。

数据库重构不但使数据库结构发生了改变，而且在多数情况下也要求应用程序做出相应的修改。这会导致“牵一发而动全身”的后果，所以由数据库重构而引起的修改工作量是非常大的。因此，不是在迫不得已的情况下，请不要使用数据库重构。

虽然数据库重构可以实现新的用户需求，但这种需求的变化幅度必须限制在一定的范围内。如果超过这个范围，数据库重构可能无法实现，也可能是实现的代价太高而失去重构的意义。所以数据库重构并不是“无所不能”的。如果在一个数据库系统中无法进行数据库构成，则表明这个数据库系统已经被淘汰了，需要设计一个新的系统来取代它。

习 题

一、简答题

1. 数据库设计主要分为哪几个步骤？每个设计步骤的主要目的以及获得的结果是什么？

2. 数据库结构设计包含哪几个部分?

3. 什么是 E-R 图?它在数据库设计中有何作用?

4. 需求分析主要采用什么方法?

5. 什么是概念结构?其设计思想是什么?有哪些特点?

6. E-R 模型的集成需要注意什么问题?

7. 简述数据字典的结构及其作用。

8. 什么是逻辑结构设计?

二、设计题

1. 已知系统 a 的局部 E-R 图(概念结构)如图 3.15 所示。

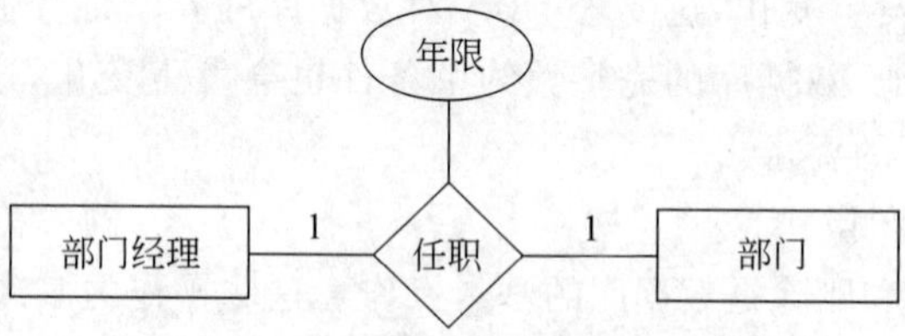

图 3.15　系统 a 的局部 E-R 图

其中,各实体的属性说明如下(为了简化 E-R 图,属性没有在图中标出)。

部门:部门编号,名称,地址,人数

部门经理:工号,姓名,性别,职称,年龄

请将该 E-R 图表示的概念结构转换为相应的关系模式(逻辑结构)。

2. 已知系统 b 的局部 E-R 图(概念结构)如图 3.16 所示,请据此给出它合理的关系模式(逻辑结构)。

图 3.16　系统 b 的局部 E-R 图

其中,各实体的属性如下:

学院:学院代号,名称,年科研经费,专业数,教师人数

班级:班级代号,名称,专业,人数

学生:学号,姓名,性别,专业,籍贯

3. 已知系统 c 的局部 E-R 图如图 3.17 所示,请据此给出它合理的关系模式。

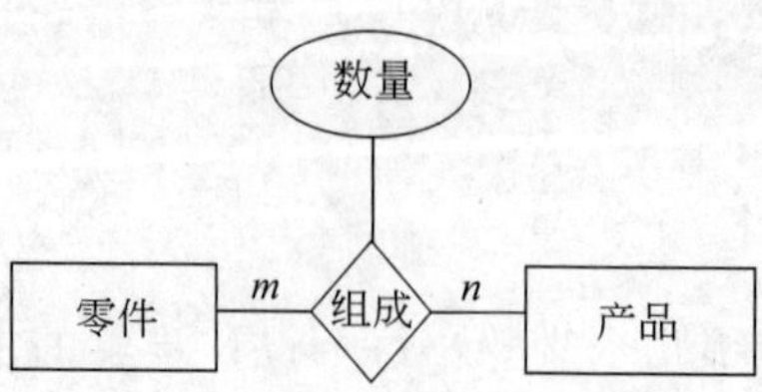

图 3.17　系统 c 的局部 E-R 图

其中,各实体的属性如下:

零件:零件号,零件名,价格
产品:产品号,产品名,价格

4. 假设要开发一套研究生信息管理系统,在进行需求分析时发现该系统涉及的对象包括研究生、导师和课程,其中,导师可以指导多名研究生,一位研究生只有一位导师;一位研究生可以选修多门课程,一门课程也可能为多位研究生所选修;每位导师至多开设一门课程,且课程不能重复开设。各对象的描述信息如下。

研究生:学号,姓名,性别,年龄,专业,籍贯
课程:课程代码,名称,性质
导师:编号,姓名,性别,年龄,研究领域

请根据上述信息对该系统进行概念结构设计,然后进行逻辑结构设计。

第4章 数据库查询语言 SQL

SQL 是关系数据库技术的核心，掌握 SQL 是全面、深入学习数据库开发技术的必要前提。本章首先介绍 SQL 的基本功能和特点，然后以功能为主线详细介绍 SQL 的使用方法和技巧。通过对本章的学习，读者应该掌握以下内容。

- 了解 SQL 的基本功能、特点和数据类型。
- 掌握 SQL 对数据的定义功能、查询功能、操纵功能和简单控制功能。
- 掌握数据表的创建、更新、查询和删除方法。

4.1 SQL 概 述

4.1.1 SQL 的发展

SQL 是 Structured Query Language 的缩写，译为“结构化查询语言”，它是关系数据库的标准语言。按功能划分，SQL 可以分为 4 类：数据查询语言（Data Query Language，DQL）、数据定义语言（Data Definition Language，DDL）、数据操纵语言（Data Manipulation Language，DML）和数据控制语言（Data Control Language，DCL）。

SQL 最初于 1974 年由 Boyce 和 Chamberlin 提出，后于 1979 年被 IBM 公司在其关系数据库系统 System R 上首先予以实现。SQL 问世后，它以丰富而强大的功能、简洁的语法、灵活的使用方法以及简单易学的特点倍受用户和数据库产品厂商的青睐，引起计算机界的普遍关注。1986 年 10 月，美国国家标准化学会（American National Standards Institute，ANSI）公布了第一个 SQL 标准，称为 SQL-86。随后于 1987 年 6 月，国际标准化组织（International Standards Organization，ISO）也接纳了这一标准，并对其做进一步的完善。完善工作于 1989 年 4 月完成，结果形成了所谓的 SQL-89 标准。这一标准的推出进一步推动了数据库技术的发展，有力促进了数据库技术的应用。此后，在 SQL-89 标准的基础上，ISO 和 ANSI 联手对 SQL 进行研究和完善，于 1992 年 8 月又推出了新的 SQL 标准——SQL-92（SQL2），1999 年推出 SQL-99（SQL3），2003 年进一步被扩充为 SQL-2003，使其兼容 XML。每一种标准都是前一种版本的完善和补充，功能上也较前一种版本更加丰富、更加强大。

如今，在众多厂商和用户的支持下，经过不断的修改、扩充和完善，SQL 已经发展成为关系数据库的标准语言。几乎所有的数据库产品厂商都推出了各自的支持 SQL 的关系数据库软件产品，如 DB2、Oracle、SQL Server 等，或者提供了支持 SQL 的接口。

除了 SQL 以外，还有其他类似的一些数据库语言，如 QBE、Quel、Datalog 等，但这些语言仅限于少数专业的数据库研究人员使用，并不是主流语言。事实上，SQL 是迄今为止最受欢迎的关系数据库语言之一，目前还没有出现能够与之相媲美的同类语言。

4.1.2　SQL 的特点

SQL 集数据查询、数据操纵、数据定义和数据控制功能于一体，是一种通用的、功能强大而又简单易学的关系数据库语言。其主要特点如下。

1. 高度非过程化语言

非关系数据模型的数据操纵语言都是面向过程的语言，在使用时必须指定存储路径。SQL 是一种高度非过程化的语言，它一次执行一条命令，对数据提供自动导航。SQL 不要求用户指定对数据的存放方法，只要求用户提出要“干什么”，至于“怎么干”，用户就不用管了，而由系统自动完成。这使得用户可以将更多的精力集中于功能设计当中。

2. 统一的数据库操作语言

SQL 风格统一，可以用于创建数据库，定义关系模式，完成数据的查询、修改、删除、控制等操作。这为数据库应用系统的开发提供了良好的环境。在数据库投入运行以后，还可以使用 SQL 实现数据库重构，可以在一定程度上满足用户不断发展的需求，同时由于不影响数据库的正常运行，从而使数据库系统具有良好的可扩展性。

3. 关系数据库的标准语言

SQL 成为国际标准以后，由于绝大多数的数据库厂商都支持 SQL，所以 SQL 可以用于各类数据库管理系统，从而使它成为关系数据库的标准语言。这样，所有用 SQL 编写的程序都可以在不同的系统中移植，同时也结束了数据库查询语言“各自为政的分割局面”。

4. 面向集合的数据操纵语言

非关系数据模型的数据操纵语言一般是面向记录进行操作的，即每一次操作都是针对一条记录进行的。如果要对多条记录操作，则必须循环进行。而 SQL 则以面向集合的方式进行操作，即每一次操作是针对所有满足条件的元组组成的集合进行，操作所产生的结果也是元组的集合。

5. 可嵌入式的数据库语言

SQL 不但可以在交互方式下以命令的形式执行，而且还可以嵌入到其他的高级语言中。在交互方式下，用户可以在终端键盘上直接输入 SQL 命令对数据库进行操作；作为可嵌入式的数据库语言，SQL 可嵌入到像 C、COBOL、FORTRAN、VB、PowerBuilder、Delphi 等高级语言中，通过程序调用来实现对数据库的操作。不管是在交互方式下还是在嵌入方式下，SQL 的语法结构基本上都一样，这使得对数据库的操作变得更为灵活和方便。

6. 简单易学

SQL 的语法结构比较简单，调用格式非常简洁。所使用命令的核心关键字才包括 9 个：CREATE、ALTER、DROP、GRANT、REVOKE、SELECT、INSERT、UPDATE、DELETE。而且其语法接近英语口语，方便理解和记忆。

4.1.3 SQL 的基本功能

前面已经指出,SQL 具有 4 大功能:数据查询(query)、数据操纵(manipulation)、数据定义(definition)和数据控制(control)。这 4 大功能使 SQL 成为一个通用的、功能极强的关系数据库语言。以下将结合具体的 SQL 语句对这 4 个功能做一个简要的介绍。

1. 数据查询功能

数据查询是数据库中使用得最多的操作,它是通过 SELECT 语句来完成的。SELECT 语句的功能非常强大,表达形式非常丰富,可以完成很多复杂的查询任务。SQL 的最初设计就是用于数据查询,这也是它之所以称为"结构查询语言(Structured Query Language)"的主要原因。

2. 数据操纵功能

应该说,数据操纵仅次于数据查询,它也是数据库中使用得较多的操作之一。数据操纵是通过 INSERT、UPDATE、DELETE 语句来完成。其中,INSERT、UPDATE、DELETE 语句分别用于实现数据插入、数据更新和数据删除功能。

3. 数据定义功能

数据定义是通过 CREATE、ALTER、DROP 语句来完成。其中,CREATE、ALTER、DROP 语句分别用于定义、修改和删除数据库和数据库对象,这些数据库对象包括数据表、视图等。

4. 数据控制功能

数据控制主要是指事务管理、数据保护(包括数据库的恢复、并发控制等)以及数据库的安全性和完整性控制。在 SQL 中,数据控制功能主要是通过 GRANT、REVOKE 语句来完成。

表 4.1 列出了这 4 种功能与 SQL 语句的对应关系。

表 4.1 SQL 功能与 SQL 语句的对应关系

SQL 功能	SQL 语句
数据查询(DQL)	SELECT
数据操纵(DML)	INSERT、UPDATE、DELETE
数据定义(DDL)	CREATE、ALTER、DROP
数据控制(DCL)	GRANT、REVOKE

以下先介绍 SQL 的基本数据类型,然后按功能分类展开对 SQL 语句的介绍。

4.2 SQL 的数据类型

与其他语言一样,SQLS 也有自己的数据类型。数据类型在数据定义等方面是必不可少的。例如,在定义一个数据表时,必须明确指出每一字段的数据类型;在定义变量时,也需要指定变量的数据类型等。但是不同的 DBMS 产品所支持的数据类型并不完全相同。本节主要介绍 SQL Server 2017 所支持的常用数据类型。这些类型包括字符串型、数值型、日期型和时间型、货币型、二进制字符串型等。

4.2.1 字符串型

在 SQL Server2017 中,字符串型数据可以由汉字、英文字母、数字等符号组成。根据编码方式的不同,字符串型又分为 Unicode 字符串型和非 Unicode 字符串型。Unicode 字符串型数据是指对所有字符均采用双字节(16b)统一编码的一类数据;非 Unicode 字符串型数据则是指对不同国家或地区采用不同编码长度的一类数据,例如,英文字母使用 1 字节(8b)进行编码,汉字则使用 2 字节(16b)进行编码。

SQL Server2017 主要支持的字符串型数据类型如表 4.2 所示。

表 4.2 字符串型数据类型

数据类型	说明
char(n)	固定长度的非 Unicode 字符串类型,n 用于设置字符串的最大长度,取值范围为 1~8000
varchar(n)	可变长度的非 Unicode 字符串类型,n 用于设置字符串的最大长度,取值范围为 1~8000
text	可变长度的非 Unicode 文本数据类型,可存储最大容量为 $2^{31}-1$(2 147 483 647)字节的文本数据
nchar(n)	固定长度的 Unicode 字符串类型,n 用于设置字符串的最大长度,取值范围为 1~4000,占用 2n 字节的存储空间
nvarchar(n)	可变长度的 Unicode 字符串类型,n 用于设置字符串的最大长度,取值范围为 1~8000
ntext	可变长度的 Unicode 文本数据类型,可存储最大容量为 $2^{31}-1$(2 147 483 647)字节的文本数据

4.2.2 数值型

按照不同的精确程度,可以将数值型数据类型分为两种,一种是精确型,另一种是近似型。

1. 精确型

精确型数据是指在计算机中可以精确存储的数据。这种数据类型包括各种整型数据类型、定点型数据类型等。表 4.3 列出了 SQL Server 2017 支持的精确型数据类型。

表 4.3 精确型数据类型

数据类型	说明
bit	表示位整型,占 1 字节,存储 0 或 1,也可以取值 null
tinyint	表示小整型,占 1 字节,可存储 0~255 的整数
smallint	表示短整型,占 2 字节,可存储 -2^{15}(−32 768)~$2^{15}-1$(32 767)的整数
int(或 integer)	表示整型数据类型,占 4 字节,可存储 -2^{31}(−2 147 483 648)~$2^{31}-1$(2 147 483 647)的整数

续表

数据类型	说　　明
bigint	表示大整型,占8字节,可存储 -2^{63}(−9 223 372 036 854 775 808)~ $2^{63}-1$(9 223 372 036 854 775 807)的整数
numeric(m,n)	表示定点型数据类型。可表示 $-10^{38}+1$ ~ $10^{38}-1$ 的有固定精度和小数位的数值数据,其中,m 用于设定总的有效位数(小数点两边的十进制位数之和),n 则用于设定小数点右边的十进制位数之和,即表示精确到第 n 位。n 默认值为 0,且 $0 \leqslant n \leqslant m$,最多占17字节
decimal(m,n)	decimal(m,n)的功能同 numeric(m,n)

2. 近似型

近似型主要是指浮点型 real 和 float。这种类型的数据在内存中不一定能够精确表示,可能会存在一些微小的误差。表4.4列出了这两种类型的含义和区别。

表4.4　近似型数据类型(real 和 float)

数据类型	说　　明
real	占4字节,可精确到小数点后7位数,可存储−3.40E+38~3.40E+38的浮点精度数值
float	占8字节,近似数值类型,可存储−1.79E+308~1.79E+308的浮点精度数值

4.2.3　日期时间型

在早期 SQL Server 版本中,日期型和时间型被合起来,形成日期时间型,包括两种:datetime 和 smalldatetime。也就是说,日期时间型既可以用于存储时间型数据,也可以用于存储日期型数据。自 SQL Server 2012 开始,新增了4种与日期时间相关的新数据类型:datetime2、dateoffset、date 和 time,这些类型可以将日期数据和时间数据分开来,可以表示不同的时区,使得日期时间型数据表示得更为灵活。这些数据类型的含义说明如表4.5所示。

表4.5　日期时间型数据类型

数据类型	说　　明
date	占3字节,只存储日期(无时间部分),可存储从0001年1月1日到9999年12月31日的日期数据
time(n)	占3~5字节,只存储时间,n 取值为0~7,存储格式为"HH:MM:SS[.NNNNNNN]",其中,HH、MM 和 SS 分别表示小时、分和秒,N 表示秒的小数位,取值范围为00:00:00.0000000~23:59:59.9999999,精确到100ns
smalldatetime	占4字节,可存储从1900年1月1日到2079年6月6日的日期和时间数据,精确到分钟
datetime	占8字节,可存储从1753年1月1日到9999年12月31日的日期和时间数据,精确到千分之三秒(即3.33ms)

续表

数据类型	说　　明
datetime2(n)	占6～8字节，可存储从0001年01月01日00时00分00.0000000秒到9999年12月31日23时59分59.9999999秒的日期和时间数据，n取值为0～7，指定秒的小数位，精确到100ns
datetimeoffset(n)	占8～10字节，可存储从0001年01月01日00时00分00.0000000秒到9999年12月31日23时59分59.9999999秒的日期和时间数据，n取值为0～7，指定秒的小数位，精确到100ns。该类型带有时区偏移量，时区偏移量最大为+/-14h，包含UTC偏移量，因此可以合理化不同时区捕捉的时间

4.2.4 货币型

货币型是用来存储货币值数据，它固定精确到小数点后4位，相当于numeric(m,n)类型的特例(n=4)。SQL Server支持两种货币型，如表4.6所示。

表4.6 货币型数据类型

数据类型	说　　明
smallmoney	占4字节，可存储−214 748.3648～+214 748.3647的货币数据值，精确到货币单位的千分之十
money	占8字节，可存储-2^{63}(−922 337 203 685 477.5808)～$2^{63}-1$(+922 337 203 685 477.5807)的货币数据值，精确到货币单位的千分之十

4.2.5 二进制型

二进制型数据类型包括三种：binary(n)、varbinary(n)和image。其作用和含义说明如表4.7所示。

表4.7 二进制型数据类型

数据类型	说　　明
binary(n)	表示固定长度的二进制数据类型，其中，n用于设置最大长度，取值范围为1～8000字节
varbinary(n)	表示可变长度的二进制数据类型，其中，n用于设置最大长度，取值范围为1～8000字节
image	表示更大容量、可变长度的二进制数据类型，最多可以存储$2^{31}-1$(2 147 483 647)字节，约为2GB。它既可存储文本格式，也可以存储GIF格式等多种格式类型的文件

4.2.6 其他数据类型

除了以上介绍的数据类型外，SQL Server 2017还支持以下数据类型。

sql_variant：一种通用数据类型，它可以存储除了text、ntext、image、timestamp和它

自身以外的其他类型的数据,其最大存储量为8000字节。

timestamp:时间戳类型,每次更新时会自动更新该类型的数据。其作用跟邮局的邮戳类似,通常用于证明某一项活动(操作)是在某一时刻完成的。

uniqueidentitier:全局唯一标识符(GUID),其值可以从Newsequentialid()函数获得,这个函数返回的值对所有计算机来说是唯一的。

xml:作为一种存储格式,xml类型具有SQL Server中其他类型的所有功能,还可以添加子树、删除子树和更新标量值等,最多存储2GB数据。

table:表类型,用于返回表值函数的结果集,其大小取决于表中的列数和行数。

hierarchyid:层次类型,包含对层次结构中位置的引用,占用空间为1～892字节+2字节的额外开销。

cursor:游标类型,包含对游标的引用,只能用作变量或存储过程参数,不能用于Create Table语句中。

4.2.7 自定义数据类型

根据实际需要,用户可利用已有的标准数据类型来定义自己的数据类型,这种类型称为自定义数据类型。自定义数据类型可由CREATE TYPE语句来定义。例如,用户可以用下列语句创建表示地址的数据类型——address:

```
CREATE TYPE address FROM varchar(350) NOT NULL;
```

执行上述语句后,就生成了名为address的数据类型,同时增加了约束条件——NOT NULL。此后就可以用address去定义字段和变量。实际上,该数据类型就是与varchar(350)等效,只不过它增加了一个非空约束条件。

如果不再需要数据类型address,则可以用下列语句将其删除。

```
DROP TYPE address;
```

但在删除之前,先删除所有引用该数据类型的数据库对象。

4.3 SQL的数据定义功能

数据定义是指对数据库对象的定义、删除和修改操作。这些数据库对象主要包括数据表、视图、索引等。数据定义功能则是通过CREATE、ALTER、DROP语句来完成的。以下主要按照操作对象分类来介绍数据定义的SQL语法。

4.3.1 数据表的创建和删除

数据表是关系模式在关系数据库中的实例化,是数据库中唯一用于存储数据的数据库对象,它是整个数据库系统的基础。创建数据表是数据库建立的重要组成部分,由SQL中的CREATE TABLE语句来完成,其语法格式如下。

```
CREATE TABLE [schema_name.]table_name(
```

```
column1_name    data_type   [integrality_condition_on_column]
[,column2_name  data_type   [integrality_condition_on_column]]
    ...
[, integrality_condition_on_TABLE]);
```

其中,对所涉及参数说明如下。

table_name 为所定义的数据表的名称,即表名。在一个数据库中表名必须唯一,而且表名应该能够概括该数据表保存数据所蕴含的主题。

schema_name 为表所属的架构的名称。自 SQL Server 2008 开始,每个数据库对象都属于某一个架构,如果在定义时不指定架构,则使用默认架构 dbo。关于架构的作用和意义将在第 12 章中介绍。

column1_name、column2_name 表示字段名,或者称字段名。在一个表中,字段名也必须唯一,最好能够概括该字段的含义。

data_type 表示数据类型。根据需要,它可以设置为 4.2 节介绍的数据类型中的某一种。

integrality_condition_on_column 表示字段级的完整性约束条件。这些约束条件只对相应的字段起作用,其取值如下。

- NOT NULL:选取该条件时,字段值不能为空。
- DEFAULT:设定字段的默认值。设置格式为:DEFAULT constant,其中,constant 表示常量。
- UNIQUE:选取该条件时,字段值不能重复。
- CHECK:用于设置字段的取值范围。设置格式为:CHECK(expression),其中,expression 为约束表达式。
- PRIMARY KEY:选取该条件时,相应字段被设置为主码(主键)。
- FOREIGN KEY:选取该条件时,相应字段被设置为外码(外键)。外码的设置涉及两个表,其格式如下。

```
FOREIGN KEY column_name REFERENCES foreign_table_name(foreign_column_name)
```

integrality_condition_on_TABLE 表示表级的完整性约束条件。与 integrality_condition_on_column 不同的是,integrality_condition_on_column 仅作用于其对应的字段,而不能设置为同时作用于多个字段;integrality_condition_on_TABLE 则可以作用于多个字段或整个数据表。上述约束条件中,除了 NOT NULL 和 DEFAULT 以外,其他的约束条件都可以在 integrality_condition_on_TABLE 中定义,使它们同时作用于多个字段。所以,凡是涉及多个字段的约束条件都必须在 integrality_condition_on_TABLE 中定义。例如,由两个字段组成的主码必须利用 PRIMARY KEY 在 integrality_condition_on_TABLE 中定义。

注意,SQL 对大小写不敏感。

【例 4.1】 表 4.8 给出了学生信息表(student)的基本结构。表中列出了所有的字段名及其数据类型和约束条件。

表 4.8 学生信息表(student)的结构

字段名	数据类型	大小	小数位	约束条件	说明
s_no	char(8)	8		非空,主键	学号
s_name	char(8)	8		非空	姓名
s_sex	char(2)	2		取值为“男”或“女”	性别
s_birthday	smalldatetime			取值为 1970 年 1 月 1 日～2000 年 1 月 1 日	年龄
s_speciality	varchar(50)	50		默认值为“计算机软件与理论”	专业
s_avgrade	numeric(4,1)	3	1	取值为 0～100	平均成绩
s_dept	varchar(50)	50		默认值为“计算机科学系”	所在的系

那么,根据上述介绍的内容,不难构造出下列 CREATE TABLE 语句,用于创建本例设定的学生信息表 student。

```
CREATE TABLE student(
  s_no char(8)                 PRIMARY KEY,
  s_name char(8)               NOT NULL,
  s_sex char(2)                CHECK(s_sex ='男' OR s_sex ='女'),
  s_birthday smalldatetime     CHECK(s_birthday>='1970-1-1' AND s_birthday<=
                               '2000-1-1'),
  s_speciality varchar(50)     DEFAULT  '计算机软件与理论',
  s_avgrade numeric(4,1)       CHECK(s_avgrade >=0 AND s_avgrade <=100),
  s_dept varchar(50)           DEFAULT  '计算机科学系'
);
```

本书涉及的 SQL 代码都是在 SQL Server Management Studio(SSMS)中的 SQL 代码编辑器中执行。例如,图 4.1 是执行上述 CREATE TABLE 语句来创建表 student 时的界面。SQL 代码编辑器的使用方法在第 4 章中也已有介绍,此后不再重复。

在以上的 CREATE TABLE 语句中,约束条件都是在字段级的完整性约束定义上实现的。实际上也可以在表级的完整性约束定义上实现上述的部分或全部约束条件。例如,下列 CREATE TABLE 语句等价于上述语句。

```
CREATE TABLE student(
  s_no char(8)                 ,
  s_name char(8)               NOT NULL,
  s_sex char(2)                ,
  s_birthday smalldatetime     ,
  s_speciality varchar(50)     DEFAULT  '计算机软件与理论',
  s_avgrade numeric(4,1)       CHECK(s_avgrade >=0 AND s_avgrade <=100),
  s_dept varchar(50)           DEFAULT  '计算机科学系',
  PRIMARY KEY(s_no),
```

```
  CHECK(s_birthday>='1970-1-1' AND s_birthday<='2000-1-1'),
  CHECK(s_sex ='男' OR s_sex ='女')
);
```

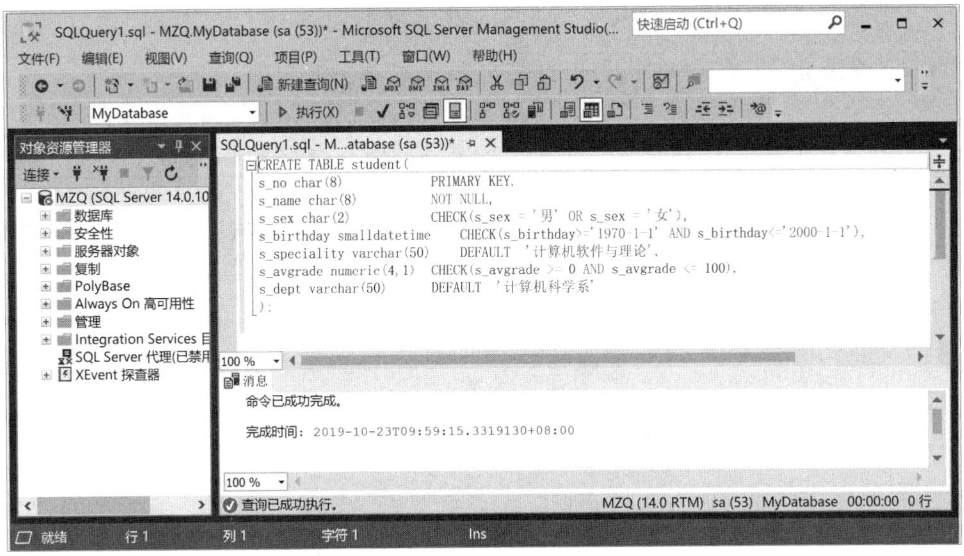

图 4.1　在 SSMS 中创建数据库表 student

但是，当涉及多字段的约束条件时，则必须使用表级的完整性约束定义来实现。例如，如果需要将字段 s_name 和字段 s_birthday 设置为主键，则必须通过表级的完整性约束定义来实现，相应的语句如下。

```
CREATE TABLE student(
  s_no char(8)                      ,
  s_name char(8)                    NOT NULL,
  s_sex char(2)                     CHECK(s_sex ='男' OR s_sex ='女'),
  s_birthday smalldatetime          CHECK(s_birthday>='1970-1-1' AND s_birthday<=
                                    '2000-1-1'),
  s_speciality varchar(50)          DEFAULT  '计算机软件与理论',
  s_avgrade numeric(4,1)            CHECK(s_avgrade >=0 AND s_avgrade <=100),
  s_dept varchar(50)                DEFAULT  '计算机科学系',
  PRIMARY KEY(s_name, s_birthday)
);
```

有时候，数据表中某一字段是其他字段的函数，这时可以通过将此字段定义为计算列的方法来实现字段之间的这种函数关联。这在实际应用中是经常使用到的一种定义方法。

【例 4.2】 表 4.9 给出了导师信息表(supervisor)的基本结构，其中，c_hour 表示导师的工作量，其取值由其指导的学生数量 s_n 确定：每指导一位学生计 15 课时。

表 4.9 表 supervisor 的结构

字段名	数据类型	约束条件	说　明
t_no	int	主键	导师编号
t_name	varchar(8)	非空	导师姓名
s_n	int	非空	所指导的学生数量,范围为 0～20(包括 0 和 20)
c_hour		计算列	指导工作量(课时),取值由其指导的学生数量 s_n 确定:每指导一位学生计 15 课时

根据上述要求,用 AS 将 c_hour 定义为计算列,结果 CREATE TABLE 语句代码如下。

```
CREATE TABLE supervisor(
  t_no      int          PRIMARY KEY,
  t_name    varchar(8)   NOT NULL,
  s_n       int          NOT NULL   CHECK(s_n>=0 and s_n<=20),
  c_hour    AS           s_n * 15
);
```

当数据表已经确认不需要时,可将其删除。删除格式如下。

```
DROP TABLE table1_name [,table2_name,…];
```

例如,删除以上创建的表 student,可使用下列 SQL 语句。

```
DROP TABLE student;
```

当一个数据表被删除时,其中的数据也将全部被删除。所以,在使用删除语句的时候要特别慎重。

4.3.2 数据表的修改

数据表的修改是指对数据表结构的修改,包括修改字段名和完整性约束条件、增加和删除字段等。这些操作主要由 ALTER TABLE 语句来完成。

1. 增加字段

在数据表中增加新字段的语法格式为:

```
ALTER TABLE table_name
ADD new_column  data_type  [integrality_condition]
```

【例 4.3】 在表 student 中增加一个新字段——nationality(民族),其长度为 20 字符。

可由下列语句完成。

```
ALTER TABLE student
Add nationality varchar(20);
```

如果要使得新增加的字段为非空，则可在上述语句后添加“NOT NULL”来完成。

```
ALTER TABLE student
Add nationality varchar(20) NOT NULL;
```

但在执行上述语句时，表 student 必须为空。

2. 删除字段

删除某一个字段的语法格式如下。

```
ALTER TABLE table_name
DROP COLUMN column_name
```

【例 4.4】 删除表 student 中的字段 nationality。

可以用下列语句完成。

```
ALTER TABLE  student
DROP COLUMN nationality
```

3. 修改字段的数据类型

在数据表中，修改一个字段的数据类型的语法格式如下。

```
ALTER TABLE table_name
ALTER COLUMN  column_name  new_data_type
```

其中，column_name 为待修改的字段，new_data_type 为新的数据类型。

【例 4.5】 将表 student 中的字段 s_dept 的长度由原来的 50 改为 80。

该要求可使用下列语句实现。

```
ALTER TABLE student
ALTER COLUMN s_dept varchar(80);
```

又如，将字段 s_no 由原来的字符型改为整型，则可使用下列语句。

```
ALTER TABLE student
ALTER COLUMN s_no int;
```

4.4 SQL 的数据查询功能

数据查询是数据库最常用的功能。在关系数据库中，查询操作是由 SELECT 语句来完成的。SELECT 语句的语法结构简洁且接近于英语口语，但功能很强大，使用方法灵活多变。其语法格式如下。

```
SELECT column_expression
FROM table_name | view_name[,table_name | view_name, [,…]] [IN foreign_TABLE]
[WHERE… ]
[GROUP BY… ]
[HAVING… ]
```

```
[ORDER BY…]
[With Owneraccess Option]
```

其中,column_expression 为目标字段表达式,其语法格式为:

```
[ALL|DISTINCT|TOP] * | table_name.* | [table_name.]column1_name[[AS] alias_name1] [, [table_name.] column2_name [ [AS] alias_name2] [, …]]
```

SELECT 语句的主要作用是,从 FROM 子句指定的数据表或者视图中找出满足 WHERE 子句设定的条件的元组,并按照 SELECT 子句指定的目标字段表达式重新组织这些元组,从而形成新的结果集。如果没有 WHERE 子句,则默认选出所有的元组。

以下主要按子句功能来介绍 SELECT 语句的使用方法,如果不特别说明,则均指基于如表 4.10 所示的数据表 student 进行查询。

表 4.10　表 student 的数据

s_no	s_name	s_sex	s_birthday	s_speciality	s_avgrade	s_dept
20170201	刘洋	女	1997-02-03	计算机应用技术	98.5	计算机系
20170202	王晓珂	女	1997-09-20	计算机软件与理论	88.1	计算机系
20170203	王伟志	男	1996-12-12	智能科学与技术	89.8	智能技术系
20170204	岳志强	男	1998-06-01	智能科学与技术	75.8	智能技术系
20170205	贾簿	男	1994-09-03	计算机软件与理论	43.0	计算机系
20170206	李思思	女	1996-05-05	计算机应用技术	67.3	计算机系
20170207	蒙恬	男	1995-12-02	大数据技术	78.8	大数据技术系
20170208	张宇	女	1997-03-08	大数据技术	59.3	大数据技术系

为了能看到下文介绍的 SELECT 语句的执行效果,在用 CREATE TABLE 语句创建数据表 student 以后,请接着在 SSMS 中执行下列 INSERT 语句,以在数据库中创建与表 4.10 所示内容完全一样的数据表。

```
INSERT student VALUES('20170201','刘洋','女','1997-02-03','计算机应用技术',98.5,'计算机系');
INSERT student VALUES('20170202','王晓珂','女','1997-09-20','计算机软件与理论',88.1,'计算机系');
INSERT student VALUES('20170203','王伟志','男','1996-12-12','智能科学与技术',89.8,'智能技术系');
INSERT student VALUES('20170204','岳志强','男','1998-06-01','智能科学与技术',75.8,'智能技术系');
INSERT student VALUES('20170205','贾簿','男','1994-09-03','计算机软件与理论',43.0,'计算机系');
INSERT student VALUES('20170206','李思思','女','1996-05-05','计算机应用技术',67.3,'计算机系');
INSERT student VALUES('20170207','蒙恬','男','1995-12-02','大数据技术',78.8,'
```

```
大数据技术系');
INSERT student VALUES('20170208','张宇','女','1997-03-08','大数据技术',59.3,'
大数据技术系');
```

INSERT 语句的语法说明将在 4.5.1 节中说明。

4.4.1 基本查询

基本查询是指基于单表(一个数据表或视图)的仅由 SELECT 子句和 FROM 子句构成的 SELECT 语句。其一般格式如下。

```
SELECT [ALL|DISTINCT|TOP] * | table_name.* | [table_name.]column1_name[ [AS]
alias_name1] [, [table_name.] column2_name [ [AS] alias_name2] [, …]]
FROM table_name;
```

由于视图的查询与数据表的查询是一样的,以下仅考虑数据表的查询问题。对于视图的查询可以由此推广。

1. 选择所有字段

有时候希望查询结果包含所有的字段,这时只需将目标字段表达式设定为星号"*"即可,也可以列出所有的字段。例如,下列 SELECT 语句实现的就是最简单的基本查询,其结果将包含所有字段的全部数据元组。

```
SELECT * FROM student;
```

该语句等价于下列 SELECT 语句。

```
SELECT s_no,s_name,s_sex,s_birthday,s_speciality,s_avgrade,s_dept
FROM student;
```

2. 选择指定的若干字段

在很多情况下,用户仅对表中的某些字段感兴趣,并且希望这些字段能够按照指定的顺序列出。例如,查询全体学生的平均成绩和姓名(平均成绩在前,姓名在后)。这时可以用下列语句完成。

```
SELECT s_avgrade,s_name
FROM student;
```

执行后结果如下。

```
s_avgrade        s_name
--------------------
98.5             刘洋
88.1             王晓珂
89.8             王伟志
75.8             岳志强
43.0             贾簿
67.3             李思思
78.8             蒙恬
```

```
59.3                张宇
```

但注意到，每一字段都是用字段名来“标识”(字段名一般为英文)，例如，第一字段标识为“s_avgrade”，第二字段标识为“s_name”。这对中国用户来说并不方便，为此，可以使用带关键子 AS 的目标字段表达式来解决，其中，AS 后面跟由用户指定的字段标题(关键字 AS 可以省略)。例如，对于上述问题，可用下列语句来完成。

```
SELECT s_avgrade AS 平均成绩, s_name AS 姓名      --AS 也可以省略
FROM student;
```

执行后结果如下。

```
平均成绩            姓名
----------------------
98.5                刘洋
88.1                王晓珂
89.8                王伟志
75.8                岳志强
43.0                贾簿
67.3                李思思
78.8                蒙恬
59.3                张宇
```

3. 构造计算字段

查询结果中的计算字段(列)是指根据数据表中的某一个或者若干个字段进行计算而得到的新字段，并把它放在查询结果集中，实际上在数据表中并不存在此字段。

例如，要求查询全体学生的姓名和年龄。但由于数据表 student 中没有年龄这一字段，而仅有与之相关的出生日期(s_birthday)这一字段，所以，必须通过出生日期来计算每个学生的年龄，相应的 SQL 语句如下。

```
SELECT s_name 姓名, Year(getdate())-Year(s_birthday) 年龄
FROM student;
```

其中，用到两个系统函数 getdate()和 Year()，它们分别用于获取 datetime 类型的系统时间和时间的年份。该语句执行的结果如下。

```
姓名                年龄
----------------------
刘洋                20
王晓珂              20
王伟志              21
岳志强              19
贾簿                23
李思思              21
蒙恬                22
张宇                20
```

4.4.2　带 DISTINCT 的查询

使用 SELECT 查询时，SELECT 后面可加上以下字段关键字，以满足不同的查询要求。

(1) ALL。ALL 是默认关键字，即当不加任何关键字时，表示默认使用 ALL 作为关键字。它表示要返回所有满足条件的元组。前面介绍的查询正是这种查询。

(2) TOP。有两种格式：TOP n 和 TOP n PERCENT。第一种格式表示返回前面 n 个元组，而第二种格式则表示返回前面 n%个元组；如果 n%不是整数，则向上取整。

(3) DISTINCT。如果带此关键字，则在查询结果中若包含重复记录(行)，则只返回这些重复元组中的一条。即关键字 DISTINCT 保证了查询结果集中不会包含重复元组，但与 DISTINCTROW 不一样的是它不会删除所有的重复元组。

【例 4.6】 查询表 student 中涉及的不同的系别信息。

该查询要求可用下列语句完成。

```
SELECT DISTINCT s_dept 所在的系
FROM student;
```

执行后结果如下。

```
所在的系
------------------
大数据技术系
计算机系
智能技术系
```

如果在以上语句中不加上关键字 DISTINCT，则返回下列结果。

```
所在的系
------------------
计算机系
计算机系
智能技术系
智能技术系
计算机系
计算机系
大数据技术系
大数据技术系
```

从以上两个结果中不难看出关键字 DISTINCT 的作用。另外，如果 DISTINCT 后面跟有多个字段名，则 DISTINCT 必须放在第一字段名的前面(即紧跟 SELECT 之后)，而不能放在其他字段名的前面。例如，下列语句是正确的。

```
SELECT DISTINCT s_dept, s_sex
FROM student;
```

而下面的语句则是错误的。

```
SELECT s_dept, DISTINCT s_sex
FROM student;
```

【例 4.7】 查询表 student 中前 3 条记录，列出它们所有的字段信息。

该查询可用关键字 TOP 来实现：

```
SELECT TOP 3 *
FROM student;
```

如果用下列语句，虽然 8×38%=3.04，但由于采取向上取整，其结果返回 4 条记录。

```
SELECT TOP 38 PERCENT *
FROM student;
```

4.4.3 带 WHERE 子句的条件查询

在实际应用中，更多时候是根据一定条件来进行查询的，即查询满足一定条件的部分记录(而不是表中的所有记录)。这时，WHERE 子句将发挥作用，其一般语法格式如下。

```
SELECT column_expression
FROM table_name
WHERE condition_expression
```

其中，condition_expression 是条件表达式，通常称为**查询条件**。查询条件就是一种逻辑表达式，只有那些使该表达式的逻辑值为真的记录才按照目标字段表达式 column_expression 指定的方式组成一个新记录而添加到结果集中。

既然查询条件是一种逻辑表达式，那么就可以用一些逻辑连接词来构建这种表达式。其中，常用连接词包括 NOT、OR、AND 等，分别表示逻辑意义上的"非""或"和"与"。

【例 4.8】 要求查询表 student 中平均成绩为良好(80～90，但不等于 90)的学生的学号、姓名、性别和平均成绩。

对于这一查询要求，可使用下列 SELECT 语句。

```
SELECT s_no 学号, s_name 姓名, s_sex 性别, s_avgrade 平均成绩
FROM student
WHERE s_avgrade>=80 AND s_avgrade<90;
```

该语句执行后结果如下。

```
学号          姓名      性别      平均成绩
--------------------------------
20170202     王晓珂     女        88.1
20170203     王伟志     男        89.8
```

WHERE 子句虽然语法格式比较简单，但在查询中却使用得最多。下面介绍的查询大多都会涉及 WHERE 子句，读者应该深刻领会其使用方法。

4.4.4 带 BETWEEN 的范围查询

有时候需要查询那些字段值在一定范围内的记录，这时可以使用带 BETWEEN 的查询语句。其语法格式为：

```
SELECT column_expression
FROM table_name
WHERE column_name [NOT] BETWEEN value1 AND value2;
```

其中，value1 和 value2 都是字段 column_name 的具体值，且 value1≤value2。该语句的查询结果是返回所有字段 column_name 的值落在 value1～value2(包括 value1 和 value2)范围内的记录。

【例 4.9】 要求查询所有出生日期在 1996 年 08 月 01 日～1997 年 10 月 01 日(包括这两个日期)的学生，并将他们的姓名、性别、系别、平均成绩以及出生年月列出来。

对于这个查询要求，可以用下列语句完成。

```
SELECT s_name 姓名, s_sex 性别, s_dept 系别, s_avgrade 平均成绩,s_birthday 出生年月
FROM student
WHERE s_birthday BETWEEN '1996-08-01' AND '1997-10-01';
```

执行后结果如下。

```
姓名    性别    系别          平均成绩    出生年月
------------------------------------------
刘洋    女      计算机系      98.5        1997-02-03
王晓珂  女      计算机系      88.1        1997-09-20
王伟志  男      智能技术系    89.8        1996-12-12
张宇    女      大数据技术系  59.3        1997-03-08
```

如果要查询字段 column_name 的值不落在 value1～value2(包括不等于 value1 和 value2)的所有记录，则只需在相应的 BETWEEN 前加上谓词 NOT 即可。例如，例 4.9 中查询不是出生在 1996 年 08 月 01 日～1997 年 10 月 01 日的学生，可使用下列语句。

```
SELECT s_name 姓名, s_sex 性别, s_dept 系别, s_avgrade 平均成绩,s_birthday 出生年月
FROM student
WHERE s_birthday NOT BETWEEN '1996-08-01' AND '1997-10-01';
```

执行结果如下。

```
姓名    性别    系别          平均成绩    出生年月
------------------------------------------
岳志强  男      智能技术系    75.8        1998-06-01
贾簿    男      计算机系      43.0        1994-09-03
李思思  女      计算机系      67.3        1996-05-05
```

```
蒙恬    男    大数据技术系  78.8        1995-12-02
```

BETWEEN 一般适合于可以转换为具有线序关系的数据类型的情况，如数值型、日期时间型等。

4.4.5 带 IN 的范围查询

IN 与 BETWEEN 具有类似的功能，都是查询满足字段值在一定范围内的记录。但与 BETWEEN 不同的是，IN 后面必须跟枚举的字段值表（字段值的枚举），即把所有的字段值都列出来，而不能写为“value1 AND value2”的形式。这相当于在一个集合中进行查询，适合于那些不是数值型的情况。其语法格式为：

```
SELECT column_expression
FROM table_name
WHERE column_name [NOT] IN (value1, value2, …, valuen)
```

【例 4.10】 要求查询智能技术系和大数据技术系的学生。

对于这个查询要求，可以用下列语句来实现。

```
SELECT s_no 学号, s_name 姓名, s_sex 性别, s_birthday 出生年月, s_speciality 专业,
s_avgrade 平均成绩, s_dept 系别
FROM student
WHERE s_dept IN ('智能技术系','大数据技术系')
```

相应的输出如下。

```
学号        姓名    性别  出生年月     专业          平均成绩  系别
------------------------------------------------------------------------
20170203    王伟志  男    1996-12-12   智能科学与技术  89.8    智能技术系
20170204    岳志强  男    1998-06-01   智能科学与技术  75.8    智能技术系
20170207    蒙恬    男    1995-12-02   大数据技术      78.8    大数据技术系
20170208    张宇    女    1997-03-08   大数据技术      59.3    大数据技术系
```

实际上，“column_name IN (value1, value2, …, valuen)”等价于“column_name=value1 OR column_name=value2 OR…OR column_name=valuen”。所以，例 4.10 的查询语句也等价于：

```
SELECT s_no 学号, s_name 姓名, s_sex 性别, s_birthday 出生年月, s_speciality 专业,
s_avgrade 平均成绩, s_dept 系别
FROM student
WHERE s_dept='智能技术系' OR s_dept='大数据技术系';
```

显然，这种带 OR 的语句较带 IN 的语句在结构上比较烦琐，不够简洁和直观。

另外，与 BETWEEN 类似，对于字段值不在(value1, value2, …, valuen)中的查询，可通过在 IN 之前加上 NOT 来实现。

4.4.6 带 GROUP 的分组查询

带 GROUP 的查询就是通常所说的分组查询，它将查询结果按照某一字段或某一些

字段的字段值进行分组。这样，就可以对每一组进行相应的操作，而一般的查询（如上面介绍的查询）都只能针对每一条记录进行操作。

分组查询经常与库函数count()结合使用，用于统计每一组的记录个数。以下是分组查询的语法格式。

```
SELECT column_expression[, count(*)]
FROM table_name
GROUP BY column_expression
[HAVING condition_expression]
```

HAVING是可选的，它用于对形成的分组进行筛选，留下满足条件condition_expression的组。

【例4.11】 要求查询表student中各系学生的数量。

对于此查询，要按系(s_dept)来实现分组，相应的语句如下。

```
SELECT s_dept 系别, count(*) 人数
FROM student
GROUP BY s_dept;
```

查询结果如下。

```
系别            人数
------------------
大数据技术系    2
计算机系        4
智能技术系      2
```

如果要查询人数大于或等于2的系的学生数量分布情况（每个系有多少人），则可以用HAVING短语来实现。

```
SELECT s_dept 系别, count(*) 人数
FROM student
GROUP BY s_dept
HAVING count(*) >=2;
```

如果进一步要求在平均成绩及格(s_avgrade≥60)的学生中完成这种分组查询，即对于平均成绩及格的学生，如果要查询他们人数大于或等于2的系的学生数量分布情况，则可以先用WHERE子句来选择及格的学生，然后用HAVING短语来实现分组查询。

```
SELECT s_dept 系别, count(*) 人数
FROM student
WHERE s_avgrade >=60
GROUP BY s_dept
HAVING count(*) >=2
```

执行结果如下。

```
系别        人数
--------------------
计算机系    3
智能技术系  2
```

注意,WHERE子句应该在GROUP和HAVING之前出现。

读者可能注意到,WHERE子句和HAVING短语的作用好像都一样,它们都是用于指定查询条件。实际上,它们是有区别的:HAVING短语是用于对组设定条件,而不是具体的某一条记录,从而使得SELECT语句可以实现对组进行筛选;WHERE子句是对每一条记录设定条件的,而不是一个记录组。这就是它们的本质区别。

4.4.7 带LIKE的匹配查询和带IS的空值查询

1. 带LIKE的匹配查询

模糊查询在大多情况下都是由谓词LIKE来实现的。其一般语法格式为:

```
SELECT column_expression
FROM table_name
WHERE column_name [NOT] LIKE character_string;
```

其中,column_name的类型必须是字符串类型,character_string表示字符串常数。该语句的含义是查找字段column_name的字段值与给定字符串character_string相匹配的记录。

字符串character_string可以是一个字符串常量,也可以是包含通配符"_"和"%"的字符串。是否相匹配要根据下列原则来确定。

(1)"_"(下画线):它可以与任意的单字符相匹配。

(2)"%"(百分号):它可以与任意长度字符串(包括空值)相匹配。

(3)除了字符"_"和"%"外,所有其他的字符都只能匹配自己。

【例4.12】 查询所有姓"王"的学生,并列出他们的学号、姓名、性别、平均成绩和系别。

```
SELECT s_no 学号,s_name 姓名,s_sex 性别,s_avgrade 平均成绩,s_dept 系别
FROM student
WHERE s_name LIKE '王%';
```

该语句的查询结果如下。

```
学号        姓名    性别  平均成绩   系别
-----------------------------------------
20170202    王晓珂  女    88.1       计算机系
20170203    王伟志  男    89.8       智能技术系
```

这是因为字符串'王%'可以与任何第一个字为"王"的名字相互匹配。如果谓词LIKE后跟'王_',则只能找出任何王姓且姓名仅由两个字组成的学生;如果谓词LIKE后跟'%志%',则表示要找出姓名中含有"志"的学生。

注意，由于字段 s_name 的数据类型是固定长度的 8 个字符(char(8))，因此如果 s_name 值的实际长度不够 8 个字符的，则后面以空格填补。

2. 空值 null 的查询

空值 null 的查询是指查找指定字段的字段值为 null 的记录。对于这种查询，首先想到的方法可能就是用带等号"="的 WHERE 子句来实现。但这种查找方法是失败的。例如，下列 SELECT 语句将找不到任何记录，即使存在 s_avgrade 的字段值为 null 的记录。

```
SELECT *
FROM student
WHERE s_avgrade =null      --错误
```

而正确的写法应该如下。

```
SELECT *
FROM student
WHERE s_avgrade IS null    --正确
```

【例 4.13】 查找所有字段 s_avgrade 的值为非空的记录。

```
SELECT *
FROM student
WHERE s_avgrade IS NOT null
```

4.4.8 使用 ORDER 排序查询结果

有时候我们希望将查询结果按照一定的顺序进行排列，以方便、快速地从结果集中获取需要的信息。例如，按照学生的成绩从高到低进行排序，这样一眼就可以看出谁的分数最高、谁的分数最低。而带 ORDER BY 子句的 SELECT 语句就可以实现对查询结果进行排序。其一般语法格式如下。

```
SELECT column_expression
FROM table_name
ORDER BY column_name [ASC|DESC][,…]
```

其中，column_name 表示排序的依据字段，ASC 表示按依据字段进行升序排列，DESC 表示按依据字段进行降序排列。如果 ASC 和 DESC 都没有选择，则按依据字段进行升序排列，即 ASC 为默认值。

【例 4.14】 对表 student 中的男同学按平均成绩进行降序排序。

```
SELECT *
FROM student
WHERE s_sex ='男'
ORDER BY s_avgrade DESC
```

执行后结果如下。

```
学号        姓名    性别  出生日期     专业              平均成绩  系别
-------------------------------------------------------------------------
20170203   王伟志   男   1996-12-12  智能科学与技术    89.8     智能技术系
20170207   蒙恬     男   1995-12-02  大数据技术        78.8     大数据技术系
20170204   岳志强   男   1998-06-01  智能科学与技术    75.8     智能技术系
20170205   贾簿     男   1994-09-03  计算机软件与理论  43.0     计算机系
```

如果希望在平均成绩相同的情况下,进一步按照学号进行升序排列,则可以通过在ORDER BY后面增加字段s_no的方法来实现。相应的语句如下。

```
SELECT *
FROM student
WHERE s_sex = '男'
ORDER BY s_avgrade DESC, s_no ASC
```

在上面的语句中,排序的原理是这样的:首先按照平均成绩对记录进行降序排序(因为选择了DESC);如果查询结果包含平均成绩相同的记录,那么这时按平均成绩就无法对这些具有相同平均成绩的记录进行排序,这时SELECT语句将自动按照下一字段——学号(s_no)对这些记录进行升序排序(升序是默认排序方式);如果s_no后面还有其他字段,那么排序原理也以此类推。

4.4.9 连接查询

同时涉及两个或者两个以上数据表的查询称为连接查询。连接查询可以找出多个表之间蕴涵的有用信息,实际上它是关系数据库中最主要的查询。连接查询主要包括等值连接查询、自然连接查询、外连接查询以及交叉连接查询等。但交叉连接查询没有实际意义,且运用得很少,在此不做介绍。

连接查询涉及两种表。为此,除了如表4.10所示的数据表student以外,还需创建另一张数据表——选课表SC。该表的结构和内容分别如表4.11和表4.12所示。

表4.11 选课表SC的结构

字段名	数据类型	大小	小数位	约束条件	说　明
s_no	字符串型	8		非空	学生学号
c_name	字符串型	20		非空	课程名称
c_grade	浮点型	3	1	精确到0.1	课程成绩

表4.12 选课表SC中的数据

s_no	c_name	c_grade
20170201	英语	80.2
20170201	数据库原理	70.0
20170201	算法设计与分析	92.4

续表

s_no	c_name	c_grade
20170202	英语	81.9
20170202	算法设计与分析	85.2
20170203	多媒体技术	68.1

先用下列语句创建选课表SC。

```
CREATE TABLE SC(
  s_no      char(8),
  c_name    varchar(20),
  c_grade   numeric(4,1)   CHECK(c_grade >=0 AND c_grade <=100),
  PRIMARY KEY(s_no, c_name)   --将(s_no, c_name)设为主键
);
```

然后用下列INSERT语句插入如表4.12所示的数据，以便观察连接查询的效果。

```
INSERT SC VALUES('20170201','英语',80.2);
INSERT SC VALUES('20170201','数据库原理',70.0);
INSERT SC VALUES('20170201','算法设计与分析',92.4);
INSERT SC VALUES('20170202','英语',81.9);
INSERT SC VALUES('20170202','算法设计与分析',85.2);
INSERT SC VALUES('20170203','多媒体技术',68.1);
```

如不特别说明，在本节中介绍的连接查询主要是基于表student和表SC进行的。

1. 等值连接和自然连接查询

在使用连接查询时，按照一定的条件在两个或多个表中提取数据并组成新的记录，所有这些记录的集合便构成了一个新的关系表。那么这个条件就称为**连接条件**，表示为join_condition。连接条件具有下列形式。

[table1_name.]$column_i$_name comp_oper [table2_name.]$column_j$_name

其中，comp_oper表示比较操作符，主要包括=、>(大于)、<(小于)、>=(大于或等于)、<=(小于或等于)、!=(不等于)。当然，连接条件有意义的前提是字段column1_name和column2_name是可比较的。

当连接条件的比较操作符comp_oper为等号"="时，相应的连接就称为**等值连接**。对于表table1_name和表table2_name之间的等值连接，其一般格式可以表示如下。

```
SELECT [table1_name.]column1_name[, …], [table2_name.]column1_name[, …]
FROM table1_name, table2_name
WHERE [table1_name.]columni_name =[table2_name.]columnj_name
```

注意，对于字段名前面的表名是否需要显式标出，这取决于两个表中是否都有与此同名的字段。如果有，则必须冠以表名，否则可以不写表名。此外，连接条件中相互比较的两个字段必须是可比的，否则比较将无意义。但可比性并不意味着两个字段的数据类型

必须一样,而只要求它们在语义上可比即可。例如,对于整型的字段和浮点型的字段,虽然数据类型不同,但它们却是可比的;而将整型的字段和字符串型的字段进行比较,那是无意义的。

对于连接操作,可以这样来理解:首先取表 table1_name 中的第一条记录,然后从表 table2_name 中的第一条记录开始依次扫描所有的记录,并检查表 table1_name 中的第一条记录与表 table2_name 中的当前记录是否满足查询条件,如果满足,则将这两条记录拼接起来,形成结果集中的一条记录。当对表 table2_name 扫描完了以后,又从表 table1_name 中的第二条记录开始,重复上面相同的操作,直到表 table1_name 中所有的记录都处理完毕为止。

【例 4.15】 要求查询选课学生的学号、姓名、性别、专业、系别以及所选的课程名称和成绩。

这个查询要求就涉及两个表的查询,因为学生的基本信息包含在表 student 中,而选课信息则包含在表 SC 中。一个学生是否选课可以这样获知:如果表 SC 中有他的学号,则表明该学生已经选课,否则没有选课。这样,上述查询问题就可以表述为,扫描表 student 和表 SC 中的每一条记录,如果这两个表中的当前记录在各自的字段 s_no 上取值相等,则将这两条记录按照指定的要求拼接成一个新的记录并添加到结果集中。也就是说,这种查询是以表 student 中的字段 s_no 和表 SC 中的字段 s_no 是否相等为查询条件的,所以这种查询就是等值查询。该等值查询的实现语句如下。

```
SELECT student.s_no 学号, s_name 姓名, s_sex 性别, s_speciality 专业, s_dept 系别,
c_name 课程名称, c_grade 课程成绩
FROM student, SC
WHERE student.s_no =SC.s_no
```

执行后的结果如下。

```
学号        姓名    性别  专业              系别        课程名称        课程成绩
-------------------------------------------------------------------------------
20170201    刘洋    女    计算机应用技术    计算机系    数据库原理      70.0
20170201    刘洋    女    计算机应用技术    计算机系    算法设计与分析  92.4
20170201    刘洋    女    计算机应用技术    计算机系    英语            80.2
20170202    王晓珂  女    计算机软件与理论  计算机系    算法设计与分析  85.2
20170202    王晓珂  女    计算机软件与理论  计算机系    英语            81.9
20170203    王伟志  男    智能科学与技术    智能技术系  多媒体技术      68.1
```

需要说明的是,因为表 student 和表 SC 中都有字段 s_no,所以必须在其前面冠以表名,以明确 s_no 是属于哪一个表中的字段。如果在涉及的两个表中还有其他同名的字段,也需进行同样的处理。

如果觉得表名过长,使用起来比较麻烦,则可以利用 AS 来定义别名,通过使用别名来进行表的连接查询。例如,上述的等值连接查询语句跟下面的查询语句是等价的。

```
SELECT a.s_no 学号, s_name 姓名, s_sex 性别, s_speciality 专业, s_dept 系别, c_name
课程名称, c_grade 课程成绩
```

```
FROM student as a, SC as b
WHERE a.s_no =b.s_no
```

上述 SELECT 语句中,利用 AS 将表名 student 和 SC 分别定义为 a 和 b,然后通过 a 和 b 来进行连接查询,从而简化代码。

如果在上述等值连接查询语句中去掉 WHERE 子句,则得到下列 SELECT 语句。

```
SELECT student.s_no 学号, s_name 姓名, s_sex 性别, s_speciality 专业, s_dept 系别,
c_name 课程名称, c_grade 课程成绩
FROM student, SC
```

该语句将形成表 student 和表 SC 的笛卡儿积。笛卡儿积是将两个表中的每一条记录分别拼接而得到的结果集。显然,笛卡儿积中记录的条数是两个表中记录条数的乘积,例如,表 student 和表 SC 的笛卡儿积的大小为 8×6=48 条记录。易知,所有其他连接查询的结果集都是笛卡儿积的一个子集。

还有一种连接称为自然连接。自然连接实际上是一种特殊的等值连接,这种连接是在等值连接的基础上增加以下两个条件而形成的:①参加比较的两个字段必须是相同的,即同名同类型;②结果集的字段是参加连接的两个表的字段的并集,但去掉了重复的字段。

在 SQL 中并没有专门用于实现自然连接的语句,但它也可以通过构造 SELECT 语句来完成。从 SQL 语法上看,自然连接和等值连接并无本质区别。

【例 4.16】 实现表 student 和表 SC 的自然连接查询。

可用下列 SELECT 语句来实现:

```
SELECT student.s_no  学号, s_name 姓名, s_sex 性别, s_birthday 出生日期, s_
speciality 专业, s_avgrade 平均成绩,  s_dept 系别, c_name 课程名称,  c_grade 课程
成绩
FROM student, SC
WHERE student.s_no =SC.s_no
```

该语句执行得到的自然连接结果如表 4.13 所示。

表 4.13 自然连接的结果

学号	姓名	性别	出生日期	专　业	平均成绩	系别	课程名称	课程成绩
20170201	刘洋	女	1997-02-03	计算机应用技术	98.5	计算机系	数据库原理	70.0
20170201	刘洋	女	1997-02-03	计算机应用技术	98.5	计算机系	算法设计与分析	92.4
20170201	刘洋	女	1997-02-03	计算机应用技术	98.5	计算机系	英语	80.2
20170202	王晓珂	女	1997-09-20	计算机软件与理论	88.1	计算机系	算法设计与分析	85.2
20170202	王晓珂	女	1997-09-20	计算机软件与理论	88.1	计算机系	英语	81.9
20170203	王伟志	男	1996-12-12	智能科学与技术	89.8	智能技术系	多媒体技术	68.1

可以看出,该结果集中的字段包含表 student 和表 SC 中所有的字段,并去掉了重复字段 SC. s_no 而保留 student.s_no(当然,也可以去掉 student.s_no 而保留 SC. s_no),而且无其他重复字段,所以该等值查询是自然连接查询。

2. 自连接查询

以上介绍的都是基于两个不同的表进行连接查询。但有时候需要将一个表跟它自身进行连接查询,以完成相应的查询任务,这种查询就称为**自连接查询**。

在使用自连接查询时,虽然实际操作的是同一张表,但在逻辑上要使之分为两张表。这种逻辑上的分开可以在 SQL Server 中通过定义表别名的方法来实现,即为一张表定义不同的别名,这样就形成了有相同内容但表名不同的两张表。

下面看一个自连接查询的例子。

【例 4.17】 要求查询表 student 中与"刘洋"在同一个专业的所有学生的学号、姓名、性别、专业和平均成绩。

这种查询的难处在于,不知道"刘洋"的专业是什么,如果知道了她的专业,那么该查询就很容易实现。因此,必须从姓名为"刘洋"的学生记录中获得她的专业,然后由专业获取相关学生的信息。显然,这种查询难以用单表查询来实现。如果使用自连接查询,那么问题就很容易得到解决。

自连接查询的方法如下：为表 student 创建一个别名 b,这样 student 和 b 便形成逻辑上的两张表。然后通过表 student 和表 b 的连接查询实现本例的查询任务。但这种自连接查询要用到 JOIN…ON…子句。查询语句如下。

```
SELECT b.s_no  学号, b.s_name 姓名, b.s_sex 性别,  b.s_speciality 专业, b.s_
avgrade 平均成绩
FROM student AS a     --为 student 创建别名 a
JOIN student AS b     --为 student 创建别名 b
ON (a.s_name='刘洋' AND a.s_speciality =b.s_speciality);
```

该语句运行结果如下。

```
学号        姓名    性别    专业            平均成绩
----------------------------------------------------
20170201    刘洋    女      计算机应用技术  98.5
20170206    李思思  女      计算机应用技术  67.3
```

当然,定义 student 的一个别名也可以实现此功能：

```
SELECT b.s_no  学号, b.s_name 姓名, b.s_sex 性别,  b.s_speciality 专业, b.s_
avgrade 平均成绩
FROM student
JOIN student AS b  --为 student 创建别名 b
ON (student.s_name='刘洋' AND student.s_speciality =b.s_speciality);
```

3. 外连接查询

上述介绍的连接查询中,只有那些满足查询条件的记录才被列出来,而不满足条件的记录则“不知去向”，这在有的应用中并不合适。例如，在对表student和表SC进行等值连接查询后，学号为“20170204”的学生由于没有选课，所以在查询结果中就没有关于这位学生的信息。但是很多时候我们希望能够将所有学生信息全部列出，对于没有选课的学生，其对应课程字段和课程成绩字段留空即可。对此，上述连接查询方法就不适用了，需要引进另一种连接查询——外连接查询。

外连接查询的语法格式如下。

```
SELECT [table1_name.]column1_name[, …], [table2_name.]column1_name[, …]
FROM table1_name
LEFT|RIGHT [OUTER] JOIN table2_name ON join_condition
```

如果在FROM子句中选择关键字LEFT，则该查询称为**左外连接查询**；如果选择关键字RIGHT，则该查询称为**右外连接查询**。在左外连接查询中，对于表table1_name(左边的表)中的记录不管是否满足连接条件join_condition，它们都将被列出；而对表table2_name(右边的表)中的记录，只有满足连接条件join_condition的部分才被列出。在右外连接查询中，对于表table2_name中的记录不管是否满足连接条件join_condition，它们都将被列出；而对表table1_name中的记录，只有满足连接条件join_condition的部分才被列出。这就是左外连接查询和右外连接查询的区别。

【例4.18】 查询所有学生的基本信息，如果他们选课了则同时列出相应的课程信息(含姓名、性别、专业、系别以及课程名称和课程成绩)。

这种查询的基本要求是，首先无条件地列出所有学生相关信息；其次对于已经选课的学生，则列出其相应的选课信息，而对于没有选课的学生，其相应的字段留空。即表student中的记录要无条件列出，而表SC中的记录只有满足连接条件(已选课)的部分才能列出。显然，这需要用外连接查询来实现，其实现语句如下。

```
SELECT s_name 姓名, s_sex 性别, s_speciality 专业, s_dept 系别, SC.c_name 课程名称,
SC.c_grade 课程成绩
FROM student LEFT JOIN SC ON (student.s_no =SC.s_no);
```

以上采用的是左外连接查询。当然，也可以将表student和表SC的位置调换一下，改用右外连接查询，其实现语句如下。

```
SELECT s_name 姓名, s_sex 性别, s_speciality 专业, s_dept 系别, SC.c_name 课程名称,
SC.c_grade 课程成绩
FROM SC
RIGHT JOIN student ON (student.s_no =SC.s_no);
```

以上两种外连接查询语句的作用都是一样的，执行后都得到如下结果。

```
姓名   性别   专业            系别          课程名称        课程成绩
---------------------------------------------------------------------
刘洋   女     计算机应用技术   计算机系      数据库原理      70.0
刘洋   女     计算机应用技术   计算机系      算法设计与分析   92.4
刘洋   女     计算机应用技术   计算机系      英语            80.2
```

王晓珂	女	计算机软件与理论	计算机系	算法设计与分析	85.2
王晓珂	女	计算机软件与理论	计算机系	英语	81.9
王伟志	男	智能科学与技术	智能技术系	多媒体技术	68.1
岳志强	男	智能科学与技术	智能技术系	NULL	NULL
贾簿	男	计算机软件与理论	计算机系	NULL	NULL
李思思	女	计算机应用技术	计算机系	NULL	NULL
蒙恬	男	大数据技术	大数据技术系	NULL	NULL
张宇	女	大数据技术	大数据技术系	NULL	NULL

从以上结果可以看出,"岳志强"等虽然没有选课,但他们的基本信息还是被列出了,其相应显示选课信息的位置则留空(NULL)。

4.4.10 嵌套查询

一个查询A可以嵌入到另一个查询B的WHERE子句中或者HAVING短语中,由这种嵌入方法而得到的查询就称为**嵌入查询**。其中,查询A称为查询B的子查询(或内层查询),查询B称为查询A的父查询(或外层查询、主查询等)。

观察下面的例子。

```
SELECT s_no,s_name      ⎫
FROM student            ⎬ 父查询
WHERE s_no IN(          ⎭
    SELECT s_no                         ⎫
    FROM SC                             ⎬ 子查询
    WHERE c_name = '算法设计与分析')     ⎭
```

该查询就是一个嵌套查询,它找出了选了"算法设计与分析"这门课的学生的学号和姓名。其中,括号内的查询为子查询,括号外的查询为父查询。子查询还可以嵌套其他的子查询,即SQL允许多层嵌套查询。

在执行嵌套查询过程中,首先执行最内层的子查询,然后用子查询的结果构成父查询的WHERE子句,并执行该查询;父查询产生的结果又返回给其父查询的WHERE子句,其父查询又执行相同的操作,直到最外层查询执行完为止。也就是说,嵌套查询的执行过程是由里向外的。

嵌套查询的优点是,每一层的查询都是一条简单的SELECT语句,其结构清晰,易于理解。但不能对子查询的结果进行排序,即子查询不能带ORDER BY子句。

以下将根据所使用谓词的不同来介绍各种嵌套查询,并且假设讨论的嵌套查询是由子查询和父查询构成。对于多层的嵌套查询,不难由此推广。

1. 使用谓词IN的嵌套查询

带IN的嵌套查询是指父查询和子查询是通过谓词IN来连接的一种嵌套查询,也是用得最多的嵌套查询之一。其特点是,子查询的返回结果被当作一个集合,父查询则判断某一字段值是否在该集合中,以确定是否要输出该字段值对应的记录的有关信息。

【例4.19】 查询"王伟志"和"蒙恬"所在专业的所有学生信息。

这个查询的解决过程是,首先找出他们所在的专业,然后根据专业来查找学生。为此可以分为两步。

首先确定“王伟志”和“蒙恬”所在的专业。

```
SELECT student.s_speciality
FROM student
WHERE student.s_name = '王伟志' OR student.s_name = '蒙恬'
```

该语句的返回结果是('智能科学与技术', '大数据技术')。于是,下一步要做的就是查找所有专业为智能科学与技术或大数据技术的学生。相应的 SELECT 语句如下。

```
SELECT *
FROM student
WHERE student.s_speciality IN ('智能科学与技术', '大数据技术');
```

将中间结果('智能科学与技术', '大数据技术')去掉,代之以产生该结果的 SELECT 语句,于是得到了下列嵌套查询。

```
SELECT *
FROM student
WHERE student.s_speciality IN (
    SELECT student.s_speciality
    FROM student
    WHERE student.s_name = '王伟志' OR student.s_name = '蒙恬');
```

执行该嵌套查询后得到如下的结果,该结果与预想的完全一致。

```
s_no       s_name  s_sex  s_birthday   s_speciality    s_avgrade  s_dept
-----------------------------------------------------------------------------
20170203   王伟志  男     1996-12-12   智能科学与技术  89.8       智能技术系
20170204   岳志强  男     1998-06-01   智能科学与技术  75.8       智能技术系
20170207   蒙恬    男     1995-12-02   大数据技术      78.8       大数据技术系
20170208   张宇    女     1997-03-08   大数据技术      59.3       大数据技术系
```

对于这个例子,如果运用连接查询,会显得比较复杂。但使用带 IN 的嵌套查询,不管在问题的解决思路上还是在 SELECT 语句的构造上都显得更具条理性和直观性,而且仅涉及一个逻辑表(不用创建别名)。

2. 使用比较运算符的嵌套查询

比较运算符是指>、<、=、>=、<=、<>等符号。这些符号可以将一个字段与一个子查询连接起来构成一个逻辑表达式。以这个逻辑表达式为查询条件的查询就构成了父查询。

一般来说,这种比较只能是基于单值进行的,所以要求子查询返回的结果必须为单字段值。例如,可以返回('智能科学与技术'),但返回('智能科学与技术', '大数据技术')则是不允许的。在例 4.19 中,如果将其嵌套查询中的谓词 IN 改为任意一个比较运算符,都会产生错误。原因是,该嵌套查询中的子查询返回的不是单字段值,而是两个字段值。

【例 4.20】 查询所有平均成绩比“蒙恬”低的学生,并列出这些学生的学号、姓名、专业和平均成绩。

这个查询的关键是首先要找出"蒙恬"的平均成绩,然后才能据此找出其他有关学生的信息。由于"蒙恬"的平均成绩是唯一的,所以可以构造如下子查询。

```
SELECT s_avgrade
FROM student
WHERE s_name ='蒙恬';
```

该查询返回的结果是 78.8。然后由此构造父查询:

```
SELECT s_no 学号, s_name 姓名, s_speciality 专业, s_avgrade 平均成绩
FROM student
WHERE s_avgrade <78.8
```

把中间结果 78.8 去掉以后,将以上两个查询合起来,得到下列嵌套查询。

```
SELECT s_no 学号, s_name 姓名, s_speciality 专业, s_avgrade 平均成绩
FROM student
WHERE s_avgrade <(
    SELECT s_avgrade
    FROM student
    WHERE s_name ='蒙恬')
```

该嵌套查询后结果如下。

```
学号        姓名      专业              平均成绩
---------------------------------------
20170204    岳志强    智能科学与技术    75.8
20170205    贾簿      计算机软件与理论  43.0
20170206    李思思    计算机应用技术    67.3
20170208    张宇      大数据技术        59.3
```

在 SQL Server 2017 中,子查询在比较运算符之后或者之前都无关紧要,只要查询条件返回的真值一样,则查询结果都相同。例如,下列的嵌套查询与上面的嵌套查询是等价的,查询结果都一样。

```
SELECT s_no 学号, s_name 姓名, s_speciality 专业, s_avgrade 平均成绩
FROM student
WHERE (
    SELECT s_avgrade
    FROM student
    WHERE s_name ='蒙恬') >s_avgrade;
```

但一般的写法是,子查询在比较运算符之后,这样可以提高代码的可读性。

3. 使用谓词 EXISTS 的嵌套查询

在使用谓词 EXISTS 的嵌套查询中,只要子查询返回非空的结果,则父查询的 WHERE 子句将返回逻辑真,否则返回逻辑假。至于返回的结果是什么类型的数据,对

这种嵌套查询是无关紧要的，所以在子查询中的目标字段表达式都用符号 *，即使给出字段名也无实际意义。

带 EXISTS 的嵌套查询与前面介绍的嵌套查询的最大区别在于，它们执行的方式不一样。带 EXISTS 的嵌套查询是先执行外层，后执行内层，再回到外层。具体地讲，对于每一条记录，父查询先从表中“抽取”出来，然后“放到”子查询中并执行一次子查询；如果该子查询返回非空值（导致 WHERE 子句返回逻辑真），则父查询将该记录添加到结果集中，直到所有的记录都被进行这样的处理为止。显然，父查询作用的表中有多少条记录，则子查询被执行多少次。在这种查询中，子查询依赖于父查询，所以这类查询又称为**相关子查询**。

前面介绍的嵌套查询中，先执行子查询，后执行父查询。子查询与父查询无关，所以这类查询称为**不相关子查询**。

【例 4.21】 查询所有选修了“算法设计与分析”的学生学号、姓名和专业。

学生选修课程的信息放在表 SC 中，而学生的学号、姓名和专业信息则放在表 student 中，所以该查询要涉及两个表。显然，该查询可以用很多种方法来实现，下面考虑运用带 EXISTS 的嵌套查询来完成。相应的 SELECT 语句如下。

```
SELECT s_no 学号, s_name 姓名, s_speciality 专业
FROM student
WHERE EXISTS(
    SELECT *
    FROM SC
    WHERE student.s_no =s_no AND c_name ='算法设计与分析');
```

在执行该嵌套查询时，父查询先取表 student 中的第 1 条记录，记为 r1；然后执行一次子查询，这时发现表 SC 中存在 s_no 字段值与 r1 的 s_no 字段值相等的记录（记为 r2），而且 r2 在 c_name 字段上的取值为“算法设计与分析”，所以子查询返回记录 r2（非空）；由于第 1 条记录（r1）使得子查询返回值为非空，所以父查询的 WHERE 子句返回逻辑真，这样父查询便将第 1 条记录添加到结果集中；重复上述过程，直到表 student 中所有的记录都被处理完为止。

本查询也可以用带谓词 IN 的嵌套查询来实现，其查询实现思想也比较直观。首先用子查询返回表 SC 中所有选修了“算法设计与分析”的学生学号的集合，然后用父查询找出表 student 中学号在该集合中的学生。相应的查询语句如下。

```
SELECT s_no 学号, s_name 姓名, s_speciality 专业
FROM student
WHERE s_no IN (
    SELECT s_no
    FROM SC
    WHERE c_name ='算法设计与分析');
```

4.4.11　查询的集合运算

SELECT 语句返回的结果是若干个记录的集合。集合有其固有的一些运算，如并、

交、差等。从集合运算的角度看,可以将每一个 SELECT 语句当作一个集合。于是,可以对任意两个 SELECT 语句进行集合运算。在 SQL 中,提供了并(UNION)、交(INTERSECT)和差(EXCEPT)等几个集合运算。下面分别介绍这几种运算。

两个查询的并(UNION)是指将两个查询的返回结果集合并到一起,同时去掉重复的记录。显然,并运算的前提是,两个查询返回的结果集在结构上要一致,即结果集的字段个数要相等,以及字段的类型要分别相同。

【例 4.22】 查询专业为大数据技术或者平均成绩在良好以上(≥80)的学生,并列出他们的学号、姓名、专业和平均成绩。

这个查询可以看作以下两个查询的并。

```
--查询专业为大数据技术的学生
SELECT s_no 学号, s_name 姓名, s_speciality 专业, s_avgrade 平均成绩
FROM student
WHERE s_speciality ='大数据技术';

--查询平均成绩在良好以上的学生
SELECT s_no 学号, s_name 姓名, s_speciality 专业, s_avgrade 平均成绩
FROM student
WHERE s_avgrade >=80;
```

以上这两个查询语句执行后所得的结果分别如下。

```
学号        姓名      专业              平均成绩
---------------------------------------------
20170207    蒙恬      大数据技术         78.8
20170208    张宇      大数据技术         59.3

学号        姓名      专业              平均成绩
---------------------------------------------
20170201    刘洋      计算机应用技术     98.5
20170202    王晓珂    计算机软件与理论   88.1
20170203    王伟志    智能科学与技术     89.8
```

将以上两个 SELECT 语句用关键字 UNION 连起来就实现了两个查询的并。

```
(SELECT s_no 学号, s_name 姓名, s_speciality 专业, s_avgrade 平均成绩
FROM student
WHERE s_speciality ='大数据技术')
UNION
(SELECT s_no 学号, s_name 姓名, s_speciality 专业, s_avgrade 平均成绩
FROM student
WHERE s_avgrade >=80);
```

以上语句执行后得到如下结果。

```
学号        姓名      专业                平均成绩
---------------------------------------------
20170201    刘洋      计算机应用技术       98.5
20170202    王晓珂    计算机软件与理论     88.1
20170203    王伟志    智能科学与技术       89.8
20170207    蒙恬      大数据技术           78.8
20170208    张宇      大数据技术           59.3
```

可以看出，这个结果正好是上述两个查询结果集的并。

【例 4.23】 查询专业为智能科学与技术而且平均成绩在良好以上(≥80)的学生，并列出他们的学号、姓名、专业和平均成绩。

该查询可以看作是专业为智能科学与技术的学生集合和平均成绩在良好以上的学生集合的交集。基于交运算的 SQL 语句如下。

```
(SELECT s_no 学号, s_name 姓名, s_speciality 专业, s_avgrade 平均成绩
FROM student
WHERE s_speciality ='智能科学与技术')
INTERSECT
(SELECT s_no 学号, s_name 姓名, s_speciality 专业, s_avgrade 平均成绩
FROM student
WHERE s_avgrade >=80);
```

此 SQL 语句运行结果如下。

```
学号        姓名      专业                平均成绩
---------------------------------------------
20170203    王伟志    智能科学与技术       89.8
```

【例 4.24】 查询专业为智能科学与技术而且平均成绩在良好以下(<80)的学生，并列出他们的学号、姓名、专业和平均成绩。

该查询可以看作是专业为智能科学与技术的学生集合与平均成绩在良好以上的学生集合的差集。基于差运算的 SQL 语句如下。

```
(SELECT s_no 学号, s_name 姓名, s_speciality 专业, s_avgrade 平均成绩
FROM student
WHERE s_speciality ='智能科学与技术')
EXCEPT
(SELECT s_no 学号, s_name 姓名, s_speciality 专业, s_avgrade 平均成绩
FROM student
WHERE s_avgrade >=80);
```

此 SQL 语句运行结果如下。

```
学号        姓名      专业                平均成绩
---------------------------------------------
20170204    岳志强    智能科学与技术       75.8
```

4.5 SQL的数据操纵功能

数据操纵功能用于在数据库中进行数据添加、修改和删除操作，这些操作分别由SQL中的INSERT、UPDATE和DELETE语句来完成。以下将通过对这些语句的学习来掌握SQL的数据操纵功能。

4.5.1 数据插入

使用CREATE语句创建的数据表还只是一个"空壳"，表中没有任何数据。利用SQL提供的INSERT语句可以完成向数据表插入数据的任务。

INSERT语句的语法格式为：

```
INSERT [INTO] <table>[(<column1>[, <column2>…])]
VALUES(<value1>[, <value2>…]);
```

其中，table表示表名，value1，value2，…分别表示待插入的常量值，它们插入后形成同一条记录上的各个字段值，且value1与字段column1对应，value2与字段column2对应，等等。

关于插入语句INSERT，应注意以下几点。

(1) <table>后面字段的顺序和数量都可以是任意的(当然，字段的数量必须少于或等于表中定义字段的数量)。但是对给定顺序的字段列表，VALUES子句中的常量值要分别按位置与字段列表中的字段相对应，而且数据类型也要一致。每个常量值必须是具体的值，而不能没有值。注意，"没有值"不是空值(NULL)，它们是两个不同的概念。

(2) 如果<table>后面没有指定字段列表，那么待插入的常量值的顺序必须与表中定义字段的顺序一样。

(3) 除了在定义表时被设置为NOT NULL以外，任何数据类型的字段都可以插入NULL(空值)。

【例4.25】 用INSERT语句将一个学号为"20170201"、姓名为"刘洋"、性别为"女"、出生日期为"1997-02-03"、专业为"计算机应用技术"、平均成绩为"98.5"、系别为"计算机系"的学生记录插入数据表student中。

根据以上信息，构造以下记录：('20170201','刘洋','女','1997-02-03','计算机应用技术',98.5,'计算机系')。该记录中各分量值(常量值)的顺序与表student中定义字段的顺序相同，且数据类型也分别相同，因此可以用不带字段列表的INSERT语句来实现数据插入。代码如下。

```
INSERT student(s_no,s_name,s_sex,s_birthday, s_speciality,s_avgrade,s_dept)
VALUES('20170201','刘洋','女','1997-02-03','计算机应用技术',98.5,'计算机系');
```

该语句等价于下列语句。

```
INSERT INTO student
VALUES('20170201','刘洋','女','1997-02-03','计算机应用技术',98.5,'计算机系');
```

【例 4.26】 用 INSERT 语句将一个学生记录('20170202','王晓珂', 88.1) 插入数据表 student 中。

由于该记录并不包含所有的字段值，故在该 INSERT 语句中必须显式指定字段列表(s_no, s_name, s_avgrade)。其实现代码如下。

```
INSERT INTO student(s_no,s_name,s_avgrade)
VALUES('20170202','王晓珂', 88.1);
```

由于字段的顺序可以是任意的(但插入值要与字段对应)，所以该语句等价于下列 INSERT 语句。

```
INSERT  INTO student(s_name, s_avgrade, s_no)
VALUES('王晓珂', 88.1, '20170202');
```

注意，主键字段的值不能重复，也不能为空值(NULL)；被设为 NOT NULL 的字段的插入值也不能为空值。此外，对于其他没有被插入的字段(如字段 s_sex, s_birthday 等)，如果在定义表时设置了默认值，则这些字段会自动填上默认值，否则自动填上空值。例如，在执行上述语句后，新插入的记录在字段 s_speciality 和 s_dept 上分别取默认值"计算机软件与理论"和"计算机科学系"，在字段 s_sex 和 s_birthday 上都取空值(NULL)。

另一种插入数据的方法是在 INSERT 语句中嵌入子查询，以子查询的返回结果集作为插入的数据。这样可以实现数据的批量插入，这在许多地方都有应用。但要求子查询的返回结果集和被插入数据的数据表在结构上要一致，否则无法完成插入操作。

【例 4.27】 查询表 student 中学生的学号、姓名、专业、平均成绩和系别，并将查询结果输入到另一个数据表中。

首先要创建一个包含学号(s_no)、姓名(s_name)、专业(s_speciality)、平均成绩(s_avgrade)和系别(s_dept)的数据表 student2，相应 CREATE 语句如下。

```
CREATE TABLE student2(
    s_no char(8)                PRIMARY KEY,
    s_name char(8)              NOT NULL,
    s_speciality varchar(50)    DEFAULT  '计算机软件与理论',
    s_avgrade numeric(4,1)      CHECK(s_avgrade >=0 AND s_avgrade <=100),
    s_dept varchar(50)          DEFAULT  '计算机科学系'
    );
```

创建如下查询。

```
SELECT s_no, s_name, s_speciality, s_avgrade, s_dept
FROM student;
```

可以看出，该查询返回的结果集在结构上与表 student2 是一致的。所以，该查询可以作为子查询嵌入到用于向表 student2 插入数据的 INSERT 语句中，从而实现将查询结果插入到表 student2 中的目的。相应的 SQL 语句如下。

```
INSERT INTO student2(s_no, s_name, s_speciality, s_avgrade, s_dept)
(SELECT s_no, s_name, s_speciality, s_avgrade, s_dept
FROM student);
```

注意,上述 INSERT 语句中并无关键字 VALUES。

4.5.2 数据更新

在数据输入到数据表以后,或者是由于错误的输入,或者是由于应用环境和时间的变化等原因,都有可能需要对表中的数据进行修改。在 SQL 语句中,UPDATE 语句提供了数据修改功能。其语法格式如下。

```
UPDATE <table>
SET <column1>=<value1>[,<column2>=<value2>…]
[WHERE <condition_expression>];
```

其中,<table>表示要修改数据的表;关键字 SET 后面的 column1, column2, …表示要修改的字段,value1, value2, …对应字段修改后的新值;condition_expression 为一逻辑表达式,此处表示修改条件。如果 UPDATE 语句不包含 WHERE 子句,则表示无条件对表中所有记录都进行修改(无条件修改);如果包含 WHERE 子句,那么只有对满足修改条件的记录进行修改(有条件修改)。

【例 4.28】 将所有学生的平均成绩都减 5 分。

这是一个无条件修改,相应语句如下。

```
UPDATE student
SET s_avgrade =s_avgrade -5;
```

【例 4.29】 将所有女学生的平均成绩都加上其原来分数的 0.5%。

这是一个有条件修改,相应语句如下。

```
UPDATE student
SET s_avgrade =s_avgrade +s_avgrade * 0.005
WHERE s_sex ='女';
```

在项目开发实践中,经常遇到这样的操作:用一个表去更新另外一个表。在这种更新操作中,有一些"技巧"需要注意。根据 1.5.2 节的分析,两个表(实体)之间的联系主要有三种情况:1∶1、1∶n 和 m∶n。如果两个表之间的联系是 m∶n,则不宜用任何一个表去更新另外一个表;如果它们的联系是 1∶n,则可以用"1"对应的表去更新"n"对应的表;如果它们的联系是 1∶1,则可以用其中任何一个表去更新另外一个表。

【例 4.30】 用学分表 credit 去更新课程信息表 SC2。

从 SQL 语法上看,用一个表去更新另一个表,相应语句并不复杂。但要保证其语义上的正确性,并不容易。考虑这样的例子:学分表 credit 保存了每门课程的课程名和学分,课程信息表 SC2 则保存学生选修的课程信息,包括学号、课程名、成绩和学分。表 credit 和表 SC2 的定义代码如下。

```
CREATE TABLE credit(  --表 credit
  c_name      varchar(20)  PRIMARY KEY,
  c_credit    int
);

CREATE TABLE SC2(  --表 SC2
  s_no        char(8),
  c_name      varchar(20),
  c_grade     numeric(4,1)  CHECK(c_grade >=0 AND c_grade <=100),
  c_credit    int,
  PRIMARY KEY(s_no, c_name)  --将(s_no, c_name)设为主键
);
```

然后在这两个表中添加相关数据。

```
INSERT credit VALUES('英语',3);
INSERT credit VALUES('数据库原理',4);
INSERT credit VALUES('算法设计与分析',2);

INSERT SC2(s_no,c_name,c_grade) VALUES('20170201','英语',80.2);
INSERT SC2(s_no,c_name,c_grade) VALUES('20170201','数据库原理',70.0);
INSERT SC2(s_no,c_name,c_grade) VALUES('20170201','算法设计与分析',92.4);
INSERT SC2(s_no,c_name,c_grade) VALUES('20170202','英语',81.9);
INSERT SC2(s_no,c_name,c_grade) VALUES('20170202','算法设计与分析',85.2);
INSERT SC2(s_no,c_name,c_grade) VALUES('20170203','多媒体技术',68.1);
```

注意,表 SC2 中的学分字段 c_credit 未添加任何数据。可以看到,表 credit 和表 SC2 之间的联系是基于课程名称 c_name 的 1 : n 联系(“一对多”联系),即表 credit 中的一条数据可能对应着表 SC2 中的多条数据,因此可以用“1”对应的表 c_credit 去更新“n”对应的表 SC2。具体地,可以用表 credit 中的学分字段 c_credit 去更新表 SC2 中的学分字段 c_credit,相应 UPDATE 语句如下。

```
UPDATE  SC2
SET SC2.c_credit =credit.c_credit
FROM SC2
JOIN credit
ON SC2.c_name =credit.c_name
```

执行上述语句后,表 SC2 中的内容如下。

```
s_no        c_name            c_grade     c_credit
------------------------------------------------
20170201    数据库原理        70.0        4
20170201    算法设计与分析    92.4        2
20170201    英语              80.2        3
20170202    算法设计与分析    85.2        2
```

```
20170202  英语         81.9     3
20170203  多媒体技术    68.1     NULL
```

可以看到,更新结果是正确的。需要注意的是,在“一对多”的两个表中,必须保证是用“1”表去更新“n”表,否则极可能出现问题。例如,在本例中,如果用表SC2去更新表credit,则会容易出现不一致性等问题。请读者考虑这个问题。

在系统开发中,参数的初始化通常涉及用一个表去更新另一个表,希望读者能够深刻领会这种方法。下面就是一个例子。

【例4.31】 假设表student中的平均成绩(s_avgrade)是由表SC中的课程成绩(c_grade)平均得到的,请通过查询表SC的方法来更新表student中的s_avgrade字段值,使之满足上述假设。

例如,对于“刘洋”的平均成绩,它是“英语”“数据库原理”和“算法设计与分析”这三门课程成绩的平均值(因为表SC显示“刘洋”选修了这三门课程),结果应该是(70.0+92.4+80.2)/3=80.9。对于其他学生的平均成绩可类推。

但是用SQL求出各个学生的平均成绩并填到表student中,这不是一件很容易的事情。我们通过创建一个用于存放中间结果的数据表的方法来解决这个问题,相应的SQL语句及其说明如下。

```
--创建一个用于存放中间结果的数据表 tmp_table
CREATE TABLE tmp_table(
s_no char(8),
s_avgrade numeric(4,1)
);

--通过按学号分组的方法求各个学生的平均成绩,并将其学号和平均成绩存放到表 tmp_
table中
INSERT INTO tmp_table(s_no,s_avgrade)
(SELECT  s_no, AVG(c_grade) --c_grade
FROM SC
GROUP BY s_no);
```

不难发现,表student和表tmp_table的联系是基于字段s_no的1∶1联系。因此,可以用表tmp_table中的平均成绩字段s_avgrade去更新表student中的平均成绩字段s_avgrade。

```
UPDATE student
SET s_avgrade =b.s_avgrade
FROM  student as a
JOIN tmp_table as b
ON a.s_no =b.s_no

DROP TABLE tmp_table; --删除临时数据表
```

经过一次性执行以上代码后即可计算出各个学生的平均成绩。

4.5.3 数据删除

一般来说，数据也有个生成、发展和淘汰的过程。随着时间的推移，在经过长期使用后有些数据必须予以淘汰。对数据库来说，淘汰就意味着删除。在 SQL 中，DELETE 语句提供了数据删除功能，其一般语法格式如下。

```
DELETE
FROM <table>
[WHERE <condition_expression>];
```

其中，table 表示要删除数据的表，condition_expression 为一逻辑表达式，此处表示删除条件。如果 DELETE 语句不包含 WHERE 子句，则表示无条件删除表<table>中所有的数据(无条件删除)；如果包含 WHERE 子句，那么只删除那些满足删除条件的记录(有条件删除)。

【例 4.32】 删除表 student 中的所有数据。

这是一个无条件删除，其实现语句如下。

```
DELETE FROM student;
```

【例 4.33】 删除表 student 中没有选修任何课程的学生。

这是一个有条件删除。由于学生的选课信息保存在表 SC 中，所以这个删除操作要涉及两个数据表。一个直观的想法是，只要一个学生的学号没有在表 SC 中出现，则表明该学生没有选修课程，应予以删除。因此，很容易想到使用子查询来实现。

```
DELETE
FROM student
WHERE s_no NOT IN (
    SELECT s_no
    FROM SC);
```

习　　题

一、选择题

1. 在 SQL 中建立数据库使用命令(　　)。

A. CREATE TABLE　　B. CREATE VIEW
C. CREATE INDEX　　D. CREATE DATABASE

2. 在 SQL 命令中，表示显示前若干个记录的保留字为(　　)。

A. DESC　　B. UP　　C. ASC　　D. TOP

3. 图书馆规定一位读者可以借阅多本书，但在一个借阅期限内一本书只能借给一位读者。如果从一个借阅期限看，则书和读者之间的借阅关系属于(　　)。

A. 一对一　　B. 多对一　　C. 多对多　　D. 一对多

4. 一个关系(　　)主码。

A. 至多有一个　　　　B. 至少有一个
C. 有一个到两个　　　　D. 有不低于两个

5. 下列关于主码的说法，正确的是(　　)。
A. 主码是关系表中的第一个字段
B. 主码必须由一个字段组成，而不能由两个或两个以上的字段组成
C. 主码用于唯一标识关系表中的每个实体，可以由一个或一个以上的属性组成
D. 主码的值必须唯一或者取空值

6. 下列命令中属于DML语句的是(　　)。
A. SELECT　　B. UPDATE　　C. CREATE　　D. GRANT

7. 在SQL Server数据库系统中varchar(40)类型的字段最多可以存储(　　)。
A. 20个字母　　B. 40个字符　　B. 80个字符　　D. 40个汉字

8. 查询表student中没登记成绩(s_avgrade)的学生，下列正确的语句是(　　)。
A. SELECT * FROM student WHERE s_avgrade=NULL
B. SELECT * FROM student WHERE s_avgrade IS NULL
C. SELECT * FROM student WHERE s_avgrade="
D. SELECT * FROM student WHERE s_avgrade IS "

9. 关于WHERE子句和HAVING短语，下列说法错误的是(　　)。
A. WHERE子句和HAVING短语的作用都一样，它们都是用于指定查询条件
B. HAVING短语是用于对组设定条件，而不是具体的某一条记录，从而使得SELECT语句可以实现对组进行选择
C. WHERE子句是对每一条记录设定条件的，而不是一个记录组
D. WHERE子句和HAVING短语可以出现在同一个SELECT语句中

10. s_birthday是表student中表示生日的字段，现根据s_birthday字段查询学生的年龄，下列SELECT语句正确的是(　　)。

A.

```
SELECT s_name 姓名, s_birthday 年龄
FROM student;
```

B.

```
SELECT s_name 姓名, Year(getdate())-Year(s_birthday) 年龄
FROM student;
```

C.

```
SELECT s_name 姓名, Year(s_birthday) 年龄
FROM student;
```

D.

```
SELECT s_name 姓名, Year(getdate()) 年龄
FROM student;
```

11. 查询姓名中含有“高”字的学生，并列出他们的学号、姓名、性别、平均成绩和系

别。下列正确的查询语句是(　　)。

A.

```
SELECT s_no 学号,s_name 姓名,s_sex 性别,s_avgrade 平均成绩,s_dept 系别
FROM student
WHERE s_name ='高%';
```

B.

```
SELECT s_no 学号,s_name 姓名,s_sex 性别,s_avgrade 平均成绩,s_dept 系别
FROM student
WHERE s_name ='高_';
```

C.

```
SELECT s_no 学号,s_name 姓名,s_sex 性别,s_avgrade 平均成绩,s_dept 系别
FROM student
WHERE s_name ='_高_';
```

D.

```
SELECT s_no 学号,s_name 姓名,s_sex 性别,s_avgrade 平均成绩,s_dept 系别
FROM student
WHERE s_name ='%高%';
```

12. 对表 student,查找前 3 条记录的学生,下面正确的查询语句是(　　)。

A. `SELECT 3 * FROM student;`

B. `SELECT top 3 * FROM student;`

C. `SELECT 3 top  * FROM student;`

D. `SELECT top 3% * FROM student;`

13. 对表 student 中的男同学按成绩进行升序排序,下面正确的查询语句是(　　)。

A.
```
SELECT * FROM student
WHERE s_sex ='男';
```

B.
```
SELECT * FROM student
WHERE s_sex='女'
Order BY s_avgrade;
```

C.
```
SELECT *
FROM student
WHERE s_sex ='男'
Order BY s_avgrade ASC;
```

D.
```
SELECT * FROM student
WHERE s_sex='男'
Order BY s_avgrade DESC;
```

14. 执行下列语句:

```
SELECT COUNT(*)  FROM student
```

假设结果返回 5,则该 5 表示的是(　　)。

A. 表 student 中行的总数,包括 NULL 行和重复行

B. 表 student 中值不同的行的总数

C. 表 student 中不含有 NULL 的行的总数

D. 以上说法均不对

15. 将表 student 中学生的平均成绩 s_avgrade 均初始化为 0,下列语句正确的是(　　)。

A. UPDATE INTO student SET s_avgrade=0;

B. UPDATE FORM student SET s_avgrade=0;

C. UPDATE student LET s_avgrade=0;

D. UPDATE student SET s_avgrade=0;

16. 删除表 student 和表 SC 中的所有数据,下列正确的删除语句是(　　)。

A. DELETE FROM student, SC;

B. DELETE FROM student;
DELETE FROM SC;

C. DROP TABLE student, SC

D. DROP TABLE student
DROP TABLE SC

二、填空题

1. SQL 的功能可分为 4 种,它们是________、________、________和________。

2. SQL 的数据操纵语句(DML)主要包括 INSERT 语句、________和________。

3. 欲将下列记录插入到表 student 中:

```
('20120201','刘洋','女','1992-01-03','计算机应用技术',98.5,'计算机系')
```

下列的 INSERT 语句拟实现此插入操作,请补充未写完的部分。

```
INSERT INTO student(s_no, s_name, s_speciality, s_avgrade,s_dept, s_sex, s_
birthday)
VALUES('20120201', '刘洋', '计算机应用技术', ______________________________);
```

4. 通过修改表 student,在其中增加一个字段 nationality(民族),其长度为 20 个字符,该修改语句为____。

5. SQL 集 DQL、DML、DDL 和 DCL 于一体,其中,INSERT、UPDATE、DELETE 语句属于________语言,CREATE、ALTER、DROP 语句属于________语言。

6. SQL 中为分组查询设置条件的选项是________。

三、简答题

1. 简述 SQL 的特点。

2. 简述 SQL 的 4 大功能。

四、实验题

1. 表 4.14 给出了教师信息表(teacher)的基本结构,表中列出了所有的列名及其数据类型和约束条件。

表 4.14　表 teacher 的结构

字 段 名	数 据 类 型	约 束 条 件	说　明
t_no	int	主键	教师编号
t_name	varchar(8)	非空	教师姓名
t_sex	char(2)		性别

续表

字段名	数据类型	约束条件	说明
t_salary	money		工资
d_no	char(2)	非空	所在院系编号
t_remark	varchar(200)		评论

根据表 4.14，构造相应的 CREATE TABLE 语句，用于创建教师信息表 teacher，然后在 SSMS 中创建数据表 teacher。

2. 对于表 teacher(见表 4.14)，要求查询所有工资在 1000～3000(包括 1000 和 3000)的教师，并将他们的编号、姓名和工资信息列出来，给出相应查询语句代码并对创建的数据表 teacher 执行该查询。

3. 对于表 teacher(见表 4.14)，要求查询表 teacher 中各系教师的数量，请给出相应查询语句代码并执行该查询。

4. 利用嵌套查询语句以及表 student 和表 SC，查询课程成绩(c_grade)最低的学生的学号、姓名、性别、系别，请给出相应查询语句代码并执行该查询。

5. 利用嵌套查询语句以及表 student，查询与“刘洋”在同一个专业的学生的信息，请给出相应查询语句代码并执行该查询。

第5章 Transact-SQL 程序设计

Transact-SQL 是 Microsoft 对 SQL 进行扩展而形成的一种数据库语言。SQL 是标准的数据库语言，几乎可以在所有的关系数据库上使用。但 SQL 只能按照先后顺序逐条执行，它没有控制语句。Transact-SQL 的贡献主要是 SQL Server 在 SQL 的基础上添加了控制语句，是标准 SQL 的超集。

通过本章的学习，读者应该掌握下列内容。

- 了解 Transact-SQL 的特点和构成元素。
- 掌握 Transact-SQL 中常量和变量的定义和引用方法。
- 掌握 Transact-SQL 运算符的使用方法。
- 重点掌握 Transact-SQL 的控制语句，包括 IF 语句、CASE 函数、WAITFOR 语句等。
- 了解常用的系统内置函数，掌握用户自定义函数的定义和引用方法。

5.1 Transact-SQL

5.1.1 关于 Transact-SQL

SQL 语句只能按照既定的顺序执行，在执行过程中不能根据某些中间结果有选择地或循环地执行某些语句块，不能像高级程序语言那样进行流程控制。这使得在程序开发中存在诸多不便。为此，微软公司对 SQL 进行了扩充，主要是在 SQL 的基础上添加了流程控制语句，从而得到一种结构化程序设计语言——Transact-SQL。

Transact-SQL 即事务 SQL，也简写为 T-SQL，它是微软公司对关系数据库标准语言 SQL 进行扩充的结果，是 SQL 的超集。Transact-SQL 支持所有的标准 SQL 操作。

作为一种标准的关系数据库语言，SQL 几乎可以在所有的关系数据库上使用。但由于 Transact-SQL 是微软对 SQL 扩充的结果，所以只有 SQL Server 支持 Transact-SQL，而其他关系数据库（如 Access、Oracle 等）却不支持 Transact-SQL。但这并不妨碍我们对 Transact-SQL 的学习。实际上，作为主流数据库产品之一，SQL Server 已经在市场中占据了主导地位。特别是随着 SQL Server 版本的不断翻新，加上微软公司的强力支撑，SQL Server 的主导地位将进一步得到加强。无论是数据库管理员还是数据库应用程序开发人员，要想深入领会和掌握数据库技术，必须认真学习 Transact-SQL。除了拥有 SQL 所有的功能外，Transact-SQL 还具备对 SQL Server 数据库独特的管理功能。使用 Transact-SQL，用户不但可以直接实现对数据库的各种管理，而且还可以深入数据库系统内部，完成各种图形化管理工具所不能完成的管理任务。

5.1.2 Transact-SQL 元素

1. 标识符

在数据库编程中，要访问任何一个逻辑对象（如变量、过程、触发器等）都需要通过其名称来完成。逻辑对象的名称是利用合法的标识符来表示的，是在创建、定义对象时设置的，此后就可以通过名称来引用逻辑对象。

标识符有两种类型：常规标识符和分隔标识符。

常规标识符在使用时不需将其分隔开，要符合标识符的格式规则。这些规则就是，标识符中的首字符必须是英文字母、数字、_（下画线）、@、# 或汉字，首字符后面可以是字母、数字、下画线、@和 $ 等字符，可以包含汉字。标识符一般不能与 SQL Server 的关键字重复，也不应以@@开头（因为系统全局变量的标识符是以@@开头），不允许嵌入空格或其他特殊字符等。

分隔标识符是指包含在两个单引号（''）或者方括号（[ ]）内的字符串，这些字符串中可以包含空格。

2. 数据类型

与其他编程语言一样，Transact-SQL 也有自己的数据类型。数据类型在定义数据对象（如列、变量和参数等）时是必需的。自 SQL Server 2008 版本开始就新增了 XML 数据类型，以用于保存 XML 数据。Transact-SQL 的其他数据类型与 SQL 的相同，已经在第 4 章中进行了说明，在此不再赘述。

3. 函数

SQL Server 2008 内置了大量的函数，如时间函数、统计函数、游标函数等，极大地方便了程序员的使用。

4. 表达式

表达式是由表示常量、变量、函数等的标识符通过运算符连接而成的、具有实际计算意义的合法字符串。有的表达式不一定含有运算符，实际上单个的常量、变量等都可以视为一个表达式，它们往往不含有运算符。

5. 注释

Transact-SQL 中有两种注释，一种是单行注释，一种是多行注释。它们分别用符号“--”（连续的两个减号）和“/* */”来实现。

6. 关键字

关键字也称为保留字，是 SQL Server 预留作专门用途的一类标识符。例如，ADD、EXCEPT、PERCENT 等都是保留关键字。用户定义的标识符不能与保留关键字重复。

5.2 Transact-SQL 的变量和常量

在 Transact-SQL 中有两种类型的变量，一种是全局变量，另一种是局部变量。全局变量是由 SQL Server 预先定义并负责维护的一类变量，它们主要用于保存 SQL Server

系统的某些参数值和性能统计数据,使用范围覆盖整个程序,用户对全局变量只能引用而不能修改或定义。局部变量是由用户根据需要定义的、使用范围只局限于某一个语句块或过程体内的一类变量。局部变量主要用于保存临时数据或由存储过程返回的结果。

5.2.1 变量的定义和使用

1. 全局变量

在 SQL Server 中,全局变量是以@@开头,后跟相应的字符串,如@@VERSION 等。如果想查看全局变量的值,可用 SELECT 语句或 print 语句来完成。例如,查看全局变量@@VERSION 的值,相应的 print 语句如下。

```
print @@VERSION;
```

该语句执行后在笔者机器上输出如下结果。

```
Microsoft SQL Server 2017 (RTM) -14.0.1000.169 (X64)
    Aug 22 2017 17:04:49
    Copyright (C) 2017 Microsoft Corporation
    Developer Edition (64 - bit) on Windows 10 Home China 10.0 < X64 > (Build
18362: )
```

表 5.1 列出了自 SQL Server 2008 开始提供的常用全局变量,以方便读者使用。

表 5.1 SQL Server 全局变量

全局变量名	说　明
@@CONNECTIONS	存储自上次启动 SQL Server 以来连接或试图进行连接的次数
@@CPU_BUSY	存储最近一次启动以来 CPU 的工作时间,单位为 ms
@@CURSOR_ROWS	存储最后连接上并打开的游标中当前存在的合格行的数量
@@DATEFIRST	存储 DATAFIRST 参数值,该参数由 SET DATEFIRST 命令来设置(SET DATEFIRST 命令用来指定每周的第一天是星期几)
@@DBTS	存储当前数据库的时间戳值
@@ERROR	存储最近执行语句的错误代码
@@FETCH_STATUS	存储上一次 FETCH 语句的状态值
@@IDENTITY	存储最后插入行的标识列的列值
@@IDLE	存储自 SQL Server 最近一次启动以来 CPU 空闲的时间,单位为 ms
@@IO_BUSY	存储自 SQL Server 最近一次启动以来 CPU 用于执行输入/输出操作的时间,单位为 ms
@@LANGID	存储当前语言的 ID 值
@@LANGUAGE	存储当前语言名称,如"简体中文"等
@@LOCK_TIMEOUT	存储当前会话等待锁的时间,单位为 ms
@@MAX_CONNECTIONS	存储可以连接到 SQL Server 的最大连接数目

续表

全局变量名	说　明
@@MAX_PRECISION	存储 decimal 和 numeric 数据类型的精确度
@@NESTLEVEL	保存存储过程或触发器的嵌套层
@@OPTIONS	存储当前 SET 选项的信息
@@PACK_RECEIVED	存储输入包的数目
@@PACK_SENT	存储输出包的数目
@@PACKET_ERRORS	存储错误包的数目
@@PROCID	保存存储过程的 ID 值
@@REMSERVER	存储远程 SQL Server 2008 服务器名，NULL 表示没有远程服务器
@@ROWCOUNT	存储最近执行语句所影响的行的数目
@@SERVERNAME	存储 SQL Server 2008 本地服务器名和实例名
@@SERVICENAME	存储服务名
@@SPID	存储服务器 ID 值
@@TEXTSIZE	存储 TEXTSIZE 选项值
@@TIMETICKS	存储每一时钟的微秒数
@@TOTAL_ERRORS	存储磁盘的读写错误数
@@TOTAL_READ	存储磁盘读操作的数目
@@TOTAL_WRITE	存储磁盘写操作的数目
@@TRANCOUNT	存储处于激活状态的事务数目
@@VERSION	存储有关版本的信息，如版本号、处理器类型等

2. 局部变量

1）定义局部变量

局部变量是由用户定义的，语法如下。

```
DECLARE @variable1 data_type[, @variable2 data_type, …]
```

其中，@variable1，@variable2，…为局部变量名，它们必须以单字符“@”开头；data_type 为数据类型，它可以是系统数据类型，也可以是用户定义的数据类型，具体选择什么样的类型要根据实际需要而定。有关数据类型的说明见第 4 章的相关内容。

【例 5.1】 定义一个用于存储姓名的局部变量。

```
DECLARE @name_str varchar(8);
```

【例 5.2】 同时定义三个分别用于存储学号、出生日期和平均成绩的局部变量。

```
DECLARE @no_str varchar(8), @birthday_str smalldatetime, @avgrade_num numeric
```

```
(4,1);
```

2）使用 SET 对局部变量赋初值

在定义局部变量以后，变量自动被赋予空值(NULL)。如果需要对已经定义的局部变量赋一个初值，可用 SET 语句来实现，其语法如下。

```
SET @variable =value;
```

其中，@variable 为局部变量名，value 为新赋的值。

【例 5.3】 对例 5.2 定义的三个变量@no_str、@birthday_str 和@avgrade_num 分别赋初值'20170112'、'2000-2-5'和 89.8。

这个赋值操作可使用以下三个 SET 语句来完成。

```
SET @no_str='20170112';
SET @birthday_str='2000-2-5';
SET @avgrade_num =89.8;
```

注意，不能同时对多个变量进行赋值，这与同时对多个变量进行定义的情况不同。例如，下列 SET 语句是错误的。

```
SET @no_str='20170112', @birthday_str='2000-2-5', @avgrade_num =89.8;  --错误
```

3）使用 SELECT 对局部变量赋初值

SELECT 是查询语句，利用该语句可以将查询的结果赋给相应的局部变量。如果查询返回的结果包含多个值，则将最后一个值赋给局部变量。

使用 SELECT 对局部变量赋初值的语法格式如下。

```
SELECT @variable1=value1[, @variable2=value2, …]
FROM table_name
[WHERE …]
```

【例 5.4】 查询表 student，将姓名为“刘洋”的学生的学号、出生日期和平均成绩分别赋给局部变量@no_str、@birthday_str 和@avgrade_num。

该赋值操作用 SELECT 语句来实现则非常方便，其代码如下。

```
SELECT @no_str =s_no, @birthday_str =s_birthday, @avgrade_num =s_avgrade
FROM student
WHERE s_name ='刘洋';
```

局部变量在定义并赋值以后就可以当作一个常量值使用了。下面是一个使用局部变量的例子。

【例 5.5】 先定义局部变量@s_no 和@s_avgrade，然后对其赋值，最后利用这两个变量修改数据表 student 的相关信息。

```
USE MyDatabase --MyDatabase 是使用 CREATE DATABASE 语句创建的数据库，见第 6 章
GO
--定义局部变量
```

```
DECLARE @s_no varchar(8), @s_avgrade numeric(4,1);
--对局部变量赋值
SET @s_no='20170208';
SET @s_avgrade =95.0;
--使用局部变量
Update student SET s_avgrade =@s_avgrade
WHERE s_no =@s_no;
```

5.2.2 Transact-SQL 常量

常量,也称为文字值或标量值,它是表示一个特定数据值的符号。常量的格式取决于它所表示的数据值的数据类型。按照数据值类型的不同,常量可以分为字符串常量、整型常量等,下面分别说明。

1. 字符串常量

与其他编程语言一样,字符串常量是最常用的常量之一。

字符串常量是由两个单引号来定义的,是包含在两个单引号内的字符序列。这些字符包括字母数字字符(a～z、A～Z 和 0～9)以及特殊字符,如感叹号(!)、at 符(@)和数字号(#)等。默认情况下,SQL Server 2017 为字符串常量分配当前数据库的默认排序规则,但也可以用 COLLATE 子句为其指定排序规则。

例如,下列都是合法字符串常量。

```
'China'
'中国人民共和国'
```

如果字符串中包含一个嵌入的单引号,则需要在该单引号前再加上一个单引号,表示转义,这样才能定义包含单引号的字符串。

例如,下列包含单引号的字符串都是合法的。

```
'AbC''Dd!'                --表示字符串"AbC'Dd!"
'xx: 20%"y"%.'
```

有许多程序员习惯用双引号来定义字符串常量。但在默认情况下,SQL Server 不允许使用这样的定义方式。然而,如果将 QUOTED_IDENTIFIER 选项设置为 OFF,则 SQL Server 同时支持运用双引号和单引号来定义字符串。

设置 QUOTED_IDENTIFIER 的方法如下。

```
SET QUOTED_IDENTIFIER OFF;
```

在执行该语句后,QUOTED_IDENTIFIER 被设置为 OFF。这时除了单引号以外,还可以用双引号来定义字符串。例如,下列定义的字符串都是合法的。

```
'China'
'中国人民共和国'
'AbC''Dd!'                --表示字符串"AbC'Dd!"
'xx: 20%y%.'
```

```
"China"
"中国人民共和国"
"AbC''Dd!"              --表示字符串"AbC''Dd!"
"xx: 20%y%."
```

需要注意的是,当用双引号定义字符串时,如果该字符串中包含单引号,则不能在单引号前再加上另一个单引号,否则将得到另外的一种字符串。例如,'AbC''Dd! '定义的是字符串"AbC'Dd!",而"AbC''Dd!"定义的则是字符串"AbC''Dd!"。

SQL Server 将空字符串解释为单个空格。

如果不需要用双引号来定义字符串,则只要将 QUOTED_IDENTIFIER 恢复为默认值 ON 即可。需要执行下列语句。

```
SET QUOTED_IDENTIFIER ON;
```

SQL Server2017 支持 Unicode 字符串。Unicode 字符串是指按照 Unicode 标准来存储的字符串。但在形式上与普通字符串相似,不同的是它前面有一个 N 标识符(N 代表 SQL-92 标准中的区域语言),且前缀 N 必须是大写字母。例如,'China'是普通的字符串常量,而 N'China'则是 Unicode 字符串常量。

2. 整型常量

整型常量也用得很多,它是不用引号括起来且不包含小数点的数字字符串。例如,2007、−14 等都是整型常量。例如,下面是定义整型常量及对其赋值的例子。

```
DECLARE @i integer
SET @i  =99;
```

3. 日期时间常量

日期时间常量通常是用字符串常量来表示,但前提是字符串常量能够隐式转换为日期时间型数据,其格式为"yyyy-mm-dd hh: mm: ss.nnn"或"yyyy/mm/dd hh: mm: ss.nnn",其中,yyyy 表示年份,第一个 mm 表示月份,dd 表示月份中的日期,hh 表示小时,第二个 mm 表示分钟,ss 表示秒,nnn 表示毫秒。如果"yyyy-mm-dd"省略,则日期部分默认为 1900 年 01 月 01 日;如果"hh: mm: ss.nnn"省略,则时间部分默认为 00 时 00 分 00.000 秒。

例如,下面是一些将日期时间型常量赋给日期时间型变量的例子。

```
DECLARE @dt datetime
SET @dt ='2017-01-03 21:55:56.890'      --2017年01月03日 21时55分56.890秒
SET @dt ='2017/01/03'                   --2017年01月03日 0时0分0秒
SET @dt ='2017-01-03'                   --2017年01月03日 0时0分0秒
SET @dt ='21:55:56.890'                 --1900年01月01日 21时55分56.890秒
```

4. 二进制常量

二进制常量是用前缀为 0x 的十六进制数字的字符串来表示,但这些字符串不需要使用单引号括起。例如,下列是将二进制常量赋给二进制变量的例子。

```
DECLARE @bi binary(50)
```

```
SET @bi = 0xAE
SET @bi = 0x12Ef
SET @bi = 0x69048AEFDD010E
SET @bi = 0x0
```

5. 数值型常量

数值型常量包括 decimal 型常量、float 型常量和 real 型常量三种类型。

decimal 型常量是包含小数点的数字字符串，但这些字符串不需要用单引号括起来（定点表示）。例如，下面是 decimal 型常量的例子。

```
3.14159
-1.0
```

float 型常量和 real 型常量都是使用科学记数法来表示（浮点表示）。例如：

```
101.5E5
-0.5E-2
```

6. 位常量

位常量使用数字 0 或 1 来表示，并且不用单引号括起来。如果使用一个大于 1 的数字，则该数字将转换为 1。例如：

```
DECLARE @b bit
SET @b = 0;
```

7. 货币常量

货币常量是前缀为可选的小数点和可选的货币符号的数字字符串，且不用单引号括起来。从 SQL Server 2008 开始不强制采用任何种类的分组规则，例如，在代表货币的字符串中不允许每隔三个数字用一个逗号隔开。例如，以下是货币常量的例子。

```
$20000.2   --而$20,000.2 是错误的货币常量
$200
```

8. 唯一标识常量

这是指 uniqueidentifier 类型的常量，它使用字符或二进制字符串格式来指定。例如：

```
'6F9619FF-8B86-D011-B42D-00C04FC964FF'
0xff19966f868b11d0b42d00c04fc964ff
```

以上介绍了 8 种类型的常量，它们主要运用于对变量和字段赋值、构造表达式、构造子句等。在后面的介绍中将进一步领会到它的使用方法。

5.3 Transact-SQL 运算符

运算符是用来指定要在一个或多个表达式中执行操作的一种符号。在 SQL Server 2017 中，使用的运算符包括算术运算符、逻辑运算符、赋值运算符、字符串连接运算符、位

运算符、一元运算符和比较运算符等。

1. 算术运算符

算术运算符包括加(+)、减(-)、乘(*)、除(/)和取模(%)5种。它们用于执行对两个表达式的运算,这两个表达式的返回值必须是数值数据类型,包括货币型。

加(+)和减(-)运算符还可以用于对日期时间类型值的算术运算。

2. 逻辑运算符

逻辑运算符用于对某些条件进行测试,返回值为TRUE或FALSE。逻辑运算符包括ALL、AND、ANY、BETWEEN、EXISTS、IN、LIKE、NOT、OR、SOME等,其含义说明如表5.2所示。

表5.2 逻辑运算符及其含义

逻辑运算符	含义
AND	对两个表达式进行逻辑与运算,即如果两个表达式的返回值均为True,则运算结果返回TRUE,否则返回FALSE
BETWEEN	测试操作数是否在BETWEEN指定的范围之内,如果在则返回True,否则返回FALSE
EXISTS	测试查询结果是否包含某些行,如果包含则返回True,否则返回False
IN	测试操作数是否在IN后面的表达式列表中,如果在则返回TRUE,否则返回FALSE
LIKE	测试操作数是否与LIKE后面指定的模式相匹配,如果匹配则返回True,否则返回FALSE
NOT	对表达式的逻辑值取反
OR	对两个表达式进行逻辑或运算,即如果两个表达式的返回值均为False,则运算结果返回FALSE,否则返回TRUE
ANY	在一组的比较中只要有一个TRUE,则运算结果返回TRUE,否则返回FALSE
ALL	在一组的比较中只有所有的比较都返回TRUE,则运算结果返回TRUE,否则返回FALSE
SOME	在一组的比较中只要有部分比较返回TRUE,则运算结果返回TRUE,否则返回FALSE

3. 赋值运算符

赋值运算符就是等号"=",它是Transact-SQL中唯一的赋值运算符。例如,5.2节对局部变量的赋值操作实际上已经使用了赋值运算符。

除了用作赋值操作以外,赋值运算符还可以用于建立字段标题和定义字段值的表达式之间的关系。例如,下列语句创建了两个字段,其中第一个字段的列标题为"中国",所有字段值均为"China";第二个字段的列标题为"姓名",该字段的字段值来自表student中的s_name字段值。

```
SELECT 中国='China', 姓名=s_name
```

```
FROM student
```

执行结果如下。

```
中国      姓名
------------
China     刘洋
China     王晓珂
China     王伟志
China     岳志强
China     贾簿
China     李思思
China     蒙恬
China     张宇
```

4. 字符串连接运算符

在 SQL Server 中，字符串连接运算符为加号“+”，表示要将两个字符串连接起来而形成一个新的字符串。该运算符可以操作的字符串类型包括 char、varchar、text 以及 nchar、nvarchar、ntext 等。以下是字符串连接的几个例子。

```
'abc'+'defg'        --结果为'abcdefg'
'abc' +'' +'def'    --结果为'abcdef'(默认),当兼容级别设置为 65 时结果为'abc def'
```

针对字符串的操作有很多种，如取子串等。但在 SQL Server 中仅有字符串连接操作由运算符“+”来完成，而所有其他的字符串操作都使用字符串函数来进行处理。

5. 位运算符

位运算符是表示在两个操作数之间执行按位进行运算的符号，操作数必须为整型数据类型之一，如 bit、tinyint、smallint、int、bigint 等，还可以是二进制数据类型(image 数据类型除外)。表 5.3 列出了位运算符及其含义。

表 5.3 位运算符及其含义

位运算符	含义
&	对两个操作数按位逻辑与
|	对两个操作数按位逻辑或
^	对两个操作数按位逻辑异或
~	对一个操作数按位逻辑取非

6. 比较运算符

比较运算符用于测试两个表达式的值之间的关系，这种关系是指等于、大于、小于、大于等于、小于等于、不等于、不小于、不大于等。比较运算符几乎适用于所有的表达式(除了 text、ntext 或 image 数据类型的表达式外)。表 5.4 列出了 Transact-SQL 支持的比较运算符。

表 5.4　比较运算符

运　算　符	含　　义
＝	等于
＞	大于
＜	小于
＞＝	大于或等于
＜＝	小于或等于
＜＞	不等于
!＝	不等于
!＜	不小于
!＞	不大于

7. 运算符的优先级

运算符执行顺序的不同会导致不同的运算结果，所以正确地理解运算符的优先级是必要的。图 5.1 给出了运算符优先级的示意图，其中，从上到下运算符的优先级是由高到低，同一级中运算符的优先级是按照它们在表达式中的顺序从左到右依次降低。

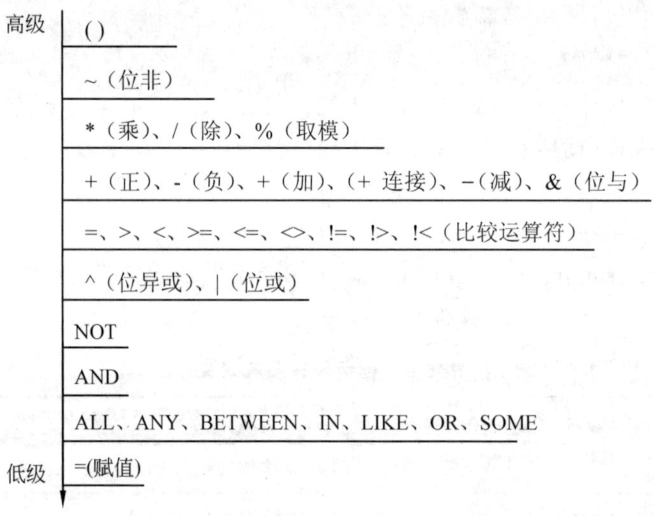

图 5.1　Transact-SQL 运算符的优先级

5.4　Transact-SQL 流程控制

5.4.1　注释和语句块

1. 注释

注释是 Transact-SQL 程序代码中不被执行的文本部分，其作用是说明程序各模块的功能和设计思想，以方便程序的修改和维护。

注释有两种方法，一种是用“--”（紧连的两个减号）来注释，另一种是用“/ * * /”来注释，它们都称为注释符。

(1) --：用于注释一行代码，被注释的部分是从注释符“--”开始一直到其所在行末尾的部分。

(2) / * * /：用于注释多行代码，被注释的部分包含在两个星号的中间。

例如，下面一段代码中同时使用了这两种注释。

```
USE MyDatabase;                    --打开数据库 MyDatabase
GO
/*
该程序用于查询成绩及格的学生信息，包括学生姓名、性别、平均成绩。
程序编写者:xxx
程序编写时间:2017 年 12 月 31 日
*/
SELECT s_name, s_sex, s_avgrade    --姓名、性别、平均成绩
FROM student                       --在表中查询
GO
```

2. 语句块

语句块是程序中一个相对独立的执行单元，它是由关键字 BEGIN…END 括起来而形成的代码段。其中，BEGIN 用于标识语句块的开始，END 则标识语句块的结束。语句块可以嵌套定义。

语句块通常与 IF、WHILE 等控制语句一起使用，以界定这些控制语句的作用范围。这在下面介绍控制语句的部分会涉及。

5.4.2 IF 语句

在程序中，有的语句或语句块的执行是有条件的，有时候则需要在多个语句或语句块之间的执行做出选择。这时需要一些判断控制语句才能完成，IF 语句就是一种最基本、用得最多的判断控制语句。

SQL Server 支持两种形式的 IF 语句：IF…和 IF…ELSE…句型。

1. IF…句型

该句型的语法格式如下。

```
IF expression
    { sql_statement | statement_block }
```

其中，expression 为布尔表达式，如果该表达式中含有 SELECT 语句，必须用圆括号将 SELECT 语句括起来；sql_statement 表示 SQL 语句；statement_block 表示语句块（下同）。如果 expression 的返回值为 TRUE，则执行 IF 后面的语句或语句块，否则什么都不执行。该语句的结构流程图如图 5.2 所示。

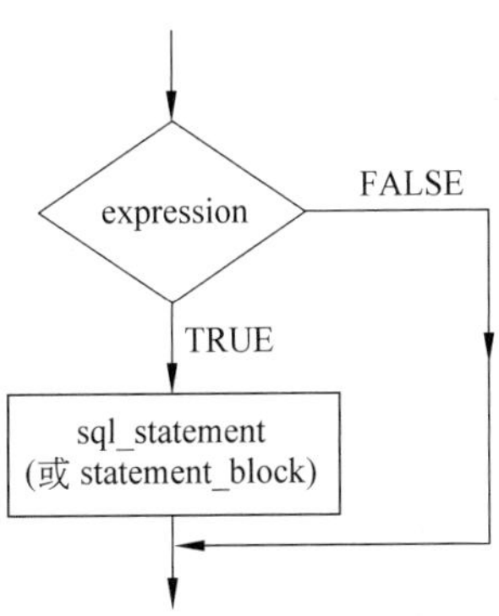

图 5.2 IF…句型结构流程图

【例 5.6】 查询学号为"20170202"的学生,如果该学生成绩及格则将其姓名和成绩打印出来。

该查询要求可用局部变量和 IF…句型来实现。

```
USE MyDatabase
GO
DECLARE @no char(8), @name char(8), @avgrade numeric(4,1)
SET @no ='20170202'
SELECT @name =s_name, @avgrade =s_avgrade
FROM student
WHERE s_no =@no;
IF @avgrade>=60.0
BEGIN
  PRINT @name
  PRINT @avgrade
END
GO
```

2. IF…ELSE…句型

有时候在做出判断以后,对不满足条件表达式的情况也要进行相应的处理,这时可以选用 IF…ELSE…句型。其语法格式如下。

```
IF expression
    { sql_statement1 | statement_block1 }
ELSE
    { sql_statement2 | statement_block2}
```

该语句的结构流程图如图 5.3 所示。

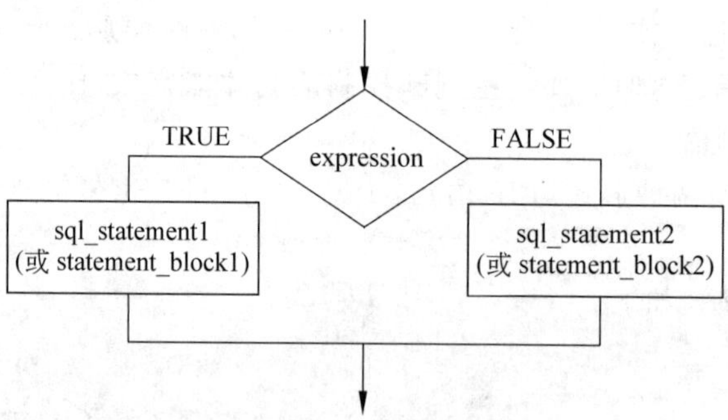

图 5.3 IF…ELSE…句型的结构流程图

【例 5.7】 对于给定学号的查询,如果平均成绩不及格的则打印姓名和平均成绩,否则打印学号即可。

实现代码如下。

```
USE MyDatabase
GO
```

```
DECLARE @no char(8), @name char(8), @avgrade numeric(4,1)
SET @no ='20170202'
SELECT @name =s_name, @avgrade =s_avgrade
FROM student
WHERE s_no =@no;
IF @avgrade< 60.0
BEGIN
  PRINT @name
  PRINT @avgrade
END
ELSE
  PRINT @no
GO
```

3. IF…ELSE IF…ELSE…句型

当需要做两次或两次以上的判断并根据判断结果做出执行选择时，一般要使用 IF…ELSE IF…ELSE…句型。该句型的语法格式如下。

```
IF expression1
    { sql_statement1 | statement_block1 }
ELSE IF expression2
    {sql_statement2 | statement_block2}
[ELSE IF expression3
    {sql_statement3 | statement_block3}
…]
ELSE
    {sql_statementn | statement_blockn}
```

该语句的结构流程图如图 5.4 所示。

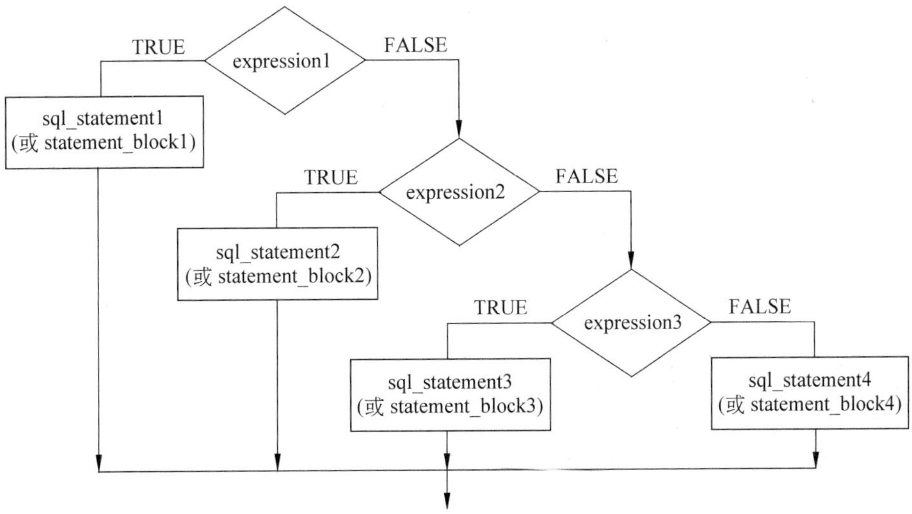

图 5.4　IF…ELSE IF…ELSE…句型的结构流程图

【例 5.8】 运用多分支的 IF 句型来查询并实现分等级打印学生成绩。

```
USE MyDatabase
GO
DECLARE @no char(8), @name char(8), @avgrade numeric(4,1)
SET @no ='20170202'
SELECT @name =s_name, @avgrade =s_avgrade
FROM student
WHERE s_no =@no;
IF @avgrade>=90.0
  PRINT '优秀'
ELSE IF @avgrade>=80.0
  PRINT '良好'
ELSE IF @avgrade>=70.0
  PRINT '中等'
ELSE IF @avgrade>=60.0
  PRINT '及格'
ELSE
  PRINT '不及格'
GO
```

5.4.3 CASE 语句

IF 语句一般用于判断有少量出口(特别是两个出口)的情况。但在许多时候可能遇到一个判断有很多出口的情况,这时如果仍然使用 IF 语句,可能使得语句在结构上变得非常复杂。但如果换用 CASE 语句,将使得语句代码变得很精炼、简洁。

在 SQL Server 中,CASE 语句实际上是被当作一个函数来执行,执行后都有一个返回值。它有两种类型,一种是简单式,另一种是搜索式。

1. 简单式 CASE 函数

以下是简单式 CASE 函数的语法格式。

```
CASE input_expression
  WHEN when_expression THEN result_expression
  [ …n ]
  [
  ELSE else_result_expression
  ]
END
```

执行时,首先计算表达式 input_expression 的值,然后将计算结果与 WHEN 子句中的表达式进行比较,如果相等则计算 THEN 后面的表达式 result_expression,并将得到的值作为整个 CASE 函数的值,同时退出 CASE 函数;如果结果与所有 WHEN 子句中的表达式的值都不相等,则计算 ELSE 后面的表达式 else_result_expression。不管最后是计算哪个表达式,它的结果都将作为整个 CASE 函数的返回值。

when_expression 是任意有效的表达式。但 input_expression 及每个 WHEN 子句中的表达式 when_expression 的数据类型必须相同或是可隐式转换的数据类型。

例 5.9 是简单式 CASE 函数的一个例子。

【例 5.9】 首先使用 SELECT 语句查询学生的学号，然后用 CASE 函数对学生的姓名和爱好进行简要说明。

实现代码如下。

```
SELECT 学号 =s_no, 姓名及爱好 =
  CASE s_no
    WHEN '20170201' THEN '刘洋,游泳'
    WHEN '20170202' THEN '王晓珂,登山'
    WHEN '20170203' THEN '王伟志,滑雪'
    WHEN '20170204' THEN '岳志强,支部书记'
    WHEN '20170205' THEN '贾簿,足球'
    WHEN '20170206' THEN '李思思,爱好不详'
    WHEN '20170207' THEN '蒙恬,长跑'
    WHEN '20170208' THEN '张宇,山地自行车'
    ELSE '没有这个人'
  END
FROM student
```

该语句执行后结果如下。

```
学号          姓名及爱好
-----------------------
20170201     刘洋,游泳
20170202     王晓珂,登山
20170203     王伟志,滑雪
20170204     岳志强,支部书记
20170205     贾簿,足球
20170206     李思思,爱好不详
20170207     蒙恬,长跑
20170208     张宇,山地自行车
```

2. 搜索式 CASE 函数

以下是搜索式 CASE 函数的语法格式。

```
CASE
  WHEN expression THEN result_expression
  [ …n ]
  [
  ELSE else_result_expression
  ]
END
```

在搜索式 CASE 函数中，关键字 CASE 后面没有表达式，且 WHEN 后面的表达式

expression 已被限定为布尔表达式(返回值为 TRUE 或 FALSE)。执行时,依次从上到下计算每个 WHEN 子句中表达式 expression 的值,如果值为 TRUE 则计算该 WHEN 子句中表达式 result_expression 的值,并将该值返回作为 CASE 函数的值;如果所有 WHEN 子句中表达式 expression 的值均为 FALSE,则计算 ELSE 后面表达式 else_result_expression 的值并将其返回作为 CASE 函数的值。

【例 5.10】 使用搜索式 CASE 函数来显示学生的成绩等级。

相应代码如下。

```
SELECT 学号 =s_no, 姓名 =s_name, 成绩等级 =
CASE
    WHEN s_avgrade>=90.0 THEN '优秀'
    WHEN s_avgrade>=80.0 THEN '良好'
    WHEN s_avgrade>=70.0 THEN '中等'
    WHEN s_avgrade>=60.0 THEN '及格'
    ELSE '不及格'
END
FROM student
```

该语句执行后结果如下。

```
学号        姓名        成绩等级
----------------------------
20170201    刘洋        优秀
20170202    王晓珂      良好
20170203    王伟志      良好
20170204    岳志强      中等
20170205    贾簿        不及格
20170206    李思思      及格
20170207    蒙恬        中等
20170208    张宇        不及格
```

CASE 函数的使用方法很灵活,在很多地方可以发挥巧妙的作用。

【例 5.11】 为保证指导学生的质量,现在很多高校都从工作量上限制教师指导学生的人数。假设某高校制定如下指导工作量公式,其中,n 为指导的学生人数。

$$\text{指导工作量}=\begin{cases}15\times n, & n\leqslant 8\\ 15\times 8+12(n-8), & 8<n\leqslant 10\\ 15\times 8+12\times 2+5, & n>10\end{cases}$$

请重新创建结构如表 4.9 所示的数据表(见例 4.2),要求用上述公式重新定义表示工作量的字段 c_hour,其他字段不变。

根据上述要求,为表 supervisor 重新编写 CREATE TABLE 语句代码,结果如下。

```
CREATE TABLE supervisor(
  t_no    int           PRIMARY KEY,
  t_name  varchar(8)    NOT NULL,
```

```
s_n      int           NOT NULL   CHECK(s_n>=0 and s_n<=20),
c_hour  AS
          CASE
            WHEN s_n<=8 THEN 15*  s_n
            WHEN s_n<=10 THEN 15*8+12*(s_n-8)
            ELSE 15*8+12*2+5
          END
);
```

用上述 CREATE TABLE 语句重新创建数据表 supervisor，然后用下列 INSERT 语句添加数据。

```
insert supervisor values('19970101','方琼',7)
insert supervisor values('19970102','赵构',9)
insert supervisor values('19970103','李方正',15)
```

结果表 supervisor 中的数据如下。

```
t_no        t_name     s_n     c_hour
-------------------------------
19970101    方琼        7       105
19970102    赵构        9       132
19970103    李方正      15      149
```

可以看到，只要正确设置字段 s_n 的值，工作量字段 c_hour 的值会自动计算产生。在软件开发中，如果能够灵活地利用 CASE 函数定义计算列，可以大大减少前台代码的编写工作量。

5.4.4　WHILE 语句

WHILE 语句是典型的循环控制语句，其语法格式如下。

```
WHILE expression
    {sql_statement | statement_block}
```

在 WHILE 语句中，只要表达式 expression 的值为真，就重复执行循环体中的语句。如果布尔表达式中含有 SELECT 语句，则必须用括号将 SELECT 语句括起来。

WHILE 语句也可以结合 BREAK 和 CONTINUE 语句一起使用，它们可以嵌入循环体内部，用于控制 WHILE 循环中语句的执行。其中，当执行到 BREAK 语句时，程序将无条件退出当前的循环体，执行出现在 END 关键字（循环体结束的标记）后面的语句；当执行到 CONTINUE 语句时，程序将不执行 CONTINUE 关键字后面的所有语句，提前结束本次循环（但没有退出循环体，这是与 BREAK 语句的不同之处），并重新开始新的一轮循环。

WHILE 语句的结构流程图如图 5.5 所示。

【例 5.12】 如果学生成绩的平均值低于 95 分则循环执行对每个学生的成绩增加 0.5%。在循环过程中，如果发现最高成绩超过 99 分则退出循环；在加分过程中，当成绩

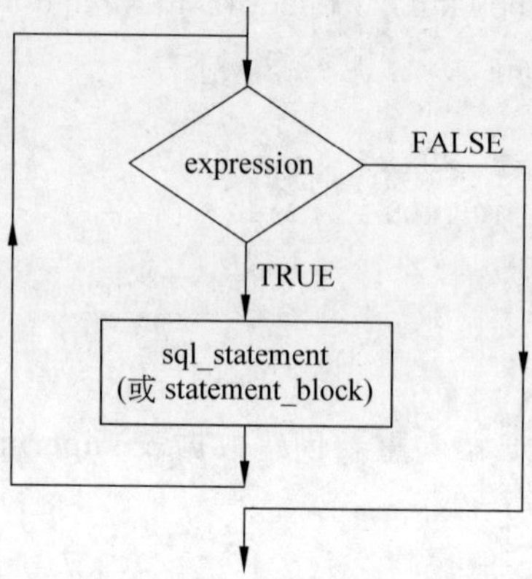

图 5.5 WHILE 语句的结构流程图

的平均值大于或等于 75.5 分时打印出当前成绩的平均值。

```
USE MyDatabase;
GO
DECLARE @max numeric(4,1),@avg numeric(4,1);
SET @avg = (SELECT AVG(s_avgrade) FROM student)
SET @max = (SELECT MAX(s_avgrade) FROM student)
WHILE @avg < 95
BEGIN
  IF @max > 99 BREAK              --退出循环体
  UPDATE student SET s_avgrade = s_avgrade + s_avgrade * 0.005
  SET @avg = (SELECT AVG(s_avgrade) FROM student)
  SET @max = (SELECT MAX(s_avgrade) FROM student)
  IF @avg < 75.5 CONTINUE         --结束本次循环
  PRINT '当前平均成绩:'+STR(@avg, 5, 1);
END
```

5.4.5 GOTO 语句

GOTO 语句是一种无条件转移语句,可以实现程序的执行流程从一个地方转移到另外的任意一个地方。与 IF 语句结合,GOTO 语句也可以实现 WHILE 语句的循环功能。但是使用 GOTO 语句会降低程序的可读性,所以在一般情况下不提倡在程序中使用 GOTO 语句。

使用 GOTO 语句时,首先要定义标签,然后才能使用 GOTO 语句。其语法格式如下。

```
Label:
  {sql_statement | statement_block}
[IF …] GOTO Label;
```

其中,Label 为定义的标签,它是 GOTO 语句转向的依据。标签必须符合标识符命名规则。无论是否使用 GOTO 语句，标签均可作为注释方法使用。当执行到语句"GOTO Label"时，执行流程将无条件转到标签 Label 所指向的地址，并从该地址起依次往下执行所遇到的语句。

【例 5.13】 使用 GOTO 语句来实现 1～100 的累加，结果放在局部变量@sum 中，最后将结果打印出来。

```
DECLARE @s int, @sum int
SET @s =0
SET @sum =0
label1:
SET @s =@s +1
SET @sum =@sum +@s
IF @s <>100 GOTO label1
PRINT @sum
```

5.4.6 TRY…CATCH 语句

类似于其他高级语言，Transact-SQL 也有异常的捕获和处理语句——TRY…CATCH 语句。该语句的语法格式如下。

```
BEGIN TRY
    { sql_statement | statement_block }
END TRY
BEGIN CATCH
    { sql_statement | statement_block }
END CATCH[ ; ]
```

当 TRY 块内的语句产生错误时，则会将控制传递给 CATCH 块的第一个语句；当 TRY 块所包含的代码中没有错误时，则在 TRY 块中最后一个语句完成后将控制传递给紧跟在 END CATCH 语句之后的语句。

例如，下例中第二条插入语句有错误，所以在执行到该语句时程序将转到 CATCH 块中执行打印语句。这时第一条插入语句已经成功执行，而第三条插入语句则未能执行到，所以只有第一条数据被插入，而其他数据没有被插入到数据库中。

```
USE MyDatabase;
GO
DELETE FROM student
GO
BEGIN TRY
  INSERT student VALUES('20170201','刘洋','女','1997-02-03','计算机应用技术',
  98.5,'计算机系');
  --下面语句中,时间常量'1997-09-201'格式错误
  INSERT student VALUES('20170202','王晓珂','女','1997-09-201','计算机软件与理
  论',88.1,'计算机系');
```

```
    INSERT student VALUES('20170203','王伟志','男','1996-12-12','智能科学与技术',
    89.8,'智能技术系');
  END TRY
  BEGIN CATCH
    PRINT N'插入操作有错误。'
  END CATCH;
```

5.4.7 RETURN 语句

RETURN 语句用于从过程、批处理或语句块中无条件退出,RETURN 之后的语句不被执行。其语法如下。

```
RETURN [integer_expression]
```

RETURN 可以后跟整型表达式,当执行到 RETURN 语句的时候先计算该表达式的值,然后返回该值。如果将 RETURN 语句嵌入存储过程,该语句不能返回空值。如果某个过程试图返回空值,则将生成警告消息并返回 0 值。

5.4.8 WAITFOR 语句

WAITFOR 语句用于设置指定程序段的执行时间,包括指定程序段在某一时刻执行或者在某一段时间间隔之后自动执行。其语法格式如下。

```
WAITFOR
{
  DELAY 'time_to_pass'
  | TIME 'time_to_execute'
}
```

其中,DELAY 子句用于设定 WAITFOR 语句所要等待的时间(这个时间过后即执行 WAITFOR 后面的语句),时间的长短由参数 time_to_pass 说明(但只能包含时间部分,不能包含日期部分),最长为 24h;TIME 子句用于设定 WAITFOR 语句等待的终结时刻,由参数 time_to_execute 说明,可以使用 datetime 数据类型接受的格式,但也只能包含时间部分。

【例 5.14】 设置在下午 5:30(17:30)执行学生成绩查询。

```
USE MyDatabase;
GO
WAITFOR TIME '17:30';
SELECT 姓名 =s_name, 平均成绩 =s_avgrade
FROM student
```

如果要求上述查询在 1h20min 后执行,则可以使用下面的代码实现。

```
USE MyDatabase;
GO
```

```
WAITFOR DELAY '01:20';
SELECT 姓名 =s_name, 平均成绩 =s_avgrade
FROM student;
```

5.5 Transact-SQL 函数

Transact-SQL 函数分为两类，一类是系统内置的函数，一类是用户定义的函数。这两类函数都可以在程序中像一个数值表达式一样引用。本节先介绍常用的一些系统内置函数，然后介绍在 Transact-SQL 程序中如何定义函数。

5.5.1 系统内置函数

在 Transact-SQL 程序中常用的系统内置函数可以分为 4 种类型：字符串处理函数、聚合函数、日期时间函数和数学函数。

1. 字符串处理函数

字符串处理函数有很多种，在此仅介绍一些常用的函数，其他函数的使用方法可以由此模仿并参考表 5.5。

1）ASCII 函数

该函数的语法如下。

```
ASCII ( character_expression )
```

其中，character_expression 为 char 或 varchar 类型的字符串表达式。其作用是以 int 类型返回字符串表达式 character_expression 中第一个字符的 ASCII 值。例如，ASCII ('Abcd')返回 65，ASCII ('abcd')返回 97 等('A'和'a'的 ASCII 值分别为 65 和 97)。

2）SUBSTRING 函数

该函数的语法如下。

```
SUBSTRING( expression, start, length )
```

该函数的作用是返回给定字符 expression 中的一个子串，该子串是从位置 start 开始、长度为 length 的字符串。其中，expression 可以是字符串、二进制字符串、文本、图像、列或包含列的表达式，但不能使用包含聚合函数的表达式，start、length 都是整型数据。

例如，SUBSTRING('abcdef',2, 4)返回'bcde'，SUBSTRING('abcdef',2, 1)返回'b'等。

3）LEFT 函数

该函数的语法如下。

```
LEFT(character_expression, integer_expression)
```

其作用是返回字符串 character_expression 中从左边开始的 integer_expression 个字符。例如，打印学生的姓氏，可以用下列的语句来实现(不考虑复姓)。

```
SELECT LEFT(s_name,1)
FROM student
```

4）REPLACE 函数

该函数的语法如下。

```
REPLACE(string_expression1, string_expression2, string_expression3)
```

其作用是用第三个表达式 string_expression3 替换第一个字符串表达式 string_expression1 中出现的所有第二个指定字符串表达式 string_expression2 的匹配项，并返回替换后的字符串表达式。例如，REPLACE('abcdefghicde','cd','China')将返回'abChinaefghiChinae'。

由于篇幅有限，不一一列举所有字符串函数详细的使用方法，但可以参考表 5.5 的简要说明。

表 5.5 字符串处理函数

函数语法	功能描述	举例
ASCII (character_expression)	返回字符串表达式中第一个字符的 ASCII 值(int 型)	ASCII('abcdef')返回 97
CHAR (integer_expression)	将 ASCII 值转换为相应的字符，并返回该字符	CHAR(65)返回'A',CHAR(97)返回'a'
CHARINDEX(expression1, expression2[,start_location])	返回字符串中指定表达式的开始位置。如果指定 start_location，则表示从位置 start_location 开始查找指定的字符串以返回其开始位置。如果没有匹配则返回零	CHARINDEX('be', 'aabecdefbeghi')返回 3，CHARINDEX('be', 'aabecdefbeghi',4)返回 9
LEFT (character _ expression, integer_expression)	返回字符串 character_expression 中从左边开始的 integer_expression 个字符	LEFT('abcdef',3)返回'abc'
LEN(string_expression)	返回指定字符串表达式的字符(而不是字节)个数，其中不包含尾随空格	LEN('a bcdefg ')返回 8
LOWER(character_expression)	将大写字符数据转换为小写字符数据后返回字符表达式	LOWER('AbCdEfG')返回'abcdefg'
LTRIM(character_expression)	返回删除起始空格之后的字符表达式	LTRIM(' abcdef ')返回'abcdef '
NCHAR(integer_expression)	根据 Unicode 标准的定义，返回具有指定的整数代码的 Unicode 字符	NCHAR(197)返回'Å'
PATINDEX('%pattern%', expression)	返回指定表达式中某模式第一次出现的起始位置。如果在全部有效的文本和字符数据类型中没有找到该模式，则返回零。可以使用通配符	PATINDEX('%defg%', 'abcdefghidefg')返回 4
QUOTENAME (' character _ string'[,'quote_character'])	返回带有分隔符的 Unicode 字符串	QUOTENAME('abcdef','''')返回'abcdef', QUOTENAME('abcdef','(')返回'(abcdef)'

续表

函数语法	功能描述	举例
REPLACE(str_expression1, str_expression2, str_expression3)	用第三个表达式 str_expression3 替换第一个字符串表达式 str_expression1 中出现的所有第二个指定字符串表达式 str_expression 2 的匹配项,并返回替换后的字符串表达式	REPLACE('abcdefghicde','cd','China')返回'abChinaefghiChinae'
REVERSE (character_expression)	将字符表达式中的字符首尾反转,然后返回反转后的字符串	REVERSE('abcdefg')返回'gfedcba'
RIGHT (character_expression, integer_expression)	返回字符串 character_expression 中从右边开始的 integer_expression 个字符	RIGHT('abcdef',3)返回'def'
RTRIM(character_expression)	返回删除尾随空格之后的字符表达式	RTRIM(' abcdef ')返回' abcdef'
SPACE(integer_expression)	返回由 integer_expression 个空格组成的字符串	'a'+SPACE(4)+'b'返回'a b'
STR(float_expression[, length[,]])	返回由数字数据转换来的字符数据	STR(123.4588, 10, 4)返回'123.4588'
STUFF (character_expression, start, length, character_expression)	在字符串 character_expression 中从位置 start 开始删除 length 个字符,然后又从该位置插入字符串 character_expression,最后返回处理后的字符串	STUFF('abcdefgh',2,3,'xyz')返回'axyzefgh'
SUBSTRING(expression, start, length)	返回给定字符 expression 中的一个子串,该子串是从位置 start 开始、长度为 length 的字符串	SUBSTRING('abcdef',2, 4)返回'bcde'
UNICODE('ncharacter_expression')	按照 Unicode 标准的定义,返回输入表达式的第一个字符的整数值	UNICODE(N'Åkergatan 24')返回 197
UPPER(character_expression)	返回小写字符数据转换为大写字符的表达式	UPPER('AbCdEfG')返回'ABCDEFG'

2. 聚合函数

1) COUNT 函数

该函数用于返回组中的项数,其语法如下。

```
COUNT({[[ALL|DISTINCT] expression]|* })
```

可见,该函数有以下三种调用形式。

(1) COUNT(*):返回组中的行数,包括 NULL 值和重复行。

(2) COUNT(ALL expression):对组中的每一行都计算 expression 并返回非 NULL 值的个数,式中的 ALL 可以省略。

(3) COUNT(DISTINCT expression):对组中的每一行都计算 expression 并返回唯一非空值的个数。

2）AVG 函数

该函数返回组中各值的平均值，NULL 被忽略。其语法如下。

```
AVG([ ALL | DISTINCT ] expression)
```

例如，求女学生的平均成绩，可以用下列语句来完成。

```
SELECT AVG(s_avgrade)
FROM student
WHERE s_sex ='女'
```

3）MAX 函数

该函数的语法格式如下。

```
MAX([ ALL | DISTINCT ] expression )
```

它返回表达式的最大值。

4）MIN 函数

该函数的语法格式如下。

```
MIN([ALL | DISTINCT] expression)
```

它返回表达式的最小值。

5）SUM 函数

该函数的语法格式如下。

```
SUM([ ALL | DISTINCT ] expression )
```

当选择 ALL(默认)时，它返回表达式 expression 中所有值的和；当选择 DISTINCT 时，它返回仅非重复值的和。NULL 值被忽略。

3. 日期时间函数

常用的日期时间函数说明如表 5.6 所示。

表 5.6 日期时间函数

函数语法	功能描述	举例
DATEADD(datepart, number, date)	返回给指定日期加上一个时间间隔后的新 datetime 值	DATEADD(year, 18, '07 18 2017')返回'07 18 2035 12:00AM', DATEADD(day, 18, '07 18 2017')返回'08 5 2017 12:00AM'
DATEDIFF(datepart, startdate, enddate)	返回跨两个指定日期的日期边界数和时间边界数	DATEDIFF(year, '07 18 2017', '07 18 2020')返回 3, DATEDIFF(month, '07 18 2017', '07 18 2020')返回 36
DATENAME(datepart, date)	返回表示指定日期的指定日期部分的字符串	DATENAME(day,'07 18 2017')返回'18', DATENAME(month,'07 18 2017')返回'07'

续表

函数语法	功能描述	举例
DATEPART(datepart,date)	返回表示指定日期的指定日期部分的整数	DATEPART(day,'07 18 2017')返回 18,DATEPART(month,'07 18 2017')返回 07
DAY(date)	返回表示指定日期的天的整数	DAY('07/18/2017')返回 18
GETDATE()	返回当前系统日期和时间	GETDATE()返回'07 17 2017 4:31PM'
GETUTCDATE()	返回表示当前的 UTC 时间(通用协调时间或格林尼治标准时间)的 datetime 值	如 GETUTCDATE()可以返回'07 17 2017 8:31AM'(此时 GETDATE()返回'07 17 2017 4:31PM')
MONTH(date)	返回表示指定日期的月份的整数	MONTH('07/18/2017')返回 7,MONTH('12/18/2017') 返回 12
YEAR(date)	返回表示指定日期的年份的整数	YEAR('07/18/2017')返回 2017,YEAR('12/18/2020') 返回 2020

4. 数学函数

数学函数用于对数值型字段和表达式进行处理,常用的函数如表 5.7 所示。

表 5.7 数学函数

函数语法	功能描述	举例
ABS(x)	返回 x 的绝对值,x 为 float 类型数据	ABS(-1.23)返回 1.23
ACOS(x)	返回 x 的反余弦值 $con^{-1}(x)$,$x\in[0,1]$	ACOS(-1.0)返回 3.14159
ASIN	返回 x 的反正弦值 $\sin^{-1}(x)$,$x\in[0,1]$	ASIN(-1.0)返回-1.5708
ATAN	返回 x 的反正切值 $\tan^{-1}(x)$,x 为 float 类型数据	ATAN(-.40)返回-0.380506
ATN2(x, y)	返回 x/y 的反正切值 $\tan^{-1}(x/y)$,x,y 为 float 类型数据	ATN2(1.6,4)返回 0.380506
CEILING(x)	返回大于或等于 x 的最小整数,x 为 float 类型数据	CEILING(3.9)返回 4
COS(x)	返回 x 的三角余弦值,x 是以 float 类型表示的弧度值	COS(3.14159)返回 1.0
COT(x)	返回 x 的三角余切值,x 是以 float 类型表示的弧度值	COT(0.5)返回 1.83049
DEGREES(x)	将角度的弧度值 x 转换为角度的度数值并返回该度数值	DEGREES(3.14)返回 179.9
EXP(x)	返回 x 的指数值 e^x,x 为 float 类型数据	EXP(1.0)返回 2.71828
FLOOR(x)	返回小于或等于 x 的最大整数,x 为 float 类型数据	FLOOR(3.9)返回 3
LOG(x)	返回 x 的自然对数,x 为 float 类型数据	LOG(10.0)返回 2.30259
LOG10(x)	返回 x 的以 10 为底的对数,x 为 float 类型数据	LOG(10.0)返回 1.0

续表

函数语法	功能描述	举 例
PI()	返回圆周率的常量值	PI()返回 3.14159265358979
POWER(x, y)	返回 x 的 y 次幂的值 x^y	POWER(2, 3)返回 8
RADIANS(x)	将角度的度数值 x 转换为角度的弧度值并返回该弧度值	RADIANS(179.9) 返回 3.13984732
RAND([seed])	返回从 0 到 1 的随机 float 值	RAND()返回 0.588327 等
ROUND(x,length)	按照指定精度对 x 进行四舍五入,length 为精确的位数	ROUND(748. 58678, 4) 返回 748. 58680, ROUND (748. 58678, −2)返回 700.00000 等
SIGN(x)	返回 x 的正号(+1)、零(0)或负号(−1),x 为 float 类型数据	SIGN(100)返回 1,SIGN(−100)返回−1,SIGN(0)返回 0 等
SIN	返回 x 的三角正弦值,x 为角度的幅度值(float 类型)	SIN(3.14159/2)返回 1.0
SQRT(x)	返回 x 的平方根,x 为非负的 float 类型数据	SQRT(9)返回 3
SQUARE(x)	返回 x 的平方,x 为 float 类型数据	SQUARE(3)返回 9
TAN(x)	返回 x 的正切值,x 为 float 类型数据	TAN(3.14159)返回 0.0
VARP([ALL|DISTINCT] expression)	返回表达式 expression(通常是列)中所有值的总体方差	SELECT VARP(s_avgrade) FROM student 返回 264.79 等

下面再介绍两个数据类型的显式转换函数,它们的使用频率很高。

5. 数据类型转换函数

1) CAST 函数

该函数用于将一种数据类型的表达式显式转换为另一种数据类型的表达式。其语法如下。

```
CAST(expression AS data_type [(length)])
```

即将表达式 expression 的值转换为 data_type 类型的数据,并返回转换后的数据类型。常使用的类型转换主要包括以下几种。

(1) 数值型↔字符串型。

(2) 字符串型↔日期时间型。

例如:

```
CAST(10.6496 AS int)          --将常量 10.6496 转换为 int 类型数据,结果变为 10
CAST('abc' AS varchar(5))     --将常量'abc'转换为 varchar(5)类型
CAST('100' AS int)            --将字符串常量'100'转换为数值常量 100
CAST(100 AS varchar(5))       --将数值常量 100 转换为字符串常量'100'
CAST('2017/12/12' AS datetime)        --将字符串常量'2017/12/12'转换为时间常量 12
                                 12 2017
```

```
CAST(GETDATE() AS VARCHAR(20))          --将当前系统时间转换为字符串常量
```

又如,查询成绩为 70~80(不含 80)分的学生,可以用下列语句实现。

```
SELECT *
FROM student
WHERE CAST(s_avgrade AS varchar(10)) like '7%'
```

该语句首先将成绩转换为字符串,然后将 70~80 的分数看作是以 7 开头的字符串,最后利用模糊查询来实现该查询功能。当然,它等价于下列 SELECT 语句。

```
SELECT *
FROM student
WHERE s_avgrade >=70 and s_avgrade <80
```

2) CONVERT 函数

该函数与 CAST 函数的功能相似,都是用于将一种数据类型的表达式显式转换为另一种数据类型的表达式,但 CONVERT 函数的功能更强一些。其语法如下。

```
CONVERT(data_type [ ( length ) ], expression [ , style ])
```

与 CAST 函数不同的是,在 CONVERT 函数中被转换的表达式靠近函数式的右边,而在 CONVERT 函数中则靠近左边。

例如,下列语句中使用了 CONVERT 函数,该语句与上述查询语句等价。

```
SELECT *
FROM student
WHERE CONVERT(varchar(10), s_avgrade) like '7%'
```

5.5.2　用户自定义函数

用户自定义函数由 CREATE FUNCTION 语句来定义,分为以下几种类型。

1. 标量函数的定义和引用

标量函数是指返回值为标量值的函数。其语法格式如下。

```
CREATE FUNCTION [ schema_name. ] function_name
( [ { @parameter_name [ AS ][ type_schema_name. ] parameter_data_type
    [ =default ] }
    [ ,…n ]
  ]
)
RETURNS return_data_type
    [ WITH <function_option>[ ,…n ] ]
    [ AS ]
    BEGIN
        function_body
        RETURN scalar_expression
```

```
    END
[ ; ]
<function_option>::=
{
    [ ENCRYPTION ]
  | [ SCHEMABINDING ]
  | [ RETURNS NULL ON NULL INPUT | CALLED ON NULL INPUT ]
  | [ EXECUTE_AS_Clause ]
}
```

其中：

schema_name 为架构名称。

function_name 为用户定义的函数名，它必须符合 SQL Server 标识符的规则，在架构 schema_name 中是唯一的。

@parameter_name 为用户定义的形式参数的名称，可以声明一个或者多个参数，parameter_data_type 为参数的类型。

function_body 表示函数体，即 Transact-SQL 语句块，是函数的主体部分。

在<function_option>项中，ENCRYPTION 用于指示数据库引擎对包含 CREATE FUNCTION 语句文本的目录视图列进行加密，以防止将函数作为 SQL Server 复制的一部分发布；SCHEMABINDING 指定将函数绑定到其引用的数据库对象，如果其他架构绑定对象也在引用该函数，此条件将防止对其进行更改。

如果定义了 default 值，则无须指定此参数的值即可执行函数。

EXECUTE AS 子句用于指定执行用户定义函数的安全上下文。

【例 5.15】 构造一个函数，使之能够根据学号从表 SC 中计算学生已选课程的平均成绩。

```
USE MyDatabase;
GO
IF OBJECT_ID(N'dbo.get_avgrade', N'FN') IS NOT NULL
    DROP FUNCTION dbo.get_avgrade;  --如果已存在名为 get_avgrade 的函数则将其删除
GO
CREATE FUNCTION dbo.get_avgrade(@s_no varchar(8)) RETURNS float
AS
BEGIN
  DECLARE @value float;
  SELECT @value =AVG(c_grade)
  FROM sc
  WHERE s_no =@s_no
  RETURN @value;
END
```

对于用户自定义函数，其调用方法与变量的引用方式一样，主要有以下几种调用格式。

(1) 在 SELECT 或者 PRINT 语句中调用函数。

例如,可以用下列语句调用自定义函数 get_avgrade。

```
DECLARE @SS varchar(8);
SET @SS ='20170202'
SELECT dbo.get_avgrade(@SS)
```

或者:

```
SELECT dbo.get_avgrade('20170202')
```

如果仅用于打印输出,可以将上述关键字 SELECT 改为 PRINT,也有同样的效果。

(2) 利用 SET 语句执行函数。

在 SET 语句中,函数被当作一个表达式进行计算,然后将返回值赋给指定的变量。例如:

```
DECLARE @V float
SET @V =dbo.get_avgrade('20170202')
```

2. 内联表值函数

内联表值函数返回的结果是一张数据表,而不是一个标量值。其语法如下。

```
CREATE FUNCTION [ schema_name. ] function_name
( [ { @parameter_name [ AS ] [ type_schema_name. ] parameter_data_type
    [ =default ] }
    [ ,…n ]
  ]
)
RETURNS TABLE
    [ WITH <function_option>[ ,…n ] ]
    [ AS ]
    RETURN [ ( ] select_stmt [ ) ]
[ ; ]
```

可以看到,该函数返回结果是 TABLE 类型数据(是一张表),且没有函数主体(BEGIN…END 部分),而标量函数返回的是一个标量值,有自己的函数主体。

以下示例是定义内联表值函数的一个例子。该函数的作用是按学号查询学生的学号、姓名和系别,其输入参数是学号,返回结果是由学号、姓名和系别构成的表。

```
USE MyDatabase;
GO
IF OBJECT_ID(N'dbo.get_SND', N'IF') IS NOT NULL
    DROP FUNCTION dbo.get_SND;
GO
CREATE FUNCTION dbo.get_SND(@s_no varchar(8)) RETURNS TABLE
AS
  RETURN
```

```
(
    SELECT s_no, s_name, s_dept
    FROM student
    WHERE s_no =@s_no
);
```

由于内联表值函数返回结果是一张表,所以对其调用必须按照对表的查询方式进行,其调用方法与标量函数的调用方法完全不同。例如,以下是调用函数 get_SND 的一条 SELECT 语句,在此函数 get_SND 是被当作一张表来使用的。

```
SELECT *
FROM dbo.get_SND('20170203')
```

内联表值函数返回的结果是一张"数据表",而其本身并不保存数据。在这个意义上,内联表值函数与第 7 章介绍的视图是一样的,而且也可以像对视图那样对其进行查询操作。其优点是它可以带参数,而视图不能带参数,但它不具备视图的全部功能。总之,可以这样简要理解:内联表值函数是带参数的"视图"。

3. 多语句表值函数

多语句表值函数返回结果也是一张表,但与内联表值函数不同的是:在内联表值函数中,TABLE 返回值是通过单个 SELECT 语句定义的,内联函数没有关联的返回变量。在多语句表值函数中,@return_variable 是 TABLE 类型的返回变量,用于存储和汇总应作为函数值返回的行。多语句表值函数返回结果的原理是,先定义一个表变量,然后通过函数体中的语句实现向该表变量插入有关数据,最后将这个表变量作为结果返回。

多语句表值函数的语法如下。

```
CREATE FUNCTION [ schema_name. ] function_name
( [ { @parameter_name [ AS ] [ type_schema_name. ] parameter_data_type
    [ =default ] }
    [ ,…n ]
  ]
)
RETURNS @return_variable TABLE <table_type_definition >
    [ WITH <function_option>[ ,…n ] ]
    [ AS ]
    BEGIN
        function_body
        RETURN
    END
[ ; ]
```

其中,@return_variable 为 TABLE 类型变量,用于存放函数返回的表。

多语句表值函数与标量函数都有函数的主体部分(function_body),它是由一系列定义函数值的 Transact-SQL 语句组成的。在多语句表值函数中,function_body 是一系列用于填充 TABLE 返回变量@return_variable 的 Transact-SQL 语句;在标量函数中,

function_body 是一系列用于计算标量值的 Transact-SQL 语句。

【例 5.16】 本例是一个多语句表值函数,其作用是按学号查询学生的一些基本信息。这些信息包括学号、姓名、专业、系别和平均成绩,其平均成绩是计算列,它由学生已选修的课程及课程成绩来决定。学生选修课程记录于表 SC 中。

该函数名为 get_stu_info,带一个参数,其定义代码如下。

```
USE MyDatabase;
GO
IF OBJECT_ID (N'dbo.get_stu_info', N'TF') IS NOT NULL
    DROP FUNCTION dbo.get_stu_info;
GO
CREATE FUNCTION dbo.get_stu_info(@no char(8))
RETURNS @stu_info TABLE                          --定义表变量
(
  s_no char(8),
  s_name char(8),
  s_speciality varchar(50),
  s_dept varchar(50),
  s_avgrade numeric(4,1)
)
AS
BEGIN
  INSERT @stu_info                               --插入查询信息
    SELECT s_no,s_name,s_speciality,s_dept,s_avgrade=(
                                                 /* 从表 SC 中生成计算列 s_avgrade */
    SELECT AVG(c_grade)
    FROM SC
    WHERE SC.s_no =student.s_no
    )
    FROM student
    WHERE s_no=@no
  RETURN
END
```

多语句表值函数的调用与内联表值函数的调用方法一样。例如,要查询学号为'20170201'的学生信息,可以按照下列方式调用函数 get_stu_info。

```
SELECT * FROM dbo.get_stu_info('20170201');
```

用户自定义函数的删除实际上在上述介绍的例子中已经接触过了,即用 DROP FUNCTION 来实现对函数的删除。例如,删除函数 get_stu_info 可以使用下列语句来完成。

```
DROP FUNCTION dbo.get_stu_info;
```

习　题

一、选择题

1. 下列 SQL 代码中，能够输出字符串“abc'def”的代码是(　　)。

A.

```
DECLARE @s varchar(100);
SET @s ='abc' +''' +'defg';
print @s;
```

B.

```
DECLARE @s varchar(100);
SET @s='abc' +'''' +'def';
print @s;
```

C.

```
DECLARE @s varchar(100);
@s ='abc' +''' +'defg';
print @s;
```

D.

```
DECLARE @s varchar(100);
@s='abc' +'''' +'def';
print @s;
```

2. 执行下列语句：

```
DECLARE @dt datetime, @str varchar(30);
SET @dt='11:59:24:530';
SET @str=CONVERT(varchar(30), @dt, 114);
```

结果@str 返回的值是(　　)。

A. '11：59：24：530'　　B. 11：59：24：530

C. '11：59：24'　　D. 11：59：24

3. 当对 datetime 型变量@dt 赋值为'18：48：59'时，@dt 蕴涵的日期值为(　　)。

A. 18 时 48 分 59 秒　　B. 1900 年 01 月 01 日

C. 执行赋值语句时的日期　　D. 2000 年 01 月 01 日

4. 执行下列语句：

```
SELECT COUNT(*) FROM student
```

假设结果返回 5，则 5 表示的是(　　)。

A. 表 student 中行的总数，包括 NULL 行和重复行

B. 表 student 中值不同的行的总数

C. 表 student 中不含有 NULL 的行的总数

5. 下列语句的作用是什么？(　　)

```
SELECT s_dept, COUNT(*) FROM student GROUP BY s_dept;
```

A. 非法的语句

B. 查询所有的系别及学生总数

C. 查询表 student 中各系学生的数量

6. 关于 WHERE 子句和 HAVING 短语，下列说法错误的是(　　)。

A. WHERE 子句和 HAVING 短语的作用都一样，它们都是用于指定查询条件

B. HAVING短语是用于对组设定条件，而不是具体的某一条记录，从而使得SELECT语句可以实现对组进行筛选

C. WHERE子句是对每一条记录设定条件的，而不是一个记录组

二、简答题

1. 简述Transact-SQL与SQL的关系。

2. CASE语句与其他Transact-SQL控制语句（如IF语句、WHILE语句等）有何不同？

3. 请指出TRY…CATCH语句在下列代码中的作用。

```
BEGIN TRY
  INSERT INTO student(s_no, s_name, s_avgrade) VALUES('20120201','林伟', 980);
END TRY
BEGIN CATCH
  PRINT N'插入操作有错误。'
END CATCH;
```

4. 请简述WHILE语句和GOTO语句的区别。

5. CONTINUE语句、BREAK语句和RETURN语句有何区别？

三、实验题

1. 利用表student和表SC，编写相应的Transact-SQL代码，查询课程成绩(c_grade)最低的学生的学号、姓名、性别、系别。

2. 利用Transact-SQL语句以及表student，查询与“刘洋”在同一个专业的学生的信息。

3. 构造一个函数，使之能够根据给定学号，输出所有平均成绩(s_avgrade)比该学号对应的平均成绩还低的学生数量。

第6章

数据库的创建和管理

数据库是数据库系统的核心部分，可以简单地理解为若干数据表的集合。数据表是数据库中唯一存放数据的数据库对象。数据库和数据表这两个概念是密不可分的。本章首先介绍有关数据库的相关概念，然后着重介绍数据库的创建、修改、删除，以及数据库的分离和附加等针对数据库的基本管理。通过本章的学习，读者应该掌握下列内容。

- 了解数据库的组成。
- 掌握数据库的创建和修改方法。
- 了解数据库状态信息的查询方法。
- 掌握数据库的分离和附加方法。

6.1 数据库和数据库文件

本节主要从文件系统的角度对数据库的组成进行剖析，以让读者对数据库的基本原理有一个初步的了解。

6.1.1 数据库的组成

从操作系统的角度看，作为存储数据的逻辑对象，数据库最终是以文件的形式保存在磁盘上。这些文件就是**数据库文件**。数据库文件又分为**数据文件**和**日志文件**。

数据文件是数据库用于存储数据的操作系统文件，它保存了数据库中的全部数据。数据文件又分为**主数据文件**和**次要数据文件**。主数据文件是数据库的起点，指向数据库的其他文件。每个数据库有且仅有一个主数据文件，而次要数据文件可以有多个或没有。主数据文件的默认扩展名是.mdf，次要数据文件的默认扩展名是.ndf。

日志文件记录了针对数据库的所有修改操作，其中每条日志记录可能是记录了所执行的逻辑操作，也可能记录了已修改数据的前像和后像。前像是操作执行前的数据复本；后像是操作执行后的数据复本。日志文件包含用于恢复数据库的所有日志信息。利用日志文件，可以在数据库出现故障或崩溃时把它恢复到最近的状态，从而最大限度地减少由此带来的损失。在创建数据库的时候，默认创建一个日志文件，其推荐的文件扩展名是.ldf。每个数据库至少有一个日志文件，当然也可以有多个。

数据文件和日志文件可以保存在FAT或NTFS文件系统中。但从安全性角度考虑，一般使用NTFS文件系统保存这些文件。数据文件名和日志文件名是面向操作系统的，即操作系统是通过这些名称来访问数据文件和日志文件的。

从逻辑结构看，数据库是数据表的集合，此外，数据库还包含索引、视图等“附属部件”，数据表、索引、视图等统称为**数据库对象**。在创建数据库的时候，要给数据库输入一个合法的字符串作为数据库的名称，这个名称简称为**数据库名**。数据库名是数据库的逻辑名称，应用程序对数据库对象的访问必须通过数据库名来完成，即数据库名是面向应用程序的（而非操作系统，数据库文件是面向操作系统的）。另外，支撑数据库的数据文件和日志文件也有面向应用程序的名称，分别称为数据文件和日志文件的**逻辑文件名**。通过逻辑文件名，SQL 语句就可以有限度地访问和操作数据文件和日志文件。为了区别于逻辑文件名，数据文件和日志文件对应的磁盘文件（即.mdf 文件、.ndf 文件、.ldf 文件）称为它们的**物理文件名**。

也就是说，对于每个数据文件和日志文件，它们既有自己的逻辑文件名（面向应用程序），也有自己的物理文件名（面向操作系统）。在 SQL Server 2017 中，当创建数据库时会自动生成一个主数据文件和一个日志文件。在默认情况下，主数据文件的逻辑文件名与数据库名（数据库名由用户设置）相同，其物理文件名等于其逻辑文件名加上扩展名“.mdf”；日志文件的逻辑文件名等于数据库名加上“_log”，日志文件的物理文件名等于数据库名加上“_log.ldf”。

例如，当创建一个名为 MyDatabase 的数据库时，会自动形成一个主数据文件和一个日志文件，其默认的逻辑文件名和物理文件名如表 6.1 所示。

表 6.1　数据库名、逻辑文件名和物理文件名的关系

	逻辑文件名（面向应用）	物理文件名（面向操作系统）
主数据文件	MyDatabase	MyDatabase.mdf
日志文件	MyDatabase_log	MyDatabase_log.ldf

6.1.2　文件组

文件组是数据文件的一种逻辑划分。简单而言，文件组就是将若干个数据文件放在一起而形成的文件集。

文件组有两种类型：主文件组（PRIMARY）和用户定义文件组。主文件组包含主数据文件和任何没有明确指定文件组的其他数据文件。用户定义文件组是用户利用 Transact-SQL 语句或者在 SQL Server Management Studio（SSMS）中通过可视化操作创建的文件组。

一个文件组包含多个不同的数据文件，一个数据文件只能属于一个文件组。一个数据库至少有一个文件组（主文件组），也可能有多个文件组（至多为 32 767 个文件组）。在一个数据库中，有且仅有一个文件组被指定为默认文件组。在数据库创建时主文件组会自动被设置为默认文件组，但也可以将用户定义文件组设置为默认文件组。在创建数据表或者其他数据库对象的时候，如果不显式指定文件组，那么这些数据库对象将自动在默认文件组上创建，即被建对象的所有页都在默认文件组中分配。

6.2 数据库的创建

数据库有很多参数,这意味着在创建和修改数据库等操作中会涉及这些参数的设置。这些参数包括数据文件、文件组、数据库文件的初始大小、日志文件等。但系统介绍这些参数的设置方法,需要较大的篇幅,这里仅介绍常用的一些重要参数。这些参数包括:数据库名、数据文件的初始大小、数据文件的最大值、数据文件的增长幅度等。

6.2.1 创建数据库的SQL语法

创建数据库可用CREATE DATABASE语句来完成,其语法如下。

```
CREATE DATABASE database_name
    [ ON
        [ PRIMARY ] [ <filespec>[ ,…n ]
        [ , <filegroup>[ ,…n ] ]
    [ LOG ON { <filespec>[ ,…n ] } ]
    ]
    [ COLLATE collation_name ]
    [ WITH <external_access_option>]
]
[;]
```

其中,<filespec>、<filegroup>和<external_access_option>分别定义如下。

```
<filespec>::=
{
(
    NAME =logical_file_name,
        FILENAME ={ 'os_file_name' | 'filestream_path' }
        [ , SIZE =size [ KB | MB | GB | TB ] ]
        [ , MAXSIZE ={ max_size [ KB | MB | GB | TB ] | UNLIMITED } ]
        [ , FILEGROWTH =growth_increment [ KB | MB | GB | TB | %] ]
) [ ,…n ]
}

<filegroup>::=
{
FILEGROUP filegroup_name [ CONTAINS FILESTREAM ] [ DEFAULT ]
    <filespec>[ ,…n ]
}

<external_access_option>::=
{
  [ DB_CHAINING { ON | OFF } ]
```

```
    [ , TRUSTWORTHY { ON | OFF } ]
}
```

语法参数说明如下。

database_name 表示待创建数据库的名称，它在当前的实例中必须唯一，且要符合标识符规则，最大长度为128B。

ON 用于指定数据文件，其后跟以逗号分隔的<filespec>项列表。该项列表用以定义主文件组的数据文件，主文件组的文件列表可后跟以逗号分隔的<filegroup>项列表。该项列表是可选项，用于定义用户文件组。

PRIMARY 则用于指定关联的<filespec>列表定义主文件。在主文件组的<filespec>项中指定的第一个文件将成为主文件，一个数据库只能有一个主文件。如果没有指定 PRIMARY，那么 database_name 将成为主文件。

NAME 用于为<filespec>定义的数据库文件指定逻辑名称，如果未指定逻辑名称，则使用 database_name 作为逻辑名称。

FILENAME 用于指定数据库文件的物理文件名(操作系统文件名，也称磁盘文件名)。如果未指定该名称，则将 NAME 值(逻辑名称)后缀“.mdf”(数据文件)或后缀“.ldf”(日志文件)作为数据库文件的物理文件名，存储的路径可以根据需要来设定。

SIZE 用于指定数据库文件的初始大小，如果没有指定则采用默认值(数据文件的默认值为3MB，日志文件的默认值为1MB)。

MAXSIZE 用于指定数据库文件能够增长到的最大值(最大文件大小)。如果取值为 UNLIMITED 则表示无穷大。实际上会受到磁盘空间的限制，在 SQL Server 2008 中，指定为 UNLIMITED 的日志文件最大值为2 TB，而数据文件最大值为16 TB。

FILEGROWTH 用于指定文件大小增长的幅度，可以用百分比，也可以用绝对数值，设置值为0时表明关闭自动增长功能，不允许自动增加空间。

LOG ON 用于指定用于存储数据库日志的磁盘文件。LOG ON 后跟以逗号分隔的<filespec>项列表，该项列表用于定义日志文件。如果没有指定 LOG ON，将自动创建一个日志文件，其大小为该数据库的所有数据文件大小总和的25%或512KB，取两者之中的较大者。

FILEGROUP 用于定义文件组，其中，filegroup_name 为文件组的逻辑名称，在数据库中必须是唯一的，不能是系统提供的名称 PRIMARY 和 PRIMARY_LOG。名称可以是字符或 Unicode 常量，也可以是常规标识符或分隔标识符。名称必须符合标识符规则。当使用参数 DEFAULT 时，表示将该文件组设置为数据库中默认的文件组。

COLLATE 用于指定数据库的默认排序规则。如果没有指定排序规则，则采用 SQL Server 实例的默认排序规则。排序规则名称既可以是 Windows 排序规则名称，也可以是 SQL 排序规则名称。

6.2.2 创建使用默认参数的数据库

由 CREATE DATABASE 的语法结构可以看出，除了 database_name(数据库名)以外，其他的参数都是可选参数。因此，仅带 database_name 的 CREATE DATABASE 语句是最简单的形式,相应的简化语法如下。

```
CREATE DATABASE database_name;
```

这是最简单也是较为常用的数据库创建方法,由此创建的数据库的参数都是使用默认设置。

【例 6.1】 创建名为 DB1 的数据库,数据库的所有可选参数使用默认值。

这种数据库的创建方法最简单,相应代码如下。

```
CREATE DATABASE DB1;
```

执行上述代码,当显示"命令已成功完成。"的提示时,即可完成创建名为 DB1 的数据库,这会自动生成一个数据文件 DB1.mdf 和一个日志文件 DB1_log.ldf。除数据库名称以外,该数据库的其他参数都使用了默认初始值。

6.2.3 创建指定数据文件的数据库

出于某种需要,有时候需要创建一个数据库,使得它的数据文件名和日志文件名分别为给定的名称。这时需要在 CREATE DATABASE 语句中指定 NAME 和 FILENAME 项的值。

【例 6.2】 创建指定数据文件名及其逻辑文件名的数据库。

假设数据库名为 DB2,指定的数据文件的物理文件名和逻辑文件名分别为 DataFile2.mdf 和 LogicFile2,相应的 CREATE DATABASE 语句如下。

```
CREATE DATABASE DB2
ON PRIMARY(
  --设置数据文件的逻辑文件名
NAME='LogicFile2',
  --设置数据文件的物理文件名,注意,指定的目录 D:\datafiles\必须是已经存在的目录,否
则创建失败。另外,该目录下不能存在任何已有的同名文件
  FILENAME ='D:\datafiles\DataFile2.mdf'
);
```

执行上述代码,当显示"命令已成功完成。"的提示时,即可完成创建名为 DB2 的数据库。该 CREATE DATABASE 语句中,没有指定日志文件信息,故会产生默认的日志文件 DB2_log.ldf。

【例 6.3】 创建指定数据文件名、日志文件名及相应逻辑文件名的数据库。

假设数据库名为 DB3,指定的数据文件的物理文件名和逻辑文件名分别为 DataFile3.mdf 和 LogicFile3,日志文件的物理文件名及其逻辑文件名分别为 LogFile3.ldf 和 LogicLog3,则相应 CREATE DATABASE 语句如下。

```
CREATE DATABASE DB3
ON PRIMARY(
  --设置数据文件的逻辑文件名
  NAME='LogicFile3',
```

```
  --设置数据文件的物理文件名
  FILENAME ='D:\datafiles\DataFile3.mdf'
)
LOG ON(
  --设置日志文件的逻辑名称
  NAME ='LogicLog3',
  --设置日志文件的物理文件名
FILENAME ='D:\datafiles\LogFile3.ldf'
);
```

注意，在 CREATE DATABASE 语句中，如果要指定日志文件，则必须指定至少一个数据文件。

6.2.4 创建指定大小的数据库

这里的“大小”包含数据文件的设置初始大小、最大存储空间、自动增长幅度等。

【例 6.4】 创建指定数据文件大小的数据库。

假设数据库名为 DB4，指定的数据文件的物理文件名为 DataFile4.mdf，逻辑名称为 LogicFile4，该数据文件初始大小为 5MB，最大值为 100MB，自动增长幅度为 15MB。相应的 Transact-SQL 语句如下。

```
CREATE DATABASE DB4
ON PRIMARY(
  --设置逻辑文件名
  NAME =' LogicFile4',
  --设置物理文件名
  FILENAME
='D:\datafiles\DataFile4.mdf',
  SIZE =5MB,                                    --设置初始大小
  MAXSIZE =100MB,                               --设置数据文件的最大存储空间
  FILEGROWTH =15MB);                            --设置自动增长幅度
```

【例 6.5】 创建指定数据文件和日志文件大小的数据库。

假设数据库名为 DB5，指定的数据文件和日志文件的信息如下。

数据文件：其物理文件名为 DataFile5.mdf，逻辑文件名为 LogicFile5，初始大小为 10MB，最大值为 200MB，自动增长幅度为 20MB。

日志文件：其物理文件名为 LogFile5.ldf，逻辑文件名为 LogicLog5，日志文件初始大小为 10MB，最大值为 100MB，自动增长幅度为初始大小的 10%。

创建此数据库的代码如下。

```
CREATE DATABASE DB5
ON PRIMARY(
--设置逻辑名称
  NAME =' LogicFile5',
--设置数据文件名
```

```
  FILENAME
='D:\datafiles\DataFile5.mdf',
  SIZE =10MB,                                      --设置初始大小
  MAXSIZE =200MB,                                  --设置数据文件的最大存储空间
  FILEGROWTH =20MB)                                --设置自动增长幅度
LOG ON(
--设置日志文件的逻辑名称
  NAME ='LogicLog5',
  --设置日志文件
FILENAME
='D:\datafiles\LogFile5.ldf',
  SIZE =10MB,                                      --设置初始大小
  MAXSIZE =100MB,                                  --设置数据文件的最大存储空间
  FILEGROWTH =10%                                  --设置自动增长幅度
);
```

6.2.5 创建带多个数据文件的数据库

一个数据库至少有一个主数据文件，同时可能有多个次要数据文件。作为例子，在这里介绍如何创建带有一个主数据文件和一个次要数据文件的数据库。

【例 6.6】 创建带两个数据文件的数据库。

假设待创建的数据库的名称为 DB6，包含两个数据文件，它们的物理名称分别为 DataFile6.mdf（主数据文件）和 DataFile6.ndf（次要数据文件），对应的逻辑名称分别为 LogicFile6_1 和 LogicFile6_2。

相应代码如下。

```
CREATE DATABASE DB6
ON PRIMARY
(
  NAME =' LogicFile6_1',                           --主数据文件的逻辑名称
  FILENAME ='D:\datafiles\DataFile6.mdf'           --主数据文件的物理名称
),
(
  NAME =' LogicFile6_2',                           --次要数据文件的逻辑名称
  FILENAME ='D:\datafiles\DataFile6.ndf '          --次要数据文件的物理名称
);
```

执行上述代码即可创建满足上述要求的数据库。

注意，在创建时，主数据文件和次要数据文件不是根据扩展名来确定的，而是根据先后顺序来确定。也就是说，紧跟关键字 ON PRIMARY 之后定义的数据文件为主数据文件，其余的为次要数据文件。例如，如果使用下列代码创建 DB6，则 DataFile6.ndf 将变成主数据文件，DataFile6.mdf 为次要数据文件。

```
CREATE DATABASE DB6
```

```
ON PRIMARY
(
  NAME =' LogicFile6_2',                    --主数据文件的逻辑名称
  FILENAME ='D:\datafiles\DataFile6.ndf '   --主数据文件的物理名称
),
(
  NAME =' LogicFile6_1',                    --次要数据文件的逻辑名称
  FILENAME ='D:\datafiles\DataFile6.mdf'    --次要数据文件的物理名称
);
```

6.2.6 创建指定文件组的数据库

文件组包括主文件组(PRIMARY)和用户定义文件组。如果不指定文件组,则默认使用主文件组(PRIMARY)创建数据库,所有的数据文件都将被分到这个文件组中。也可以将数据文件划分到指定的用户定义文件组中,但主数据文件永远自动被划分到主文件组(PRIMARY)中。

【例 6.7】 创建带用户定义文件组的数据库,并将相应的数据文件分配到该文件组中。

假设待创建的数据库的名称为 DB7,使之带有用户定义文件组 UserFG7_2 和 UserFG7_3。

数据文件:物理文件名分别为 DataFile7_1.mdf(主数据文件)、DataFile7_2.ndf 和 DataFile7_3.ndf,它们的逻辑文件名分别为 LogicFile7_1、LogicFile7_2 和 LogicFile7_3,初始大小分别为 5MB、2MB 和 3MB,最大值均为 100MB,自动增长幅度分别为初始大小的 15%、10%和 5%,且次要数据文件 DataFile7_2.ndf 和 DataFile7_3.ndf 分别分配到文件组 UserFG7_2 和 UserFG7_3 中。

日志文件:其物理文件名为 LogFile7.ldf,逻辑文件名为 LogicLog7,日志文件初始大小为 10MB,最大值为 100MB,自动增长幅度为 1MB。

相应代码如下。

```
CREATE DATABASE DB7
ON PRIMARY
(  --主数据文件
  NAME =' LogicFile7_1',
  FILENAME ='D:\datafiles\DataFile7_1.mdf',
  SIZE =5MB,              --设置初始大小
  MAXSIZE =100MB,         --设置数据文件的最大存储空间
  FILEGROWTH =15%         --设置自动增长幅度
),
FILEGROUP UserFG7_2       --将数据库文件 DataFile7_2.ndf 分配到文件组 UserFG7_2 中
(  --次要数据文件
  NAME ='LogicFile7_2',
  FILENAME ='D:\datafiles\DataFile7_2.ndf',
```

```
  SIZE =2MB,              --设置初始大小
  MAXSIZE =100MB,         --设置数据文件的最大存储空间
  FILEGROWTH =10%         --设置自动增长幅度
),
FILEGROUP UserFG7_3       --将数据库文件 DataFile7_3.ndf 分配到文件组 UserFG7_3 中
(  --次要数据文件
  NAME ='LogicFile7_3',
  FILENAME ='D:\datafiles\DataFile7_3.ndf',
  SIZE =3MB,              --设置初始大小
  MAXSIZE =100MB,         --设置数据文件的最大存储空间
  FILEGROWTH =5%          --设置自动增长幅度
)
LOG ON(
--设置日志文件的逻辑名称
  NAME ='LogicLog7',
  --设置日志文件
  FILENAME ='D:\datafiles\LogFile7.ldf',
  SIZE =10MB,             --设置初始大小
  MAXSIZE =100MB,         --设置数据文件的最大存储空间
  FILEGROWTH =1MB         --设置自动增长幅度
);
```

6.3 查看数据库

6.3.1 服务器上的数据库

Master 数据库中的目录视图 sysdatabases 保存了服务器上所有的数据库信息,通过查询该视图可以获取所有的数据库信息。

```
SELECT * FROM sysdatabases;
```

执行上面的查询语句,结果如图 6.1 所示,这表明笔者计算机里一共有 16 个数据库。

	name	dbid	sid	mode	status	status2	crdate	reserved	category	cmptlevel	filename	version
1	master	1	0x01	0	65544	1090520064	2003-04-08 09:13:36.390	1900-01-01 00:00:00.000	0	120	D:\Program Files\Microsoft SQL Server\MSSQL12.M...	782
2	tempdb	2	0x01	0	65544	1090520064	2017-07-27 07:52:06.437	1900-01-01 00:00:00.000	0	120	D:\Program Files\Microsoft SQL Server\MSSQL12.M...	782
3	model	3	0x01	0	65536	1090519040	2003-04-08 09:13:36.390	1900-01-01 00:00:00.000	0	120	D:\Program Files\Microsoft SQL Server\MSSQL12.M...	782
4	msdb	4	0x01	0	65544	1627390976	2014-02-20 20:49:38.857	1900-01-01 00:00:00.000	0	120	D:\Program Files\Microsoft SQL Server\MSSQL12.M...	782
5	MyDatabase	5	0x01	0	65536	1627389952	2017-07-27 09:23:48.943	1900-01-01 00:00:00.000	0	120	D:\Program Files\Microsoft SQL Server\MSSQL12.M...	782
6	DB1	6	0x01	0	65536	1627389952	2017-07-18 18:41:39.790	1900-01-01 00:00:00.000	0	120	D:\Program Files\Microsoft SQL Server\MSSQL12.M...	782
7	DB2	7	0x01	0	65536	1627389952	2017-07-18 09:14:18.770	1900-01-01 00:00:00.000	0	120	D:\datafiles\DataFile2.mdf	782
8	DB3	8	0x01	0	1073807360	1627389952	2017-07-18 09:23:06.360	1900-01-01 00:00:00.000	0	120	D:\datafiles\DataFile3.mdf	782
9	DB4	9	0x01	0	65536	1627389952	2017-07-18 09:24:52.280	1900-01-01 00:00:00.000	0	120	D:\datafiles\DataFile4.mdf	782
10	DB5	10	0x01	0	65536	1627389952	2017-07-18 09:27:14.027	1900-01-01 00:00:00.000	0	120	D:\datafiles\DataFile5.mdf	782
11	DB6	11	0x01	0	65536	1627389952	2017-07-18 09:33:00.870	1900-01-01 00:00:00.000	0	120	D:\datafiles\DataFile6.ndf	782
12	DB7	12	0x01	0	65536	1627389952	2017-07-18 09:48:23.160	1900-01-01 00:00:00.000	0	120	D:\datafiles\DataFile7_1.mdf	782
13	testdb	13	0x01	0	65536	1627389952	2017-07-18 10:09:26.083	1900-01-01 00:00:00.000	0	120	D:\datafiles\newtestdb.mdf	782
14	DB_test1	14	0x01	0	65536	1627389952	2017-07-25 10:50:39.377	1900-01-01 00:00:00.000	0	120	D:\Program Files\Microsoft SQL Server\MSSQL12.M...	782
15	DB_test2	15	0x01	0	65536	1627389952	2017-07-25 10:50:41.280	1900-01-01 00:00:00.000	0	120	D:\Program Files\Microsoft SQL Server\MSSQL12.M...	782
16	DB_test3	16	0x01	0	65536	1627389952	2017-07-25 10:50:42.440	1900-01-01 00:00:00.000	0	120	D:\Program Files\Microsoft SQL Server\MSSQL12.M...	782

图 6.1 服务器上所有数据库信息

如果要判断一个数据库是否存在，可以使用 EXISTS 函数来实现。例如，下面的语句可以判断数据库 MyDatabase 是否存在。

```
IF EXISTS(select * from sysdatabases where name='MyDatabase') PRINT '存在'
```

也可以用下列语句判断该数据库是否存在。

```
IF db_id('MyDatabase') is not null PRINT '存在'
```

此外，利用存储过程 sp_helpdb，可以查看指定数据库的基本信息或当前数据库服务器上在运行的所有数据库的基本信息。

6.3.2 数据库的基本信息

在 SQL Server 2017 中，查看数据库信息最简便的方法是，在 SQL Server Management Studio 的对象资源管理器中右击要查看的数据库，然后在弹出的菜单中选择“属性”项，将打开“数据库属性”窗口。在此窗口中可以看到数据库的所有基本信息。例如，图 6.2 显示的是数据库 MyDatabase7 的基本信息。

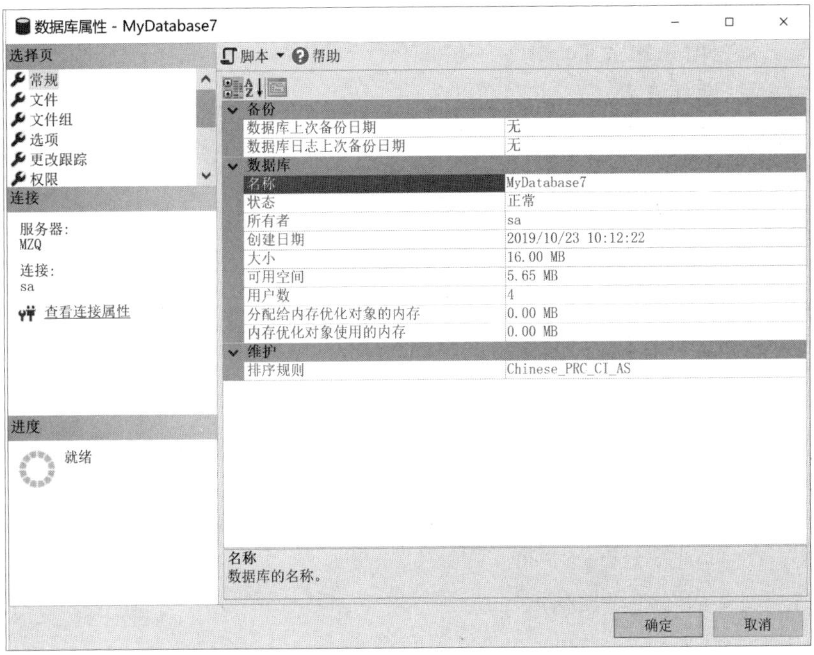

图 6.2 数据库 MyDatabase7 的基本信息

此外，系统存储过程 sp_helpdb 也是一种常用于查看数据库信息的工具，其使用方法很简单，语法格式如下。

```
sp_helpdb database_name
```

其中，database_name 为待查看信息的数据库名。

【例 6.8】 查看数据库 DB7 的信息。

该查询任务的实现代码如下。

```
sp_helpdb DB7;
```

执行上述代码,结果如图 6.3 所示。

	name	db_size	owner	dbid	created	status	compatibility_level
1	DB7	20.00 MB	sa	12	07 18 2017	Status=ONLINE, Updateability=READ_WRITE, UserAc...	120

	name	fileid	filename	filegroup	size	maxsize	growth	usage
1	LogicFile7_1	1	D:\datafiles\DataFile7_1.mdf	PRIMARY	5120 KB	102400 KB	15%	data only
2	LogicLog7	2	D:\datafiles\LogFile7.ldf	NULL	10240 KB	102400 KB	1024 KB	log only
3	LogicFile7_2	3	D:\datafiles\DataFile7_2.ndf	UserFG7_2	2048 KB	102400 KB	10%	data only
4	LogicFile7_3	4	D:\datafiles\DataFile7_3.ndf	UserFG7_3	3072 KB	102400 KB	5%	data only

图 6.3 使用 sp_helpdb 查看数据库 DB7 的信息

对图 6.3 中出现的各列的意义说明如下。

上表中:

name: 数据库名。

db_size: 数据库总的大小。

owner: 数据库拥有者。

dbid: 数据库 ID。

created: 创建日期。

status: 数据库状态。

compatibility_level: 数据库兼容等级。

下表中:

name: (数据文件和日志文件的)逻辑名称。

fileid: 文件 ID。

filename: 物理文件的位置及名称。

filegroup: 文件组。

size: 文件大小(所有文件大小之和等于上面的 db_size)。

maxsize: 文件的最大存储空间。

growth: 文件的自动增长幅度。

usage: 文件用途。

6.3.3 数据库中的数据表

有时候希望能知道当前数据库中到底包含哪些数据表,这时可以通过查询信息架构视图 information_schema.tables 来获得,该视图包含当前数据库中所有数据表的基本信息。

例如,查看数据库 MyDatabase 中所有的数据表,相关代码如下。

```
USE MyDatabase;      --打开数据库 MyDatabase
```

```
SELECT *
FROM information_schema.tables;
```

在笔者的计算机上执行上述代码，结果如图 6.4 所示。

	TABLE_CATALOG	TABLE_SCHEMA	TABLE_NAME	TABLE_TYPE
1	MyDatabase	dbo	student	BASE TABLE
2	MyDatabase	dbo	SC	BASE TABLE
3	MyDatabase	dbo	credit	BASE TABLE
4	MyDatabase	dbo	SC2	BASE TABLE
5	MyDatabase	dbo	tmp_table	BASE TABLE
6	MyDatabase	dbo	student2	BASE TABLE
7	MyDatabase	dbo	supervisor	BASE TABLE

图 6.4　数据库 MyDatabase 中所有的数据表

6.4　修改数据库

数据库创建后，有可能由于当初考虑欠妥或者是由于后来随着实际需求的变化，需要对数据库进行修改。对于数据库修改，一种替代的做法是：先删除，然后按新要求重建。但这种方法需要备份数据，且需要重新设置数据库的有关配置信息（如网络、权限等），显然这种方法比较烦琐且容易出错。因此，对很多数据库应用系统来说，数据库修改是必须面对的问题。

数据库是由数据文件和日志文件来支撑的，因此，数据库的修改主要体现在修改数据文件和日志文件及其相关选项等。一般有两种方法可以修改数据库的基本属性：一种是在 SQL Server Management Studio 中通过打开“数据库属性”窗口来修改，另一种是利用 ALTER DATABASE 语句来修改。由于前一种方法比较直观，这里介绍后一种方法。因为 ALTER DATABASE 语法的结构比较复杂，本节将分主题对其进行介绍。

6.4.1　更改数据库的名称

更改数据库名是最简单的操作，也是最常用的操作之一。其语法如下。

```
ALTER DATABASE database_name
MODIFY NAME =new_database_name;
```

【例 6.9】　更改数据库名。

对于已存在的数据库 oldDB，将之改名为 newDB，相应代码如下。

```
ALTER DATABASE oldDB   --改名
MODIFY NAME =newDB;
```

另外，利用 SQL Server 提供的系统存储过程 sp_renamedb 也可以对数据库进行改名。其语法如下。

```
sp_renamedb database_name, new_database_name
```

例如,对于例6.9中的更名操作,也可以用下列语句来实现。

```
sp_renamedb oldDB, newDB;
```

6.4.2 修改数据库的大小

数据库的大小(存储容量)是由数据文件和日志文件的大小来决定的,因此数据库大小的修改是通过修改数据库文件的相关属性值来实现的,如初始值、增长幅度、最大容量等。这主要是利用带MODIFY FILE选项的ALTER DATABASE语句来完成的。

【例6.10】 修改数据库的"容量",同时修改主数据文件的逻辑名称和物理名称。

对于存在的数据库testdb,将其数据文件的逻辑名称和物理名称分别改为newtestdb和newtestdb.mdf,数据文件的初始大小为25MB、最大空间为150MB、数据增长幅度为10MB。

相应代码如下。

```
USE master
GO
ALTER DATABASE testdb
MODIFY FILE
(
    NAME =testdb,                        --必须是原来的逻辑文件名
    NEWNAME =newtestdb,                  --新的逻辑文件名
    FILENAME ='D:\datafiles\newtestdb.mdf',
                                         --新的物理文件名(不需要原来的物理文件名)
    SIZE =25MB,                          --初始大小
    MAXSIZE =150MB,                      --最大存储空间
    FILEGROWTH =10MB                     --数据增长幅度
);
```

执行上述代码,然后查看数据库testdb的基本信息。可以看到,数据文件的相关属性均已被更改。

【例6.11】 更改数据库的日志文件。

更改数据库DB3的日志文件,更改后,日志文件名变为newlogdb3.ldf,对应的逻辑文件名不变(通过引用逻辑文件名来更改信息),初始大小为10MB。相应代码如下。

```
USE master
GO
ALTER DATABASE DB3
MODIFY FILE
(
    NAME =LogicLog3,                              --必须是原来的逻辑文件名
```

```
    FILENAME ='D:\datafiles\newlogdb3.ldf',   --新的物理文件名
    SIZE =10MB,                                --初始大小
    MAXSIZE =50MB,                             --数据文件的最大存储空间
    FILEGROWTH =5MB                            --自动增长幅度
);
```

注意，对数据文件和日志文件来说，更改后文件的初始值(SIZE)也必须大于更改前的初始值，否则 ALTER 语句操作将失败。

6.5　数据库的分离和附加

数据库分离是指将数据库从服务器实例中分离出来，结果是数据库文件(包括数据文件和日志文件)脱离数据库服务器，得到静态的数据库文件，进而可以像其他操作系统文件那样，对它们进行复制、剪切、粘贴等操作。数据库附加是指利用数据库文件将分离的数据库加入到数据库服务器中，形成服务器实例。通过数据库的分离与附加，可以将一个数据库从一台服务器移到另外一台服务器上，这为数据库的备份、移动等提供了一种有效的途径。

6.5.1　用户数据库的分离

数据库分离可视为一种特殊的数据库删除操作，不同的是，分离的结果是形成静态的数据文件和日志文件，这些文件分别保存了数据库中的数据信息和日志信息。数据库删除操作则不但将数据库从服务器中分离出来，而且相应的数据文件和日志文件都从磁盘上被删除，数据是不可恢复的。这是数据库分离和数据库删除的本质区别。

分离数据库可用系统存储过程 sp_detach_db 来实现，其语法如下。

```
sp_detach_db [ @dbname= ] 'database_name'
    [ , [ @skipchecks= ] 'skipchecks' ]
    [ , [ @keepfulltextindexfile = ] 'KeepFulltextIndexFile' ]
```

其参数意义说明如下。

[@dbname=] 'database_name'指定要分离的数据库的名称，默认值为 NULL。

[@ skipchecks =] 'skipchecks'指定是否运行 UPDATE STATISTIC，默认值为 NULL。如果设置为 true，则表示要跳过 UPDATE STATISTICS；如果指定为 false，则表示要运行 UPDATE STATISTICS。运行 UPDATE STATISTICS 可更新 SQL Server 数据库引擎内表和索引中的数据信息。

[@keepfulltextindexfile=] 'KeepFulltextIndexFile'指定是否在数据库分离过程中删除与所分离的数据库关联的全文索引文件。如果 KeepFulltextIndexFile 被设置为 false，则表示只要数据库不是只读的，就会删除与数据库关联的所有全文索引文件以及全文索引的元数据；如果设置为 NULL 或 true(默认值)，则保留与全文相关的元数据。

【例 6.12】 分离数据库 MyDatabase。

下列代码将分离数据库 MyDatabase,并保留全文索引文件和全文索引的元数据。

```
USE master; --为了关闭要分离的数据库 MyDatabase
EXEC sp_detach_db 'MyDatabase', NULL, 'true';
```

执行上述语句后,将得到两个数据库文件:MyDatabase.mdf 和 MyDatabase_log.ldf(它们位于创建数据库时指定的目录下),这时可以对其进行复制、剪切、粘贴等操作(在分离之前是不允许进行这些操作的)。

6.5.2 用户数据库的附加

数据库附加是利用已有的数据库文件(分离时形成的数据库文件)来创建数据库的过程。它使用带 FOR ATTACH 子句的 CREATE DATABASE 语句来完成,相应的语法如下。

```
CREATE DATABASE database_name
    ON <filespec>[ ,…n ]
    FOR { ATTACH [ WITH <service_broker_option>]
        | ATTACH_REBUILD_LOG }
[;]
```

选项 FOR ATTACH 表示用指定的操作系统文件来创建数据库,即创建的数据库的许多参数将由这些操作系统文件指定的数值来设置,而不再继承系统数据库 model 的参数设置。其参数意义见 6.2.1 节。

【例 6.13】 附加数据库 MyDatabase。

利用例 6.12 中分离数据库 MyDatabase 而形成的数据库文件 MyDatabase.mdf 和 MyDatabase_log.ldf 来附加该数据库。假设这两个数据库文件位于 D:\datafiles\ 目录下,则可以通过下列代码将数据库 MyDatabase 附加到当前的服务器实例中。

```
CREATE DATABASE MyDatabase
ON (FILENAME = 'D:\datafiles\MyDatabase.mdf')  --只利用了 MyDatabase.mdf
FOR ATTACH
```

注意,在数据库附加过程中只显式利用了数据文件 MyDatabase.mdf,并没有利用日志文件 MyDatabase_log.ldf。但 MyDatabase_log.ldf 最好与 MyDatabase.mdf 位于同一目录下,否则会产生一些警告。

在 SSMS 中对数据库进行分离和附加的操作也比较简单。分离时,在 SSMS 的对象资源管理器中右击要分离的数据库图标,在弹出的菜单中选择"任务"→"分离"命令,然后在打开的"分离数据库"窗口中单击"确定"按钮即可,如图 6.5 所示。

在附加数据库时,在 SSMS 的对象资源管理器中右击"数据库"节点,在弹出的菜单中选择"附加"命令,然后在弹出的"附加数据库"窗口中单击"添加"按钮,选择相应的数据库文件(.mdf 文件)即可,如图 6.6 所示。

图 6.5 “分离数据库”窗口

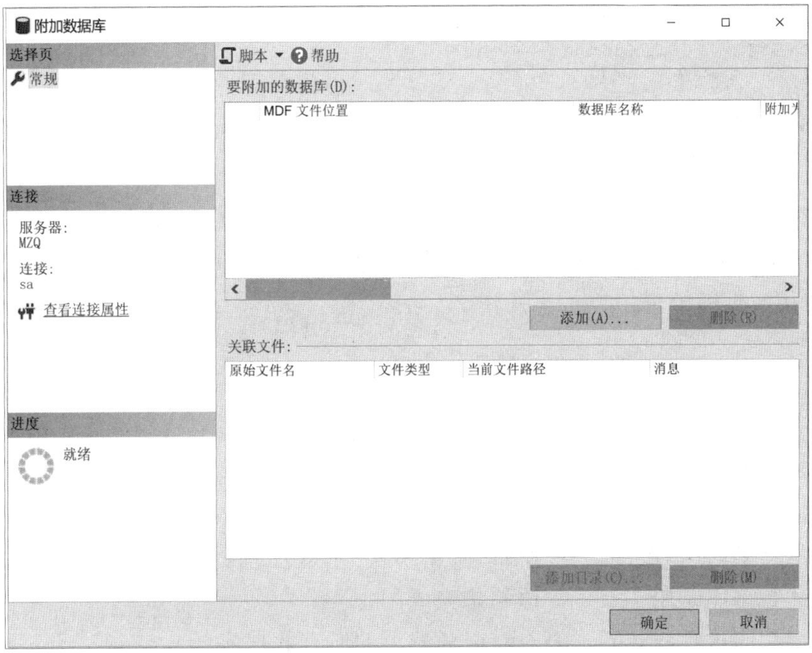

图 6.6 “附加数据库”窗口

6.6 删除数据库

当数据库已经确认不再需要的时候,应该将其删除,以释放服务器资源。需要提醒的是,为了避免不必要的损失,在实际应用当中不管删除哪一个数据库,在删除之前都应进行备份。

删除数据库是利用 DROP DATABASE 语句来实现的,其语法如下。

```
DROP DATABASE { database_name | database_snapshot_name } [ ,…n ] [;]
```

其参数说明如下。

database_name:指定要删除的数据库的名称。

database_snapshot_name:指定要删除的数据库快照的名称。

【例 6.14】 删除单个数据库。

删除数据库 MyDatabase,代码如下。

```
USE master;
GO
DROP DATABASE MyDatabase;
```

【例 6.15】 同时删除多个数据库。

删除数据库 MyDatabase2,MyDatabase3,MyDatabase4,代码如下。

```
USE master;
GO
DROP DATABASE MyDatabase2,MyDatabase3,MyDatabase4;
```

注意,使用 DROP DATABASE 语句删除数据库以后,数据文件和日志文件都将从磁盘上删除。所以,一旦使用了 DROP DATABASE 语句,数据库中的数据是不可恢复的。如果只是希望将数据库从当前服务器中删除,但不希望从文件系统中删除数据库文件,则可使用数据库分离的方法来操作。

习　题

一、填空题

1. 数据库文件包括________和________。
2. 文件组是________的一种逻辑划分。
3. 创建数据库是用________语句来完成的。
4. 可用存储过程________来查看服务器上的所有数据库。
5. 修改数据库是用________语句来完成的。
6. 在创建数据库时,可以设置数据库文件的文件名及其存储位置、________、________和________。

7. 处于运行状态的数据库是不允许对其数据文件和日志文件进行复制、粘贴等操作的，但经过________后可以进行上述操作。

8. 每个数据库________一个主数据文件，________次要数据文件。

9. 数据库中实际存放数据的数据库对象包括________。

二、简答题

1. 简述下列概念的含义。

(1) 数据库名。

(2) 数据库文件名。

(3) 逻辑文件名。

2. 数据文件和日志文件对数据库有何作用?

3. 数据文件分为哪几类? 其物理文件名的默认扩展名分别是什么?

4. 在创建数据库时，可以设置数据文件和日志文件的哪些属性?

5. 数据库的分离和删除有何区别?

三、判断题

1. 数据库文件分为数据文件和日志文件。 ( )

2. 在同一个数据库服务器上数据库名必须唯一。 ( )

3. 数据库是一系列数据表的集合，数据表是数据库中唯一的数据库对象。 ( )

4. 数据库中的数据只保存在数据文件中，不会保存在日志文件中。 ( )

5. 数据库中数据表、视图等许多数据库对象都可用于保存数据。 ( )

四、实验题

1. 创建名为 DB1 的数据库，其中，数据文件名为 DB1.mdf，逻辑名称为 DB1_Logic，数据文件初始大小为 100MB，最大值为 900MB，自动增长幅度为 50MB。

2. 将题 1 中数据库的名称 DB1 改为 DB2，且其数据文件的逻辑名称和物理名称分别改为 DB2_Logic 和 DB2.mdf，其数据增长幅度改为 20MB，其他不变。

第7章 索引与视图

有效的索引可以改善数据库的运行效率,视图可以为数据的查看提供多种不同的视角。本章主要介绍索引和视图的概念和原理、索引和视图的创建和使用方法。通过本章的学习,读者应该掌握下列内容。

- 了解索引和视图的基本原理。
- 掌握索引和视图的创建、修改和删除方法。
- 掌握索引和视图的使用方法。

7.1 索引概述

7.1.1 什么是索引

索引是依赖于数据表或视图的一种数据库对象,它保存了针对指定数据表或视图的键值或指针。索引有自己的文件名(即索引文件名),也需要占用磁盘空间。创建索引的目的是为了提高对数据表或视图的搜索效率。

索引的作用类似于一本书的目录。当在书中查找相关内容时,并不是从头至尾逐一对照每一部分的内容,看看是不是感兴趣的东西,而是先看目录并定位到某一章节,然后从这一章节中寻找感兴趣的内容,这就有效提高了查找效率,这里的目录就是书的"索引"。

对于数据表来说,索引可以理解为对一个或多个字段值进行排序的结构,本质上它是指向存储在表中指定列的数据值的指针。在 SQL Server 中,索引主要是用 B-树这种数据结构来构造的,通过索引访问数据实际上是寻找一条从根节点到叶子节点的过程,这个过程一般比直接按顺序访问数据表要高效得多。这是因为通过索引只需少数几个 I/O 操作就可以在较短的时间内定位到表中相应的行,而顺序访问则需要从头到尾逐行比较,在平均意义下使用的时间要多得多。

索引的作用就是提高对数据表的查询效率,但实际情况并不总是这样。如果对数据表创建过多的索引,反而可能使得对数据的查询效率下降。原因在于,不但搜索庞大的B-树需要时间,而且 SQL Server 对这些 B-树进行维护也可能需要付出巨大的代价和开销。因为 B-树作为一种数据结构是存放在数据表以外的地方,需要额外的系统资源,而且当对数据表执行 UPDATE、DELETE 和 INSERT 等操作时因需要更改这些 B-树而付出大量的时间代价。因此,索引并不是创建得越多就越好。

总之，索引是独立于数据表的一种数据库对象，它保存了针对于指定数据表的键值和指针。索引文件也需要占用磁盘空间。创建索引的目的是为了提高查询效率。

7.1.2　何种情况下创建索引

过多地创建索引反而会降低查询效率，所以如何适当地创建索引，这是问题的关键。一般来说，当数据表很大的时候，对于一些用于查询操作比较频繁的字段，应该对其创建索引，而对于其他字段则少创建索引。

设计良好的索引可以减少磁盘的 I/O 操作，降低索引对系统资源的消耗，提高 SELECT 语句执行效率。但由于执行 UPDATE、DELETE 或 INSERT 语句时，需要维护索引，因此可能会降低这些语句的执行效率。

索引的创建是由用户来完成的，而索引的使用则是由 SQL Server 的查询优化器来自动实现。需要注意的是，并不是所有已创建的索引都会在查询操作中自动被使用。一个索引被使用与否是由 SQL Server 的查询优化器来决定的。

7.1.3　索引的原理——B-树

索引采用的数据结构是 B-树，即在逻辑上索引是一棵 B-树，因此了解 B-树有助于对索引原理的理解。

B-树即平衡树(Balanced Tree)，一棵 m 阶的平衡树是满足下列性质的树(在此不考虑空树)。

(1) 树中每个节点最多有 m 棵子树。

(2) 根节点除外，所有非叶子节点至少都包含 $m/2$ 棵子树。

(3) 若根节点不是叶子节点，则根节点至少有两棵子树。

(4) 所有非叶子节点都包含相应的关键信息，一个包含 $k+1$ 棵子树的非叶子节点恰好包含 k 个关键字。

k	A_0	K_1	A_1	K_2	A_2	…	K_k	A_k

其中，k 表示关键字的个数。$K_i(i=1,2,\cdots,k)$为关键字，且 $K_i<K_{i+1}$。$A_i(i=0,2,\cdots,k)$为指向相应子树根节点的指针，且指针 A_{i-1} 所指子树中所有节点的关键字均小于 $K_i(i=1,2,\cdots,k)$，而 A_{i+1} 所指子树中所有节点的关键字均大于 $K_i(i=1,2,\cdots,k-1)$。

(5) 所有的叶子节点都出现在同一层次上，并且叶子节点不包含任何关键字信息。

例如，图 7.1 表示一棵 4 阶的 B-树。

可以看出，B-树非常适合用于数据检索。SQL Server 中正是使用了这种树作为索引的数据存储结构，以便构建索引页和数据页。例如，叶子节点可以用于保存数据记录的指针，这样就可以很快定位到要检索的数据记录。

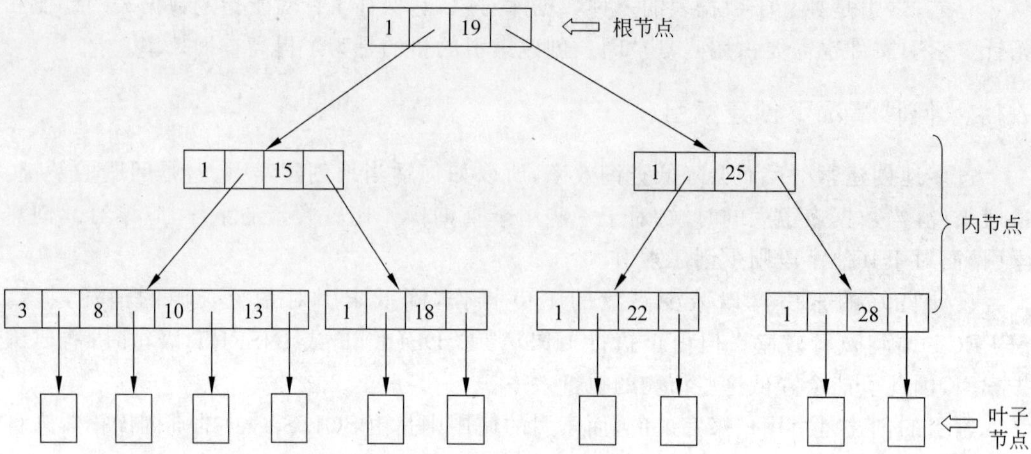

图 7.1　一棵 4 阶的 B-树

7.2　索引的类型

聚集索引和非聚集索引是 SQL Server 中两类主要的索引，它们都是基于 B-树构建起来的。此外，还可以分为唯一索引和非唯一索引、组合索引和非组合索引等。本节将对此进行简要介绍。

7.2.1　聚集索引和非聚集索引

1. 聚集索引

聚集索引(Clustered Index)的主要特点是，索引顺序与数据表中记录的物理顺序相同，每一张数据表只允许拥有一个聚集索引。聚集索引与数据是"一体"的，其存在是以表中的记录顺序来体现的。这是因为在聚集索引的 B-树中，其叶子节点存储的是实际的数据。

为了形象地介绍聚集索引，考虑表 student 中对 s_no 字段创建的聚集索引。其典型的聚集索引结果如图 7.2 所示。

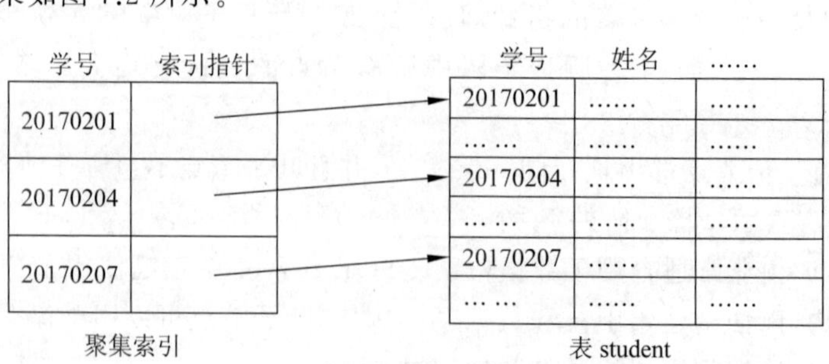

图 7.2　聚集索引的结构示意图

由图 7.2 可以看出，聚集索引的索引指针是"不相交"的(这是聚集索引的主要特点)，这是因为索引顺序与数据记录的物理顺序是一致的。

当对一个表定义主键时，聚集索引将自动、隐式地被创建。聚集索引一般是在字段值唯一的字段上创建，特别是在主键上创建。如果在字段值非唯一的字段上创建聚集索引，那么SQL Server将对包含此重复字段值的记录添加4B的标识符，以便对这些包含重复字段值的记录进行唯一性标识。

聚集索引确定了表中记录的物理顺序，它适用于使用频率比较频繁的查询、唯一性查询和范围查询等。从SQL语句的角度看，这些查询主要包括：

(1) 使用BETWEEN、>=、>、<=、<等运算符的查询。

(2) 使用JOIN子句的查询。

(3) 使用GROUP BY子句的查询。

(4) 返回大结果集的查询。

在创建聚集索引时，应考虑在以下的列上创建。

(1) 字段值唯一的字段(特别是标识字段)，或绝大部分字段值都不重复的字段，如90%字段值都不重复的字段。

(2) 按顺序被访问的字段。

(3) 结果集中经常被查询的字段。

对于以下的字段，尽量避免在其上创建聚集索引。

(1) 更新频繁的字段。因为在数据更新时，为保持与聚集索引的一致性必须移动表中的记录。对数据量大的数据表而言，这种移动过程是耗时的，因而是不可取的。

(2) 宽度比较长的字段。因为非聚集索引键值都包含聚集索引键，这会导致所有非聚集索引的“膨胀”，增加非聚集索引的长度，降低查询效率。

由于聚集索引对表中的数据记录的存放位置一一进行了排序，因此使用聚集索引搜索数据很快。

2. 非聚集索引

非聚集索引(Non-Clustered Index)也是基于B-树来构造的，但它与聚集索引不同，这主要体现在以下两点。

(1) 非聚集索引允许表中记录的物理顺序与索引顺序不相同，即非聚集索引不改变表中记录的物理顺序，它只是保存着指向相应记录的指针。一个数据表可以同时拥有一个或多个非聚集索引。

(2) 非聚集索引的叶子节点包含索引键和指向索引键对应记录的指针，而不包含数据页(不保存实际数据，更多是保存指向记录的指针)。

类似地，考虑表student中对s_no字段创建的非聚集索引。其可能的非聚集索引结果如图7.3所示。

由如图7.3所示的特点表明，非聚集索引的索引指针是允许“相交”的(这是非聚集索引的主要特点)，这是因为在非聚集索引中，B-树的叶子节点保存的是记录的指针，索引顺序与数据记录的物理顺序不需要保持一致，只要索引指针正确指向相应的记录即可。

非聚集索引与数据表是分开的，非聚集索引的改动不会导致数据表的变动。可以基于一个或多个字段创建一种或多种不同类型的非聚集索引。但是正如前面指出，非聚集

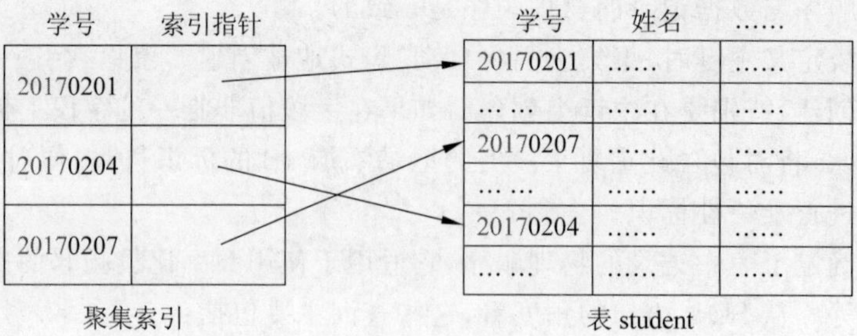

图 7.3 非聚集索引的结构示意图

索引不是创建得越多越好,一般在创建这类索引的时候应该从以下几方面考虑。

(1) 在对数据表创建非聚集索引的时候,应注意以下情况。

① 宜对数据量大、更新操作少的表,特别是专门用于查询的数据表创建非聚集索引。例如,面向决策支持系统应用程序的只读数据表。

② 不宜对更新操作频繁的数据表创建非聚集索引,否则会降低系统的性能。

③ 尽量少对 OLTP(联机事务处理)类应用程序频繁涉及的数据表创建非聚集索引,因为 OLTP 应用程序对这类表的更新操作可能很频繁。

④ 在创建非聚集索引时,尽量避免涉及多字段的索引,即涉及的字段越少越好。

(2) 当确定要对一个表创建非聚集索引的时候,要选择哪一字段或哪些字段来创建,这也是需要进一步考虑的问题。

① 可考虑对包含大量非重复值的字段创建非聚集索引。如果只有很少的非重复值,如只有 0 和 1,则查询优化器将不使用索引,所以对这类字段不宜创建索引。

② 所基于字段的查询不返回大结果集,对此字段可考虑创建非聚集索引。

③ 对于 WHERE 子句中用于精确匹配查询的字段,可考虑创建非聚集索引。

④ 可考虑对覆盖查询的字段创建非聚集索引。这有利于消除对聚集索引的访问,提高查询效率。

7.2.2 唯一索引与非唯一索引

在创建和使用索引时经常看到“唯一索引(Unique Index)”这个术语。那么,什么是唯一索引?唯一索引是指索引值唯一(没有重复索引值)的一类索引,如果索引值不唯一,则为非唯一索引。当对某一字段创建了唯一索引后,就不能对该字段输入有重复的字段值。在创建表时,如果设置了主键,那么 SQL Server 就会自动建立一个唯一索引。当然,用户也可以在表创建以后再对字段创建唯一索引。

在创建唯一索引以后,SQL Server 在每次执行更新操作时都会自动检查是否有重复的索引值,如果有则插入操作将被回滚,并同时由数据库引擎显示错误消息。

唯一索引与聚集索引和非聚集索引有什么联系呢?答案是“没有”。它们只是从不同的角度对索引进行分类罢了,就像人可以分为男人和女人,也可以分为中国人和非中国人的道理一样。具体地讲,从索引数据存储的角度来看,索引可以分为聚集索引和非聚集索引;从索引值是否可以重复的角度看,索引又可以分为唯一索引和非唯一索引。容易看出，唯一索引既可以是聚集索引，也可以是非聚集索引。

7.2.3　组合索引

组合索引是指使用两个或两个以上的字段来创建的索引。显然，它与聚集索引等也没有必然的联系，只是分类的根据不同罢了。

前面已经指出，在创建索引时涉及的字段越少越好，那么为什么还要允许创建组合索引呢？这是因为有时候需要唯一索引，但利用一个字段不能创建唯一索引，这就需要用增加字段的方法实现唯一索引。例如，在表SC中没有哪一字段可以对其创建唯一索引，但把字段s_no和字段c_name组合起来就可以创建唯一索引，因为不会出现同一个学生选修两门或两门以上相同课程的情况。

7.3　创建索引

索引的创建是由CREATE INDEX语句来完成的，但该语句的语法比较复杂，因此本节将分为聚集索引、非聚集索引、唯一索引、组合索引等主题来介绍索引的创建方法。

7.3.1　聚集索引

聚集索引的最大优点是，当对带有聚集索引的字段进行查询时，会产生很高的查询效率。这是因为，索引值相近的字段值在物理磁盘上也相互靠近，这样就可以大大减少磁盘转动所需要的读盘时间。注意，对一个表或视图只能创建一个聚集索引。

带CLUSTERED选项的CREATE INDEX语句用于创建聚集索引，其语法格式如下。

```
CREATE CLUSTERED INDEX index_name
ON table_name(col_list [DESC | ASC]);
```

其中，index_name表示要设定的索引名，table_name表示表名，col_list为字段列表；如果选择了DESC则表示创建降序索引，如果选择了ASC（默认选项）则表示创建升序索引。

下面通过例子来掌握聚集索引的创建和引用方法，并观察和理解聚集索引的作用。

【例7.1】 创建一个聚集索引。

本例中先创建一个空的数据表——表student2，此表与表student的区别是没有为它创建主键，创建代码如下。

```
CREATE TABLE student2(
    s_no char(8)                 ,
    s_name char(8)               NOT NULL,
    s_sex char(2)                CHECK(s_sex ='男' OR s_sex ='女'),
    s_birthday smalldatetime     CHECK(s_birthday>='1970-1-1' AND s_birthday<=
                                 '2000-1-1'),
    s_speciality varchar(50)     DEFAULT  '计算机软件与理论',
```

```
    s_avgrade numeric(4,1)      CHECK(s_avgrade >=0 AND s_avgrade <=100),
    s_dept varchar(50)          DEFAULT  '计算机科学系'
);
```

表 student2 的特点是没有任何索引。用下列 INSERT 语句插入数据。

```
INSERT student2 VALUES('20170205','贾簿','男','1994-09-03','计算机软件与理论',
43.0,'计算机系');
INSERT student2 VALUES('20170206','李思思','女','1996-05-05','计算机应用技术',
67.3,'计算机系');
INSERT student2 VALUES('20170207','蒙恬','男','1995-12-02','大数据技术',78.8,'
大数据技术系');
INSERT student2 VALUES('20170208','张宇','女','1997-03-08','大数据技术',59.3,'
大数据技术系');
INSERT student2 VALUES('20170201','刘洋','女','1997-02-03','计算机应用技术',
98.5,'计算机系');
INSERT student2 VALUES('20170202','王晓珂','女','1997-09-20','计算机软件与理论
',88.1,'计算机系');
INSERT student2 VALUES('20170203','王伟志','男','1996-12-12','智能科学与技术',
89.8,'智能技术系');
INSERT student2 VALUES('20170204','岳志强','男','1998-06-01','智能科学与技术',
75.8,'智能技术系');
```

这些数据与表 student 中的数据一样,只是插入顺序不同。当用下列 SELECT 语句查看表 student2 时,可以看到如图 7.4 所示的内容。

```
SELECT * FROM student2;
```

	s_no	s_name	s_sex	s_birthday	s_speciality	s_avgrade	s_dept
1	20170205	贾簿	男	1994-09-03 00:00:00	计算机软件与理论	43.0	计算机系
2	20170206	李思思	女	1996-05-05 00:00:00	计算机应用技术	67.3	计算机系
3	20170207	蒙恬	男	1995-12-02 00:00:00	大数据技术	78.8	大数据技术系
4	20170208	张宇	女	1997-03-08 00:00:00	大数据技术	59.3	大数据技术系
5	20170201	刘洋	女	1997-02-03 00:00:00	计算机应用技术	98.5	计算机系
6	20170202	王晓珂	女	1997-09-20 00:00:00	计算机软件与理论	88.1	计算机系
7	20170203	王伟志	男	1996-12-12 00:00:00	智能科学与技术	89.8	智能技术系
8	20170204	岳志强	男	1998-06-01 00:00:00	智能科学与技术	75.8	智能技术系

图 7.4　表 student2 中的数据(创建聚集索引前)

从图 7.4 中可以看到,表 student2 中记录的物理顺序是数据实际插入的先后顺序。接着对表 student2 的 s_no 字段创建降序聚集索引,索引名为 myIndex1。

```
CREATE CLUSTERED INDEX myIndex1                  --创建聚集索引 myIndex1
ON student2(s_no DESC);
```

执行上述代码,然后利用 SELECT 语句查看这时表 student2 的内容,结果如图 7.5 所示。可以看到,这时表 student2 中的记录已经按 s_no 降序排列,这种顺序也是表 student2 中记录在磁盘上的物理顺序。今后在对表 student2 插入数据时,将按照索引 myIndex1 在字段 s_no 上定义的顺序把数据记录插入到相应的位置(而不一定位于表的

最后位置)；或者说，在创建聚集索引后，每一次插入数据，系统都会对数据重新进行排序(这个过程需要时间)。因此，对那些经常插入或更新索引字段值的数据表，尽量不要创建聚集索引。

	s_no	s_name	s_sex	s_birthday	s_speciality	s_avgrade	s_dept
1	20170208	张宇	女	1997-03-08 00:00:00	大数据技术	59.3	大数据技术系
2	20170207	蒙恬	男	1995-12-02 00:00:00	大数据技术	78.8	大数据技术系
3	20170206	李思思	女	1996-05-05 00:00:00	计算机应用技术	67.3	计算机系
4	20170205	贾簿	男	1994-09-03 00:00:00	计算机软件与理论	43.0	计算机系
5	20170204	岳志强	男	1998-06-01 00:00:00	智能科学与技术	75.8	智能技术系
6	20170203	王伟志	男	1996-12-12 00:00:00	智能科学与技术	89.8	智能技术系
7	20170202	王晓珂	女	1997-09-20 00:00:00	计算机软件与理论	88.1	计算机系
8	20170201	刘洋	女	1997-02-03 00:00:00	计算机应用技术	98.5	计算机系

图 7.5　表 student2 中的数据(创建聚集索引后)

7.3.2　非聚集索引

与聚集索引不同，对一个数据表可以创建多个非聚集索引。理论上，可以对任何一列或若干列的组合创建非聚集索引，只要总数不超过 249 个。但对于索引视图，只能为已定义唯一聚集索引的视图创建非聚集索引。

带 NONCLUSTERED 选项的 CREATE INDEX 语句可用于创建非聚集索引，但 NONCLUSTERED 选项可以省略。也就是说，在默认情况下 CREATE INDEX 语句将创建非聚集索引。其语法格式如下。

```
CREATE [NONCLUSTERED] INDEX index_name
ON table_name(col_list [DESC | ASC]);
```

【例 7.2】 创建一个非聚集索引。

一般情况下，对于表 student，按姓名(s_name)查询学生信息是常常使用的查询方式，因此对列 s_name 创建一个非聚集索引，这对提高应用系统的查询效率有着重要的作用。下列代码则用于对表 student 中的列 s_name 创建一个名为 myIndex2 的非聚集索引。

```
CREATE NONCLUSTERED INDEX myIndex2                --创建非聚集索引 myIndex2
ON student(s_name);
```

上述代码中，关键字 NONCLUSTERED 可以省略。

默认情况下，在查询时一个索引是否被运用是由查询优化器决定的，但可以强制引用指定的索引来辅助查询。

【例 7.3】 强制引用指定的非聚集索引。

在对列 s_name 创建了索引 myIndex2 以后，可以通过 WITH 子句强制查询优化器引用索引 myIndex2。

```
SELECT *
FROM student
WITH (INDEX (myIndex2))                           --强制引用索引 myIndex2
WHERE s_name='刘洋';
```

7.3.3 唯一索引

唯一索引的创建是使用带 UNIQUE 选项的 CREATE INDEX 语句来实现的,其语法格式如下。

```
CREATE UNIQUE INDEX index_name
ON table_name(col_list [DESC | ASC]);
```

【例 7.4】 创建一个唯一非聚集索引。

在本例中,对表 student 的 s_avgrade 列创建一个唯一非聚集索引,使索引列降序排序。相应代码如下。

```
CREATE UNIQUE INDEX myIndex3                          --创建唯一非聚集索引 myIndex3
ON student(s_avgrade DESC)
```

最理想的情况是对空表创建唯一索引。但是也可能出现对非空表创建唯一索引的情况。如果表非空且待创建索引的列存在重复列值,则不能创建此唯一索引。

当对某一列创建唯一索引后,在插入新数据时就不允许在此列上出现重复列值,否则将产生异常,导致插入操作失败。

7.3.4 组合索引

有时候基于一个字段创建的索引难以满足实际需要,而需要基于多个字段的组合才能创建符合要求的索引。也就是说,在某些情况下需要利用多个字段来创建一个索引,这就是组合索引。

【例 7.5】 创建唯一组合索引的实例。

表 SC 包含三个字段:s_no,c_name,c_grade,其中任意一个字段都不能唯一标识表中的记录。但 s_no 和 c_name 的组合则可以唯一标识表中的每一条记录。因此,可以基于这两个字段创建一个名为 myIndex5 的唯一组合索引。代码如下。

```
CREATE UNIQUE INDEX myIndex5
ON SC(s_no DESC, c_name ASC);
```

显然,该唯一组合索引是一种非聚集索引,因为选项 NONCLUSTERED 是默认的。当然,也可以创建属于聚集索引的组合索引,只需在 CREATE INDEX 语句中使用 CLUSTERED 选项即可。

7.4 查看和删除索引

7.4.1 查看索引

利用系统存储过程 sp_helpindex 可以获得一张数据表或视图上的所有索引,其语法如下。

```
sp_helpindex [@objname =] 'name';
```

其中，参数[@objname=] 'name'用于指定当前数据表或视图的名称。该存储过程以结果集的形式输出指定数据表或视图上的所有索引。结果集包含以下三列。

(1) index_name：返回索引名。

(2) index_description：返回索引说明，如是否是聚集索引、唯一索引等信息，其中包括索引所在的文件组。

(3) index_keys：返回对其生成索引的列。

【例 7.6】 查看数据表上所有索引的实例。

本例是查看数据表 student 上的所有索引，代码如下。

```
sp_helpindex 'student';
```

执行此存储过程，结果如图 7.6 所示。

	index_name	index_description	index_...
1	myIndex2	nonclustered located on PRIMARY	s_name
2	PK__student__2F36BC5B13F53CF9	clustered, unique, primary key located on PRIMARY	s_no

图 7.6　表 student 上的所有索引

图 7.6 中，被降序索引的列在结果集中用减号(—)标识，即如果一个列名后缀减号(—)，则表示该列被降序索引；当列出被升序索引的列(这是默认情况)时，只带有该列的名称。

当前数据库中的所有索引都保存在目录视图 sys.indexes 中，因此通过查询该表可以获得当前数据库中所有索引的详细信息。

【例 7.7】 查看当前数据库的所有索引。

本例用于查看当前数据库的所有索引，相应的 SELECT 语句如下。

```
USE MyDatabase;
GO
SELECT * FROM sys.indexes;
```

7.4.2　删除索引

当一个索引不再需要的时候，可用 DROP INDEX 语句将之删除。该语句最简单的语法格式可以表示为：

```
DROP INDEX index_name ON table_name;
```

也可以将表名前缀写成：

```
DROP INDEX table_namet.index_name;
```

【例 7.8】 删除索引实例。

本例是将表 student 中的索引 myIndex2 删除，相应代码如下。

```
DROP INDEX myIndex2 ON student;
```

也可以写成：

```
DROP INDEX student.myIndex2
```

另外,在创建表的时候,可能设置了 PRIMARY KEY 或 UNIQUE 约束,这时会自动生成与约束名同名的索引。这种索引的删除不能使用 DROP INDEX 语句来完成,但可以使用 ALTER TABLE DROP CONSTRAINT 语句将其删除。

【例 7.9】 删除定义 PRIMARY KEY 约束时创建的索引。

删除表 student 中定义 PRIMARY KEY 约束时创建的索引 PK__student__2F36BC5B91406173,实现代码如下。

```
ALTER TABLE student
DROP CONSTRAINT PK__student__2F36BC5B91406173
```

7.5 视图概述

7.5.1 视图的概念

视图在视觉上也是一张由行和列构成的"数据表",但它不是真正的数据表,而是一张虚拟的数据表(虚表)。实际上,视图在本质上是一个命令集,当"打开"它时将由这些命令从一张或多张数据表中抽取数据,这些数据便在视觉上构成了一张"数据表",而这些被从中抽取数据的数据表通常称为视图的基本表或基础表(简称基表)。所以,视图也可以看成是一张或多张数据表的一个数据窗口,它是动态生成的。

视图离不开它的基表,它是按照某种条件和要求对基表进行筛选的结果;离开了基表,视图是没有意义的。基表中数据的变化将实时反映到视图当中,针对视图的操作实际上是对基表进行操作。

图 7.7 给出了由一张表生成视图的示意图。

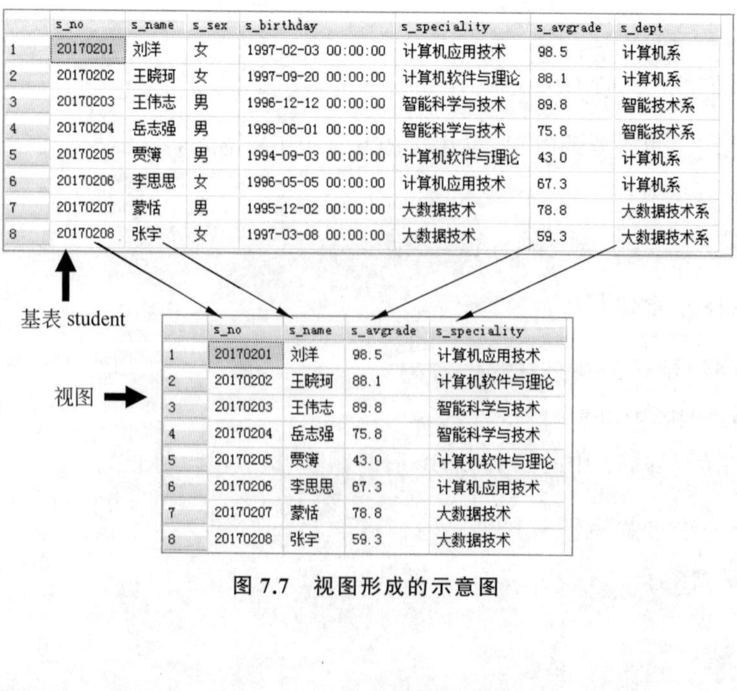

图 7.7 视图形成的示意图

7.5.2　视图的优缺点

在视觉上，视图和数据表几乎是一模一样的，具有字段、记录和数据项，也可以进行查询、更新等操作。但视图毕竟不是数据表，其所包含的数据并不以视图结构存储在数据库中，而是存储在视图的基表中。因此，在对视图进行操作时会受到许多限制。然而，正是这些限制为数据库的安全提供了一种保障机制。再加上其他的相关机制，使得视图较数据表具有独特的优势。这些优势主要体现在以下几个方面。

1. 提供个性化的数据显示功能

数据表的创建一般是出于对系统的设计与实现来考虑的，主要是面向系统设计人员和程序编写人员，而不是面向用户。但是，对一个用户而言，他感兴趣的可能是一张或多张数据表中的部分数据。视图则为用户能够看到他们感兴趣的特定数据提供了一种有效的窗口观察机制。

2. 简化数据的操作

用户感兴趣的数据可能分散在多张数据表中，将这些用户感兴趣的数据检索出来，可能需要多种操作。即使这些数据在同一张表中，把它们检索出来也可能需要一些复杂而烦琐的操作。如果将这些经常使用的操作(如连接、投影、联合查询和选择查询等)定义为视图，那么用户每次对特定的数据执行进一步操作时，不必重复指定所有条件和限定。例如，假如出于某种实际应用要求，需要多次、重复执行某一个复合查询，则最好将该复合查询定义为一个视图，以后只需对该视图查询即可，从而简化对数据的访问方式。此外，也简化了用户权限的管理操作，因为只需授予用户使用某些视图的权限，而不必指定用户只能使用表的特定列。

3. 自组织数据

视图允许用户以不同的方式查看数据，即使他们同时使用相同的数据时也是如此。

4. 组合分区数据

用户可以将来自不同数据表的两个或多个查询结果集定义为一个视图，称为分区视图。通过使用分区视图，对用户来说他操作的是一张“表”，而不是多张表，可以对它像一张表一样进行查询等操作，而无须对基表进行操作。

5. 便于数据共享

对一个基表可以定义多个用户视图。用户可以通过使用自己的视图来实现对基表的操作，从而可以轻而易举地实现同一张表为多个用户服务的目的。

6. 提高安全性

用户只能看到视图中所定义的数据，而看不到基表中的其他数据以及表的其他信息。这种机制可以增强数据的安全性。

但视图也有其自身的缺点，这主要体现在以下两个方面。

1. 相对低效

视图在本质上是一些命令的集合。在对视图进行操作的时候，除了执行输入的 SQL 语句中的查询或更新外，还需要执行视图本身所包含的命令。因此，这在一定程度上降低了查询效率。

2. 有限的更新操作

视图主要是用于查询,对它的更新操作受到很多的限制。目前,可更新的视图要求其基表是单表(准确地说,一次更新操作不能同时涉及两个或两个以上基表),并且用于定义视图的 SELECT 语句不能包含 GROUP BY 或 HAVING 子句。另外,如果 SELECT 语句中包含聚集函数、计算列或 DISTINCT 子句,相应的视图也不能更新。

鉴于视图的上述缺点,在使用视图时应综合考虑各种因素,以决定是否使用视图。

7.6 视图的创建与删除

7.6.1 创建视图

视图是用 CREATE VIEW 语句来创建的,其简要的语法如下。

```
CREATE VIEW view_name [(column [,…n])]
AS select_statement;
```

其中,view_name 表示要创建的视图名称;select_statement 为 SELECT 查询语句;column [,…n]表示视图中字段的名称,如果未指定 column,则视图的字段名将与 SELECT 查询中的字段名相同。

【例 7.10】 创建与基表完全相同的视图。

本例中,将创建与基表 student"拥有"完全相同内容的视图 myView1。当然这种视图没有什么实际意义,但它是我们认识视图的起点。代码如下。

```
CREATE VIEW myView1
AS
SELECT * FROM student;
```

执行上述代码,将在当前数据库中创建名为 myView1 的视图。使用下列 SELECT 语句可以查询该视图中的数据,如图 7.8 所示。

```
SELECT * FROM myView1
```

	s_no	s_name	s_sex	s_birthday	s_speciality	s_avgrade	s_dept
1	20170201	刘洋	女	1997-02-03 00:00:00	计算机应用技术	98.5	计算机系
2	20170202	王晓珂	女	1997-09-20 00:00:00	计算机软件与理论	88.1	计算机系
3	20170203	王伟志	男	1996-12-12 00:00:00	智能科学与技术	89.8	智能技术系
4	20170204	岳志强	男	1998-06-01 00:00:00	智能科学与技术	75.8	智能技术系
5	20170205	贾簿	男	1994-09-03 00:00:00	计算机软件与理论	43.0	计算机系
6	20170206	李思思	女	1996-05-05 00:00:00	计算机应用技术	67.3	计算机系
7	20170207	蒙恬	男	1995-12-02 00:00:00	大数据技术	78.8	大数据技术系
8	20170208	张宇	女	1997-03-08 00:00:00	大数据技术	59.3	大数据技术系

图 7.8 视图 myView1 中的数据

可以看到,视图 myView1 中的数据与表 student 中的数据是完全一样的。

【例 7.11】 创建包含基表中部分数据的视图,并给视图设定新的中文字段名。

实际上,视图的重要应用之一是充当基表的数据窗口,通过这个窗口可以看到感兴趣的数据。本例中，对表 student 中平均成绩(s_avgrade)在 60 分或 60 分以上的学生，将其学号(s_no)、姓名(s_name)、专业(s_speciality)、平均成绩(s_avgrade)和系别(s_dept)定义为视图 myView2。相应代码如下。

```
CREATE VIEW myView2(学号,姓名,专业,平均成绩,系别)
AS
SELECT s_no, s_name, s_speciality, s_avgrade, s_dept
FROM student
WHERE s_avgrade>=60;
```

执行上述语句后，通过执行下列 SELECT 语句来查询 myView2 中的数据，结果如图 7.9 所示。

```
SELECT * FROM myView2
```

	学号	姓名	专业	平均成绩	系别
1	20170201	刘洋	计算机应用技术	98.5	计算机系
2	20170202	王晓珂	计算机软件与理论	88.1	计算机系
3	20170203	王伟志	智能科学与技术	89.8	智能技术系
4	20170204	岳志强	智能科学与技术	75.8	智能技术系
5	20170206	李思思	计算机应用技术	67.3	计算机系
6	20170207	蒙恬	大数据技术	78.8	大数据技术系

图 7.9 视图 myView2 中的数据

注意，视图 myView2 包含的字段名为“学号”“姓名”“专业”“平均成绩”和“系别”，而 s_no，s_name，s_speciality，s_avgrade，s_dept 不是该视图的字段名了，因此下列 SELECT 语句都是错误的。

```
SELECT s_no, s_name, s_speciality, s_avgrade, s_dept FROM myView2
SELECT s_no, s_name FROM myView2
```

而下列 SELECT 语句则是正确的。

```
SELECT 学号,姓名,专业,平均成绩,系别 FROM myView2
```

【例 7.12】 创建带有两个基表的视图。

如果一个视图带有两个基表，这说明在其 CREATE VIEW 语句中运用了连接查询，其中涉及两张数据表。下面是创建这种视图的 SQL 代码。

```
CREATE VIEW myView3
AS
SELECT student.s_no 学号, s_name 姓名, s_sex 性别, s_speciality 专业, s_dept 系别,
c_name 课程名称, c_grade 课程成绩
FROM student, SC
WHERE student.s_no =SC.s_no
```

实际上，在很多情况下，视图可以像数据表一样使用。例如，可以用视图去更新另外一个数据表，实现数据初始化等功能。

【例 7.13】 用视图更新数据表。

在例 4.31 中,为了用表 SC 中的课程成绩(c_grade)去更新(初始化)表 student 中的平均成绩 s_avgrade 字段,定义了一个临时数据表 tmp_table。实际上,可以用视图来代替这个数据表,减少存储空间的消耗。方法如下。

首先,通过按学号分组的方法求各个学生的平均成绩,并将其学号和平均成绩定义称为视图 tmp_view。

```
CREATE VIEW tmp_view
AS
SELECT s_no, AVG(c_grade) as s_avgrade
FROM SC
GROUP BY s_no
```

其次,表 student 和视图 tmp_view 的联系是基于字段 s_no 的 1∶1 联系,因此可以用视图 tmp_view 中的平均成绩字段 s_avgrade 去更新表 student 中的平均成绩字段 s_avgrade。

```
UPDATE student
SET s_avgrade =b.s_avgrade
FROM  student as a
JOIN tmp_view as b
ON a.s_no =b.s_no
```

经过一次性执行以上代码后即可计算出各位学生的平均成绩。

从前面的例子可以看出,视图展示的数据窗口都是预先定义好的。但有时候希望视图能够根据实时运行条件显示相应的数据,即希望视图也能够带有参数,运行时能够根据参数实时选择要显示的数据。这就需要用到带参数的视图。遗憾的是,视图是不能带参数的,但可以借用函数来实现这个功能。

【例 7.14】 创建带参数的"视图"。

创建一个"视图",要求其能够显示平均成绩在指定分数段内的学生信息。分数段由两个参数来定义,这样可以利用函数来实现这个功能,函数的定义代码如下。

```
CREATE FUNCTION myFunView(@a float, @b float) RETURNS TABLE
AS
  RETURN
  (
    SELECT *
    FROM student
        WHERE s_avgrade >=@a and s_avgrade <=@b
  );
```

执行上述代码,创建函数 myFunView。此后,可以像视图一样查询该函数,但要带两个参数。例如,查询平均成绩为 60～90 分的学生,相应的 SELECT 代码如下。

```
SELECT * FROM myFunView(60,90)
```

也可以像视图一样，对该函数进行更新操作。例如，将平均成绩为60～90分的学生的系别(s_dept)全部改为"智能技术系"，相应代码如下。

```
UPDATE myFunView(60,90) SET s_dept='智能技术系'
```

注意，这种带参数的"视图"并不是视图，而是一种函数，但它具有视图的大部分特性。

7.6.2 更新视图

更新视图是指通过视图更新其基表中的数据，这跟更新数据表的方法一样，只需将视图名当作数据表名即可。

【例7.15】 将视图 myView2 中的平均成绩全部设置为80分。

相应代码如下。

```
UPDATE myView2
SET 平均成绩 =80;
```

执行上述语句后，视图 myView2 中的平均成绩全部变为80。实际上，这个修改操作是修改表 student 中字段 s_avgrade 的字段值，将其全部改为80分。

但由于视图不是真正的数据表，对其进行的更新操作会受到诸多的限制。最明显的一个限制是：任何针对视图的修改操作不能同时影响到两个或两个以上的基表。例如，对于视图 myView3，下列 UPDATE 语句是错误的。

```
UPDATE myView3
SET 性别 ='女', 课程成绩 =99
```

这是因为视图 myView3 中的"性别"和"课程成绩"分别来自表 student 中的字段 s_sex 和表 SC 中的字段 c_grade，即该 UPDATE 语句会影响到表 student 和 SC，因此该 UPDATE 语句是错误的。

但下面两条 UPDATE 语句都是可执行的，因为它们各自都只影响到一个数据表。

```
UPDATE myView3 SET 性别 ='女'
UPDATE myView3 SET 课程成绩 =99
```

对视图的数据插入和删除操作与对数据表的数据插入和删除操作也分别一样，但前提是不能违反表的完整性约束，一个操作不能影响到两个或两个以上的基表。

7.6.3 删除视图

视图的删除可用 DROP VIEW 语句来实现，其语法如下。

```
DROP VIEW [ schema_name . ] view_name [ …,n ] [ ; ]
```

其中，view_name 为要删除的视图名称，schema_name 为视图所属架构的名称。

【例7.16】 删除视图的实例。

删除视图 myView1 和 myView2，可用下面的 DROP VIEW 语句来完成。

```
DROP VIEW myView1, myView2;
```

需要说明的是,使用 DROP VIEW 语句删除视图时,并没有删除其基表中的数据,而只是删除视图的定义代码及其与其他对象的关系。所以,删除视图时不必担心会删除数据表中的数据。

7.7 查看视图

7.7.1 视图的定义代码

如果视图的定义代码没有被加密,可以查看它的定义代码。

【例 7.17】 查看视图的定义代码。

查看视图 myView1 的定义代码,可以利用系统存储过程 sp_helptext 来实现。其实现代码如下。

```
sp_helptext myView1;
```

执行上述存储过程,结果如图 7.10 所示。

	Text
1	CREATE VIEW myView1
2	AS
3	SELECT * FROM student;

图 7.10 视图 myView1 的定义代码

7.7.2 视图的结构信息

视图的结构信息等可以利用系统存储过程 sp_help 来查看。

【例 7.18】 查看系统的结构信息。

本例将查看视图 myView1,使用系统存储过程 sp_help 的代码如下。

```
sp_help myView1;
```

执行上述代码,结果如图 7.11 所示。

	Name	Owner	Type	Created_datetime
1	myView1	dbo	view	2019-10-23 11:03:10.020

	Column_name	Type	Computed	Length	Prec	Scale	Nullable	TrimTrailingBlanks	FixedLenNullInSource	Collation
1	s_no	char	no	8			no	no	no	Chinese_PRC_CI_AS
2	s_name	char	no	8			no	no	no	Chinese_PRC_CI_AS
3	s_sex	char	no	2			yes	no	yes	Chinese_PRC_CI_AS
4	s_birthday	smalldatetime	no	4			yes	(n/a)	(n/a)	NULL
5	s_speciality	varchar	no	50			yes	no	yes	Chinese_PRC_CI_AS
6	s_avgrade	numeric	no	5	4	1	yes	(n/a)	(n/a)	NULL
7	s_dept	varchar	no	50			yes	no	yes	Chinese_PRC_CI_AS

	Identity	Seed	Increment	Not For Replication
1	No identity column defined.	NULL	NULL	NULL

	RowGuidCol
1	No rowguidcol column defined.

图 7.11 视图 myView1 的结构信息等

由图 7.11 可以看出,sp_help 输出了视图详细的特征信息,包括结构信息、所属架构、创建时间等。

7.7.3 数据库中的视图

当前数据库中所有视图的信息都包含在系统目录视图 sys.views 中，因此通过查询该视图可以获得当前数据库中所有视图的信息。

【例 7.19】 查看当前数据库中所有用户定义的视图。

将数据库 MyDatabase 设置为当前数据库，然后查询其中包含的所有用户定义的视图的名称。实现代码如下。

```
USE MyDatabase;
GO
SELECT name '视图名称(当前数据库)' FROM sys.views;
GO
```

执行上述代码，结果如图 7.12 所示。

	视图名称（当前数据库）
1	myView1
2	myView2
3	myView3

图 7.12 当前数据库中的所有视图

如果要查看所有数据库中的视图，则可利用下列的语句来完成。

```
SELECT name '视图名称(所有数据库)' FROM sys.all_views;
```

习 题

一、选择题

1. 对表 student 中平均成绩(s_avgrade)为 90 或 90 分以上的学生，将其学号(s_no)、姓名(s_name)、专业(s_speciality)、平均成绩(s_avgrade)和系别(s_dept)定义为视图 myView。正确的代码是(　　)。

A.
```
CREATE VIEW myView
AS
SELECT s_no, s_name, s_speciality, s_avgrade, s_dept
FROM student
WHERE s_avgrade>=90;
```

B.
```
CREATE VIEW myView
AS
SELECT *
FROM student
WHERE s_avgrade>=90;
```

C.
```
CREATE VIEW myView
AS
```

```
SELECT s_no, s_name, s_speciality, s_avgrade, s_dept
FROM student
WHERE s_avgrade>90;
```

D.
```
CREATE VIEW myView
AS
SELECT s_no, s_name, s_speciality, s_avgrade, s_dept
FROM student
```

2. 关于视图,下列说法正确的是(　　)。
   A. 视图实际上是数据表的别名,对视图与对数据表的操作完全一样
   B. 视图是一张虚拟的数据表,其本身并不保存数据
   C. 凡是有两个或两个以上基表的视图,都不能对它进行更新操作
   D. 视图是在创建时将基表中的数据复制到视图中的
3. 用下列 CREATE VIEW 语句创建视图 myView:

```
CREATE VIEW myView(姓名,成绩)
AS
SELECT s_name, s_avgrade FROM student
```

对于视图 myView,下列 SELECT 语句中正确的是(　　)。
   A. SELECT s_name from myView;
   B. SELECT s_name, s_avgrade from myView;
   C. SELECT s_name as 姓名, s_avgrade as 成绩 from myView;
   D. SELECT 姓名, 成绩 from myView;
4. 下列 SQL 语句中,受索引影响最大的是(　　)。
   A. SELECT 语句　　B. PDATE 语句　　C. DELETE 语句　　D. INSERT 语句
5. 下列 SQL 语句中,不受索引影响的是(　　)。
   A. SELECT 语句　　B. PDATE 语句　　C. DELETE 语句　　D. INSERT 语句
6. 通过操作视图不可能完成的任务是(　　)。
   A. 更新基表中的数据　　B. 查询基表中的数据
   C. 定义新的视图　　D. 定义新的数据表

二、填空题

1. 索引的数据结构是________。
2. 唯一索引的定义可用________语句来完成。
3. 查看一张数据表或视图上的所有索引,可用系统存储过程________来完成。
4. 创建和删除索引的 SQL 语句分别是________和________。
5. 创建和删除视图的 SQL 语句分别是________和________。
6. 可用系统存储过程________来查看视图的结果信息。
7. 视图是定义在________之上的,对视图的一切操作最终都要转换为对________的操作。

三、简答题

1. 聚集索引和非聚集索引的主要区别是什么?

2. 什么是视图? 它与数据表有何关联?

3. 视图的优点主要体现在哪几个方面?

4. 视图是其基表的一个数据窗口,这说明它一般是其基表的一个子集,因此查询视图要比查询基表效率高。这个观点对吗? 为什么?

5. 以下用两种代码来定义表 T,请问这两段代码的效果是一样的吗? 为什么?

第一种代码:

```
CREATE TABLE T(c1 char(10), c2 char(10) unique);
```

第二种代码:

```
CREATE TABLE T(c1 char(10), c2 char(10));
CREATE UNIQUE INDEX IndexOnT ON T(c2);
```

6. 在何种情况下创建索引会提高 SQL 语句的执行效率?

7. 如何在查询中使用索引以提高查询效率?

8. 创建表 T1 和 T2,然后以此二表为基表创建视图 myView,代码如下。

```
CREATE TABLE T1(c1 int PRIMARY KEY, c2 char(10));
CREATE TABLE T2(c1 int PRIMARY KEY, c3 char(10));
GO
CREATE VIEW myView
AS
SELECT T1.c1, c2, c3
FROM T1, T2
WHERE T1.c1 =T2.c1;
```

现执行下列 UPDATE 语句实现对基表的更新操作,请问下列语句能够成功执行吗? 为什么?

```
UPDATE myView SET c2 ='a22';
UPDATE myView SET c2 ='a22',c3 ='a33';
```

四、设计与实验题

1. 假设有两个关系:

产品关系:R1(P#, PN, PR),属性的含义依次为产品编号、产品名称和产品单价。

订单关系:R2(R#, P#, RQ),属性的含义依次为订单编号、产品编号、产品数量。

并假设一张订单只能订购一种产品。请创建一个视图,使得该视图包含属性“订单编号”“产品名称”和“金额”,其中,金额=产品单价×产品数量。

2. 根据题 1 中的说明创建另一个视图,该视图与题 1 的要求基本一样,不同的是该视图需要考虑商品打折的情况,即当订购商品的数量大于等于 30 时打 7 折,大于等于 20 时打 8 折,大于等于 10 时打 9 折,小于 10 时不打折。(提示:使用 CASE 函数。)

第 8 章 存储过程和触发器

存储过程是存储在服务器上、在服务器端运行的程序模块和例程。它可以提高程序代码的可重用性，加速执行效率。作为一种存储过程，触发器拥有存储过程的一些特点，主要用于保证数据的完整性、检查数据的有效性、实现数据库的一些管理任务等。通过本章的学习，读者应该掌握下列内容。

- 了解存储过程和触发器的概念。
- 掌握存储过程的创建、修改、删除和执行方法。
- 掌握触发器的创建、修改、禁用、删除和触发方法。

8.1 存储过程

8.1.1 存储过程的概念

存储过程是指封装了可重用代码的、存储在服务器上的程序模块或例程。存储过程是数据库对象之一，它类似于其他高级编程语言中的过程或子程序，编译成可执行代码后保存在服务器上，可多次调用。其特点体现在以下几个方面。

(1) 可以接受多个输入参数，能够以多输出参数的格式返回多个值。

(2) 在服务器端运行，使用 EXECUTE(简写为 EXEC)语句来执行。

(3) 可以调用其他存储过程，也可以被其他语句或存储过程调用，但不能直接在表达式中使用。

(4) 具有返回状态值，表明被调用是成功还是失败。但不返回取代其名称的值，这是它与函数的不同之处。

(5) 存储过程已在服务器注册。

存储过程的优点主要体现在以下几个方面。

(1) 提高程序的执行效率。存储过程在第一次被执行以后，其执行规划就驻留在高速缓冲存储器中。在以后的每次操作中，只需从高速缓冲存储器中调用已编译好的二进制代码执行即可，而不必重新编译再执行，从而提高了执行效率。

(2) 具有较高的安全特性。作为一种数据库对象，存储过程要求拥有相应权限的用户才能执行它。同时，它也提供了一种更为灵活的安全性管理机制：用户可以被授予权限来执行存储过程，而不必对存储过程中引用的对象拥有访问权限。例如，如果一个存储过程是用于更新某一个数据表的，那么只要用户拥有执行该存储过程的权限，他就可以通过执行该存储过程的方法来实现对指定数据表的更新操作，而不必直接拥有对该数据表操作的权限。

(3) 减少网络通信流量。由于存储过程在服务器端执行，用户每次只需发出一条执行命令，而不必发出存储过程所有的冗长代码，因而减少了网络的数据流量。

(4) 允许模块化程序设计，提高代码的可重用性。存储过程一旦被创建，以后就可以在所有程序中多次调用。这有利于程序的结构化设计，提高程序的可维护性和代码的可重用性。

8.1.2 存储过程的类型

在 SQL Server 2008 中，存储过程可以分为两种类型：SQL 存储过程和 CLR 存储过程。SQL 存储过程是指由 SQL 编写而形成的存储过程，它是 SQL 语句的集合。CLR (Common Language Runtime)存储过程是指引用 Microsoft.NET Framework 公共语言运行时(CLR)方法的存储过程，它在.NET Framework 程序集中是作为类的公共静态方法实现的。

目前常使用的是 SQL 存储过程，所以本书要介绍的也就是这类存储过程。

根据来源和应用目的的不同，又可以将存储过程分为系统存储过程、用户存储过程和扩展存储过程。

1. 系统存储过程

系统存储过程是 SQL Server 2008 本身定义的、当作命令来执行的一类存储过程。它主要用于管理 SQL Server 数据库和显示有关数据库及用户的信息，通常前缀为“sp_”。例如，sp_addrolemember 就是一个用于为数据库角色添加成员的系统存储过程。从逻辑结构看，系统存储过程出现在每个系统定义数据库和用户定义数据库的 sys 构架中。读者最好能够熟悉一些常用的系统存储过程，以免重复开发。

2. 用户存储过程

用户存储过程是指由用户通过利用 SQL 编写的、具有特定功能的一类存储过程。由于系统存储过程以“sp_”为前缀，扩展存储过程以“xp_”为前缀，所以用户存储过程在定义时最好不要使用“sp_”或“xp_”为前缀。如果需要，用户存储过程应以“up_”为前缀，“u”是单词 user 的头字母。

本章将主要介绍用户存储过程的定义、修改和删除等基本管理操作。

3. 扩展存储过程

扩展存储过程是指 SQL Server 的实例可以动态加载和运行的动态链接库(DLL)。通过扩展存储过程，可以使用其他编程语言(如 C 语句)创建自己的外部程序，实现 SQL 程序与其他语言程序的连接与融合。

扩展存储过程直接在 SQL Server 的实例地址空间中运行，可以使用 SQL Server 扩展存储过程 API 完成编程。但由于后续的 SQL Server 版本中不支持扩展存储过程，所以在新的工程开发项目中应尽量少用或不用这种功能。

8.1.3 存储过程的创建和调用

存储过程是由 CREATE PROCEDURE 语句来创建的,其语法如下。

```
CREATE { PROC | PROCEDURE } [schema_name.] procedure_name [ ; number ]
  [ { @parameter [ type_schema_name. ] data_type }
      [ VARYING ] [ =default ] [ [ OUT [ PUT ] ] [ ,…n ]
  [ WITH <procedure_option>[ ,…n ]
  [ FOR REPLICATION ]
  AS { <sql_statement>[;][ …n ] | <method_specifier> }[;]

  <procedure_option>::=
    [ ENCRYPTION ]
    [ RECOMPILE ]
    [ EXECUTE_AS_Clause ]

  <sql_statement>::={ [ BEGIN ] statements [ END ] }

  <method_specifier>::=EXTERNAL NAME assembly_name.class_name.method_name
```

其中,对涉及的参数说明如下。

schema_name:设定存储过程所属架构的名称。

procedure_name:存储过程的名称。它是一个合法的标识符,在架构中是唯一的。存储过程名一般不能使用前缀"sp_",此前缀由系统存储过程使用。如果过程名以井号"#"开头,则表示创建的过程将是局部临时过程,这种过程名的长度不超过 116 个字符(含#);如果以双井号"##"开头,则表示是全局临时过程,这种过程名的长度不超过 128 个字符(含##)。

number:用于对同名的存储过程进行分组的整数。例如,myPro;1、myPro;2 等。

@parameter:存储过程带的参数,data_type 为参数所属架构的数据类型。参数可以是一个或者多个,最多为 2100 个参数。在定义时参数可以设置默认值,而对于没有设置默认值的参数,在调用时必须为其提供值。在默认情况下,参数只能代表常量表达式,而不能用于代表表名、列名或其他数据库对象的名称。如果指定了 FOR REPLICATION,则无法声明参数。

OUTPUT(或 OUT):如果指定了 OUTPUT(或 OUT),则表示该参数为输出参数。输出参数用于将存储过程处理后的某些结果返回给调用它的语句。游标(cursor)数据类型参数必须指定 OUTPUT,同时还必须指定关键字 VARYING。一般情况下,text、ntext 和 image 类型参数不能用作 OUTPUT 参数。

VARYING:指定输出参数支持的结果集。仅适用于游标类型参数。

default:设定参数的默认值。如果定义了 default 值,则在调用存储过程时无须为此参数指定值,否则必须指定参数值才能调用。默认值必须是常量或 NULL。

RECOMPILE:该选项用于指示 SQL Server 不要将存储过程的执行规划保存在高

速缓冲存储器中，因为该过程在执行时要重新编译，然后才运行。如果指定了 FOR REPLICATION，则不能使用此选项。

ENCRYPTION：指示 SQL Server 对 CREATE PROCEDURE 语句的原始文本进行加密，加密后的代码的输出在 SQL Server 2008 的任何目录视图中都不能直接显示。

EXECUTE AS：该子句用于指定在其中执行存储过程的安全上下文。

FOR REPLICATION：如果选择该选项，则表示创建的存储过程只能在复制过程中执行。该类过程不能声明参数，忽略 RECOMPILE 选项。

<sql_statement>：表示包含在过程中的一个或多个 SQL 语句。

<method_specifier>：CLR 存储过程的标识。assembly_name.class_name.method_name 用于指定.NET Framework 程序集的方法，以便 CLR 存储过程引用。

【例 8.1】（**简单的存储过程**）创建一个存储过程，它可以输出学生的学号、姓名、平均成绩以及所在系别。

该过程名为"myPro1"，所使用的 SQL 语句如下。

```
USE MyDatabase;                        --设置当前数据库
GO
IF OBJECT_ID('myPro1','P') IS NOT NULL --判断是否已存在名为"myPro1"的存储过程
    DROP PROCEDURE myPro1;             --如果存在则删除，否则无法创建（不是必备代码）
GO
CREATE PROCEDURE myPro1                --定义存储过程 myPro1
AS
    SELECT s_no, s_name, s_avgrade, s_dept
    FROM student;
GO
```

在 SQL Server Management Studio 中编写上述代码，然后运行此代码即可在服务器端生成存储过程 myPro1，此后就可以调用此存储过程。

调用一个存储过程，一般是用 EXECUTE（或 EXEC）语句来完成。但也可以直接将过程名当作一条命令来执行。例如，对于上面定义的过程 myPro1，以下三种执行方式都是有效且等价的。

```
myPro1;           --这种没有 EXECUTE 或 EXEC 的执行方式必须位于批处理中的第一条语句
EXEC myPro1;      --这种格式通常用于嵌入到其他语言中
EXECUTE myPro1;   --这种格式通常用于嵌入到其他语言中
```

如果存储过程带有参数，则其执行和调用方法将变得复杂一些。考察下面的例子。

【例 8.2】（**带参数的存储过程**）对于例 8.1，进一步要求能够按照成绩段来查询学生的相关信息。

满足本例要求的存储过程需要带参数，用于界定成绩段。该存储过程定义的代码如下。

```
USE MyDatabase;
GO
```

```
CREATE PROCEDURE myPro2                  --定义带两个参数的存储过程
    @mingrade numeric(4,1) =60,          --参数@mingrade 的默认值为 60
    @maxgrade numeric(4,1)               --参数@maxgrade 没有设置默认值
AS
--查询平均成绩为@mingrade~@maxgrade 的学生信息
    SELECT s_no, s_name, s_avgrade, s_dept
    FROM student
    WHERE s_avgrade>=@mingrade AND s_avgrade <=@maxgrade;
GO
```

该存储过程带有两个参数,所以调用该过程时必须为之指定相应的参数值。对于有默认值的参数,如果不指定参数值,则使用默认值,但调用格式要正确。例如,对于存储过程myPro2,可通过执行下列语句来查询平均成绩为60～90分的学生信息(它们都是等价的)。

```
EXEC myPro2 60, 90;
EXEC myPro2 @mingrade =60, @maxgrade =90;
EXEC myPro2 @maxgrade =90, @mingrade =60;
EXEC myPro2 @maxgrade =90;               --参数@mingrade 使用默认值 60
```

但如果试图使用下列方式来执行过程 myPro2,则是错误的或与题意相悖的。

```
EXEC myPro2 90;                          --错误的调用格式,少了一个参数
EXEC myPro2 90, 60;                      --能成功调用,但与题意相悖
```

【例 8.3】(**带通配符参数的存储过程**)创建一个存储过程,使之能够按照姓名模糊查询并列出学生的学号、姓名和平均成绩;如果在调用时不带参数,则列出所有学生的相关信息。

该存储过程使用带通配符的方法来实现,其代码如下。

```
USE MyDatabase;
GO
CREATE PROCEDURE myPro3
    @s_name varchar(8) ='%'
AS
    SELECT s_no, s_name, s_avgrade, s_dept
    FROM student
    WHERE s_name LIKE @s_name;
GO
```

调用该过程时,如果带参数值,则按姓名进行模糊查询;如果不带参数值,则列出所有学生的相关信息。例如,下列语句将列出所有姓"王"的学生信息。

```
EXEC myPro3 '王%';
```

而执行下列语句后则列出所有学生的学号、姓名和平均成绩。

```
EXEC myPro3;
```

【例 8.4】(**带 OUTPUT 参数的存储过程**)创建一个存储过程,使之能够求出所有学生成绩的总和以及女学生成绩的总和。

OUTPUT 参数可以从存储过程中“带回”返回值,因此利用 OUTPUT 参数可以让存储过程具有返回值功能。

本例中的存储过程要求有两个返回结果,因此在定义存储过程时需要声明带两个 OUTPUT 参数。定义该过程的代码如下。

```
USE MyDatabase;
GO
CREATE PROCEDURE myPro4
    @s_total real OUTPUT,                        --声明 OUTPUT 参数
    @s_total_female real OUTPUT                  --声明 OUTPUT 参数
AS
    SELECT @s_total =SUM(s_avgrade)              --求所有学生成绩总和
    FROM student;
    SELECT @s_total_female =SUM(s_avgrade)       --求女学生成绩总和
    FROM student
    WHERE s_sex ='女'
GO
```

对于带 OUTPUT 参数的存储过程,其调用方法与其他的存储过程的调用方法有所不同。首先要声明相应的变量来存放返回结果,然后在调用过程的时候要带关键字 OUTPUT,否则无法将返回结果保存下来。例如,要获取存储过程 myPro4 返回的结果并打印出来,相应的代码如下。

```
DECLARE @total real, @total_female real;
EXEC myPro4 @total OUTPUT, @total_female OUTPUT;   --调用时要带关键字 OUTPUT
print @total;
print @total_female;
```

【例 8.5】(**加密存储过程**)创建一个加密的存储过程。

加密存储过程是指在存储过程被创建后对保存在服务器端的过程文本代码进行加密,从而无法使用文本编辑器来查看代码。

加密存储过程的方法很简单,只要在定义时使用 WITH ENCRYPTION 子句即可。以下是一个加密存储过程的定义代码。

```
USE MyDatabase;
GO
CREATE PROCEDURE myPro5  WITH ENCRYPTION
AS
    SELECT s_no, s_name, s_avgrade, s_dept
    FROM student;
GO
```

一个存储过程的定义文本可以用系统存储过程 sp_helptext 来查看。但执行下列语

句后,会显示对象已加密的信息,这表示 myPro5 的定义文本已经被加密。

```
EXEC sp_helptext myPro5;
```

以上介绍了使用 SQL 语句来创建和执行存储过程的方法。这些代码文本可以直接复制到 SQL Server Management Studio 查询编辑器窗口中运行,运行后即可生成相应的存储过程或者相当于执行相应的存储过程。也可以在 SSMS 中创建存储过程,方法是:在对象资源管理器中右击“存储过程”节点,然后在弹出的菜单中选择“新建存储过程”命令,这时会打开一个文本框。实际上,这个文本框就是一个新打开的查询编辑器窗口,只要在其中编写相应的代码然后执行它,即可生成相应的存储过程。

8.1.4 存储过程的修改和删除

1. 修改存储过程

由于实际应用的需要或出于其他原因,有时需要修改已有的存储过程。但出于安全考虑,存储过程被创建后一般都被赋予各种操作权限,且这些权限往往是错综复杂的。如果先将一个存储过程删除,然后再重新创建它,那么相应的操作权限也要重新设置(其他数据库对象也有类似的问题)。这个工作量可能很大,且容易出现错误授权的情况。因此,先删除再重建的方法并不可取,最好是对已有的存储过程进行修改。

存储过程的修改可用 ALTER PROCEDURE 语句来实现,修改后用户对该存储过程拥有的权限并没有发生改变。

ALTER PROCEDURE 语句的语法如下。

```
ALTER { PROC | PROCEDURE } [schema_name.] procedure_name [ ; number ]
    [ { @parameter [ type_schema_name. ] data_type }
    [ VARYING ] [ =default ] [ [ OUT [ PUT ] ] [ ,…n ]
    [ WITH <procedure_option> [ ,…n ] ]
    [ FOR REPLICATION ]
    AS
      { <sql_statement> [ …n ] | <method_specifier> }

    <procedure_option>::=
      [ ENCRYPTION ]
      [ RECOMPILE ]
      [ EXECUTE_AS_Clause ]

    <sql_statement>::={ [ BEGIN ] statements [ END ] }

    <method_specifier>::=EXTERNAL NAME assembly_name.class_name.method_name
```

该语法中涉及参数的意义与 CREATE PROCEDURE 语句中的参数意义相同。

需要注意的是,如果原来的存储过程在定义时使用了 WITH ENCRYPTION 或 WITH RECOMPILE 选项,那么只有在 ALTER PROCEDURE 语句中也选择了这些选项,这些选项才有效;另外,使用 ALTER PROCEDURE 修改后,原过程的权限和属性将保持不变。

【例 8.6】 对例 8.3 创建的存储过程 myPro3 进行修改，使之能够按照姓名(s_name)或系别(s_dept)进行查询。

该修改操作可用下列的 ALTER PROCEDURE 来实现。

```
ALTER PROCEDURE myPro3
    @s_name varchar(8) ='%',
    @s_dept varchar(50) ='%'
AS
    SELECT s_no, s_name, s_avgrade, s_dept
    FROM student
    WHERE s_name LIKE @s_name OR s_dept LIKE @s_dept;
GO
```

修改后的过程与原来过程的权限完全一样。不同的是，它除了可以按姓名查询外，还可以按系别查询。

在 SSMS 中修改存储过程的方法是：在对象资源管理中右击要修改的存储过程所对应的节点，并在弹出的菜单中选择“修改”命令，然后在打开的查询编辑器窗口中修改过程的定义代码即可。但对于加密存储过程，则无法用这种方法修改。

2. 删除存储过程

当一个存储过程不再使用时，就应该将它从数据库中删除。删除一个存储过程的 SQL 语句是 DROP PROCEDURE。实际上，在前面介绍的例子中已经多次用到。其语法如下。

```
DROP { PROC | PROCEDURE } { [ schema_name. ] procedure } [ ,…n ]
```

从该语法中可以看出，一条 DROP PROCEDURE 语句可以同时删除一个或多个存储过程。例如，同时删除过程 myPro1，myPro2，myPro3，可使用下列语句来完成。

```
DROP PROCEDURE myPro1, myPro2, myPro3;
```

当然，也可以在 SSMS 中删除一个存储过程。方法是：在对象资源管理器中右击要删除的存储过程所对应的节点，然后在弹出的菜单中选择“删除”命令，最后根据提示删除存储过程。

注意，当一个存储过程被删除以后，所有用户对其拥有的操作权限也将全部被删除。

8.2 触　发　器

8.2.1 关于触发器

触发器是数据库服务器中发生事件时自动执行的一种特殊的存储过程。与一般存储过程不同的是，触发器不是被调用执行，而是在相应的事件发生时激发执行的，并且不能传递参数和接受参数。它与数据表关系密切，一般用于实现比较复杂的数据完整性规则、检查数据的有效性、实现对用户操作和数据状态的实时监控、实现数据库的一些管理任务和其他的一些附加功能等。

触发器执行的前提是要有相应事件的发生,这些事件主要是针对数据表。在SQL中,引发事件的语句主要是DML和DDL语句,因此又有DML事件和DDL事件,以及DML触发器和DDL触发器之称。另外,自从SQL Server 2005开始,SQL Server增加了一类新的触发器——LOGON触发器(登录触发器)。利用登录触发器可以实现对登录用户的锁定、限制和跟踪等。

1. DML触发器

数据库操纵语言(DML)主要包含INSERT、UPDATE、DELETE等语句。这些语句作用于数据表或视图的时候,将产生相应的事件——DML事件。此类事件一旦发生可引起相关触发器的执行,因此这类事件通常称为**DML事件**,相应的触发器称为**DML触发器**。也可以这样理解,DML触发器是在运行DML语句时由于产生DML事件而被执行的一类触发器。

根据触发器的执行与触发事件发生的先后关系,又可以将DML触发器分为AFTER触发器和INSTEAD OF触发器。

(1) AFTER触发器:在DML触发事件发生后才激发执行的触发器,也就是说,先执行INSERT、UPDATE、DELETE语句然后才执行AFTER触发器。这类触发器只适用于数据表,不适用于视图。AFTER触发器一般用于检查数据的变动情况,以便采取相应的措施。例如,如发现错误,将拒绝或回滚更改的数据。

(2) INSTEAD OF触发器:"INSTEAD OF"的中文意思就是"代替",由此不难理解,INSTEAD OF触发器是在DML触发事件发生之前(即数据被更新之前)执行的,这种执行将代替DML语句的执行。也就是说,INSTEAD OF触发器是在DML触发事件发生之前执行,并且取代相应的DML语句(INSERT、UPDATE或DELETE语句),转而去执行INSTEAD OF触发器定义的操作(此后不再执行此DML语句)。INSTEAD OF触发器既适用于数据表,也适用于视图。但对同一个操作只能定义一个INSTEAD OF触发器。

如果根据触发事件的类型划分,DML触发器通常又可以分为INSERT触发器、UPDATE触发器和DELETE触发器。

(1) INSERT触发器:执行INSERT语句而激发执行的触发器。

(2) UPDATE触发器:执行UPDATE语句而激发执行的触发器。

(3) DELETE触发器:执行DELETE语句而激发执行的触发器。

2. DDL触发器

DDL触发器是一种由执行DDL语句产生触发事件而触发执行的触发器。DDL语句包括 CREATE、ALTER、DROP、GRANT、DENY、REVOKE 和 UPDATE STATISTICS等。与DML触发器不同的是,DDL触发器的触发事件是执行DDL语句而引起的事件,这种触发器是在触发事件发生后执行的;而DML触发器的触发事件则是由执行DML语句引起的,可在事件发生前或发生后执行。另外,DDL触发器的作用域不是架构,因而不能使用OBJECT_ID来查询有关DDL触发器的元数据。DDL触发器可用于执行数据库级的管理任务,如审核和规范数据库操作等。

DML 触发器的触发事件类型比较简单,主要包括 INSERT、DELETE 和 UPDATE 三种事件。但 DDL 触发器的触发事件就比较多,表 8.1 列出了常用的几种事件。记住这几种事件对以后的触发器编程很有帮助。

表 8.1 DDL 触发器的常用触发事件

触发事件	触发事件
CREATE_LOGIN(创建登录事件) ALTER_LOGIN(修改登录事件) DROP_LOGIN(删除登录事件) CREATE_DATABASE(创建数据库事件) ALTER_DATABASE(修改数据库事件)	DROP_DATABASE(删除数据库事件) CREATE_TABLE(创建表事件) ALTER_TABLE(修改表事件) DROP_TABLE(删除表事件)

3. LOGON 触发器(登录触发器)

登录触发器是 SQL Server 2005 开始新增加的一类为响应 LOGON 事件(登录)而激发执行的触发器。也就是说,只要有用户登录,登录触发器即可激发执行。因此,通过登录触发器可以知道谁登录了服务器以及何时登录的,并可以实现如何跟踪用户的活动,还可以限制特定用户只能在特定时间段登录等。

触发事件对触发器来说是关键的,所以许多时候又用引发触发事件的 SQL 语句来对触发器进行分类和命名。例如,INSERT 触发器、DELETE 触发器、UPDATE 触发器等。但这种分类不是严格的,只是为阐明问题之便。

8.2.2 创建触发器

1. 创建 DML 触发器

创建 DML 触发器的 SQL 语法如下。

```
CREATE TRIGGER [ schema_name. ]trigger_name
  ON { table | view }
  [ WITH <dml_trigger_option>[ ,…n ] ]
  { FOR | AFTER | INSTEAD OF }
  { [ INSERT ] [ , ] [ UPDATE ] [ , ] [ DELETE ] }
  [ WITH APPEND ]
  [ NOT FOR REPLICATION ]
  AS { sql_statement  [ ; ] [ …n ] | EXTERNAL NAME <method specifier [ ; ] >}

  <dml_trigger_option>::=[ ENCRYPTION ] [ EXECUTE AS Clause ]

  <method_specifier>::=assembly_name.class_name.method_name
```

参数说明如下。

trigger_name:设置触发器的名称,但不能以#或##开头。

schema_name:设置触发器所属架构的名称。

table | view：执行 DML 触发器的表或视图，也分别称为触发器表或触发器视图。

WITH ENCRYPTION：选择该子句，则表示对触发器文本进行加密。

EXECUTE AS：指定用于执行该触发器的安全上下文，即设置操作权限。

AFTER：表示定义 AFTER 触发器，即 DML 触发器在触发事件发生后执行。如果仅指定 FOR 关键字，则默认使用 AFTER。

INSTEAD OF：表示定义 INSTEAD OF 触发器，即 DML 触发器在触发事件发生之前执行。

{[DELETE][,][INSERT][,][UPDATE]}：指定触发事件，如果选择了 DELETE，则表示创建 DELETE 触发器，其他类推。

WITH APPEND：指定添加一个与当前触发器类型相同的另外一个触发器。该子句不适用于 INSTEAD OF 触发器。该功能在未来将被删除，建议不要使用。

NOT FOR REPLICATION：该选项用于指示复制代理修改到触发器表时不执行触发器。

sql_statement：SQL 语句。

< method_specifier >：只适用于 CLR 触发器，指定程序集与触发器绑定的方法。

如果在 CREATE TRIGGER 语句中选择了 INSERT、UPDATE 或 DELETE 选项，则表示创建 INSERT、UPDATE 或 DELETE 触发器。对于这类触发器(DML 触发器)，有两种临时表与它们有着密切的联系，它们是表 DELETED 和表 INSERTED。这两种临时表都是在触发器执行时被创建，执行完毕后被删除。对它们的维护和管理是由 SQL Server 自动完成，用户不能对这两个表进行直接操作。具体地，在执行 INSERT 触发器时创建表 INSERTED，执行 DELETE 触发器时创建表 DELETED，执行 UPDATE 触发器时则同时创建表 INSERTED 和表 DELETED，其中，表 INSERTED 保存了更新的数据记录，表 DELETED 则保存更新前的数据记录(不受到更新影响的记录不含在其中)。

SQL Server 对这两个表的操作过程如下。

(1) 表 INSERTED：在执行 INSERT 或 UPDATE 语句时，对用于插入或用于更新的数据记录复制一个副本，并将该副本保存到表 INSERTED 中。可见，表 INSERTED 是触发器表被插入或被更新后的一个子集。

(2) 表 DELETED：在执行 DELETE 和 UPDATE 语句时，将触发器表中被删除或被更新的数据记录复制到表 DELETED 中。可见，表 DELETED 和表 INSERTED 是不相交的(不含有相同的记录)。

【例 8.7】 创建一个触发器，使之拒绝执行 UPDATE 操作，并输出“对不起，您无权修改数据!”。

这是一个 INSTEAD OF 触发器，其实现代码如下。

```
USE MyDatabase
GO
CREATE TRIGGER myTrigger1
ON student
INSTEAD OF UPDATE
```

```
AS
BEGIN
  PRINT '对不起,您无权修改数据!';
END
GO
```

该触发器的作用是,执行对表 student 的 UPDATE 操作转为执行触发器 myTrigger1(输出“对不起,您无权修改数据!”),而不再执行此 UPDATE 操作,因此表 student 中的数据并未受到该 UPDATE 操作的任何影响。

一般地,表内或表间的约束都可以用触发器来实现。看下面的例子。

【例 8.8】 假设表 student 是记录学生的一些注册登记信息,表 SC 则是记录注册后的学生的选课信息。有的学生试图不注册而直接选课(显然,在实际中是不允许出现这种情况的),因此一个管理系统必须能够杜绝这一点。这就涉及两个表之间的约束问题,以下定义一个 AFTER 触发器来实现这种约束。

```
USE MyDatabase
GO
CREATE TRIGGER myTrigger2 ON SC
AFTER INSERT
AS
BEGIN
  DECLARE @s_no char(8), @n int;
  SELECT @s_no =P.s_no        --将正在插入的记录的 s_no 字段值保存在@s_no 中
  FROM SC AS P INNER JOIN INSERTED AS I
  ON P.s_no =I.s_no;
  SELECT @n =COUNT(*)         --在表 student 中查找是否有 s_no 字段值等于@s_no 的学生
  FROM student
  WHERE s_no =@s_no;
  IF @n <>1
  BEGIN
    RAISERROR ('该学生没有注册,选课无效。', 16, 1);
    ROLLBACK TRANSACTION; --回滚(撤销前面的插入操作)
  END
  ELSE PRINT '成功插入数据';
END
GO
```

该触发器通过使用内查询来找出当前插入记录的 s_no 字段值,并将该值保存在变量 @s_no 中。其中,使用了临时表 INSERTED,该表包含 INSERT 语句中已插入的记录。然后根据变量 @s_no 的值在表 student 中进行查询,如果存在这样的学生则函数 COUNT(*)的值为 1,否则为 0。最后根据函数 COUNT(*)的值来决定插入的选课信息是否有效。

下面是一个涉及将触发器用于保持数据库完整性的例子。

【例 8.9】 出于某种原因(如学生因退学、出国而取消学籍),有时候需要将表 student 中的记录删除,这时也应该将表 SC 中对应学生的选课信息删除,以保持数据库的完整性。这种完整性的保持可以通过定义如下的 AFTER 触发器来实现。

```
USE MyDatabase
GO
CREATE TRIGGER myTrigger3 ON student
AFTER DELETE
AS
BEGIN
  DECLARE @s_no char(8);
  SELECT @s_no = I.s_no
  FROM DELETED AS I;
  DELETE FROM SC
  WHERE s_no = @s_no;
END
GO
```

该触发器的作用就是,当在表 student 中删除某一条件记录时,表 SC 中与该记录对应的记录(字段 s_no 值相同的记录)将自动被删除,以保持两个表中数据的参照完整性。

注意,在创建该触发器之前,应该先把创建关系 SC 的代码中定义参照完整性的短语“FOREIGN KEY (Sno) REFERENCES Student(Sno)”去掉,重新创建 SC。

2. 创建 DDL 触发器

创建 DDL 触发器的语法如下。

```
CREATE TRIGGER trigger_name
  ON { ALL SERVER | DATABASE }
  [ WITH <ddl_trigger_option> [ ,…n ] ]
  { FOR | AFTER } { event_type | event_group } [ ,…n ]
  AS { sql_statement  [ ; ] [ …n ] | EXTERNAL NAME <method specifier >  [ ; ] }

  <ddl_trigger_option>::= [ ENCRYPTION ] [ EXECUTE AS Clause ]

  <method_specifier>::=assembly_name.class_name.method_name
```

其参数意义基本同 DML 触发器。此外,其特有的参数包含以下几种。

DATABASE:将触发器的作用域指定为当前数据库,这时只要数据库中出现 event_type 或 event_group,就会激发该触发器。

ALL SERVER:将触发器的作用域指定为当前服务器,这时只要在服务器上出现 event_type 或 event_group 即可激发该触发器。

event_type | event_group:分别为 SQL 事件的名称和事件分组的名称。

【例 8.10】 创建一个触发器,用于禁止在当前数据库中删除或修改任何的数据表。

显然,该触发器是一个 DDL 触发器,其作用范围是整个数据库。其实现代码如下。

```
USE MyDatabase
IF EXISTS (SELECT * FROM sys.triggers
    WHERE parent_class =0 AND name ='myTrigger4')
DROP TRIGGER myTrigger4 ON DATABASE            --删除已存在的同名触发器
GO
CREATE TRIGGER myTrigger4
ON DATABASE
FOR DROP_TABLE, ALTER_TABLE
AS
    PRINT '禁止删除或修改数据库中的任何数据表!';
    ROLLBACK;
GO
```

由于DDL触发器不能使用OBJECT_ID来查询有关DDL触发器的元数据，所以只能通过查询系统数据表sys.triggers的方法来判断触发器是否存在。

该触发器创建以后，执行任何删除或修改数据表的命令都将被禁止。

【例8.11】 创建一个触发器，使之能够禁止在服务器上创建任何服务器登录。

该触发器的作用范围是整个服务器，其实现代码如下。

```
IF EXISTS (SELECT * FROM sys.server_triggers
    WHERE name ='myTrigger5')
DROP TRIGGER myTrigger5                        --删除已存在的同名触发器
ON ALL SERVER
GO
CREATE TRIGGER myTrigger5
ON ALL SERVER
FOR CREATE_LOGIN
AS
    PRINT '禁止创建服务器登录。'
    ROLLBACK;
GO
```

8.2.3 修改触发器

触发器的修改是由ALTER TRIGGER语句来完成的。但修改不同类型的触发器，ALTER TRIGGER语句的语法是不相同的。

以下分别是修改DML触发器和DDL触发器的SQL语句。

```
ALTER TRIGGER schema_name.trigger_name         --修改DML触发器
  ON ( table | view )
  [ WITH <dml_trigger_option>[ ,…n ] ]
  ( FOR | AFTER | INSTEAD OF )
  { [ DELETE ] [ , ] [ INSERT ] [ , ] [ UPDATE ] }
  [ NOT FOR REPLICATION ]
```

```
  AS { sql_statement [ ; ] [ …n ] | EXTERNAL NAME <method specifier> [ ; ] }

  <dml_trigger_option>::=[ ENCRYPTION ] [ <EXECUTE AS Clause>]

  <method_specifier>::=assembly_name.class_name.method_name

ALTER TRIGGER trigger_name                          --修改 DDL 触发器
  ON { DATABASE | ALL SERVER }
  [ WITH <ddl_trigger_option> [ ,…n ] ]
  { FOR | AFTER } { event_type [ ,…n ] | event_group }
  AS { sql_statement [ ; ] | EXTERNAL NAME <method specifier> [ ; ] }
  }

  <ddl_trigger_option>::=[ ENCRYPTION ] [ <EXECUTE AS Clause>]

  <method_specifier>::=assembly_name.class_name.method_name
```

其中涉及的参数与触发器定义语法中的参数一样，不再赘述。但要注意的是，不能为DDL触发器指定架构 schema_name。

修改触发器的优点主要是用户对它的操作权限不会因为对触发器的修改而发生改变。另外，如果原来的触发器定义时是使用 WITH ENCRYPTION 或 WITH RECOMPILE 选项创建的，只有在 ALTER TRIGGER 中也包含这些选项时，这些选项才有效。

【例 8.12】 希望修改例 8.11 中创建的触发器 myTrigger5，使之由"禁止创建服务器登录"改为"禁止创建数据库"。

对于这个修改操作，可以用下面的 ALTER TRIGGER 语句来完成。

```
ALTER TRIGGER myTrigger5
ON ALL SERVER
FOR CREATE_DATABASE
AS
    PRINT '禁止在服务器上创建数据库。'
    ROLLBACK;
GO
```

8.2.4 禁用和删除触发器

1. 禁用和启用触发器

有时候(特别是在调试阶段)并不希望频繁地触发执行一些触发器，但又不能将之删除，这时最好先禁用这些触发器。

禁用一段时间以后，一般还需重新启用它，这又要涉及触发器启用的概念。

以下分别是禁用和启用触发器的 SQL 语法。

```
DISABLE TRIGGER { [ schema. ] trigger_name [ ,…n ] | ALL }
```

```
ON { object_name | DATABASE | ALL SERVER } [ ; ]

ENABLE TRIGGER { [ schema_name . ] trigger_name [ ,…n ] | ALL }
ON { object_name | DATABASE | ALL SERVER } [ ; ]
```

参数说明如下。

trigger_name：要禁用的触发器的名称。

schema_name：触发器所属架构的名称。但 DDL 触发器没有架构。

ALL：如果选择该选项，则表示对定义在 ON 子句作用域中的所有触发器全部禁用。

object_name：触发器表或视图的名称。

DATABASE：将作用域设置为整个数据库。

ALL SERVER：将作用域设置为整个服务器。

【例 8.13】 对例 8.12 修改后得到的用于禁止在当前服务器中创建数据库的 DDL 触发器 myTrigger5，可以使用列的 SQL 语句来禁用它。

```
DISABLE TRIGGER myTrigger5 ON ALL SERVER;
```

如果将上述语句中的"myTrigger5"改为"ALL"，则表示禁用所有定义在服务器作用域中的触发器。这样就可以避免一个一个地去执行禁用操作。

以下是启用触发器 myTrigger5 的语句。

```
ENABLE TRIGGER myTrigger5 ON ALL SERVER;
```

如果要启用所有定义在服务器作用域中的触发器，则可以使用下列语句来完成。

```
ENABLE TRIGGER ALL ON ALL SERVER;
```

【例 8.14】 以下定义了一个 DML 触发器，它不允许对表 student 进行更新操作。

```
USE MyDatabase
GO
CREATE TRIGGER myTrigger6
ON student
INSTEAD OF UPDATE
AS
  BEGIN
  RAISERROR ('对表 student 进行更新!', 16, 10)
  ROLLBACK;
END
GO
```

如果要禁用该 DML 触发器，则可以用下列的 DISABLE TRIGGER 语句来完成。

```
DISABLE TRIGGER myTrigger6 ON student;
```

重新启用 myTrigger6 则用下列语句完成。

```
ENABLE TRIGGER myTrigger6 ON student;
```

如果将上面语句中的“myTrigger6”改为“ALL”,则表示启用所有作用在表 student 上的触发器。

2. 删除触发器

当确信一个触发器不再使用时,应当将之删除。DML 触发器和 DDL 触发器的删除方法有所不同,以下分别是删除这两种触发器的 SQL 语法。

```
DROP TRIGGER schema_name.trigger_name [ ,…n ] [ ; ]                    --删除 DML 触发器

DROP TRIGGER trigger_name [ ,…n ] ON { DATABASE | ALL SERVER } [ ; ]   --删除 DDL 触发器
```

可以看出,在删除 DDL 触发器时需要指定触发器名称和作用域(即,是 DATABASE 还是 ALL SERVER),而删除 DML 触发器时则只需指定其名称。

关于删除触发器的例子,前面已经多处出现,请参见相关例子。

习　题

一、选择题

1. 下面是创建存储过程的语句,错误的是(　　)。

A.
```
CREATE PROCEDURE MyPro1()
AS
    SELECT s_no,s_name,s_sex,s_avgrade,s_dept
    FROM student
    WHERE s_avgrade>=60;
```

B.
```
CREATE PROCEDURE MyPro2
AS
    SELECT s_no,s_name,s_sex,s_avgrade,s_dept
    FROM student
```

C.
```
CREATE PROCEDURE MyPro1
AS
    SELECT *
    FROM student
    WHERE s_avgrade>=60;
```

D.
```
CREATE PROCEDURE MyPro1
AS
INSERT INTO student VALUES('20200201','李好','男', '1990-1-1', '计算机应用
技术', 94.5, '计算机系')
```

2. 以下代码用于创建一个带参数的存储过程。

```
CREATE PROCEDURE MyPro1
   @mingrade numeric(4,1) =60,
   @maxgrade numeric(4,1)
```

```
AS
    SELECT s_no, s_name, s_avgrade, s_dept
    FROM student
    WHERE s_avgrade>=@mingrade AND s_avgrade <=@maxgrade;
GO
```

下面是调用该存储过程的语句，错误的是(　　)。

A. EXEC MyPro1 @mingrade=60, @maxgrade=90;

B. EXEC MyPro1 @maxgrade=90, @mingrade=60;

C. EXEC MyPro1 @maxgrade=90;

D. EXEC MyPro1 90;

3. 触发器执行的前提是要有相应事件的发生，这些事件主要是针对(　　)。

A. 数据表　　B. 视图　　C. 索引　　D. 存储过程

4. 执行下列哪个语句不会激发触发器?(　　)

A. SELECT　　B. INSERT　　C. UPDATE　　D. DELETE

5. 执行下列哪个语句不会激发 DDL 触发器?(　　)

A. CREATE　　B. DELETE　　C. DROP　　D. GRANT

6. 下列不属于存储过程优点的是(　　)。

A. 增加了程序编写工作量　　B. 提高执行速度

C. 降低网络通信量　　D. 间接实现安全控制

7. 存储过程一般是通过调用执行的，触发器则是由事件触发执行的。下面不属于触发器功能的是(　　)。

A. 强化约束　　B. 跟踪变化　　C. 并发处理　　D. 调用存储过程

8. 假设触发器 P 的基表是表 T，如果删除表 T，则触发器 P(　　)。

A. 没有被删除

B. 也同时被删除

C. 没有被删除，但不再起作用

D. 也同时被删除，但如果恢复表 T，则 P 也自动恢复

二、填空题

1. 按引发事件的语句来划分，触发器可以分为________和________。

2. DML 触发器可以分为________和________。

3. 在 SQL 中，用于创建和删除存储过程的语句分别是________和________，用于创建和删除触发器的语句分别是________和________。

4. 在服务器范围中要禁止触发器 MyTrigger，则相应的 SQL 语句是________。

5. 存储过程________带参数，触发器________带参数。

6. 当对数据表进行________、________或________操作时会激发 DML 触发器，以保证这些操作必须符合所定义的规则。

三、简答题

1. 什么是存储过程？它有何作用？

2. 什么是触发器？它有何作用？

3. 什么是 AFTER 触发器和 INSTEAD OF 触发器？它有何区别？

4. 在代码编写完成以后，如何才能执行一个存储过程？

四、实验题

1. 开发一个存储过程，使之可以显示表 student 中平均成绩(s_avgrade)最好的学生的基本信息。

2. 创建带一个输入参数、两个输出参数的存储过程，输入参数是学生的姓名，输出参数是与该学生同在一个专业的学生的人数及其专业名称，同时输出这些学生的信息，并给出调用此存储过程的一个实例。

3. 表 student 中的平均成绩(s_avgrade)是表 SC 中的课程成绩(c_grade)的平均值。例如，刘洋(学号为 20120201)选修了三门课程，成绩分别为 70.0、92.4 和 80.2，因此她在表 student 中的平均成绩应该为(70.0＋92.4＋80.2)/3＝80.9。请创建一个触发器，当更新(包括插入、修改、删除操作)表 SC 中的数据时，同时自动更新表 student 中学生的平均成绩。

4. 定义表 T 如下：

```
CREATE TABLE T(no int PRIMARY KEY, dt datetime)
```

请基于表 T 创建一个触发器，其作用是当向表 T 中插入数据时，自动将当前的日期时间值插入到字段 dt 中。

第9章 游 标

游标提供了一种能从 SELECT 语句返回的结果集中每次提取一条记录的机制，它可以看作是由指向结果集中特定记录的指针组成的一个临时文件，提供了在结果集中前后双向浏览数据、处理数据的能力。

本章首先介绍游标的基本概念，然后着重介绍游标的声明、打开、使用、关闭和删除等操作，涉及内容如下。

- 游标的概念、作用和实现过程。
- 各类游标的声明、打开和删除方法。
- 使用游标检索和提取数据。
- 查看游标属性信息。

9.1 游标概述

9.1.1 游标的概念

读者可能注意到，前面介绍的 SQL 语句都是对结果集进行操作的，而不能对结果集中的记录进行逐行操作。即不管是查询操作还是更新操作，它们都是针对满足既定条件的一组记录进行的，而不是针对单个的记录。但在应用程序开发中，很多时候却希望对结果集中的记录逐行逐列进行操作，或者对一个记录块(不是整个记录集)进行操作，以获取其中存储的数据，供应用程序使用和处理。游标正是为解决这种问题而提供的一种用于定位并控制结果集的机制，提供了对结果集进行逐行操作的方法。

游标可以看作是一种指针，通过这种指针，SQL Server 提供了对一个结果集进行逐行处理的能力。游标总是与一个结果集关联在一起，它可以指向结果集中的任一行。在将游标指向某一行以后，应用程序可以访问该行或访问从该行开始的行块上的每一个数据项。

概括地讲，游标是一种临时的数据库对象，它可以看作是查询结果集的一种指针，也可以用来保存存储在数据表中的数据记录的副本，提供了从结果集中每次提取一条记录的机制。

9.1.2 游标的作用及其实现过程

游标的作用可以分为两种：一种是作为结果集的指针，另一种是用于保存查询的结果集。对于前者,可以在结果集上滚动游标,并检查游标指向的每一行数据。通过利用局部变量和游标的组合来分别检查每条记录,并在转移到下一条记录之前,进行所需的任何外部操作。对于后者,如果处理过程需要重复使用一个由SELECT语句产生的结果集,那么创建一次游标而重复使用多次,比重复查询数据库要快得多。因此,游标除了可以对结果集中的记录进行逐行处理外,在某些应用中还可以提高处理效率。

游标的使用大致遵循下列过程。

(1) 创建游标(也称声明游标):使用DECLARE CURSOR语句来创建游标,主要定义游标的名称、特性以及可调用的查询方式等。

(2) 打开游标:使用OPEN语句打开已经创建的游标,实际上是执行相应的SELECT语句,以填充游标涉及的结果集。

(3) 检索或更新数据:利用局部变量和游标的组合来分别检查每条记录,或根据需要对结果集中的数据进行更新等操作,而且这些操作可以多次重复执行。

(4) 关闭游标:使用CLOSE语句关闭游标,释放游标所占用的内存资源。

(5) 删除游标:使用DEALLOCATE语句删除已存在的游标,这样同名的游标才能创建(如果需要的话)。

9.2 创建游标——DECLARE CURSOR

9.2.1 DECLARE CURSOR基本语法

在Transact-SQL中,游标的声明是使用DECLARE CURSOR语句来实现的。该语句的语法有两种格式,分别是基于SQL-92标准的语法和使用一组Transact-SQL扩展的语法。其语法格式分别如下。

```
--SQL 92 语法
DECLARE cursor_name [ INSENSITIVE ] [ SCROLL ] CURSOR
    FOR select_statement
    [ FOR { READ ONLY | UPDATE [ OF column_name [ ,…n ] ] } ]
[;]

--Transact-SQL 扩展语法
DECLARE cursor_name CURSOR [ LOCAL | GLOBAL ]
    [ FORWARD_ONLY | SCROLL ]
    [ STATIC | KEYSET | DYNAMIC | FAST_FORWARD ]
    [ READ_ONLY | SCROLL_LOCKS | OPTIMISTIC ]
    [ TYPE_WARNING ]
    FOR select_statement
    [ FOR UPDATE [ OF column_name [ ,…n ] ] ]
[;]
```

其参数意义说明如下。

cursor_name 设定Transact-SQL服务器游标的名称。

INSENSITIVE 指定创建所定义的游标使用的数据的临时复本。对游标的所有请求都从 tempdb 中的这一临时表中得到应答。因此，在对该游标进行提取操作时返回的数据中不反映对基表所做的修改，并且该游标不允许修改。使用 SQL-92 语法时，如果省略 INSENSITIVE，则表示已提交的（任何用户）对基表的删除和更新都反映在后面的提取中。

SCROLL 指定游标的滚动方式。如果选择了 SCROLL，则表示可以进行任何方向（前后）的滚动，即可以指定所有的提取选项（FIRST、LAST、PRIOR、NEXT、RELATIVE、ABSOLUTE），并且它们都是有效的。在 SQL-92 语法中，如果没有选择 SCROLL，则对游标只能进行前向滚动（NEXT）。如果选择了 FAST_FORWARD，则不能选择 SCROLL。

select_statement 用于定义游标结果集的 SELECT 语句，该语句中不能带关键字 COMPUTE、COMPUTE BY、FOR BROWSE 和 INTO。

READ ONLY 表示禁止通过该游标进行更新。在 UPDATE 或 DELETE 语句的 WHERE CURRENT OF 子句中不能引用该游标。该选项优于要更新的游标的默认功能。

UPDATE [OF column_name [,…n]] 指定游标中可更新的列，这些列由参数 column_name [,…n] 说明。如果指定了 UPDATE，但未指定列的列表，则可以更新所有列。

LOCAL 和 GLOBAL：如果指定 LOCAL，则将游标的作用域设定为局部。这样，对于在其中创建的批处理、存储过程或触发器来说，该游标名称仅在这个局部范围内有效。如果指定 GLOBAL，则将游标的作用域设定为全局。这样，在由连接执行的任何存储过程或批处理中，都可以引用该游标名称。如果 GLOBAL 和 LOCAL 参数都未指定，则默认值由 default to local cursor 数据库选项的设置控制。

FORWARD_ONLY 指示游标只能向前滚动，即只能从第一行滚动到最后一行。当选择 FORWARD_ONLY 时，提取选项只能选择 FETCH NEXT。如果 FORWARD_ONLY 和 SCROLL 均未选择，且也没有选择 STATIC、KEYSET 或 DYNAMIC 关键字，则默认为选择 FORWARD_ONLY 关键字。STATIC、KEYSET 和 DYNAMIC 游标均默认为选择 SCROLL 关键字。

STATIC 指示设置静态游标。此类游标的特点是，在打开游标时游标的完整结果集即被建立在 tempdb 中，此后不会因为数据库中的数据受到更新而发生变化，且不允许通过此类游标修改结果集，当然也不能更新数据库。静态游标是只读的，有时也称它为快照游标。

DYNAMIC 指示设置动态游标。此类游标可以反映在滚动游标时对结果集内的各行所做的所有数据更改。行的数据值、顺序和成员身份在每次提取时都会更改。动态游标不支持 ABSOLUTE 选项。

KEYSET 指示设置键集游标。这类游标在打开时，游标中行的成员身份和顺序已经固定。对行进行唯一标识的键集内置在 tempdb 内一个称为 keyset 的表中。

FAST_FORWARD 指示设置快速只进游标。只进游标只支持从头到尾顺序提取数据(前滚)。快速只进游标是优化的只进游标。所有影响结果集的更新语句(包括INSERT、UPDATE、DELETE语句)对数据的修改都可以在游标提取时立即反映出来。

在SQL Server 2000中,FAST_FORWARD和FORWARD_ONLY游标选项是相互排斥的。如果指定了其中的一个,则不能指定另一个,否则会引发错误。在SQL Server 2005及更高版本中,这两个关键字可以用在同一个DECLARE CURSOR语句中。

注意,如果指定了SCROLL或FOR_UPDATE,则不能指定FAST_FORWARD。

READ_ONLY指示设置游标为只读。任何试图通过此类游标来更新数据的努力都将是失败的,所以在UPDATE或DELETE语句的WHERE CURRENT OF子句中不能引用该类游标。

SCROLL_LOCKS选项的作用是,当服务器向游标添加记录时,在对应的数据表上设置一个锁定。通过此类游标可以保证数据更新或删除操作肯定会成功。如果还指定了FAST_FORWARD,则不能指定SCROLL_LOCKS。另外,由于数据被游标锁定,所以在数据并发处理时应避免使用该项。

OPTIMISTIC指定如果行自从被读入游标以来已得到更新,则通过游标进行的定位更新或定位删除不会成功。当将行读入游标时SQL Server不会锁定行。相反,SQL Server使用timestamp列值的比较,或者如果表没有timestamp列,则使用校验和值,以确定将行读入游标后是否已修改该行。如果已修改该行,则尝试进行的定位更新或删除将失败。如果还指定了FAST_FORWARD,则不能指定OPTIMISTIC。

TYPE_WARNING指定如果游标从所请求的类型隐式转换为另一种类型,则向客户端发送警告消息。

FOR UPDATE [OF column_name [,…n]]指定游标中可更新的列。OF column_name [,…n]是可选项,如果选择了该项,则由column_name说明的列可以被更新;如果不选择该项,则除非选择了READ_ONLY选项,否则可以更新所有的列。

注意,当使用DECLARE CURSOR创建游标时,如果没有选择READ_ONLY、OPTIMISTIC或SCROLL_LOCKS选项,则游标默认采用如下设置。

(1) 如果因各种原因导致SELECT语句不支持更新,则游标自动被设置为READ_ONLY游标(只读游标)。

(2) STATIC和FAST_FORWARD游标默认为READ_ONLY游标。

(3) DYNAMIC和KEYSET游标默认为OPTIMISTIC游标。

在利用DECLARE CURSOR语句创建游标时,应该注意区别SQL-92语法和Transact-SQL扩展语法的不同。

9.2.2 创建简单的游标

最简单的游标往往是最常用的游标。下面给出一个最简单游标的创建方法。

【例9.1】 创建简单的游标。

不用任何选项,利用DECLARE CURSOR语句的必选部分来创建一个最简单的游标MyCursor1。代码如下。

```
DECLARE MyCursor1 CURSOR
```

```
FOR SELECT * FROM student;
```

注意，游标名称只能被其他 Transact-SQL 语句引用，而不能被数据库 API 函数引用。例如，声明游标之后，不能通过 OLE DB、ODBC 或 ADO 函数或方法引用游标名称；不能使用提取函数或 API 的方法来提取游标行，只能通过 Transact-SQL FETCH 语句提取这些行。

9.2.3 创建局部游标和全局游标

局部游标和全局游标分别由指定选项 LOCAL 和 GLOBAL 来创建。局部游标的作用域仅限于其所在的存储过程、触发器或批处理中，全局游标的作用域为整个会话层，即从用户登录 SQL Server 到脱离数据库的期间，在这期间引用该游标都是有效的。

【例 9.2】 创建全局游标实例。

创建全局游标 MyCursor2，代码如下。

```
DECLARE MyCursor2 CURSOR GLOBAL
FOR SELECT * FROM student;
```

显然，如果要创建局部游标，只需将“GLOBAL”改为“LOCAL”。

9.2.4 创建静态游标和动态游标

在 Transact-SQL 扩展语法中，静态游标是通过指定 STATIC 选项来创建的；在 SQL-92 语法中，则通过指定 INSENSITIVE 选项来创建。静态游标的特点是，在打开游标时游标的完整结果集被保存在 tempdb 数据库中，此后对应数据表的变化不会反映到此类游标中，且不允许通过此类游标修改结果集。即静态游标是只读的。

如果没有指定 STATIC 选项或 INSENSITIVE 选项，则意味着创建动态游标。通过动态游标可以修改结果集中的数据(除非设置为只读)。

【例 9.3】 创建静态游标实例。

创建静态游标 MyCursor3，代码如下。

```
DECLARE MyCursor3 CURSOR
STATIC
FOR SELECT * FROM student;
```

等价的 SQL-92 语法代码如下。

```
IF (cursor_status('global','MyCursor3')<>-3) OR (cursor_status('local','
MyCursor3') <>-3)
Deallocate MyCursor3;      --如果游标 MyCursor3 已存在则将其删除
DECLARE MyCursor3 INSENSITIVE CURSOR
FOR SELECT * FROM student;
```

【例 9.4】 创建动态游标实例。

创建动态游标 MyCursor4，代码如下。

```
DECLARE MyCursor4 CURSOR
DYNAMIC
FOR SELECT * FROM student;
```

9.2.5 创建只读游标

只读游标是通过指定选项 READ_ONLY 来创建的，它不允许对其结果进行任何的修改，所以在 UPDATE 或 DELETE 语句的 WHERE CURRENT OF 子句中不能引用该类游标。

【例 9.5】 创建只读游标实例。

创建只读游标 MyCursor5，代码如下。

```
DECLARE MyCursor5 CURSOR
READ_ONLY
FOR SELECT * FROM student;
```

9.2.6 创建键集游标和(快速)只进游标

键集游标是通过指定选项 KEYSET 来创建的。此类游标是由键集驱动的，它是由一组唯一标识符(键)控制的。键是由结果集中的若干列组成，这些列可以唯一标识结果集中的每一行。键集是打开游标时来自符合 SELECT 语句要求的所有行中的一组键值，在数据库 tempdb 中生成。

【例 9.6】 创建键集游标实例。

创建键集游标 MyCursor6，代码如下。

```
DECLARE MyCursor6 CURSOR
KEYSET
FOR SELECT * FROM student;
```

只进游标是通过指定选项 FORWARD_ONLY 来创建的，指定游标只能从第一行滚动到最后一行，此时，FETCH NEXT 是唯一可选的提取选项。

【例 9.7】 创建只进游标实例。

创建快速只进游标 MyCursor7，代码如下。

```
DECLARE MyCursor7 CURSOR
FORWARD_ONLY
FOR SELECT * FROM student;
```

快速只进游标是通过指定选项 FAST_FORWARD 来创建的，它只支持游标从头到尾顺序提取数据，而不支持游标向后滚动。它是优化后的 FORWARD_ONLY 和 READ_ONLY 游标。

【例 9.8】 创建快速只进游标实例。

创建快速只进游标 MyCursor8，代码如下。

```
DECLARE MyCursor8 CURSOR
FAST_FORWARD
FOR SELECT * FROM student;
```

9.2.7 创建锁定游标和乐观游标

锁定游标是通过指定选项 SCROLL_LOCKS 来创建的。由于 SQL Server 会对读取到此类游标中的行进行锁定，所以通过此类游标可以保证数据更新或删除操作肯定会成功。另外，由于数据被游标锁定，所以在数据并发处理时应避免使用该项。

【例 9.9】 创建锁定游标实例。

创建锁定游标 MyCursor9，代码如下。

```
DECLARE MyCursor9 CURSOR
SCROLL_LOCKS
FOR SELECT * FROM student;
```

乐观游标是通过指定选项 OPTIMISTIC 来创建的。当数据被读入此类游标以后，如果游标的某行数据发生了变化，那么对游标的任何修改或删除操作都将失败。如果指定了 FAST_FORWARD，则不能指定 OPTIMISTIC。

【例 9.10】 创建乐观游标实例。

创建乐观游标 MyCursor10，代码如下。

```
DECLARE MyCursor10 CURSOR
OPTIMISTIC
FOR SELECT * FROM student;
```

9.2.8 创建双向滚动游标

双向滚动游标是指在检索数据时既可以向前也可以向后滚动的游标，它是通过指定选项 SCROLL 来创建的。这是最灵活的一类游标，但同时也意味着其效率相对偏低。如果选择了 FAST_FORWARD，则不能选择 SCROLL。

【例 9.11】 创建双向滚动游标实例。

创建双向滚动游标 MyCursor11，代码如下。

```
DECLARE MyCursor11 CURSOR
SCROLL
FOR SELECT * FROM student;
```

9.2.9 创建可更新游标

可更新游标是指可以更新其对应数据集的一类游标，它是通过指定选项 FOR UPDATE 来创建的。关键字 UPDATE 后面可以通过 OF 来指定可被更新的字段，如果没有 OF 则表示所有的字段都可以更新(除非选择了 READ_ONLY 选项)。

【例 9.12】 创建可更新游标的实例。

创建游标 MyCursor12,使其所有字段都可以被更新,代码如下。

```
DECLARE MyCursor12 CURSOR
FOR SELECT * FROM student
FOR UPDATE;
```

如果让游标的部分字段可更新,例如,让字段 s_name、s_speciality、s_avgrade 可被更新,则使用下列代码来创建游标。

```
IF (cursor_status('global','MyCursor12')<>-3) OR (cursor_status('local','
MyCursor12')<>-3)
Deallocate MyCursor12;     --如果游标已经存在则将之删除
DECLARE MyCursor12 CURSOR
FOR SELECT * FROM student
FOR UPDATE OF s_name,s_speciality,s_avgrade;
```

9.2.10 创建综合类型的游标

这里,综合类型的游标是指根据需要选择了不同类型选项的游标。例如,可双向滚动、可更新的游标等。具体要选择什么类型的选项,要根据实际需要而定。

【例 9.13】 可双向滚动、可更新的动态游标。

创建动态游标 MyCursor13,并使之可双向滚动、可更新且是锁定的,代码如下。

```
DECLARE MyCursor13 CURSOR
SCROLL DYNAMIC SCROLL_LOCKS
FOR SELECT * FROM student
FOR UPDATE OF s_name,s_speciality,s_avgrade;
```

当然,选项之间不能相互冲突,否则将无法创建。

9.3 打开游标——OPEN

创建游标也就是声明游标,在这个过程中并没有对数据表进行任何的操作。游标创建以后需要使用 OPEN 语句对其打开,其作用是按照游标声明中的 SELECT 语句从源表中抽取数据并以之填充游标中的结果集。

打开游标的语法如下。

```
OPEN { { [ GLOBAL ] cursor_name } | cursor_variable_name }
```

其中参数说明如下。

GLOBAL 表示要打开的是全局游标。如果不指定 GLOBAL,则表示打开的是局部游标。

cursor_name 表示要打开的游标的名称。当然,该游标必须是已经声明过的。

cursor_variable_name 表示要打开变量 cursor_variable_name 的值所指定的游标。

注意，如果打开的是静态游标(带关键字 INSENSITIVE 或 STATIC 的游标)或键集游标(带关键字 KEYSET 的游标)，那么 OPEN 方法将在 tempdb 中创建一个临时表，以保存游标的结果集或键集。

SQL Server 不支持异步生成键集驱动或静态的 Transact-SQL 游标，但继续支持异步键集驱动或静态的应用程序编程接口(API)服务器游标。

【例 9.14】 打开游标实例。

打开游标 MyCursor3(见例 9.3)，代码如下。

```
OPEN MyCursor3;
```

使用 OPEN 语句打开游标以后，其结果集将被数据所填充。全局变量@@CURSOR_ROWS 保存了结果集中记录的数量，因此输出该变量的值即可获知结果集中的记录数。变量@@CURSOR_ROWS 一共有 4 种不同类型的值，其意义见表 9.1。

表 9.1　变量@@CURSOR_ROWS 的取值及其含义

返回值	含　义
−m	游标被异步填充。返回值(−m)是键集中当前的行数
−1	游标为动态游标。因为动态游标可反映所有更改，所以游标符合条件的行数不断变化。因此，永远不能确定已检索到所有符合条件的行
0	没有已打开的游标，对于上一个打开的游标没有符合条件的行，或上一个打开的游标已被关闭或被释放
n	游标已完全填充。返回值(n)是游标中的总行数

【例 9.15】 查看游标结果集中的行数。

该例首先创建游标 MyCursor14，然后打开它，最后通过输出@@CURSOR_ROWS 的值来获知游标结果中记录的数量。代码如下。

```
USE MyDatabase;
GO
SELECT @@CURSOR_ROWS AS 记录数;        --打开游标前
DECLARE MyCursor14 CURSOR
FOR SELECT s_no,s_name,s_avgrade
FROM student
WHERE s_avgrade>=60;
OPEN MyCursor14;
SELECT @@CURSOR_ROWS AS 记录数;        --打开游标后
CLOSE MyCursor14;
DEALLOCATE MyCursor14;
GO
```

执行上述代码，结果如图 9.1 所示。

该结果表明，游标 MyCursor14 为动态游标，其结果集的记录数不能确定。

图 9.1 查看游标结果集中的记录数

9.4 检索游标数据——FETCH

游标的主要应用之一就是检索游标(数据集)中的数据,实现对数据集中的数据进行逐行提取操作。Transact-SQL 提供 FETCH 语句来实现对游标数据进行检索。

9.4.1 FETCH 基本语法

在 Transact-SQL 中,FETCH 语句用于从游标中提取数据(前提是,游标已经被打开)。该语句的语法格式如下。

```
FETCH
    [ [ NEXT | PRIOR | FIRST | LAST | ABSOLUTE { n | @nvar } | RELATIVE { n | @nvar } ]
FROM ]
    { { [ GLOBAL ] cursor_name } | @cursor_variable_name }
    [ INTO @variable_name [ ,…n ] ]
```

其中参数说明如下。

NEXT 为默认的游标提取选项,表示要返回紧跟当前行之后的结果行,并且返回行被设置为当前行。如果对游标进行的是第一次 FETCH 操作,则结果集中的第一行被返回,并且将第二行设置为当前行。

PRIOR 表示要返回紧跟当前行之前的结果行,并且返回行被设置为当前行。如果对游标进行的是第一次 FETCH 操作,则没有行返回并且游标置于第一行之前。

FIRST 返回游标中的第一行并将第一行设置为当前行。

LAST 返回游标中的最后一行并将最后一行设置为当前行。

ABSOLUTE { n | @nvar}: n 为整数常量,@nvar 为 smallint、tinyint 或 int 型变量。如果 n 或@nvar 为正数,则返回从游标头行开始的第 n 行,并将第 n 行设置为当前行;如果 n 或@nvar 为负数,则返回从游标末尾开始的第 n 行,并将该第 n 行设置为当前行;如果 n 或@nvar 为 0,则不返回行,当前行不变。注意,动态游标不支持 ABSOLUTE 选项。

RELATIVE { n | @nvar}: n 为整数常量,@nvar 为 smallint、tinyint 或 int 型变量。如果 n 或@nvar 为正数,则返回从当前行开始的第 n 行,并将该第 n 行设置为当前行;如果 n 或@nvar 为负数,则返回当前行之前第 n 行,并将该第 n 行设置为当前行;如果 n 或@nvar 为 0,则返回当前行,当前行不变;在对游标完成第一次提取时,如果在将 n 或@nvar 设置为负数或 0 的情况下指定 FETCH RELATIVE,则不返回行。

GLOBAL 表示要从中提取数据的游标是指全局游标。

cursor_name 表示要从中进行提取数据的游标的名称。如果同时具有以 cursor_name 作为名称的全局和局部游标存在，则如果指定为 GLOBAL，则 cursor_name 是指全局游标，如果未指定 GLOBAL，则指局部游标。

@cursor_variable_name 表示游标变量名，引用要从中进行提取操作的游标。

INTO @variable_name[,…n]：将提取操作的列数据放到局部变量中。列表中的各个变量从左到右与游标结果集中的相应列相关联。各变量的数据类型必须与相应的结果集列的数据类型匹配，或是结果集列数据类型所支持的隐式转换。变量的数目必须与游标选择列表中的列数一致。

注意，如果在 SQL-92 样式的 DECLARE CURSOR 语句中未指定 SCROLL 选项，则在 FETCH 语句中只能选择 NEXT 选项；如果指定 SCROLL 选项，则在 FETCH 语句中可以选择所有的选项。

9.4.2 遍历游标结果集

遍历游标结果集中的每一条记录是经常使用的一种操作。可以正向遍历(即从第一行开始，依次访问到最后一行)，也可以反向遍历。

显然，遍历操作需要使用循环语句。确定循环的终止条件是实现遍历操作的关键。SQL Server 提供的两个全局变量@@CURSOR_ROWS 和@@FETCH_STATUS 可以用于构造循环的终止条件。其中，@@CURSOR_ROWS 保存了静态游标结果集中记录的数量；@@FETCH_STATUS 的返回值及其意义如表 9.2 所示。

表 9.2　@@FETCH_STATUS 的返回值及其意义

返回值	含　义
0	FETCH 语句成功
−1	FETCH 语句失败或行不在结果集中
−2	提取的行不存在

下面通过例子说明如何通过这两个全局变量来实现对游标数据的检索。

【例 9.16】 正向输出游标中的数据。

对游标一种简单的应用是输出游标中的所有数据。输出顺序可以是正向的，即从第一行开始，依次输出到最后一行；也可以是反向输出。

本例中，首先创建游标 MyCursor15，然后正向输出其包含的所有数据。

该例仅要求输出数据，所以可使用静态游标，这样可以提高检索速度。在建立结果集以后，通过 WHILE 循环并利用 FETCH 依次将数据读出并输出。代码如下。

```
DECLARE MyCursor15 CURSOR                    --创建游标
STATIC
FOR SELECT * FROM student;
OPEN MyCursor15;                             --打开游标
```

```
DECLARE @RowCount Integer, @i Integer;
SET @i=0
SET @RowCount =@@CURSOR_ROWS                           --获取游标结果集中的记录数
WHILE @i<@RowCount
BEGIN
    FETCH NEXT FROM MyCursor15                         --输出结果集中的记录
    SET @i=@i+1
END
CLOSE MyCursor15;
```

执行上述代码,结果如图 9.2 所示。

	s_no	s_name	s_sex	s_birthday	s_speciality	s_avgrade	s_dept
1	20170201	刘洋	女	1997-02-03 00:00:00	计算机应用技术	98.5	计算机系

	s_no	s_name	s_sex	s_birthday	s_speciality	s_avgrade	s_dept
1	20170202	王晓珂	女	1997-09-20 00:00:00	计算机软件与理论	88.1	计算机系

	s_no	s_name	s_sex	s_birthday	s_speciality	s_avgrade	s_dept
1	20170203	王伟志	男	1996-12-12 00:00:00	智能科学与技术	89.8	智能技术系

	s_no	s_name	s_sex	s_birthday	s_speciality	s_avgrade	s_dept
1	20170204	岳志强	男	1998-06-01 00:00:00	智能科学与技术	75.8	智能技术系

	s_no	s_name	s_sex	s_birthday	s_speciality	s_avgrade	s_dept
1	20170205	贾簿	男	1994-09-03 00:00:00	计算机软件与理论	43.0	计算机系

	s_no	s_name	s_sex	s_birthday	s_speciality	s_avgrade	s_dept
1	20170206	李思思	女	1996-05-05 00:00:00	计算机应用技术	67.3	计算机系

	s_no	s_name	s_sex	s_birthday	s_speciality	s_avgrade	s_dept
1	20170207	蒙恬	男	1995-12-02 00:00:00	大数据技术	78.8	大数据技术系

	s_no	s_name	s_sex	s_birthday	s_speciality	s_avgrade	s_dept
1	20170208	张宇	女	1997-03-08 00:00:00	大数据技术	59.3	大数据技术系

图 9.2 输出游标 MyCursor15 中的全部数据

如果游标 MyCursor15 被声明为动态游标,则在上述代码中不能使用@@CURSOR_ROWS,而要使用@@FETCH_STATUS(该变量对动态游标和静态游标都适用)。相应的代码如下。

```
IF (cursor_status('global','MyCursor15')<>-3) OR (cursor_status('local','
MyCursor15')<>-3)
Deallocate MyCursor15;                                --如果游标已经存在则将之删除
DECLARE MyCursor15 CURSOR                             --创建游标
DYNAMIC
FOR SELECT * FROM student;
OPEN MyCursor15;                                      --打开游标
FETCH NEXT FROM MyCursor15                            --输出结果集中的记录
WHILE @@FETCH_STATUS =0
BEGIN
    FETCH NEXT FROM MyCursor15                        --输出结果集中的记录
END
CLOSE MyCursor15;
```

【例 9.17】 反向输出游标中的数据。

本例中,首先创建游标 MyCursor16,然后对游标 MyCursor16 进行反向输出。基本思想是,将游标的结果集从最后一条记录开始依次输出,直到第一条记录为止。为此,先将最后一行设置为当前行：

```
FETCH LAST FROM MyCursor16;
```

然后，使用语句

```
FETCH PRIOR FROM MyCursor16;
```

进行前向遍历。代码如下。

```
DECLARE MyCursor16 CURSOR
DYNAMIC READ_ONLY
FOR SELECT s_no 学号,s_name 姓名,s_speciality 专业, s_avgrade 平均成绩, s_dept 系别
    FROM student
    WHERE s_sex='女';
OPEN MyCursor16;                              --打开游标
FETCH LAST FROM MyCursor16;                   --将最后一行设置为当前行
WHILE @@FETCH_STATUS =0
BEGIN
    FETCH PRIOR FROM MyCursor16;              --反向输出结果集中的记录
END
CLOSE MyCursor16;
```

执行上述代码，结果如图 9.3 所示。

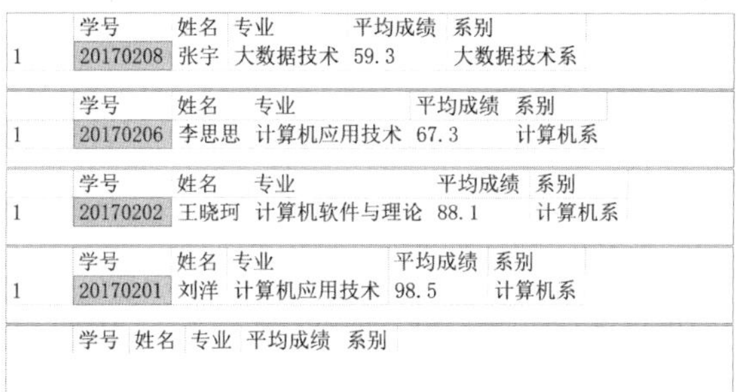

	学号	姓名	专业	平均成绩	系别
1	20170208	张宇	大数据技术	59.3	大数据技术系

	学号	姓名	专业	平均成绩	系别
1	20170206	李思思	计算机应用技术	67.3	计算机系

	学号	姓名	专业	平均成绩	系别
1	20170202	王晓珂	计算机软件与理论	88.1	计算机系

	学号	姓名	专业	平均成绩	系别
1	20170201	刘洋	计算机应用技术	98.5	计算机系

学号	姓名	专业	平均成绩	系别

图 9.3　反向输出游标 MyCursor16 中的全部数据

9.4.3　使用局部变量保存检索结果

将游标与局部变量结合起来，即将检索结果保存到局部变量，然后通过对局部变量的处理来实现各个数据项的操作，这是普通的 SQL 语句难以实现的功能。

对于检索结果的保存，可通过利用带 INTO 子句的 FETCH 语句来完成。

【例 9.18】 使用局部变量保存检索结果并进行相应处理。

本例中，先将表 student 中各学生数据（包含学号、姓名、平均成绩）读入游标 MyCursor17 中，然后对各学生的平均成绩(s_avgrade)均提高 20%，如果超过 100 分则按 100 分计，最后将成绩输出到客户端。代码如下。

```
DECLARE @s_no char(8), @s_name char(8), @s_avgrade numeric(4,1);
DECLARE MyCursor17 CURSOR
DYNAMIC READ_ONLY
FOR SELECT s_no, s_name, s_avgrade FROM student ORDER BY s_avgrade;
OPEN MyCursor17;
FETCH FIRST FROM MyCursor17
INTO @s_no, @s_name, @s_avgrade;
WHILE @@FETCH_STATUS =0
BEGIN
  SET @s_avgrade =@s_avgrade +@s_avgrade * 0.2;   --提高 20%
  IF @s_avgrade>100 SET @s_avgrade =100;           --超过 100 则设为 100
  PRINT '学号:'+@s_no;
  PRINT '姓名:'+@s_name;
  PRINT '平均成绩(按要求提高后):'+CONVERT(varchar(20),@s_avgrade);
  PRINT '------------------------------';
  FETCH NEXT FROM MyCursor17
  INTO @s_no, @s_name, @s_avgrade;
END
CLOSE MyCursor17;
DEALLOCATE MyCursor17;
```

9.4.4 使用游标变量

在使用游标的时候，既可以直接使用已经声明的游标的名称，也可以将游标名赋给游标变量(使游标与游标变量相关联)，此后可以通过游标变量来引用对应的游标。这使得对游标的操作更为灵活，例如，可以将游标变量作为参数来使用。

【例 9.19】 通过游标变量引用游标实例。

先创建游标 MyCursor18，然后将游标 MyCursor18 赋给游标变量@MyCursorVariable，最后通过引用游标变量@MyCursorVariable 来检索游标 MyCursor18 中的数据。相应代码如下。

```
DECLARE @MyCursorVariable CURSOR;                    --声明游标变量
DECLARE MyCursor18 CURSOR
FOR SELECT * FROM student;
SET @MyCursorVariable =MyCursor18;                   --对游标变量赋值
OPEN @MyCursorVariable;   --以下通过游标变量@MyCursorVariable 引用游标 MyCursor18
FETCH NEXT FROM @MyCursorVariable;
WHILE @@FETCH_STATUS =0
BEGIN
  FETCH NEXT FROM @MyCursorVariable;
END
CLOSE @MyCursorVariable;
DEALLOCATE @MyCursorVariable;
```

例 9.19 的方法是，先创建游标，然后将游标赋给游标变量。实际上，还可以在创建游标的同时将游标赋给相应的游标变量。例如，对于例 9.19，可以用下列代码创建游标，这时变量@MyCursorVariable 就相当于游标名。

```
DECLARE @MyCursorVariable CURSOR;                    --声明游标变量
SET @MyCursorVariable =CURSOR                        --对游标变量赋值
FOR SELECT * FROM student;
```

9.5 更新游标数据

利用游标也可以实现对数据表中的数据进行更新，包括修改数据和删除数据等。下面分别介绍。

9.5.1 修改游标数据

通过游标可以修改数据表中的数据。由于游标是逐行进行操作的，所以利用游标可以"随心所欲"修改数据表中的每一个数据项，修改任务由带子句 WHERE CURRENT OF 的 UPDATE 语句来实现。

【例 9.20】 通过游标修改表中的数据。

例 9.19 是将平均成绩从表 student 中取出，然后提高 20%，超过 100 分的则以 100 分计，最后平均成绩从客户端输出。与例 9.19 不同的是，本例则是将提高后的平均成绩重新保存到数据表 student 中，这实际上是对表 student 中的 s_avgrade 列进行修改。在此，仍然用游标来实现此修改任务，代码如下。

```
DECLARE @s_no char(8), @s_name char(8), @s_avgrade numeric(4,1);
DECLARE MyCursor19 CURSOR
FOR SELECT s_no, s_name, s_avgrade FROM student ORDER BY s_avgrade
FOR UPDATE OF s_avgrade;
OPEN MyCursor19;
FETCH MyCursor19
INTO @s_no, @s_name, @s_avgrade;
WHILE @@FETCH_STATUS =0
BEGIN
    SET @s_avgrade =@s_avgrade +@s_avgrade * 0.2;   --提高 20%
    IF @s_avgrade>100 SET @s_avgrade =100;          --超过则设为 100
    UPDATE student
    SET s_avgrade =@s_avgrade
    WHERE CURRENT OF MyCursor19;
    FETCH MyCursor19
    INTO @s_no, @s_name, @s_avgrade;
END
CLOSE MyCursor19;
DEALLOCATE MyCursor19;
```

9.5.2 删除游标数据

通过游标删除数据时,要保证游标是可更新的,即利用 FOR UPDATE 选项来声明游标。

【例 9.21】 通过游标删除表中的数据。

本例中,先利用 FOR UPDATE 选项来创建游标 MyCursor20,然后利用带 WHERE CURRENT OF 子句的 DELETE 语句来删除指定的记录。代码如下。

```
DECLARE MyCursor20 CURSOR
SCROLL
FOR SELECT * FROM student
FOR UPDATE;
OPEN MyCursor20
DECLARE @RowCount Integer;
SET @RowCount=3                                  --设置要删除的行
FETCH ABSOLUTE @RowCount FROM MyCursor20         --将待删除的行设置为当前行
DELETE FROM student WHERE CURRENT OF MyCursor20  --删除当前行
DEALLOCATE MyCursor20;
```

9.6 关闭和删除游标

游标的关闭和删除操作实际上在前面已多次接触过,在本节中将更为具体地介绍它们的使用方法。

9.6.1 关闭游标——CLOSE

游标不再使用以后,最好能及时关闭。关闭游标的好处体现在:①释放游标结果集所占用的内存资源;②解除定位游标行上的游标锁定。

关闭游标的语法格式如下。

```
CLOSE { { [ GLOBAL ] cursor_name } | cursor_variable_name }
```

其参数意义是明显的,不再赘述。

例如,关闭之前创建的游标 MyCursor5,可以使用下列 Close 语句完成。

```
CLOSE MyCursor5
```

注意,关闭游标后,不能对其提取数据和定位更新,不能再对其执行 CLOSE 操作。但游标的数据结构仍然被保留,只要重新打开,它仍然是可用的。

9.6.2 删除游标——DEALLOCATE

游标关闭后,它仍然占用一定的系统资源。如果确认不再使用,可以使用 DEALLOCATE 语句将其删除,然后组成该游标的数据结构由 SQL Server 释放。

DEALLOCATE 语句的语法格式如下。

```
DEALLOCATE { { [ GLOBAL ] cursor_name } | @cursor_variable_name }
```

其中,参数 cursor_name 表示待删除的游标的名称,@cursor_variable_name 表示其值为待删除的游标的名称;如果指定 GLOBAL,则 cursor_name 指全局游标,否则指局部游标。

例如,删除前面创建的游标 MyCursor5,可以使用下列语句。

```
DEALLOCATE MyCursor5
```

与删除视图一样,删除游标时并不删除基表中的数据。

显然,被删除的游标肯定被关闭(实际上,游标被删除以后就已经不存在了,所以也就无所谓是否关闭了),但被关闭的游标却不一定被删除。要删除一个游标必须显式调用 DEALLOCATE 语句来完成。

一般来说,游标的应用应该遵循"声明游标→打开游标→使用游标→关闭游标→删除游标"的过程。因此,一个涉及游标的程序不但有声明和打开游标的语句,同时还应该有游标的删除语句,以释放系统资源。例如,下面是一个相对完整的程序。

```
DECLARE MyCursor21 CURSOR                                    --创建游标
  SCROLL
  FOR SELECT * FROM student
  FOR UPDATE;
Open MyCursor21;                                             --打开游标
DECLARE @RowCount Integer;
SET @RowCount=1;
FETCH ABSOLUTE @RowCount FROM MyCursor21;
DELETE From student WHERE CURRENT OF MyCursor21;
CLOSE MyCursor21;                                            --关闭游标
DEALLOCATE MyCursor21;                                       --删除游标
```

习　　题

一、简答题

1. 什么是游标？有何作用？

2. 使用游标的基本过程是什么？

3. 假设已经创建了名为 cursor1 的游标,请给出关闭和删除该游标的语句。

二、设计题

1. 创建一个游标,实现例 9.17 中游标 MyCursor16 的功能(反向输出游标中的数据),但要求利用关键字 RELATIVE。请给出相应的实现代码。

2. 创建一个双向滚动的局部动态游标 Test_cursor1。

3. 创建一个双向滚动游标 test_cursor,使其通过 LAST、PRIOR、RELATIVE 和 ABSOLUTE 选项支持全部滚动功能。

第10章

事务管理与并发控制

数据库的主要作用是以共享方式为多用户提供有效的数据管理功能。当多用户同时使用数据库时，就会引发一些问题。本章将以问题举例入手，全面介绍事务和并发的概念、事务的管理方法、并发控制的实现方法等。通过本章的学习，读者应该掌握下列内容。

- 了解事务和并发的概念。
- 掌握事务启动、终止的方法。
- 了解几种数据不一致的概念和原理。
- 掌握并发控制的实现方法。

10.1　事务的基本概念

事务是数据库并发控制技术和数据库恢复技术涉及的基本概念，在并发控制和数据恢复中有着重要的应用。本节先介绍事务的概念及其特性。

10.1.1　事务

事务(Transaction)是构成单一逻辑工作单元的数据库操作序列。这些操作是一个统一的整体，要么全部成功执行(执行结果写到物理数据文件)，要么全部不执行(执行结果没有写到任何的物理数据文件)。也可以这样理解，事务是若干操作语句的序列，这些语句序列要么全部成功执行，要么全部都不执行。全部不执行的情况是：在执行到这些语句序列中的某一条语句时，由于某种原因(如断电、磁盘故障等)而导致该语句执行失败，这时将撤销在该语句之前已经执行的语句所产生的结果，使数据库恢复到执行这些语句序列之前的状态。这对数据的安全也十分重要，下面举一个例子来说明这一点。

例如，对于银行转账问题，可以表述为：将账户A1上的金额x转到账户A2。这个操作过程可以用如图10.1所示的流程表示。

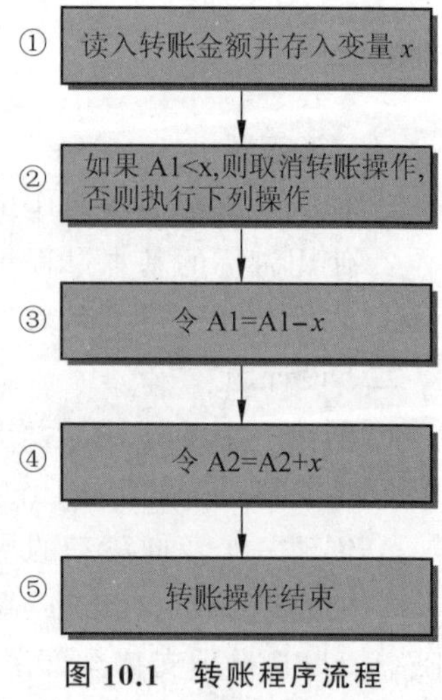

图10.1　转账程序流程

如果转账程序在刚好执行完操作③的时刻出现硬件故障，并由此导致程序运行中断，那么数据库就处于这样的状态：账号A1中已经被扣除金额 x(转出部分)，而账号 A2 并没有增加相应的金额 x。也就是说，已经从账号 A1 上转出金额 x，但账号 A2 并没有收到这批钱。显然，这种情况在实际应用中决不允许出现。

如果将上述操作①～⑤定义为一个事务，由于事务中的操作要么全都执行，要么全都不执行，那么就可以避免出现上述错误的状态。这就是事务的魅力。

10.1.2　事务的 ACID 特性

作为一种特殊的数据库操作序列，事务的主要特性体现在以下 4 个方面。

(1) 原子性(Atomicity)。

事务是数据库操作的逻辑工作单位。就操作而言，事务中的操作是一个整体，不能再被分割，要么全部成功执行，要么全部不成功执行。

(2) 一致性(Consistency)。

事务的一致性是指出事务执行前后都能够保持数据库状态的一致性，即事务的执行结果是将数据库从一个一致状态转变为另一个一致状态。

实际上，事务的一致性和原子性是密切相关的。例如，对于前面转账的例子，当操作③被执行后，出于某种客观原因而导致操作④不能被执行时，如果操作③和④都是同一个事务中的操作，那么由于事务具有原子性，所以操作①、②和③执行的结果也自动被取消，这样数据库就回到执行操作①前的状态，从而保持数据库的一致性。

当然，数据库的一致性状态除了取决于事务的一致性以外，还要求在事务开始执行时的数据库状态也必须是一致的。否则就算事务具有一致性，但在执行该事务后并不一定能够保持数据库状态的一致性。

(3) 隔离性(Isolation)。

隔离性是指多个事务在执行时不相互干扰的一种特性。事务的隔离性意味着一个事务的内部操作及其使用的数据对其他事务是不透明的，其他事务感觉不到这些操作和数据的存在，更不会干扰这些操作和数据。也就是说，事务的隔离性使系统中的每个事务都感觉到“只有自己在工作”，而感觉不到系统中还有其他事务在并发执行。

(4) 持久性(Durability)。

持久性或称永久性(Permanence)是指一个事务一旦成功提交，其结果对数据库的改变将是永久的，即使是出现系统故障等问题。

事务的这 4 个特性通常被称为事务的 ACID 特性。一个数据库管理系统及其并发控制机制应该能确保这些特性不遭到破坏。有关基于 SQL Server 的并发控制方法将在 10.3 节介绍。

10.2　事务的管理

前面已指出，事务是一个数据库操作序列，由若干个语句组成。那么如何利用已有的语句组成一个事务呢？这就涉及事务的启动和终止问题。此外，事务也允许提前终止以及允许退回到事务中指定的语句等，这些将涉及事务回滚和保存点设置等问题。本节将主要介绍这些内容，它们是并发控制的基础。

10.2.1 启动事务

在 SQL Server 中,启动事务方式有三种：显式启动、自动提交和隐式启动。

1. 显式启动

显式启动是以 BEGIN TRANSACTION 命令开始的,即当执行到该语句时 SQL Server 将认为这是一个事务的起点。

BEGIN TRANSACTION 的语法如下。

```
BEGIN { TRAN | TRANSACTION }
    [ { transaction_name | @tran_name_variable }
      [ WITH MARK [ 'description' ] ]
    ]
[ ; ]
```

其参数意义如下。

transaction_name | @tran_name_variable 指定事务的名称,可以用变量提供名称。该项是可选项。如果事务是嵌套的,则仅在最外面的 BEGIN…COMMIT 或 BEGIN…ROLLBACK 嵌套语句对中使用事务名。

WITH MARK ['description']指定在日志中标记事务。description 是描述该标记的字符串。如果使用了 WITH MARK,则必须指定事务名。WITH MARK 允许将事务日志还原到命名标记。

显式启动的事务通常称为显式事务。本章介绍的主要是显式事务。

2. 自动提交

自动提交是指用户每发出一条 SQL 语句,SQL Server 会自动启动一个事务,语句执行完了以后 SQL Server 自动执行提交操作来提交该事务。也就是说,在自动提交方式下,每一条 SQL 语句就是一个事务,通常称为自动提交事务,这是 SQL Server 的默认模式。

例如,CREATE TABLE 语句是一个事务,因此不可能出现这样的情况：在执行该语句时,有的字段被创建而有的字段没有被创建。

3. 隐式启动

当将 SIMPLICIT_TRANSACTIONS 设置为 ON 时,表示将隐式事务模式设置为打开,设置语句如下。

```
SET IMPLICIT_TRANSACTIONS ON;
```

在隐式事务模式下,任何 DML 语句(DELETE、UPDATE、INSERT)都自动启动一个事务,直到遇到事务提交语句或事务回滚语句,该事务才结束。结束后,自动启动新的事务,而无须用 BEGIN TRANSACTION 描述事务的开始。隐式启动的事务通常称为隐性事务。在隐性事务模式下,事务会形成连续的事务链。

如果已将 IMPLICIT_TRANSACTIONS 设置为 ON,建议随时将其设置回 OFF。另外,事务的结束是使用 COMMIT 或 ROLLBACK 语句来实现的,这将在 10.2.2 节介绍。

10.2.2 终止事务

有启动，就必有终止。10.2.1节介绍了事务的三种启动方式，本节将介绍事务的终止方法。

终止方法有两种，一种是使用COMMIT命令（提交命令），另一种是使用ROLLBACK命令（回滚命令）。这两种方法有本质上的区别：当执行到COMMIT命令时，会将语句执行的结果保存到数据库中（提交事务），并终止事务；当执行到ROLLBACK命令时，数据库将返回到事务开始时的初始状态，并终止事务。如果ROLLBACK命令是采用ROLLBACK TRANSACTION savepoint_name时，则数据库将返回到savepoint_name标识的状态。下面将分别介绍事务的这几种终止方法。

1. 提交事务——COMMIT TRANSACTION

执行COMMIT TRANSACTION语句时，将终止隐式启动或显式启动的事务。如果@@TRANCOUNT为1，COMMIT TRANSACTION使得自从事务开始以来所执行的所有数据修改成为数据库的永久部分，释放事务所占用的资源，并将@@TRANCOUNT减少到0。如果@@TRANCOUNT大于1，则COMMIT TRANSACTION使@@TRANCOUNT按1递减并且事务将保持活动状态。

COMMIT TRANSACTION语句的语法如下。

```
COMMIT { TRAN | TRANSACTION } [ transaction_name | @tran_name_variable ] ]
[ ; ]
```

其中，transaction_name | @tran_name_variable用于设置要结束的事务的名称（该名称是由BEGIN TRANSACTION语句指定），但SQL Server会忽略此参数，设置它的目的是给程序员看的，向程序员指明COMMIT TRANSACTION与哪些BEGIN TRANSACTION相关联，以提高代码的可读性。

【例10.1】 创建关于银行转账的事务。

假设用UserTable表保存银行客户信息，该表的定义代码如下。

```
CREATE TABLE UserTable
(
    UserId      varchar(18)    PRIMARY KEY,          --身份证号
    username    varchar(20)    NOT NULL,             --用户名
    account     varchar(20)    NOT NULL UNIQUE,      --账号
    balance     float          DEFAULT  0,           --余额
    address     varchar(100)                         --地址
);
```

用下面两条语句分别添加两条用户记录。

```
INSERT INTO UserTable VALUES('430302x1','王伟志','020000y1',10000,'中关村南路');
INSERT INTO UserTable VALUES('430302x2','张宇','020000y2',100,'火器营桥');
```

现在将账户020000y1上的200元转到账户020000y2上。为了不出现前面所述的情

况(转出账号上已经被扣钱,但转入账号上的余额并没有增加),我们把转账操作涉及的关键语句放到一个事务中,这样就可以避免出现上述错误情况。下面的代码是对转账操作的一个简化模拟。

```
BEGIN TRANSACTION virement                --显式启动事务
    DECLARE @balance float,@x float;
    --①设置转账金额
    SET @x =200;
    --②如果转出账号上的金额小于 x,则取消转账操作
    SELECT @balance =balance FROM  UserTable WHERE account ='020000y1';
    IF(@balance <@x) return;
    --否则执行下列操作
    --③从转出账号上扣除金额 x
    UPDATE UserTable SET balance =balance - @x WHERE account ='020000y1';
    --④在转入账号上加上金额 x
    UPDATE UserTable SET balance =balance +@x WHERE account ='020000y2';
    --⑤转账操作结束
    GO
COMMIT TRANSACTION virement;              --提交事务,事务终止
```

利用以上启动的事务,操作③和操作④要么都对数据库产生影响,要么对数据库都不产生影响,从而避免了“转出账号上已经被扣钱,但转入账号上的余额并没有增加”的情况。实际上,只是需要将操作③和操作④对应的语句放在 BEGIN TRANSACTION … COMMIT TRANSACTION 中即可。

有时候 DML 语句执行失败并不一定是由硬件故障等外部因素造成的,也有可能是由内部运行错误(如违反约束等)造成的,从而导致相应的 DML 语句执行失败。如果在一个事务中,既有成功执行的 DML 语句,也有因内部错误而导致失败执行的 DML 语句,那么该事务会自动回滚吗?一般来说,执行 SQL 语句产生运行时错误时,SQL Server 只回滚产生错误的 SQL 语句,而不会回滚整个事务。如果希望当遇到某一个 SQL 语句产生运行时错误时,事务能够自动回滚整个事务,则将 SET XACT_ABORT 设置为 ON(默认值为 OFF):

```
SET XACT_ABORT ON
```

即当 SET XACT_ABORT 为 ON 时,如果执行 SQL 语句产生运行时错误,则整个事务将终止并回滚;当 SET XACT_ABORT 为 OFF 时,有时只回滚产生错误的 SQL 语句,而事务将继续进行处理。当然,如果错误很严重,那么即使 SET XACT_ABORT 为 OFF,也可能回滚整个事务。OFF 是默认设置。

注意,编译错误(如语法错误)不受 SET XACT_ABORT 的影响。

【例 10.2】 回滚包含运行时错误的事务。

先观察下列代码:

```
USE MyDatabase;
```

```
GO
CREATE TABLE TestTransTable1(c1 char(3) NOT NULL, c2 char(3));
GO
BEGIN TRAN
    INSERT INTO TestTransTable1 VALUES('aa1','aa2');
    INSERT INTO TestTransTable1 VALUES(NULL,'bb2');      --违反非空约束
    INSERT INTO TestTransTable1 VALUES('cc1','cc2');
COMMIT TRAN;
```

显然，上述代码的作用是：①先创建表 TestTransTable1，其中，字段 c1 有非空约束；②创建一个事务，其中包含三条 INSERT 语句，用于向表 TestTransTable1 插入数据。

容易看到，第二条 INSERT 语句违反了非空约束。根据事务的概念，于是许多读者可能会得到这样的结论：由于第二条 INSERT 语句违反非空约束，因此该语句执行失败，从而导致整个事务被回滚，使得所有的 INSERT 语句都不被执行，数据库回到事务开始时的状态——表 TestTransTable1 仍然为空。

但实际情况并不是这样。使用 SELECT 语句查看表 TestTransTable1：

```
SELECT * FROM TestTransTable1;
```

结果如图 10.2 所示。

	c1	c2
1	aa1	aa2
2	cc1	cc2

图 10.2　表 TestTransTable1 中的数据

图 10.2 表明，只有第二条记录没有被插入，第一条和第三条都被成功插入了，可见事务并没有产生回滚。但如果将 XACT_ABORT 设置为 ON，当出现违反非空约束而导致语句执行失败时，整个事务将被回滚。例如，执行下列代码：

```
USE MyDatabase;
GO
SET XACT_ABORT ON;                                  --将 XACT_ABORT 设置为 ON
GO
DROP TABLE TestTransTable1;
GO
CREATE TABLE TestTransTable1(c1 char(3) NOT NULL, c2 char(3));
GO
BEGIN TRAN
  INSERT INTO TestTransTable1 VALUES('aa1','aa2');
  INSERT INTO TestTransTable1 VALUES(NULL,'bb2');        --违反非空约束
  INSERT INTO TestTransTable1 VALUES('cc1','cc2');
COMMIT TRAN;
SET XACT_ABORT OFF;                                 --将 XACT_ABORT 改回默认设置 OFF
GO
```

然后用 SELECT 语句查询表 TestTransTable1，结果发现，表 TestTransTable1 中并没有数据。这说明，上述事务已经被回滚。

类似地,例 10.1 也有同样的问题。例如,如果用 CHECK 将字段 balance 设置在一定的范围内,那么余额超出这个范围时会违反这个 CHECK 约束。但定义的事务 virement 在出现违反约束情况下却无法保证数据的一致性。显然,通过将 XACT_ABORT 设置为 ON,这个问题就可以得到解决。

2. 回滚事务——ROLLBACK TRANSACTION

回滚事务是利用 ROLLBACK TRANSACTION 语句来实现,它可以将显式事务或隐性事务回滚到事务的起点或事务内的某个保存点(savepoint)。该语句的语法如下。

```
ROLLBACK { TRAN | TRANSACTION }
    [ transaction_name | @tran_name_variable
    | savepoint_name | @savepoint_variable ]
[ ; ]
```

transaction_name | @tran_name_variable 用于指定由 BEGIN TRANSACTION 语句分配的事务的名称。嵌套事务时,transaction_name 必须是最外面的 BEGIN TRANSACTION 语句中的名称。

savepoint_name | @savepoint_variable 为 SAVE TRANSACTION 语句中指定的保存点。指定了该参数,在回滚时数据库将恢复到该保存点时的状态(而不是事务开始时的状态)。不带 savepoint_name 和 transaction_name 的 ROLLBACK TRANSACTION 语句将使事务回滚到起点。

根据在 ROLLBACK TRANSACTION 语句中是否使用保存点,可以将回滚分为全部回滚和部分回滚。

1) 全部回滚

【例 10.3】 全部回滚事务。

下面的代码先定义表 TestTransTable2,然后在事务 myTrans1 中执行三条插入语句,事务结束时用 ROLLBACK TRANSACTION 语句全部回滚事务,之后又执行两条插入语句,以观察全部回滚事务的效果。代码如下。

```
USE MyDatabase;
GO
CREATE TABLE TestTransTable2(c1 char(3), c2 char(3));
GO
DECLARE @TransactionName varchar(20) = 'myTrans1';
BEGIN TRAN @TransactionName                              ┐
    INSERT INTO TestTransTable2 VALUES('aa1','aa2');     │
    INSERT INTO TestTransTable2 VALUES('bb1','bb2');     ├事务
    INSERT INTO TestTransTable2 VALUES('cc1','cc2');     │
ROLLBACK TRAN @TransactionName     --回滚事务            ┘
INSERT INTO TestTransTable2 VALUES('dd1','dd2');
INSERT INTO TestTransTable2 VALUES('ee1','ee2');
SELECT * FROM TestTransTable2
```

执行上述代码，结果如图10.3所示。

	c1	c2
1	dd1	dd2
2	ee1	ee2

图10.3 表TestTransTable2中的数据(全部回滚事务后)

可以看到，事务myTrans1中包含的三条插入语句并没有实现将相应的三条数据记录插入到表TestTransTable2中，原因在于ROLLBACK TRAN语句对整个事务进行全部回滚，使得数据库回到执行这三条插入语句之前的状态。事务myTrans1之后又执行了两条插入语句，这时是处于事务自动提交模式(每一条SQL语句就是一个事务，并且这种事务结束后会自动提交，而没有回滚)下，因此这两条插入语句成功地将两条数据记录插入到数据库中。

根据ROLLBACK的语法，在本例中，BEGIN TRAN及其ROLLBACK TRAN后面的@TransactionName可以省略，其效果是一样的。

2) 部分回滚

如果在事务中设置了保存点(即ROLLBACK TRANSACTION语句带参数savepoint_name | @savepoint_variable)时，ROLLBACK TRANSACTION语句将回滚到由savepoint_name或@savepoint_variable指定的保存点上。

在事务内设置保存点是使用SAVE TRANSACTION语句来实现的，其语法如下。

```
SAVE { TRAN | TRANSACTION } { savepoint_name | @savepoint_variable }
[ ; ]
```

其中，savepoint_name | @savepoint_variable是保存点的名称，必须指定。

【例10.4】 部分回滚事务。

在例10.3所定义的事务中利用SAVE TRANSACTION语句增加一个保存点save1，同时修改ROLLBACK语句，其他代码相同。所有代码如下。

```
USE MyDatabase;
GO
DROP TABLE TestTransTable2;
CREATE TABLE TestTransTable2(c1 char(3), c2 char(3));
GO
DECLARE @TransactionName varchar(20) = 'myTrans1';
BEGIN TRAN @TransactionName
    INSERT INTO TestTransTable2 VALUES('aa1','aa2');
    INSERT INTO TestTransTable2 VALUES('bb1','bb2');
    SAVE TRANSACTION save1;                 --设置保存点
    INSERT INTO TestTransTable2 VALUES('cc1','cc2');
ROLLBACK TRAN save1;
INSERT INTO TestTransTable2 VALUES('dd1','dd2');
INSERT INTO TestTransTable2 VALUES('ee1','ee2');
SELECT * FROM TestTransTable2
```

执行结果如图10.4所示。

此结果表明，只有第三条插入语句的执行结果被撤销了。其原因在于，事务

myTrans1 结束时 ROLLBACK TRAN 语句回滚到保存点 save1 处，即回滚到第三条插入语句执行之前，故第三条插入语句的执行结果被撤销，其他插入语句的执行结果是有效的。

	c1	c2
1	aa1	aa2
2	bb1	bb2
3	dd1	dd2
4	ee1	ee2

图 10.4　表 TestTransTable2 中的数据(部分回滚事务后)

10.2.3　嵌套事务

事务是允许嵌套的，即一个事务内可以包含另外一个事务。当事务嵌套时，就存在多个事务同时处于活动状态。

系统全局变量@@TRANCOUNT 可返回当前连接的活动事务的个数。对@@TRANCOUNT 返回值有影响的是 BEGIN TRANSACTION、ROLLBACK TRANSACTION 和 COMMIT 语句。具体影响方式如下。

(1) 每执行一次 BEGIN TRANSACTION 命令就会使@@TRANCOUNT 的值增加 1。

(2) 每执行一次 COMMIT 命令时，@@TRANCOUNT 的值就减 1。

(3) 一旦执行到 ROLLBACK TRANSACTION 命令(全部回滚)时，@@TRANCOUNT 的值将变为 0。

(4) 但 ROLLBACK TRANSACTION savepoint_name(部分回滚)不影响@@TRANCOUNT 的值。

【例 10.5】 嵌套事务。

本例中，先创建表 TestTransTable3，然后在有三个嵌套层的嵌套事务中向该表插入数据，并在每次启动或提交一个事务时都打印@@TRANCOUNT 的值。代码如下。

```
USE MyDatabase;
GO
CREATE TABLE TestTransTable3(c1 char(3), c2 char(3));
GO
if(@@TRANCOUNT!=0) ROLLBACK TRAN;                --先终止所有事务
BEGIN TRAN Trans1
    PRINT '启动事务 Trans1 后@@TRANCOUNT 的值:'+CAST(@@TRANCOUNT AS VARCHAR
    (10));
    INSERT INTO TestTransTable3 VALUES('aa1','aa2');
    BEGIN TRAN Trans2
        PRINT '启动事务 Trans2 后@@TRANCOUNT 的值:'+CAST(@@TRANCOUNT AS VARCHAR
        (10));
        INSERT INTO TestTransTable3 VALUES('bb1','bb2');
        BEGIN TRAN Trans3
            PRINT '启动事务 Trans3 后@@TRANCOUNT 的值:'+CAST(@@TRANCOUNT AS
            VARCHAR(10));
            INSERT INTO TestTransTable3 VALUES('cc1','cc2');
            SAVE TRANSACTION save1;              --设置保存点
            PRINT '设置保存点 save1 后@@TRANCOUNT 的值:'+CAST(@@TRANCOUNT AS
```

```
            VARCHAR(10));
            INSERT INTO TestTransTable3 VALUES('dd1','dd2');
            ROLLBACK TRAN save1;
            PRINT '回滚到保存点 save1 后@@TRANCOUNT 的值:'+CAST(@@TRANCOUNT AS
            VARCHAR(10));
            INSERT INTO TestTransTable3 VALUES('ee1','ee2');
        COMMIT TRAN Trans3
        PRINT '提交 Trans3 后@@TRANCOUNT 的值:'+CAST(@@TRANCOUNT AS VARCHAR
        (10));
        INSERT INTO TestTransTable3 VALUES('ff1','ff2');
    COMMIT TRAN Trans2
    PRINT '提交 Trans2 后@@TRANCOUNT 的值:'+CAST(@@TRANCOUNT AS VARCHAR(10));
COMMIT TRAN Trans1
PRINT '提交 Trans1 后@@TRANCOUNT 的值:'+CAST(@@TRANCOUNT AS VARCHAR(10));
```

执行上述代码,结果如图 10.5 所示。

从图 10.5 中也可以看出,每执行一次 BEGIN TRANSACTION 命令就会使@@TRANCOUNT 的值增加 1,每执行一次 COMMIT 命令时,@@TRANCOUNT 的值就减 1,但 ROLLBACK TRANSACTION savepoint_name 不影响@@TRANCOUNT 的值。

如果遇到 ROLLBACK TRANSACTION 命令,不管该命令之后是否还有其他的 COMMIT 命令,系统中所有的事务都被终止(不提交),@@TRANCOUNT 的值为 0。

执行上述嵌套事务后,表 TestTransTable3 中的数据如图 10.6 所示。

```
消息
启动事务Trans1后@@TRANCOUNT的值: 1

(1 行受影响)
启动事务Trans2后@@TRANCOUNT的值: 2

(1 行受影响)
启动事务Trans3后@@TRANCOUNT的值: 3

(1 行受影响)
设置保存点save1后@@TRANCOUNT的值: 3

(1 行受影响)
回滚到保存点save1后@@TRANCOUNT的值: 3

(1 行受影响)
提交Trans3后@@TRANCOUNT的值: 2

(1 行受影响)
提交Trans2后@@TRANCOUNT的值: 1
提交Trans1后@@TRANCOUNT的值: 0
```

图 10.5　嵌套事务的执行结果

	c1	c2
1	aa1	aa2
2	bb1	bb2
3	cc1	cc2
4	ee1	ee2
5	ff1	ff2

图 10.6　表 TestTransTable3 中的数据

如果将上述代码中的语句 COMMIT TRAN Trans1(倒数第二条)改为 ROLLBACK TRAN(不带参数),则表 TestTransTable3 中将没有任何数据。这说明,对于嵌套事务,不管内层是否使用 COMMIT 命令来提交事务,只要外层事务中使用 ROLLBACK TRAN 来回滚,那么整个嵌套事务都被回滚,数据库将回到嵌套事务开始时的状态。

10.3 并发控制

10.3.1 并发控制的概念

数据共享是数据库的基本功能之一。一个数据库可能同时拥有多个用户,这意味着在同一时刻系统中可能同时运行成百上千个事务。而每个事务又是由若干个数据库操作构成的操作序列,如何有效地控制这些操作的执行对提高系统的安全性和运行效率有着十分重要的意义。

在单CPU系统中,事务的运行有两种方式,一种是串行执行,一种是并发执行。串行执行是指每个时刻系统中只有一个事务在运行,其他事务必须等到该事务中所有的操作执行完了以后才能运行。这种执行方式的优点是方便控制,但其缺点却十分突出,那就是整个系统的运行效率很低。因为在串行方式中,不同的操作需要不同的资源,但一个操作一般不会使用所有的资源且使用时间长短不一,所以串行执行的事务会使许多系统资源处于空闲状态。

显然,如果能够充分利用这些空闲的资源,无疑可以有效提高系统的运行效率,这是考虑事务并发控制的主要原因之一。另外,并发控制可以更好地保证数据的一致性,从而实现数据的安全性。在并发执行方式中,系统允许同一个时刻有多个事务在并行执行。这种并行执行实际上是通过事务操作的轮流交叉执行来实现的。虽然在同一时刻只有某一个事务的某一个操作在占用CPU资源,但其他事务中的操作可以使用该操作没有占用的有关资源,这样可以在总体上提高系统的运行效率。

对于并发运行的事务,如果没有有效地控制其操作,就可能导致对资源的不合理使用,对数据库而言就可能导致数据的不一致性和不完整性等问题。因此,DBMS必须提供一种允许多个用户同时对数据进行存取访问的并发控制机制,以确保数据库的一致性和完整性。

简而言之,并发控制就是针对并发执行的事务,通过有效地控制和调度其交叉执行的数据库操作,使各事务的执行不相互干扰,以避免出现数据库的不一致性和不完整性等问题。

10.3.2 几种并发问题

当多个用户同时访问数据库时,如果没有必要的访问控制措施,可能会引发数据不一致等并发问题,这是诱发并发控制的主要原因。为进行有效的并发控制,首先要明确并发问题的类型,分析不一致问题产生的根源。

1. 丢失修改

下面看一个经典的关于民航订票系统的例子。它可以说明多个事务对数据库的并发操作带来的不一致性问题。

假设某个民航订票系统有两个售票点,分别为售票点A和售票点B。假设系统把一次订票业务定义为一个事务,其包含的数据库操作序列如下。

T：Begin Transaction

读取机票余数 x；

售出机票 y 张，机票余数 $x \leftarrow x-y$；

把 x 写回数据库，修改数据库中机票的余数；

Commit；

假设当前机票余数为10张，售票点A和售票点B同时进行一次订票业务，分别有用户订4张和3张机票。于是在系统中同时形成两个事务，分别记为 T_A 和 T_B。如果事务 T_A 和 T_B 中的操作交叉执行，执行过程如图10.7所示。

时间步	事务 T_A	事务 T_B
t1	A_op1：读取机票余数10；	
t2		B_op1：读取机票余数10；
t3	A_op2：售出4张机票，机票余数10－4＝6；	
t4		B_op2：售出3张机票，机票余数10-3＝7；
t5	A_op3：把6写回数据库，数据库中机票的余数被修改为6；	
t6		B_op3：把7写回数据库，数据库中机票的余数被修改为7(覆盖A_op3设置的6)；

图10.7 丢失修改

那么，事务 T_A 和 T_B 执行完了以后，由于B_op3是最后的操作，所以数据库中机票的余数为7。而实际情况是，售票点A售出4张，售票点B售出3张，所以实际剩下10－(4＋3)＝3张机票。这就造成了数据库反映的信息与实际情况不符，从而产生了数据的不一致性。这种不一致性是由操作B_op3的(对数据库的)修改结果将操作A_op3的修改结果覆盖掉而导致的，即A_op3的修改结果“丢了”，所以称为**丢失修改**。

2. 读“脏”数据

事务 T_C 对某一数据处理了以后将结果写回到数据区，然后事务 T_D 从数据区中读取该数据。但事务 T_C 出于某种原因进行回滚操作，撤销已做出的操作，这时 T_D 刚读取的数据又被恢复到原值(事务 T_C 开始执行时的值)，这样 T_D 读到的数据就与数据库中的实际数据不一致了，而 T_D 读取的数据就是**“脏”数据**(不正确的数据)。简而言之，“脏”数据是指那些被某事务更改但还没有被提交的数据。

例如，在订票系统中，事务 T_C 在读出机票余数10并售出4张票后，将机票余数10－4＝6写到数据区(还没来得及提交)，恰在此时事务 T_D 读取机票余数6，而 T_C 出于某种原因(如断电等)进行回滚操作，机票余数恢复到了原来的值10并撤销此次售票操作，但这时事务 T_D 仍然使用着读到的机票余数6，这与数据库中实际的机票余数不一致，这个“机票余数6”就是“脏”数据，如图10.8所示。

时间步	事务 T_C	事务 T_D
t1	读取 $x=10$； 售出 4 张票：$x=x-4=6$； 将 $x=6$ 写到数据区；	
t2		读取 $x=6$；(读"脏"数据)
t3	回滚，x 恢复到原值 10；	

图 10.8　读"脏"数据

3. 不可重复读

事务 T_E 按照一定条件读取数据库中某数据 x，随后事务 T_F 又修改了数据 x，这样当事务 T_E 操作完了以后又按照相同条件读取数据 x，但这时由于数据 x 已经被修改，所以这次读取值与上一次不一致，从而在进行同样的操作后却得到不一样的结果。简而言之，由于另一个事务对数据的修改而导致当前事务两次读到的数据不一致，这种情况就是**不可重复读**。这与读"脏"数据有相似之处。

例如，在图 10.9 中 c 代表机票的价格，n 代表机票的张数。机票查询事务 T_E 读取机票价格 $c=800$ 和机票张数 $n=7$，接着计算这 7 张票的总价钱 5600(可能有人想查询 7 张机票总共需要多少钱)；恰好在计算总价钱完后，管理事务 T_F(相关航空公司执行)读取 $c=800$ 并进行六五折降价处理后将 $c=520$ 写回数据库；这时机票查询事务 T_E 重读 c(可能为验证总价钱的正确性)，结果得到 $c=520$，这与第一次读取值不一致。显然，这种不一致性会导致系统给出错误的信息，这是不允许的。

时间步	事务 T_E	事务 T_F
t1	读取 $c=800$； 读取 $n=7$； 计算总价格 $c\times n=5600$	
t2		读取 $c=800$； 计算 $c=800\times 65\%=520$； 写回 $c=520$；
t3	读取 $c=520$； 读取 $n=7$； 计算总价格 $c\times n=3640$	

图 10.9　不可重复读

4. 幻影读

假设事务 T_G 按照一定条件两次读取表中的某些数据记录，在第一次读取数据记录后事务 T_H 在该表中删除(或添加)某些记录。这样在事务 T_G 第二次按照同样条件读取数据记录时会发现有些记录"幻影"般地消失(或增多)了，这称为**幻影**(Phantom Row)**读**。

导致以上 4 种不一致性产生的原因是并发操作的随机调度，这使事务的隔离性遭到破坏。为此，需要采取相应措施，对所有数据库操作的执行次序进行合理而有效的安排，使得各个事务都能够独立地运行、彼此不相互干扰，保证事务的 ACID 特性，避免出现数据不一致性等并发问题。

10.3.3 基于事务隔离级别的并发控制

保证事务的隔离性可以有效防止数据不一致等并发问题。事务的隔离性有程度之别，这就是事务隔离级别。在 SQL Server 中，事务的隔离级别用于表征一个事务与其他事务进行隔离的程度。隔离级别越高，就可以更好地保证数据的正确性，但并发程度和效率就越低；相反，隔离级别越低，出现数据不一致性的可能性就越大，但其并发程度和效率就越高。通过设定不同事务隔离级别可以实现不同层次的访问控制需求。

在 SQL Server 中，事务隔离级别分为 4 种：READ UNCOMMITTED、READ COMMITTED、REPEATABLE READ、SERIALIZABLE，它们对数据访问的限制程度依次从低到高。设置隔离级别是通过 SET TRANSACTION ISOLATION LEVEL 语句来实现的，其语法如下。

```
SET TRANSACTION ISOLATION LEVEL
    { READ UNCOMMITTED
    | READ COMMITTED
    | REPEATABLE READ
    | SERIALIZABLE
    }
[ ; ]
```

下面分别说明各隔离级别的作用和使用方法。

1. 使用 READ UNCOMMITTED

该隔离级别允许读取已经被其他事务修改过但尚未提交的数据，实际上该隔离级别根本就没有提供事务间的隔离。显然，这种隔离级别是 4 种隔离级别中限制最少的一种，级别最低。

其作用可简记为：允许读取未提交数据。

【例 10.6】 使用 READ UNCOMMITTED 隔离级别，允许丢失修改。

当事务的隔离级别设置为 READ UNCOMMITTED 时，SQL Server 允许用户读取未提交的数据，因此会造成丢失修改。为观察这种效果，按序完成下列步骤。

(1) 创建表 TestTransTable4 并插入两条数据。

```
CREATE TABLE TestTransTable4(flight char(4), price float, number int);
INSERT INTO TestTransTable4 VALUES('A111',800,10);
INSERT INTO TestTransTable4 VALUES('A222',1200,20);
```

其中，flight、price、number 分别代表航班号、机票价格、剩余票数。

(2) 编写事务 TA 和 TB 的代码。

```
--事务 TA 的代码
```

```
SET TRANSACTION ISOLATION LEVEL READ UNCOMMITTED; --设置事务隔离级别
BEGIN TRAN TA
    DECLARE @n int;
    SELECT @n =number FROM TestTransTable4 WHERE flight ='A111';
    WAITFOR DELAY '00:00:10'                          --等待事务 TB 读数据
    SET @n =@n -4;
    UPDATE TestTransTable4 SET number =@n WHERE flight ='A111';
COMMIT TRAN TA

--事务 TB 的代码
SET TRANSACTION ISOLATION LEVEL READ UNCOMMITTED;
BEGIN TRAN TB
    DECLARE @n int;
    SELECT @n =number FROM TestTransTable4 WHERE flight ='A111';
    WAITFOR DELAY '00:00:15'                          --等待,以让事务 TA 先提交数据
    SET @n =@n -3;
    UPDATE TestTransTable4 SET number =@n WHERE flight ='A111';
COMMIT TRAN  TB
```

(3) 打开两个查询窗口,分别在两个窗口中先后执行事务 TA 和 TB(执行 TA 后应该在 10s 以内执行 TB,否则看不到预设的结果),分别如图 10.10 和图 10.11 所示。

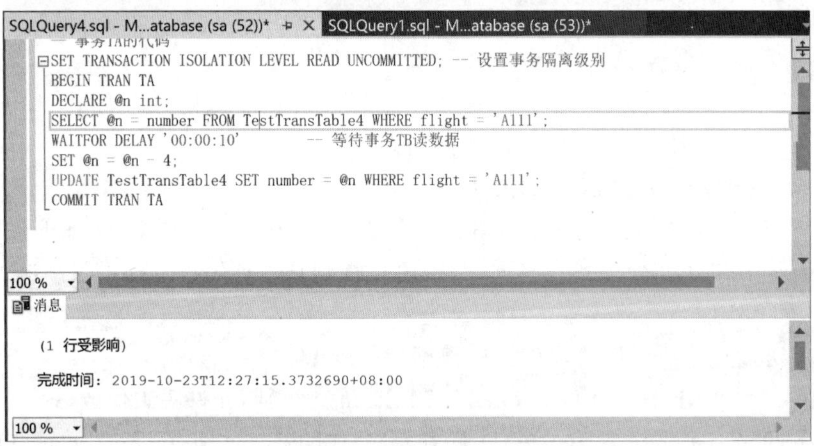

图 10.10 执行事务 TA

(4) 查询表中的数据。

```
SELECT * FROM TestTransTable4;
```

结果如图 10.12 所示。

由代码可知,事务 TA 和 TB 分别售出了 4 张和 3 张票,因此应该剩下 10-(4+3)=3 张票。但由图 10.12 可以看到,系统还剩下 7 张票。这就是丢失修改的结果。也就是说,当隔离级别为 READ UNCOMMITTED 时,事务不能防止丢失修改。

实际上,对于前面介绍的 4 种数据不一致情况,READ UNCOMMITTED 隔离级别

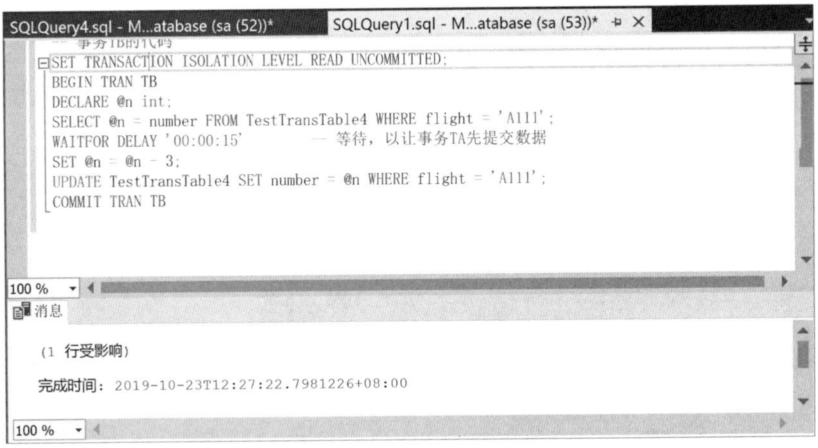

图 10.11　执行事务 TB

	flight	price	number
1	A111	800	7
2	A222	1200	20

图 10.12　表 TestTransTable4 中的数据

都不能防止它们。这是 READ UNCOMMITTED 隔离级别的缺点。其优点是可避免并发控制所需增加的系统开销，一般用于单用户系统（不适用于并发场合）或者系统中两个事务同时访问同一资源的可能性为零或几乎为零。

2. 使用 READ COMMITTED

在使用该隔离级别时，当一个事务已经对一个数据块进行了修改（UPDATE）但尚未提交或回滚时，其他事务不允许读取该数据块，即该隔离级别不允许读取未提交的数据。它的隔离级别比 READ UNCOMMITTED 高一层，可以防止读“脏”，但不能防止丢失修改，也不能防止不可重复读和“幻影”读。

其作用可简记为：不允许读取已修改但未提交的数据。

READ COMMITTED 是 SQL Server 默认的事务隔离级别。

【例 10.7】 使用 READ COMMITTED 隔离级别，防止读“脏”数据。

先恢复表 TestTransTable4 中的数据：

```
DELETE FROM TestTransTable4;
INSERT INTO TestTransTable4 VALUES('A111',800,10);
INSERT INTO TestTransTable4 VALUES('A222',1200,20);
```

为观察读“脏”数据，先将事务的隔离级别设置为 READ UNCOMMITTED，分别在两个查询窗口中先后执行事务 TC 和 TD。

```
--事务 TC 的代码
SET TRANSACTION ISOLATION LEVEL READ UNCOMMITTED; --设置事务隔离级别
BEGIN TRAN TC
```

```
    DECLARE @n int;
    SELECT @n =number FROM TestTransTable4 WHERE flight ='A111';
    SET @n =@n -4;
    UPDATE TestTransTable4 SET number =@n WHERE flight ='A111';
    WAITFOR DELAY '00:00:10'                          --等待事务 TD 读“脏”数据
ROLLBACK TRAN TC                                      --回滚事务

--事务 TD 的代码
SET TRANSACTION ISOLATION LEVEL READ UNCOMMITTED;
BEGIN TRAN TD
    DECLARE @n int;
    SELECT @n =number FROM TestTransTable4 WHERE flight ='A111'; --读“脏”数据
    PRINT '剩余机票数:'+CONVERT(varchar(10),@n);
COMMIT TRAN  TD
```

事务 TD 输出如下结果。

```
剩余机票数:6
```

在等待事务 TC 执行完了以后，利用 SELECT 语句查询表 TestTransTable4，结果发现剩余机票数为 10。可见，6 就是事务 TD 读到的“脏”数据。

为了避免读到这个“脏”数据，只需将上述隔离级别由 READ UNCOMMITTED 改为 READ COMMITTED 即可(其他代码不变)。但在将隔离级别更改了以后，发现事务 TD 要等事务 TC 回滚了以后(ROLLBACK)才执行读操作。可见，READ COMMITTED 虽然可以比 READ UNCOMMITTED 具有更好地解决并发问题的能力，但是其效率较后者低。

3. 使用 REPEATABLE READ

在该隔离级别下，如果一个数据块已经被一个事务读取但尚未做提交操作，则任何其他事务都不能修改(UPDATE)该数据块(但可以执行 INSERT 和 DELETE)，直到该事务提交或回滚后才能修改。该隔离级别的层次又在 READ COMMITTED 之上，即比 READ COMMITTED 有更多的限制。

它可以防止读“脏”数据和不可重复读。但由于一个事务读取数据块后另一个事务可以执行 INSERT 和 DELETE 操作，所以它不能防止“幻影”读。另外，该隔离级别容易造成死锁。例如，将它用于解决例 10.6 中的丢失修改问题时，就造成死锁。

其作用可简记为：不允许读取未提交数据，不允许修改已读数据。

【例 10.8】 使用 REPEATABLE READ 隔离级别，防止不可重复读。

先看看存在不可重复读的事务 TE。

```
--事务 TE 的代码
SET TRANSACTION ISOLATION LEVEL READ COMMITTED;     --设置事务隔离级别
BEGIN TRAN TE
    DECLARE @n int, @c int;
    --顾客先查询机票的价格
```

```
    SELECT @c =price FROM TestTransTable4 WHERE flight ='A111';  --第一次读
    SET @n =7;
    PRINT CONVERT(varchar(10),@n)+'张机票的价格:'+CONVERT(varchar(10),@n * @c)
    +'元';
    WAITFOR DELAY '00:00:10'                            --为观察效果,让该事务等待 10s
    --接着购买机票
    SELECT @c =price FROM TestTransTable4 WHERE flight ='A111';  --第二次读
    SET @n =7;
    PRINT '总共'+CONVERT(varchar(10),@n)+'张机票,应付款:'+CONVERT(varchar
    (10),@n * @c)+'元';
COMMIT TRAN TE                                          --提交事务
```

另一事务 TF 的代码如下。

```
--事务 TF 的代码
SET TRANSACTION ISOLATION LEVEL READ COMMITTED;        --设置事务隔离级别
BEGIN TRAN TF
    UPDATE TestTransTable4 SET price =price * 0.65 WHERE flight ='A111';
                                                        --折价 65 折
COMMIT TRAN TF
```

分别在两个查询窗口中先后运行事务 TE 和事务 TF(时间间隔要小于 10s),事务 TE 输出的结果如图 10.13 所示。

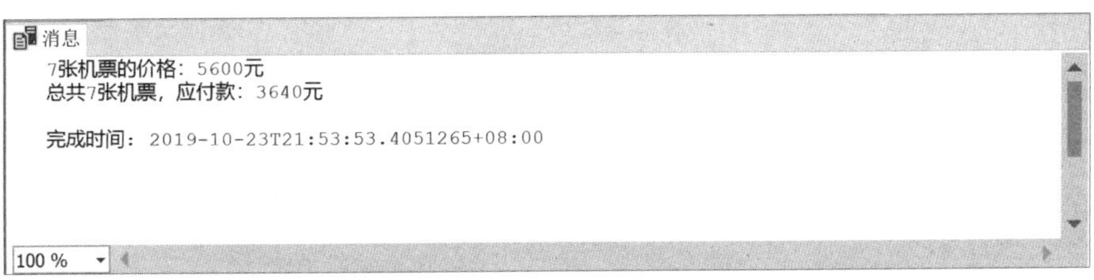

图 10.13 出现不可重复读

该结果说明了事务 TE 出现了不可重复读:在相同条件下,利用两次读取的信息来计算的机票价格却不一样。原因在于,当事务 TE 处于 10s 等待期时,事务 TF 对机票价格(price)进行六五折处理,结果导致了在同一事务中的两次读取操作获得不同的结果。

如果将事务隔离级别由原来的 READ COMMITTED 改为 REPEATABLE READ(其他代码不变),就可以防止上述不可重复读,如图 10.14 所示。这是因为 REPEATABLE READ 隔离级别不允许对事务 TE 已经读取的数据(价格)进行任何的更新操作,这样事务 TF 只能等待事务 TE 结束后才能对价格进行六五折处理,从而避免不可重复读问题。显然,由于出现事务 TF 等待事务 TE 的情况,因此使用 REPEATABLE READ 隔离级别时要比使用 READ COMMITTED 的效率低。

4. 使用 SERIALIZABLE

SERIALIZABLE 是 SQL Server 最高的隔离级别。在该隔离级别下,一个数据块一旦被一个事务读取或修改,则不允许别的事务对这些数据进行更新操作(包括 UPDATE、

图 10.14 避免了出现不可重复读

INSERT 和 DELETE)，直到该事务提交或回滚。也就是说，一旦一个数据块被一个事务锁定，则其他事务如果需要修改此数据块，它们只能排队等待。SERIALIZABLE 隔离级别的这些性质决定了它能够解决“幻影”读问题。

其作用可简记为：事务必须串行执行。

【例 10.9】 使用 SERIALIZABLE 隔离级别，防止“幻影”读。

先看看存在“幻影”读的事务 TG。

```
--事务 TG 的代码
SET TRANSACTION ISOLATION LEVEL REPEATABLE READ                --设置事务隔离级别
BEGIN TRAN TG
    SELECT * FROM TestTransTable4 WHERE price <=1200;          --第一次读
    WAITFOR DELAY '00:00:10'                                   --事务等待 10s
    SELECT * FROM TestTransTable4 WHERE price <=1200;          --第二次读
COMMIT TRAN TG                                                 --提交事务
```

构造另一事务 TH：

```
--事务 TH 的代码
SET TRANSACTION ISOLATION LEVEL REPEATABLE READ;               --设置事务隔离级别
BEGIN TRAN TH
    INSERT INTO TestTransTable4 VALUES('A333',1000,20);
COMMIT TRAN TH
```

分别在两个查询窗口中先后运行事务 TG 和事务 TH(时间间隔要小于 10s，且先恢复表 TestTransTable4 中的数据)，事务 TG 中的两条 SELECT 语句输出的结果分别如图 10.15 和图 10.16 所示。

	flight	price	number
1	A111	800	10
2	A222	1200	20

图 10.15 事务 TG 中第一次查询结果

	flight	price	number
1	A111	800	10
2	A222	1200	20
3	A333	1000	20

图 10.16 事务 TG 中第二次查询结果

可以看到，在事务 TG 中完全相同的两个查询语句在两次执行后得到的结果不一样，其中，在第二次查询结果中“幻影”般地增加了一个票价为 1000 元的航班信息。可见，REPEATABLE READ 隔离级别虽然比前二者均高，但还是不能防止“幻影”读。

如果将事务隔离级别由原来的 REPEATABLE READ 改为 SERIALIZABLE(其他代码不变),按照上述同样方法执行这两个事务后,事务 TG 中的两次查询得到的结果均如图 10.15 所示。这表明“幻影”读已经不复存在了,隔离级别 SERIALIZABLE 可以防止上述的“幻影”读。如果这时进一步查询表 TestTransTable4 中的数据,可以看到其结果与图 10.15 所示的结果一样。这是因为,在 SERIALIZABLE 隔离级别下,事务 TG 执行完了以后再执行事务 TH,即串行事务 TG 和 TH,因此事务 TH 中的语句不会影响到事务 TG,从而避免“幻影”读。

需要说明的是,REPEATABLE READ 和 SERIALIZABLE 隔离级别对系统性能的影响都很大,特别是 SERIALIZABLE 隔离级别,不是非不得已,最好不要使用。

根据以上分析,4 种隔离级别对事务“读”和“写”操作的处理关系说明如表 10.1 所示。

表 10.1 不同隔离级别下“读”和“写”的关系

隔离级别	“读”操作		“写”操作	
READ UNCOMMITTED	读了,可再读	读了,可再写	写了,可再读	写了,不可再写
READ COMMITTED	读了,可再读	读了,可再写	写了,不可再读	写了,不可再写
REPEATABLE READ	读了,可再读	读了,不可再写	写了,不可再读	写了,不可再写
SERIALIZABLE	读了,可再读	读了,不可再写、插和删	写了,不可再读	写了,不可再写

表 10.1 中,“读”“写”“插”和“删”分别指 SELECT、UPDATE、INSERT 和 DELETE 操作。“读了,可再读”表述的意思是,执行了 SELECT 后,在事务还没有提交或回滚之前,还可以继续执行 SELECT;“读了,不可再写”是指,执行了 SELECT 后,在事务还没有提交或回滚之前,是不允许执行 UPDATE 操作的。其他项的意思可以以此类推。

根据表 10.1,可进一步总结 4 种隔离级别对支持解决并发问题的情况,结果如表 10.2 所示。

表 10.2 各种隔离级别对支持解决并发问题的情况

隔离级别	丢失修改	“脏”读	不可重复读	“幻影”读
READ UNCOMMITTED	×	×	×	×
READ COMMITTED	×	√	×	×
REPEATABLE READ	√	√	√	×
SERIALIZABLE	√	√	√	√

注:√表示“防止”,×表示“不一定防止”

严格地说,REPEATABLE READ 和 SERIALIZABLE 是不支持解决丢失修改问题的,因为它们用于此类问题时,容易造成死锁。例如,对于例 10.6 中的事务 TA 和 TB,如果将其中的 UNCOMMITTED 替换成 REPEATABLE READ 或 SERIALIZABLE,然后按照例 10.6 中的方法执行这两个事务,结果虽然没有造成数据的不一致,但出现了死锁(死锁最后是由 SQL Server 自动终止一个事务来解除的)。因此,隔离级别的方法并不能完全解决涉及的并发问题。

10.3.4 基于锁的并发控制

锁定是指对数据块的锁定，是 SQL Server 数据库引擎用来同步多个用户同时对同一个数据块进行访问的一种控制机制。这种机制的实现是利用锁(LOCK)来完成的。一个用户(事务)可以申请对一个资源加锁，如果申请成功的话，则在该事务访问此资源的时候其他用户对此资源的访问受到诸多的限制，以保证数据的完整性和一致性。

SQL Server 提供了多种不同类型的锁。有的锁类型是兼容的，有的是不兼容的。不同类型的锁决定了事务对数据块的访问模式。SQL Server 常用的锁类型主要包括以下几种。

(1) 共享锁(S)：允许多个事务并发读取同一数据块，但不允许其他事务修改当前事务加锁的数据块。一个事务对一个数据块加上一个共享锁后，其他事务也可以继续对该数据块加上共享锁。这就是说，当一个数据块被多个事务同时加上共享锁的时候，所有的事务都不能对这个数据块进行修改，直到数据读取完成，共享锁释放。

(2) 排他锁(X)：也称独占锁、写锁，当一个事务对一个数据块加上排他锁后，它可以对该数据块进行 UPDATE、DELETE、INSERT 等操作，而其他事务不能对该数据块加上任何锁，因而也不能执行任何的更新操作(包括 UPDATE、DELETE 和 INSERT)。一般用于对数据块进行更新操作时的并发控制，它可以保证同一数据块不会被多个事务同时进行更新操作，避免由此引发的数据不一致。

(3) 更新锁：更新锁介于共享锁和排他锁之间，主要用于数据更新，可以较好地防止死锁。一个数据块的更新锁一次只能分配给一个事务，在读数据的时候该更新锁是共享锁，一旦更新数据时它就变成排他锁，更新完后又变为共享锁。但在变换过程中，可能出现锁等待等问题，且变换本身也需要时间，因此使用这种锁时，效率并不十分理想。

(4) 意向锁：表示 SQL Server 需要在层次结构中的某些底层资源上(如行、列)获取共享锁、排他锁或更新锁。例如，表级放置了意向共享锁，就表示事务要对表的页或行使用共享锁；在表的某一行上放置意向锁，可以防止其他事务获取其他不兼容的锁。意向锁的优点是可以提高性能，因为数据引擎不需要检测资源的每一列每一行，就能判断是否可以获取到该资源的兼容锁。它包括三种类型：意向共享锁、意向排他锁、意向排他共享锁。

(5) 架构锁：架构锁用于在修改表结构时，阻止其他事务对表的并发访问。

(6) 键范围锁：用于锁定表中记录之间的范围的锁，以防止记录集中的“幻影”插入或删除，确保事务的串行执行。

(7) 大容量更新锁：允许多个进程将大容量数据并发地复制到同一个表中，在复制加载的同时，不允许其他非复制进程访问该表。

在这些锁当中，共享锁(S 锁)和排他锁(X 锁)尤为重要，它们之间的相容关系描述如下：如果事务 T 对数据块 D 成功加上共享锁，则其他事务只能对 D 再加共享锁，不能加排他锁，且此时事务 T 只能读数据块 D，不能修改它(除非其他事务没有对该数据块加共享锁)。如果事务 T 对数据块 D 成功加上排他锁，则其他事务不能再对 D 加上任何类型的锁，也不能对 D 进行读操作和写操作，而此时事务 T 既能读数据块 D，又能修改该数据块。

下面主要是结合 SQL Server 提供的表提示(table_hint)，介绍共享锁和排他锁在并发控制中的使用方法。加锁情况的动态信息可以通过查询系统表 sys.dm_tran_locks 获得。

通过在 SELECT、INSERT、UPDATE 及 DELETE 语句中为单个表引用指定表提示，可以实现对数据块的加锁功能，实现事务对数据访问的并发控制。

为数据表指定表提示的简化语法如下。

```
{SELECT … | INSERT … | UPDATE … | DELECT … | MERGE …}   [ WITH ( <table_hint>) ]

<table_hint>::=
[ NOEXPAND ] {
    INDEX ( index_value [ ,…n ] ) | INDEX =( index_value )
  | FASTFIRSTROW
  | FORCESEEK
  | HOLDLOCK
  | NOLOCK
  | NOWAIT
  | PAGLOCK
  | READCOMMITTED
  | READCOMMITTEDLOCK
  | READPAST
  | READUNCOMMITTED
  | REPEATABLEREAD
  | ROWLOCK
  | SERIALIZABLE
  | TABLOCK
  | TABLOCKX
  | UPDLOCK
  | XLOCK
}
```

表提示语法中有很多选项，下面主要介绍与表级锁有密切相关的几个选项。

HOLDLOCK 表示使用共享锁，即使用共享锁更具有限制性，保持共享锁直到事务完成。而不是无论事务是否完成，都在不再需要所需表或数据页时立即释放共享锁。HOLDLOCK 不能被用于包含 FOR BROWSE 选项的 SELECT 语句。它同等于 SERIALIZABLE 隔离级别。

NOLOCK 表示不发布共享锁来阻止其他事务修改当前事务在读的数据，允许读“脏”数据。它等同于 READ UNCOMMITTED 隔离级别。

PAGLOCK 表示使用页锁，通常使用在行或键采用单个锁的地方，或者采用单个表锁的地方。

READPAST 指定数据库引擎跳过(不读取)由其他事务锁定的行。在大多数情况下,这同样适用于页。数据库引擎跳过这些行或页,而不是在释放锁之前阻塞当前事务。它仅适用于 READ COMMITTED 或 REPEATABLE READ 隔离级别的事务中。

ROWLOCK 表示使用行锁,通常在采用页锁或表锁时使用。

TABLOCK 指定对表采用共享锁并让其一直持有,直至语句结束。如果同时指定了 HOLDLOCK,则会一直持有共享表锁,直至事务结束。

TABLOCKX 指定对表采用排他锁(独占表级锁)。如果同时指定了 HOLDLOCK,则会一直持有该锁,直至事务完成。在整个事务期间,其他事务不能访问该数据表。

UPDLOCK 指定要使用更新锁(而不是共享锁),并保持到事务完成。

需要注意的是,如果设置了事务隔离级别,同时指定了锁提示,则锁提示将覆盖会话的当前事务隔离级别。

【例 10.10】 使用表级共享锁。

对于数据表 TestTransTable4,事务 T1 对其加上表级共享锁,使得在事务期内其他事务不能更新此数据表。事务 T1 的代码如下。

```
BEGIN TRAN T1
    DECLARE @s varchar(10);
    --下面一条语句的唯一作用是对表加共享锁
    SELECT @s =flight FROM TestTransTable4 WITH(HOLDLOCK,TABLOCK) WHERE 1=2;
    PRINT '加锁时间:'+CONVERT(varchar(30), GETDATE(), 20);
    WAITFOR DELAY '00:00:10'                              --事务等待 10s
    PRINT '解锁时间:'+CONVERT(varchar(30), GETDATE(), 20);
COMMIT TRAN T1
```

为观察共享锁的效果,进一步定义事务 T2:

```
BEGIN TRAN T2
    UPDATE TestTransTable4 SET price =price * 0.65 WHERE flight ='A111';
    PRINT '数据更新时间:'+CONVERT(varchar(30), GETDATE(), 20);
COMMIT TRAN T2
```

然后分别在两个查询窗口中先后运行事务 T1 和事务 T2(时间间隔要小于 10s),事务 T1 和 T2 输出的结果分别如图 10.17 和图 10.18 所示。

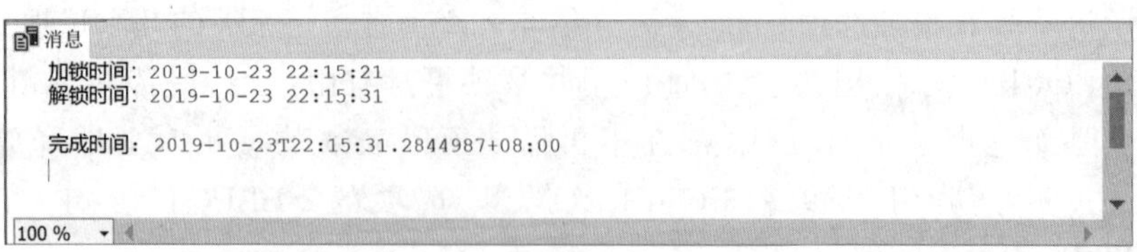

图 10.17 事务 T1 的输出结果

对比图 10.17 和图 10.18,事务 T2 对表 TestTransTable4 的更新操作(包括删除和添加)必须等到事务 T1 解除共享锁以后才能进行(但在事务 T1 期内,事务 T2 可以使用 SELECT 语句查询表 TestTransTable4)。

可见,使用 HOLDLOCK 和 TABLOCK 可以避免在事务期内被锁定对象受到更新

图 10.18 事务 T2 的输出结果

(包括删除和添加),因而可以避免"幻影"读;但由于 T2 在进行 UPDATE 操作后,T1 能够继续 SELECT 数据,因此这种控制策略不能防止读"脏"数据;另外,共享锁也不能防止丢失修改。

如果同时在 T1 和 T2 中添加读操作和写操作,则容易造成死锁。例如,如果在例 10.6 的两个事务 TA 和 TB 中改用共享锁进行并发控制,同样会出现死锁的现象。但更新锁能够自动实现在共享锁和排他锁之间的切换,完成对数据的读取和更新,且在防止死锁方面有优势。如果在例 10.6 的两个事务 TA 和 TB 中改用更新锁,结果是可以对这两个事务成功进行并发控制的。请看下面的例子。

【例 10.11】 利用更新锁解决丢失修改问题。

对于例 10.6 的两个事务 TA 和 TB,用事务隔离级别的方法难以解决丢失修改问题,但用更新锁则可以较好地解决这个问题。更新锁是用 UPDLOCK 选项来定义,修改后事务 TA 和 TB 的代码如下。

```
--事务 TA 的代码
BEGIN TRAN TA
DECLARE @n int;
SELECT @n = number FROM TestTransTable4 WITH (UPDLOCK, TABLOCK) WHERE flight = '
A111';
WAITFOR DELAY '00:00:10'                          --等待 10s,以让事务 TB 读数据
SET @n = @n - 4;
UPDATE TestTransTable4 SET number = @n WHERE flight = 'A111';
COMMIT TRAN TA

--事务 TB 的代码
BEGIN TRAN TB
DECLARE @n int;
SELECT @n = number FROM TestTransTable4 WITH (UPDLOCK, TABLOCK) WHERE flight = '
A111';
WAITFOR DELAY '00:00:15'
SET @n = @n - 3;
UPDATE TestTransTable4 SET number = @n WHERE flight = 'A111';
COMMIT TRAN  TB
```

下面举一个例子说明如何通过锁定技术实现事务执行的串行化。对于其他选项的使用方法以及有关并发控制问题,读者请自行依例模仿。

【例 10.12】 利用排他锁来实现事务执行的串行化。

下面的代码是为表 TestTransTable4 加上表级排他锁(TABLOCKX),并将其作用范围设置为整个事务期。

```
BEGIN TRAN T3
    DECLARE @s varchar(10);
    --下面一条语句的唯一作用是对表加排他锁
    SELECT @s =flight FROM TestTransTable4 WITH(HOLDLOCK,TABLOCKX) WHERE 1=2;
    PRINT '加锁时间:'+CONVERT(varchar(30), GETDATE(), 20);
    WAITFOR DELAY '00:00:10'                          --事务等待 10s
    PRINT '解锁时间:'+CONVERT(varchar(30), GETDATE(), 20);
COMMIT TRAN T3
```

进一步定义事务 T4:

```
BEGIN TRAN T4
    DECLARE @s varchar(10);
    SELECT @s =flight FROM TestTransTable4;
    PRINT '数据查询时间:'+CONVERT(varchar(30), GETDATE(), 20);
COMMIT TRAN T4
```

与例 10.10 类似,分别在两个查询窗口中先后运行事务 T3 和事务 T4(时间间隔要小于 10s),事务 T3 和 T4 输出的结果分别如图 10.19 和图 10.20 所示。

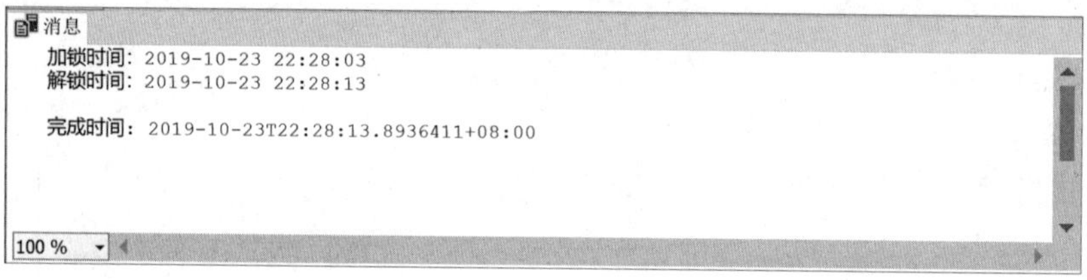

图 10.19 事务 T3 的输出结果

图 10.20 事务 T4 的输出结果

可见,事务 T3 通过利用 TABLOCKX 选项对表 TestTransTable4 加上排他锁以后,事务 T4 对该表的查询操作只能在事务 T3 结束之后才能进行,其他更新操作(如 INSERT、UPDATE 和 DELETE)更是如此。因此,利用排他锁可以实现事务执行的串行化控制。当然,采用这种并发控制策略,相当于串行执行事务,能够解决所有的并发问题,但并发程度和效率都是最低的。

习　　题

一、选择题

1. 若事务 A 已对数据 D 加上了共享锁，则事务 B(　　)。

   A. 不能再给 A 加任何锁

   B. 可以再对 A 加排他锁

   C. 既可以对 A 加共享锁，也可以对 A 加排他锁

   D. 只能再对 A 加共享锁

2. 事务的起始标志是(　　)。

   A. 以 BEGIN 开始、以 END 结束

   B. 以 BEGIN TRANSACTION 语句开始、以 ROLL-BACK 语句结束

   C. 以 BEGIN TRANSACTION 语句开始、以 COMMIT 语句结束

   D. 以 BEGIN TRANSACTION 语句开始、以 ROLL-BACK 语句或 COMMIT 语句结束

3. 全局变量@@TRANCOUNT 记录着当前活动事务的个数，事务的启动和终止都会影响该变量的值。有关影响该变量的因素，下列说法错误的是(　　)。

   A. 每执行一次 BEGIN TRANSACTION 命令就会使@@TRANCOUNT 的值增加 1

   B. 每执行一次 COMMIT 命令时，@@TRANCOUNT 的值就减 1

   C. 一旦执行到 ROLLBACK TRANSACTION savepoint_name(部分回滚)，@@TRANCOUNT 的值将变为 0

   D. 一旦执行到 ROLLBACK TRANSACTION 命令(全部回滚)，@@TRANCOUNT 的值将减到 0

4. 下面不属于并发控制任务范围内的是(　　)。

   A. 正确性　　B. 完整性　　C. 一致性　　D. 高效性

5. 假设事务 T 成功对数据块 D 加上了共享锁后，事务 T 对数据块 D(　　)。

   A. 只能读不能写　　B. 只能写不能读

   C. 既可读又可写　　D. 不能读不能写

6. 在数据库技术中，“脏数据”是指(　　)。

   A. 未回滚的数据　　B. 未提交的数据

   C. 回滚的数据　　D. 未提交随后又被撤销的数据

二、填空题

1. 当一个事务对一个数据块加锁后，在其生命周期内任何其他事务都不能对该数据块加锁，则这种锁称为________。

2. 在事务编程中，事务以 BEGIN TRANSACTION 语句开始，以________语句或 ROLL-BACK 语句结束。

3. 在并发事务中，导致出现不一致性数据的几种原因是丢失修改、________、

________和幻影读等。

4. 在 SQL Server 数据库中,可以使用 4 种事务隔离级别来实现事务的并发控制,它们是 READ UNCOMMITTED、READ COMMITTED、________ 和________。

三、简答题

1. 什么是事务? 它具有哪些特性?

2. 请从数据一致性的角度阐述在数据库编程中引入事务的必要性。

3. 事务有哪两种处理模式?

4. 并发控制有何作用?

5. 在 SQL Server 数据库中,实现并发控制主要有哪些技术和方法?

6. 在 SQL Server 数据库中,主要有哪些事务隔离级别? 它们有何特点?

四、实验题

1. 请构建事务 T1,使得在执行事务 T1 期间所有事务(包括事务 T1)中的操作只可以读取表 student 中的数据,而不能对它进行插入、更新和删除操作。

2. 在一个库存管理系统中,用关系 H(h#, hn, hq, hp)保存零件信息,其中,h#, hn, hq, hp 分别表示零件编号、名称、库存数量、单价。下列事务模拟了一次查询要取出零件的总价,然后进行付款、取出零件的过程。请从并发控制的角度出发,看看该事务存在什么问题,如果要改进,该怎么办?

```
SET TRANSACTION ISOLATION LEVEL READ COMMITTED;              --设置事务隔离级别
BEGIN TRAN TE
    DECLARE @p int, @n int;
    SELECT @p =hp FROM H WHERE h#='h101';                    --第一次读取产品价格
    SET @n =10; --欲取出 10 个零件
    PRINT CONVERT(varchar(10),@n)+'个零件的价格:'+CONVERT(varchar(10),@n*@p)
    +'元';
    --接着取出零件,并付款
    SELECT @p =hp FROM H WHERE h#='h101';                    --第二次读取产品价格
    SET @n =10;
    PRINT '总共'+CONVERT(varchar(10),@n)+'个零件,应付款:'+CONVERT(varchar
    (10),@n*@p)+'元';
COMMIT TRAN TE                                               --提交事务
```

第 11 章

数据的完整性管理

数据完整性包括数据的正确性和相容性，用于保证数据在语义上的合理性和有效性。数据完整性可以分为 4 种类型：实体完整性、参照完整性、域完整性和用户定义完整性。本章主要以这 4 种类型的数据完整性为主线展开对数据完整性实施方法的介绍。

通过本章的学习，读者应该掌握下列内容。

- 理解数据完整性的概念及其作用。
- 了解在 SQL Server 中实施数据完整性的基本途径和方法。
- 重点掌握实体完整性和参照完整性的实施方法，深刻理解域完整性以及用户自定义完整性的运用方法。

11.1 关于数据完整性

11.1.1 数据完整性的概念

数据完整性包含两方面的含义：数据的正确性和数据的相容性，它们共同保证数据在语义上的合理性和有效性。例如，学生信息表中的性别只能是“男”或者是“女”，而不能是其他数据，这就是数据的正确性；学生姓名对应的学生必须是已经存在的，而不是虚构的姓名，这就是数据的相容性。

数据的完整性和安全性是两个不同的概念，它们存在着本质的区别。完整性是为了防止数据库中出现语义上不正确的数据，保证每一个数据都能得到有效的解释。例如，如果学生的成绩超过 100 分(成绩采用百分制)，那么这个分数是没有意义的，这种数据不具备完整性。安全性则是为了防止数据库遭到恶意破坏和非法操作，从而引起不正确的数据更新或数据丢失。例如，如果一个用户未经授权而能够私自进入数据库，更改学生的成绩(即使更改的结果仍然在 100 分之内)，那么这种数据是不安全的。

数据完整性的保证一般是由 DBMS 提供的相应机制来实现的。这些机制包括完整性约束条件、完整性检查方法以及违约处理等。

11.1.2 数据完整性的分类

数据完整性大致可分为 4 种类型：实体完整性、参照完整性、域完整性、用户定义完整性等。数据完整性的理论介绍见 2.1.3 节，本节主要是介绍如何在 SQL Server 中实现这些完整性约束。

1. 实体完整性

实体完整性又称行完整性，是指任何一个实体都存在区别于其他实体的特征，而且这些特征值都不能为空(NULL)。实体的这些特征是由关系中的某个或某些字段来刻画的，即实体完整性要求任意两行在这些字段上的取值不能完全相等且字段值不能为空。也就是说，如果某两行在这些字段上的取值分别相等或者为空，则相应的关系不满足实体完整性约束。

保证实体完整性，或者说保证关系中不存在"相同"的两行主要是通过主键(Primary Key)、唯一码(Unique Key)、唯一索引(Unique Index)、CHECK 约束和标识字段(Identity Column)等机制来实现的。

2. 参照完整性

参照完整性又称引用完整性，它是指主关系表(被参照表，常称**主表**)中的数据与从关系表(参照表，常称**从表**)中数据的一致性，具体见 2.1.3 节的介绍。

参照完整性主要是通过定义表间的主键(主码)和外键(外码)关联来实现的。另外，存储过程、触发器等也通常用来实现数据的参照完整性。

3. 域完整性

域即字段(列)。域完整性即字段的完整性，它是字段值在语义上的合理性和有效性。例如，学生成绩不能超过 100 分，姓名字段值不能为空(NULL)等都是域完整性的例子。

域完整性主要是通过检查(Check)、规则(Rule)、数据类型(Data Type)、外键(Foreign Key)、默认值(Default)、触发器(Trigger)等机制来保证。

4. 用户定义完整性

实体完整性和参照完整性是关系模型最基本的要求。除此以外，在面向具体的应用时，用户还可以根据实际需要定义一些特殊的约束条件。这种针对具体应用的、由用户定义的特殊约束条件就是用户定义完整性。

用户定义完整性通常是由规则、触发器、表约束等机制来实现的。

实际上，域完整性中有部分也是由用户来定义的，如将成绩字段的取值范围定义为 0～100 等，但不是全部由用户定义，如有的是由数据类型等自动约定的。所以，用户定义完整性和域完整性是相交关系，但不是隶属关系。

现在的 DBMS 产品一般都提供定义和检查这些数据完整性的机制。因此，在应用开发时用户应在 DBMS 中定义数据的完整性，然后由 DBMS 自动检查并给出相应提示信息，而不应由应用程序来保证数据的完整性。

11.2 实体完整性的实现

11.2.1 实体完整性的定义

实体完整性在 CREATE TABLE 或 ALTER TABLE 语句中可以通过主键约束、唯一约束或 Identity 字段来实施。其中，主键约束是最常用的实体完整性实施方法。当主键由一个字段构成时，主键约束既可以定义为列级约束，也可以定义为表级约束；如果主键由多个字段构成，则主键约束必须定义为表级约束。

1. 主键约束

【例 11.1】 将表 student 中的字段 s_no 定义为主键，从而使该表满足实体完整性。

```
CREATE TABLE student(
    s_no char(8)        PRIMARY KEY,                    --定义主键
    s_name char(8),
    s_sex char(2),
    s_birthday smalldatetime,
    s_speciality varchar(50),
    s_avgrade numeric(4,1),
    s_dept varchar(50)
  );
```

上述定义语句中，使用关键字 PRIMARY KEY 将字段 s_no 定义为主键，属于列级约束。当涉及由两个或两个以上字段构成主键时，必须定义为表级约束。例如，下列定义的表 SC 中，主键是由字段 s_no 和字段 c_name 构成，属于表级约束。

```
CREATE TABLE SC(
  s_no    char(8),
  c_name     varchar(20),
  c_grade    numeric(4,1),
  PRIMARY KEY(s_no, c_name)                        --将(s_no, c_name)设为主键
  );
```

2. 唯一约束

在 SQL Server 中，唯一约束可以通过创建唯一索引来实现。如果对一个字段同时使用唯一约束和非空约束，也可以实现实体完整性。

【例 11.2】 先创建表 student，然后为字段 s_no 定义唯一索引和非空约束，从而同样可以保证表中不会出现重复行且不允许在字段 s_no 上插入空值(NULL)，因此也能够实现实体完整性。

```
CREATE TABLE student(                                 --定义表 student
    s_no char(8) NOT NULL,
    s_name char(8),
    s_sex char(2),
    s_birthday smalldatetime,
    s_speciality varchar(50),
    s_avgrade numeric(4,1),
    s_dept varchar(50)
  );
CREATE UNIQUE INDEX unique_index ON student(s_no); --定义唯一索引
```

从实体完整性的角度看，上述这段代码等价于下列语句。

```
CREATE TABLE student(
    s_no char(8) UNIQUE NOT NULL,
```

```
    s_name char(8),
    s_sex char(2),
    s_birthday smalldatetime,
    s_speciality varchar(50),
    s_avgrade numeric(4,1),
    s_dept varchar(50)
  );
```

3. Identity 字段

在创建表时可以使用关键字 Identity 来定义一种特殊的字段,称为 Identity 字段。该字段的值一般不需要用户去操作。当用户对表进行插入或删除时,它将按照定义时设定的初值和增量值自动调整。实际上其作用相当于主键的作用,它可以保证任何记录都不可能在该字段上取值相等。

Identity 字段除了用于实现实体完整性以外,没有其他的实际意义。

IDENTITY 的语法如下。

```
IDENTITY [ ( seed, increment ) ]
```

其中,参数 seed 用于设定装载到表中的第一个行所使用的值,参数 increment 表示增量值。如果这两个参数都不指定,则取默认值(1,1)。

【例 11.3】 创建带 Identity 字段的表 student,使表中第一行的 Identity 字段值为 0,增量值为 10。

```
CREATE TABLE student(
    id_num int IDENTITY(0,10),                    --定义 Identity 字段
    s_no char(8),
    s_name char(8),
    s_sex char(2),
    s_birthday smalldatetime,
    s_speciality varchar(50),
    s_avgrade numeric(4,1),
    s_dept varchar(50)
  );
```

不需要对 Identity 字段插入数据值,该字段值是按照既定的设置自动增加的。例如,插入下面 3 条记录后,表 student 中的数据如图 11.1 所示。

```
INSERT student VALUES('20170201','刘洋','女','1997-02-03','计算机应用技术',98.
5,'计算机系');
INSERT student VALUES('20170202','王晓珂','女','1997-09-20','计算机软件与理论',
88.1,'计算机系');
INSERT student VALUES('20170203','王伟志','男','1996-12-12','智能科学与技术',
89.8,'智能技术系');
```

	id_num	s_no	s_name	s_sex	s_birthday	s_speciality	s_avgrade	s_dept
1	0	20170201	刘洋	女	1997-02-03 00:00:00	计算机应用技术	98.5	计算机系
2	10	20170202	王晓珂	女	1997-09-20 00:00:00	计算机软件与理论	88.1	计算机系
3	20	20170203	王伟志	男	1996-12-12 00:00:00	智能科学与技术	89.8	智能技术系

图 11.1　字段 Identity 自动更新效果

11.2.2　实体完整性的检查

在定义主键和唯一约束以后，每当用户向表中插入数据或在表中更新数据时，只要涉及约束作用的字段则必将检查插入或更新后的数据是否满足约束条件。对于主键约束，所检查的内容如下。

(1) 主键值是否唯一：如果唯一则操作成功，否则拒绝插入或更新数据（保证唯一性）。

(2) 主键值是否为空（NULL）：主键中只要有一个字段的值为空，则拒绝输入数据或修改数据。

对于唯一性约束，只检查上述内容的第一项，即检查是否唯一即可。对于由 Identity 字段定义的约束，它能够自动保证该字段值的唯一性和非空性，从而实现实体的完整性。

11.3　参照完整性的实现

11.3.1　参照完整性的定义

参照完整性是通过定义外键与主键之间或外键与唯一约束字段之间的对应关系来实现的，由这种关系形成的约束称为外键约束。在 SQL 中，外键约束通常是由嵌套在 CREATE TABLE 语句或 ALTER TABLE 语句中的短语 FOREIGN KEY… REFERENCES…来定义。它涉及两个表：一个是主表（被参照表），由关键字 REFERENCES 指定；另一个是从表（参照表），是使用短语 FOREIGN KEY… REFERENCES…的表。

需要注意的是，在创建主表和从表的时候，须先定义主表，然后定义从表，顺序不能反。

【例 11.4】　创建表 SC 对表 student 的外键约束。

首先创建表 student，并将字段 s_no 定义为主键，然后创建表 SC 并定义表 SC 对表 student 的外键约束 SC_FR。实现代码如下。

```
CREATE TABLE student(                                --主表,要先创建
    s_no char(8)         PRIMARY KEY,                --定义主键
    s_name char(8),
    s_sex char(2),
    s_birthday smalldatetime,
    s_speciality varchar(50),
    s_avgrade numeric(4,1),
```

```
    s_dept varchar(50)
  );

CREATE TABLE SC(                                        --从表,要后创建
    s_no    char(8),                                    --外键
    c_name  varchar(20),
    c_grade numeric(4,1),
    PRIMARY KEY(s_no, c_name),                          --将(s_no, c_name)设为主键
    FOREIGN KEY (s_no) REFERENCES student(s_no)         --定义 s_no 为 SC 的外键
  );
```

在表 student 和表 SC 中,利用短语 FOREIGN KEY…REFERENCES 将表 student 中的字段 s_no 和表 SC 中的字段 s_no 关联起来,建立起这两个表之间的主外键关联,形成一种参照完整性约束。其中,s_no 为表 student 的主键,为表 SC 的外键。

在上述参照完整性约束的定义中,主表 student 中与从表 SC 关联的字段一般要定义为主键,如果不定义为主键,至少也要满足唯一约束,否则将出错。例如,下面的定义也是合法的。

```
CREATE TABLE student(                                   --主表
    s_no char(8),
    s_name char(8),
    s_sex char(2),
    s_birthday smalldatetime,
    s_speciality varchar(50),
    s_avgrade numeric(4,1),
    s_dept varchar(50)
  );
CREATE UNIQUE INDEX unique_index ON student(s_no);      --定义唯一索引
    CREATE TABLE SC(                                    --从表
    s_no   char(8),
    c_name  varchar(20),
    c_grade numeric(4,1),
    PRIMARY KEY(s_no, c_name),                          --将(s_no, c_name)设为主键
    FOREIGN KEY (s_no) REFERENCES student(s_no)         --定义外键
  );
```

如果没有定义唯一索引 unique_index,则上述代码将产生运行错误。

11.3.2 参照完整性的检查

参照完整性在两个表之间定义了一种对应关系,这种关系一般是基于一个或多个字段来定义的,这些字段通常称为关联字段。这种关系要求:对于从表中的每一条记录,在主表中必须包含在关联字段上取值相等的记录;但对于主表中的每一条记录,并不要求在从表中存在与之关联的记录。简单地说,任何时候主表必须"包含"从表中的记录。

表 11.1 到表 11.2 之间的连线表示了表 SC 到表 student 的对应关系。其中，表 student 作为主表，表 SC 作为从表，关联字段是“学号”。该字段是表 student 的主键，是表 SC 的外键。对于从表 SC 中的每一条记录，在主表 student 中都有一条记录在关联字段“学号”上取值相等。例如，表 SC 中学号为“20170201”的三条记录对应着表 student 中的第一条记录等。这样，通过建立表 SC 的外键与表 student 中的主键之间的联系就实现了这两个表之间的参照完整性。

表 11.1　数据表 student（主表）

学号	姓名	性别	出生日期	专业	平均成绩	系别
20170201	刘洋	女	1997-02-03	计算机应用技术	98.5	计算机系
20170202	王晓珂	女	1997-09-20	计算机软件与理论	88.1	计算机系
20170203	王伟志	男	1996-12-12	智能科学与技术	89.8	智能技术系
20170204	岳志强	男	1998-06-01	智能科学与技术	75.8	智能技术系
20170205	贾簿	男	1994-09-03	计算机软件与理论	43.0	计算机系
20170206	李思思	女	1996-05-05	计算机应用技术	67.3	计算机系
20170207	蒙恬	男	1995-12-02	大数据技术	78.8	大数据技术系
20170208	张宇	女	1997-03-08	大数据技术	59.3	大数据技术系

表 11.2　数据表 SC（从表）

学号	课程	课程成绩
20170201	数据库原理	70.0
20170201	算法设计与分析	92.4
20170201	英语	80.2
20170202	算法设计与分析	85.2
20170202	英语	81.9
20170203	多媒体技术	68.1

参照完整性约束一旦建立，则任何破坏这种约束的 DML 操作（包括插入、更新和删除操作）都被拒绝执行，从而起到保护数据完整性的目的。为此，SQL Server 对数据库操作是否保持参照完整性提供了检查机制和相应的违约处理。

对于参照完整性来说，数据库操作应该遵循以下几条原则。

（1）从表不能引用主表中不存在的键值。这是理解外键约束概念的关键，由此不难理解以下几点。

（2）当向从表中插入记录后，必须保证主表中已经存在与此记录相关联的记录。

（3）当修改主表或从表中的数据时，不允许出现存在从表中的记录在主表中没有相关联的记录的情况。

（4）如果要从主表中删除记录，则必须先删除从表中与此相关联的记录（如果存在的话），然后才能删除主表中的记录；对于表的删除操作，必须先删除从表，然后才能删除主表。

一旦某种数据库操作违反了上述的某一条准则，则 SQL Server 采取默认的处理措施——拒绝执行。

11.4 用户定义完整性的实现

用户定义完整性主要是面向某一个具体应用的。SQL Server为这种完整性的定义、检查和处理提供了完善的机制。通过用户定义完整性，可以有效减少应用程序的负担，而且这种完整性的某些作用是应用程序所无法替代的。

域完整性大部分属于用户定义完整性，即由用户定义的。因此，我们把域完整性作为用户定义完整性的内容来一起介绍。

11.4.1 域完整性的实现

域完整性是通过对指定的字段定义相应的约束来实现的。这种约束属于列级约束，常用的约束主要包括非空(NOT NULL)约束、唯一(Unique)约束、检查(Check)约束和默认值(Default)约束等。

1. 非空约束

当对指定的字段创建非空约束后，该字段的输入值不允许为空(NULL)，否则操作被拒绝。创建的方法是在字段后加上关键字NOT NULL而形成的。如果不显式说明NOT NULL，则表示没有对其创建非空约束，允许其取空值。

【例11.5】 创建数据表student，使其包含的字段中字段s_no和s_name不能取空值，其他字段允许取空值。

该表的定义语句如下。

```
CREATE TABLE student(
    s_no          char(8)          NOT NULL,      --创建非空约束
    s_name        char(8)          NOT NULL,      --创建非空约束
    s_sex         char(2),
    s_birthday    smalldatetime,
    s_speciality  varchar(50),
    s_avgrade     numeric(4,1),
    s_dept        varchar(50)
  );
```

其中，由于对字段s_birthday、s_speciality、s_avgrade和s_dept没有显式说明关键字NOT NULL，所以这些字段的值允许为空。

非空约束在SSMS中创建的方法是，在表结构设计窗口中使待设置字段后面的复选框处于非选中状态，也就是说，使复选框不被勾选。例如，如图11.2所示创建的表与例11.5创建的表是等效的。

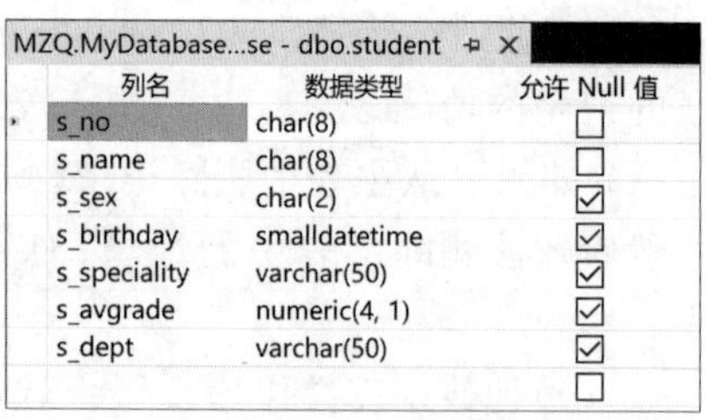

图11.2 在SSMS中创建表student

2. 唯一约束

在11.2.1节中作为实体完整性的实现方法介

绍了唯一约束，实际上唯一约束也是可以看作域完整性的实现方法。其创建方法可参见该节相关内容，不再赘述。

3. 检查约束

检查约束的应用比较灵活，使用频率高，范围广，是一种非常有用的约束。

定义检查约束的方法很多，常用的方法包括使用 SQL 语句定义、在 SSMS 中定义、使用规则定义等。

1）使用 SQL 语句

在 SQL 中使用如下子句来定义检查约束。

```
CHECK (logical_expression)
```

其中，logical_expression 为返回 TRUE 或 FALSE 的逻辑表达式，它通常是由一个字段或多个字段名构成的表达式，只有结果满足该表达式的操作才能被接受，否则拒绝执行。

该子句一般嵌入 CREATE TABLE 或 ALTER TABLE 语句中。

【例 11.6】 创建数据表 student，要求：性别(s_sex)字段取值为"男"或"女"，出生日期(s_birthday)只能为 1980 年 1 月 1 日～2010 年 1 月 1 日的日期值，平均成绩(s_avgrade)为 0～100。

依据题意，分别构造三个 CHECK 子句，然后将其放在相应字段的后面，创建表 student 的 SQL 语句如下。

```
CREATE TABLE student(
    s_no            char(8)         PRIMARY KEY,
    s_name          char(8),
    s_sex           char(2)         CHECK(s_sex ='男' OR s_sex ='女'),
    s_birthday      smalldatetime   CHECK(s_birthday>='1980-1-1' AND
                                    s_birthday<='2010-1-1'),
    s_speciality    varchar(50),
    s_avgrade       numeric(4,1)    CHECK(s_avgrade >=0 AND s_avgrade <=100),
    s_dept          varchar(50)
  );
```

2）使用 SSMS

使用 SSMS 定义检查约束时，其操作过程基本上是表结构的设计过程。不同的是，对每一个需要定义检查约束的字段，右击它(右击该字段所在的行)并在弹出的菜单中选择"CHECK 约束"命令，这时将弹出"检查约束"对话框。在此对话框中单击"添加"按钮，然后在右边列表框中的"表达式"一栏处设置逻辑表达式 logical_expression。设置完毕后单击"关闭"按钮即可。

图 11.3 列举了对平均分字段定义检查约束时在"检查约束"对话框中所做的设置。

3）使用规则

使用规则定义检查约束的基本思路是，先创建数据表以及创建满足要求的规则，然后将规则绑定到相应的字段上。

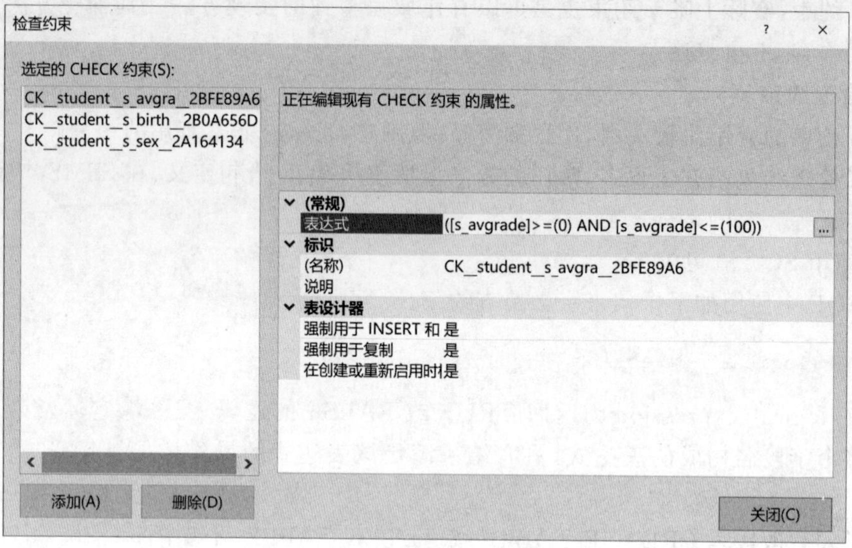

图 11.3 “检查约束”对话框

对于例 11.6,可以用下列语句来创建符合要求的数据表。

```
--创建数据表
  CREATE TABLE student(
  s_no            char(8),
  s_name          char(8),
  s_sex           char(2),
  s_birthday      smalldatetime,
  s_speciality    varchar(50),
  s_avgrade       numeric(4,1),
  s_dept          varchar(50)
);
--创建规则
CREATE RULE sex_range AS @s_sex ='男' OR @s_sex ='女'
CREATE RULE birthday_range AS @s_birthday>='1970-1-1' AND @s_birthday<='2000
-1-1'
CREATE RULE avgrade_range AS @s_avgrade >=0 AND @s_avgrade <=100
--绑定规则
sp_bindrule 'sex_range', 'student.s_sex';
sp_bindrule 'birthday_range', 'student.s_birthday';
sp_bindrule 'avgrade_range', 'student.s_avgrade';
```

注意,对于规则的创建和绑定语句,在执行时必须置于批处理语句中的第一条。由于上面有多条创建语句和绑定语句“连”在一起,因此只能逐条执行,而不能一次性执行所有的语句。

4. 默认值约束

默认值约束也是常用的一种约束。当对一个字段定义了默认值约束以后,如果在插入记录时该字段没有输入值，则自动被填上定义的默认值。

与检查约束类似，默认值约束也有三种定义方法。

1）使用 SQL 语句

在 SQL 语句中，默认值约束是用关键字 DEFAULT 来定义的。

【例 11.7】 创建数据表 student，使得字段 s_speciality 和字段 s_dept 初始值分别为“计算机软件与理论”和“计算机科学系”。

该表可用如下 SQL 语句来创建。

```
CREATE TABLE student(
    s_no            char(8),
    s_name          char(8),
    s_sex           char(2),
    s_birthday      smalldatetime,
    s_speciality    varchar(50)     DEFAULT   '计算机软件与理论',
    s_avgrade       numeric(4,1),
    s_dept          varchar(50)     DEFAULT   '计算机科学系'
  );
```

2）使用 SSMS

使用 SSMS 定义默认值约束时，其操作过程基本上也是表结构的设计过程。不同的是，对每一个需要定义默认值约束的字段，选择它并在窗口底部的“列属性”列表框中将“默认值或绑定”项的值设置为相应的默认值即可。例如，对字段 s_dept 将该项的值设置为“计算机科学系”，对字段 s_speciality 设置为“计算机软件与理论”，如图 11.4 所示。

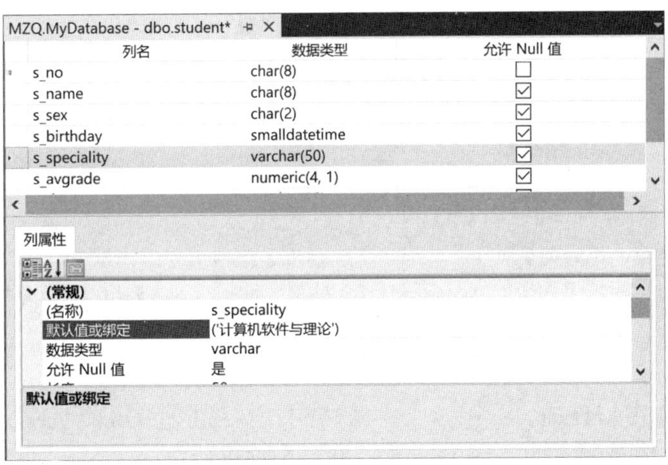

图 11.4　表结构设计窗口

3）使用规则

与检查约束的定义一样，在使用规则定义默认值约束时，先创建表和规则，然后将规则绑定到相应的字段上。

对于例 11.7，当使用规则定义默认值时可用下列语句来实现。

```
--创建数据表
CREATE TABLE student(
    s_no          char(8),
    s_name        char(8),
    s_sex         char(2),
    s_birthday    smalldatetime,
    s_speciality  varchar(50),
    s_avgrade     numeric(4,1),
    s_dept        varchar(50)
);
--创建默认值
CREATE DEFAULT speciality_default AS '计算机软件与理论'
CREATE DEFAULT dept_default AS '计算机科学系'
--绑定默认值
sp_bindefault speciality_default, 'student.s_speciality';
sp_bindefault dept_default, 'student.s_dept';
```

11.4.2 表级约束完整性的实现

表级约束是基于一个或多个字段的约束。显然,列级约束也可以定义为表级约束,但如果涉及两个或两个以上字段的约束则必须定义为表级约束(而不能定义为列级约束)。

【例 11.8】 创建数据表 SC(s_no, c_name, c_grade),其中,将(s_no, c_name)定义为主键,成绩 c_grade 为 0～100,课程(c_name)字段只能取值为"英语""数据库原理"或"算法设计与分析"。

依据题意,可构造如下建表语句。

```
CREATE TABLE SC(
  s_no              char(8),
  c_name            varchar(20),
  c_grade           numeric(4,1),
  PRIMARY KEY(s_no, c_name),     --将(s_no, c_name)设为主键
  CHECK(c_grade >=0 AND c_grade <=100 AND c_name IN('英语','数据库原理','算法设
  计与分析'))
);
```

其中,表级约束 CHECK(c_grade >=0 AND c_grade <=100 AND c_name IN('英语','数据库原理','算法设计与分析'))也可以转换为列级约束。

```
CHECK(c_grade >=0 AND c_grade <=100)
CHECK(c_name IN('英语','数据库原理','算法设计与分析'))
```

于是,上述语句可以转换为下列语句。

```
CREATE TABLE SC(
    s_no                    char(8),
```

```
    c_name   varchar(20)  CHECK(c_name IN('英语','数据库原理','算法设计与分析')),
    c_grade  numeric(4,1) CHECK(c_grade >=0 AND c_grade <=100),
    PRIMARY KEY(s_no, c_name)
);
```

但由于主键约束 PRIMARY KEY(s_no, c_name)涉及两个字段,所以不能转换为列级约束来定义。

习　　题

一、选择题

1. 在数据库中,能保证数据语义正确和有效的功能是(　　)。

A. 并发控制　　B. 存取控制　　C. 安全控制　　D. 完整性控制

2. 假设某关系中字段 y 用于存储人的年龄,其有效取值范围为 0～150(岁),如果对 y 赋值为－10,则(　　)。

A. 此数据不具备完整性

B. 此数据不具备安全性

C. 此赋值为语法上错误

3. 同题 2,如果有人未经授权而能够私自进入数据库,将 y 的值由 55 改为 50,则这种情况属于(　　)。

A. 数据的完整性问题

B. 数据的安全性问题

C. 用户权限管理问题

4. 对于关系 R(S#, SN, T#, SM)和关系 T(T#, TH, TQ),T#为 R 的外键,则 R 和 T 称为(　　)。

A. 都称为参照关系　　B. 都称为被参照关系

C. 参照关系和被参照关系　　D. 被参照关系和参照关系

5. 同题 4,关于关系 R 和 T 中数据的插入和删除操作,下列说明错误的是(　　)。

A. 当关系 T 为空时,不能向关系 R 中插入元组

B. 当要删除关系 T 中的一些元组时,必须先删除关系 T 中与这些元组相关联的元组

C. 当要向关系 R 中插入元组时,关系 T 中必须先存在与待插入元组相关联的元组

D. 当要向关系 T 中插入元组时,关系 R 中必须先存在与待插入元组相关联的元组

6. 在关系数据库中,主要通过(　　)实现数据表之间的语义关联。

A. 指针　　B. 关系　　C. 表　　D. 主键-外键关联

7. 在 SQL 中,能够实现关系参照完整性约束的子句是(　　)。

A. PRIMARY KEY　　B. FOREIGN KEY…REFERENCES

C. FOREIGN KEY　　　　　　　　　　D. UNIQUE

二、填空题

1. 数据完整性包含数据的________和________。

2. 数据完整性大致可分为4种类型：________、________、域完整性和用户定义完整性。

3. 在关系R1(S#，SN，C#)和R2(C#，HN，HM)中，R1的主键是S#，R2的主键是C#，则C#称为R1的________，________是参照关系，________是被参照关系。

4. 如果一个关系表的主键仅由单个属性构成，则可以通过列级约束来定义表的主键；如果主键是由多个属性构成，则需要通过________约束来定义。

5. 在关系模型中，对于关系中不允许出现相同元组的约束，这种约束是通过________实现的。

6. 实体完整性可能定义为列级约束，也可能定义为表级约束，但参照完整性只能定义为________。

三、简答题

1. 数据的完整性和安全性有何区别？

2. 请简述实体完整性和参照完整性的概念。

3. 在SQL Server数据库中，实体完整性和参照完整性分别通过什么方法来实现？

4. 请简述主键和外键的概念。

5. UNIQUE约束和NOT NULL约束的作用是什么？

四、设计与实验题

1. 假设某两个表之间的联系如图11.5所示，其中，部门的属性包括部门编号、部门名称、部门效益，职工的属性包括职工的编号、姓名、性别、年龄、住址、所属部门的编号，相关语义是：一个职工只工作于一个部门。请在SQL Server数据库中创建部门表和职工表，要求：①各表要满足实体完整性；②通过定义参照完整性体现实体之间的1∶n联系；③性别只能是“男”或“女”，年龄为0～65，其默认值为20岁。

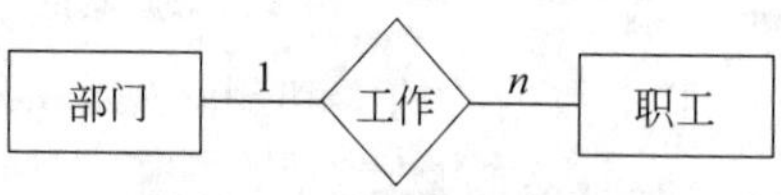

图11.5　两表之间的联系

2. 假设某单位要开发一套员工信息管理系统，涉及的部分E-R图如图11.6所示，其中，“工号”“书号”和“部门号”分别是“员工”“图书”和“部门”实体的唯一标识属性。

(1) 利用提供的E-R图，请导出所有的关系模式。

(2) 用CREATE TABLE创建相应的数据表(可根据常识，适当定义各属性的数据类型)，要求体现该E-R的设计功能。请写出创建这些数据表的SQL代码。

3. 对题1中创建的部门表DEP和职工表EMP：

(1) 请构造若干INSERT语句，一次性将下列记录分别插入到表DEP和表EMP中。

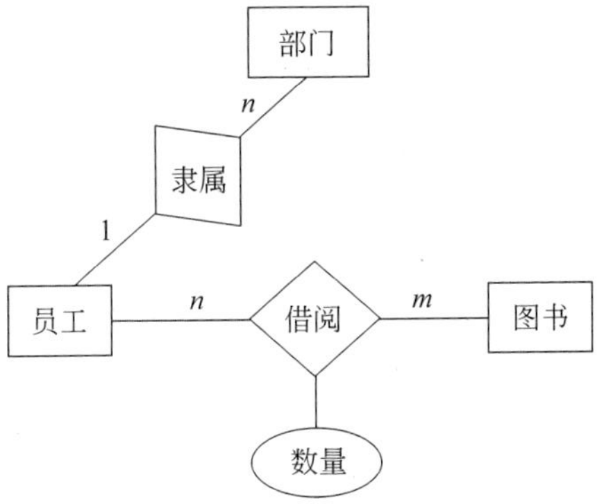

(a) 实体之间的联系

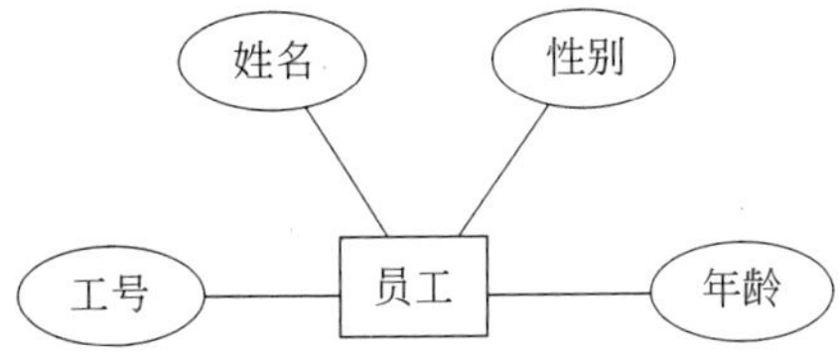

(b) 实体“员工”的属性

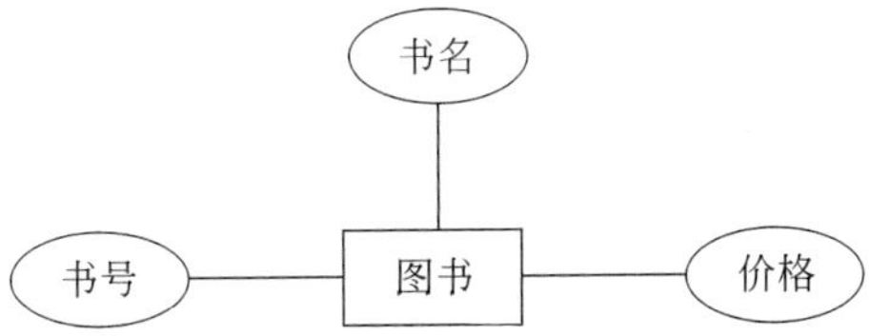

(c) 实体“图书”的属性

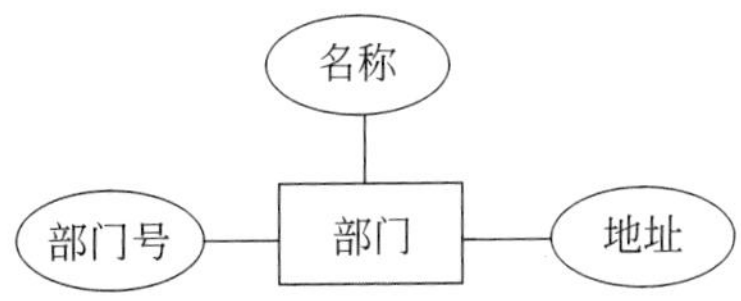

(d) 实体“部门”的属性

图 11.6　E-R 图

① 向表 EMP 插入以下记录。

```
(10, '李思思', '女', 26, '朝阳路 100 号', 1);
(20, '岳灵', '女', 23, '解放路 98 号', 2);
(30, '令念祖', '男', 28, '中山路 258 号', 1);
```

② 向表 DEP 插入以下记录。

```
(1, '销售部', 8100);
(2, '包装车间', 5900);
(3, '生产车间', 11900);
```

(2) 先用 DELETE 语句删除表 DEP 和表 EMP 中的所有数据，然后接着删除表 DEP 和表 EMP。

第12章 数据的安全性控制

为防止数据遭到恶意破坏和非法操作，从而引起不正确的数据更新或导致数据丢失，需要通过数据的安全性控制来保证。数据的安全性和完整性是两个不同的概念，但它们之间又存在着紧密的联系。本章将介绍数据安全性控制的实施方法，涉及的主要内容如下。

- 了解 SQL Server 2017 安全体系结构。
- 掌握服务器级的安全控制方法。
- 掌握数据库级的安全控制方法。
- 掌握架构级的安全控制方法。

12.1 SQL Server 安全体系结构

自 SQL Server 2008 版以来，SQL Server 的安全体系结构主要由三部分组成：主体、权限和安全对象。要对安全对象执行某操作，主体必须获得对该对象的操作权限，否则 SQL Server 将禁止这种操作。主体、权限和安全对象之间的关系如图 12.1 所示。

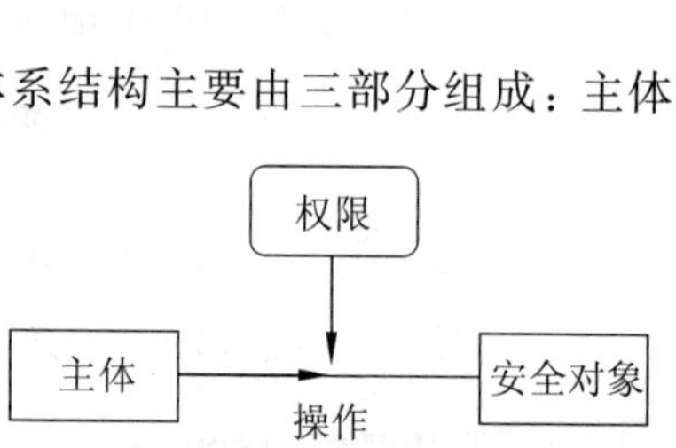

图 12.1 主体、权限和安全对象之间的关系

12.1.1 主体

主体是可以请求 SQL Server 资源的实体，它实际上是拥有一定权限的特定的数据库对象。每个主体都具有一个唯一的安全标识符(SID)。按影响范围的不同，主体可以分为 Windows 级主体、服务器级主体和数据库级主体。

1. Windows 级主体

Windows 级主体包括 Windows 域登录名和 Windows 本地登录名。此类主体只限于服务器级操作，而不能将其他安全对象的操作权限授予此类主体。在 Windows 认证模式下使用的就是这种 Windows 级主体。

2. 服务器级主体

服务器级主体包括 SQL Server 登录名以及服务器角色。

SQL Server sa 登录名是具有最大权限的服务器级主体。默认情况下，该登录名是在安装实例时创建的。在 SQL Server 2017 中，sa 的默认数据库为 master。利用 sa 登录名可以创建其他的SQL Server登录名，具有相应权限的主体也可以创建其他登录名，从而可以形成多级别、多层次的服务器主体体系。

服务器角色是一组服务器级的操作权限的集合，其作用域为服务器范围。服务器角色“固定”在SQL Server中，用户对其不能创建或删除，因而也被称为“固定服务器角色”。

角色是若干种权限的集合。当将一种角色赋给某一个主体时，该主体即享有该角色包含的所有权限。不难发现，角色的主要作用是简化权限的管理。“角色”类似于Microsoft Windows操作系统中的“组”。

表12.1列出了服务器级角色及其对应的操作权限说明。

表12.1 服务器级角色及其操作权限

服务器角色的名称	服务器级权限	说明
sysadmin	已使用GRANT选项授予：CONTROL SERVER	其成员可以在服务器上执行任何活动。默认情况下，WindowsBUILTIN \ Administrators组(本地管理员组)的所有成员都是sysadmin固定服务器角色的成员
serveradmin	已授予：ALTER ANY ENDPOINT、ALTER RESOURCES、ALTER SERVER STATE、ALTER SETTINGS、SHUTDOWN、VIEW SERVER STATE	其成员可以更改服务器范围的配置选项和关闭服务器
securityadmin	已授予：ALTER ANY LOGIN	其成员可以管理登录名及其属性。他们可以GRANT、DENY和REVOKE服务器级别的权限。他们还可以GRANT、DENY和REVOKE数据库级别的权限。此外，他们还可以重置SQL Server登录名的密码
processadmin	已授予：ALTER ANY CONNECTION、ALTER SERVER STATE	其成员可以终止在SQL Server实例中运行的进程
setupadmin	已授予：ALTER ANY LINKED SERVER	其成员可以添加和删除连接服务器
bulkadmin	已授予：ADMINISTER BULK OPERATIONS	其成员可以运行BULK INSERT语句
diskadmin	已授予：ALTER RESOURCES	其成员可管理磁盘文件
dbcreator	已授予：CREATE DATABASE	其成员可以创建、更改、删除和还原任何数据库

注：**public**也是一种数据库角色，同时也视为一种服务器角色。每个**SQL Server**登录名都属于**public**服务器角色。如果未向某个服务器主体授予或拒绝对某个安全对象的特定权限，该用户将继承授予该对象的**public**角色的权限。

3. 数据库级主体

数据库级主体包括数据库用户、数据库角色和应用程序角色。

当创建数据库时，会默认创建一个名为guest的数据库用户，并且每个数据库用户都自动成为 public 角色的成员。

数据库角色是一组作用域为数据库范围的若干操作权限的集合。当一个数据库用户或数据库角色成为某一数据库角色的成员时，该数据库用户或数据库角色就拥有该数据库角色的所有操作权限。数据库角色又可以分为固定的数据库角色和用户自定义角色。固定的数据库角色及其权限说明如表 12.2 所示，用户自定义角色是由用户定义的数据库角色。

表 12.2 固定数据库级角色及其权限

数据库角色的名称	数据库级权限	说　明
db_owner	已使用 GRANT 选项授予：CONTROL	可以执行数据库的所有配置和维护活动，还可以删除数据库
db_securityadmin	已授予：ALTER ANY APPLICATION ROLE、ALTER ANY ROLE、CREATE SCHEMA、VIEW DEFINITION	可以修改角色成员身份和管理权限。向此角色中添加主体可能会导致意外的权限升级
db_accessadmin	ALTER ANY USER、CREATE SCHEMA	可以为 Windows 登录名、Windows 组和 SQL Server 登录名添加或删除数据库访问权限
db_backupoperator	已授予：BACKUP DATABASE、BACKUP LOG、CHECKPOINT	可以备份数据库
db_ddladmin	见表注	可以在数据库中运行任何数据定义语言（DDL）命令
db_datawriter	已授予：DELETE、INSERT、UPDATE	可以在所有用户表中添加、删除或更改数据
db_datareader	SELECT	可以从所有用户表中读取所有数据
db_denydatawriter	已拒绝：DELETE、INSERT、UPDATE	不能添加、修改或删除数据库内用户表中的任何数据
db_denydatareader	已拒绝：SELECT	不能读取数据库内用户表中的任何数据

注：角色 db_ddladmin 包含下列权限：ALTER ANY ASSEMBLY、ALTER ANY ASYMMETRIC KEY、ALTER ANY CERTIFICATE、ALTER ANY CONTRACT、ALTER ANY DATABASE DDL TRIGGER、ALTER ANY DATABASE EVENT、NOTIFICATION、ALTER ANY DATASPACE、ALTER ANY FULLTEXT CATALOG、ALTER ANY MESSAGE TYPE、ALTER ANY REMOTE SERVICE BINDING、ALTER ANY ROUTE、ALTER ANY SCHEMA、ALTER ANY SERVICE、ALTER ANY SYMMETRIC KEY、CHECKPOINT、CREATE AGGREGATE、CREATE DEFAULT、CREATE FUNCTION、CREATE PROCEDURE、CREATE QUEUE、CREATE RULE、CREATE SYNONYM、CREATE TABLE、CREATE TYPE、CREATE VIEW、CREATE XML SCHEMA COLLECTION、REFERENCES。

应用程序角色的作用是，只允许通过特定的应用程序连接的用户访问特定数据。在默认情况下，应用程序角色不包含任何成员，且是非活动的，这是与数据库角色的主要区别。

12.1.2 安全对象

安全对象是 SQL Server 数据库引擎授权系统控制对其进行访问的资源。狭义上，可将数据库中能够访问的数据库对象视为安全对象，例如，表、视图、存储过程等都是安全对象。一个主体只有拥有对一个安全对象的操作权限时才能对其进行相应的操作。对安全对象的操作权限可以授给一个主体或添加到一个角色中。

按照作用范围分类，安全对象可以分为服务器级安全对象、数据库级安全对象和架构级安全对象。

1. 服务器级安全对象

服务器级安全对象是指作用范围为服务器的安全对象，它包括端点、登录用户和数据库。服务器级安全对象的操作权限只能赋给服务器级主体（如 SQL Server 登录用户），而不能赋给数据库级主体（如数据库用户）。

2. 数据库级安全对象

数据库级安全对象是指作用范围为数据库的安全对象，它包括用户、角色、应用程序角色、程序集、消息类型、路由、服务、远程服务绑定、全文目录、证书、非对称密钥、对称密钥、约定、架构等。这些对象的操作权限可以赋给数据库级主体（如数据库用户等）。

3. 架构级安全对象

架构是自 SQL Server 2008 开始提供的一种对象管理机制，它是形成单个命名空间的数据库对象的集合。架构级安全对象是指作用范围为架构的安全对象，它包括数据类型、XML 架构集合和对象类，其中，对象类又包括聚合、约束、函数、过程、队列、统计信息、同义词、表、视图等。

12.1.3　权限

权限是指用户对特定数据库对象拥有的操作权力，也可以将权限理解为这些操作的集合。如果某一个用户拥有某一个权限，且该权限包含某一个操作，则该用户可以执行该操作。权限是 SQL Server 采用的主要安全机制。SQL Server 通过授予主体的权限或收回已授予的权限来控制主体对安全对象的操作，从而避免越权非法操作，保证数据库的安全性。

表 12.3 列出了主要的权限类别以及可应用这些权限的安全对象的种类。

表 12.3　权限类别及其适用的安全对象

权　限	适　用　于
SELECT	同义词、表和列、表值函数和列、视图和列
VIEW CHANGE TRACKING	表、架构
UPDATE	同义词、表和列、视图和列
REFERENCES	标量函数和聚合函数、Service Broker 队列、表和列、表值函数和列、视图和列
INSERT	同义词、表和列、视图和列
DELETE	同义词、表和列、视图和列
EXECUTE	过程、标量函数和聚合函数、同义词

续表

权　　限	适　用　于
RECEIVE	Service Broker 队列
VIEW DEFINITION	过程、Service Broker 队列、标量函数和聚合函数、同义词、表、表值函数、视图
ALTER	过程、标量函数和聚合函数、Service Broker 队列、表、表值函数、视图
TAKE OWNERSHIP	过程、标量函数和聚合函数、同义词、表、表值函数、视图
CONTROL	过程、标量函数和聚合函数、Service Broker 队列、同义词、表、表值函数、视图

12.2 角　　色

角色是数据安全控制中涉及的一个十分重要的概念。简单而言,角色是相关操作权限的集合。根据对象的不同,角色可以分为服务器角色、数据库角色和应用程序角色等。将一个主体添加到一个角色中后,该主体则拥有该角色所包含的全部权限,从而达到简化权限管理的目的。我们也可以进行角色的创建、查看、修改和删除等操作。

12.2.1 服务器角色

服务器角色是执行服务器级管理的若干权限的集合。当我们将有关服务器级主体添加到服务器角色中而使它们成为服务器角色的成员时,这些主体就拥有了该服务器角色所包含的所有权限。显然,服务器角色简化了对服务器级主体的权限管理。但服务器角色已经被 SQL Server“固化”了(因而又称固定服务器角色),用户不能添加、删除或修改服务器角色的任何属性。

服务器级角色一共有 9 种: sysadmin、serveradmin、securityadmin、processadmin、setupadmin、bulkadmin、diskadmin、dbcreator 和 public。其权限简要说明如下。

(1) sysadmin: 系统管理员角色,拥有最大最多权限的服务器角色,利用这些权限可以完成任何的服务器级操作。一般是系统管理员才能被赋予这样的角色权限。

(2) serveradmin: 服务器管理员角色,角色成员具有对服务器进行设置和关闭的权限。

(3) securityadmin: 安全管理员角色,该角色成员可以对登录名及其属性进行管理,包括授予、拒绝、撤销服务器级或数据库级的权限,可以重置登录名和密码等。

(4) processadmin: 进程管理员角色,该角色成员具有终止 SQL Server 实例中运行进程的权限。

(5) setupadmin: 设置管理员角色,该角色成员可以添加和删除连接服务器。

(6) bulkadmin: 该角色成员可以执行 BULK INSERT 语句。

(7) diskadmin: 磁盘管理角色,该角色具有管理磁盘文件的权限。

（8）dbcreator：数据库创建角色，该角色可以创建、更改、删除和还原任何数据库。

（9）public：其角色成员可以查看任何数据库。

12.2.2　数据库角色

数据库角色是数据库级的相关操作权限的集合。数据库角色分为两类，一类是数据库创建后自动产生的数据库角色，用户不能更改或删除这些角色，这些角色称为固定数据库角色，可以用系统存储过程 sp_helpdbfixedrole 来查看这类数据库角色，如图 12.2 所示。可见，固定数据库角色一共有 9 种。

	DbFixedRole	Description
1	db_owner	DB Owners
2	db_accessadmin	DB Access Administrators
3	db_securityadmin	DB Security Administrators
4	db_ddladmin	DB DDL Administrators
5	db_backupoperator	DB Backup Operator
6	db_datareader	DB Data Reader
7	db_datawriter	DB Data Writer
8	db_denydatareader	DB Deny Data Reader
9	db_denydatawriter	DB Deny Data Writer

图 12.2　固定数据库角色及其说明

另一类是用户根据实际需要而创建起来的数据库角色，称为用户自定义数据库角色。在 Transact-SQL 中，创建自定义数据库用户可用 CREATE ROLE 语句来完成。该语句的语法如下。

```
CREATE ROLE role_name [AUTHORIZATION owner_name]
```

其中，role_name 表示待创建角色的名称；owner_name 表示将拥有新角色的数据库用户或角色的名称，如果未指定 owner_name，则执行 CREATE ROLE 的用户将拥有该角色。

【例 12.1】　创建自定义数据库角色，其拥有者为数据库用户。

下列代码创建了自定义数据库角色 MyRole1，该角色为数据库 MyDatabase 的用户 user1 所拥有。

```
USE MyDatabase;
CREATE ROLE MyRole1 AUTHORIZATION user1
```

如果省略了 AUTHORIZATION 子句，则 MyRole1 为当前数据库用户所拥有。

角色是若干操作权限的集合，但是刚创建的角色是“空的”，没有包含任何权限。为使角色形成权限的集合，需要利用 GRANT 等语句对空角色“填充”权限。

删除自定义数据库角色可用语句 DROP ROLE 来完成。该语句的语法如下。

```
DROP ROLE role_name
```

其中，role_name 为要删除的角色的名称。

【例 12.2】　自定义数据库角色删除实例。

下列语句用于删除自定义数据库角色 MyRole2。

```
DROP ROLE MyRole2;
```

无法从数据库中删除拥有安全对象的角色。若要删除拥有安全对象的数据库角色，必须首先转移这些安全对象的所有权，或从数据库中删除它们。无法从数据库中删除拥有成员的角色。若要删除有成员的角色，必须首先删除角色的成员。

不能使用 DROP ROLE 删除固定数据库角色。

12.2.3 应用程序角色

应用程序角色是用于给应用程序(而不是数据库角色或用户)分配权限的一种数据库级角色。当应用程序连接到数据库、激活应用程序角色后，该应用程序将拥有应用程序角色所具有的所有权限，但这些权限只在连接期间有效。应用程序角色使用两种身份验证模式，可使用 sp_setapprole 来激活，激活时需要密码(由应用程序提供)。

应用程序角色具有以下特点。

(1) 应用程序角色不包含成员，这与数据库角色不同。

(2) 当客户端应用程序向系统存储过程 sp_setapprole 提供应用程序角色名称和密码时，可激活应用程序角色。

(3) 密码必须存储在客户端计算机上，并且在运行时提供；应用程序角色无法从 SQL Server 内激活。

(4) 密码不加密。从 SQL Server 2005 开始，参数密码作为单向散列存储。

(5) 一旦激活，通过应用程序角色获取的权限在连接期间保持有效。

(6) 应用程序角色继承授予 public 角色的权限。

(7) 如果固定服务器角色 sysadmin 的成员激活某一应用程序角色，则安全上下文在连接期间切换为应用程序角色的上下文。

12.3 服务器级的安全控制

本节主要介绍服务器级的用户身份验证的基本原理及其涉及的技术和方法，实际上是对服务器级主体的管理，包括创建、授权、删除等。

12.3.1 身份验证模式

身份验证模式是指 SQL Server 确认用户的方式。SQL Server 用户有两种来源：一种是 Windows 授权的用户(简称 Windows 用户，此处的 Windows 是指 Windows NT 或 Windows 2000 及其以上的版本)，即这种用户的账号和密码是由 Windows 操作系统建立、维护和管理的，对 SQL Server 而言，它们是来自 Windows 操作系统，只不过是由 SQL Server 确认为 SQL Server 用户而已；另一种是 SQL Server 授权的用户，这种用户的账号和密码是由 SQL Server 服务器创建、维护和管理，与 Windows 操作系统无关。

SQL Server 为这两种不同类型的用户提供了不同的身份验证模式。

1. Windows 身份验证模式

在这种认证模式下，SQL Server 允许 Windows 用户连接到 SQL Server 服务器，即这种用户只要能够登录 Windows，再登录 SQL Server 时就不需要进行身份认证了。登录界面如图 12.3 所示。

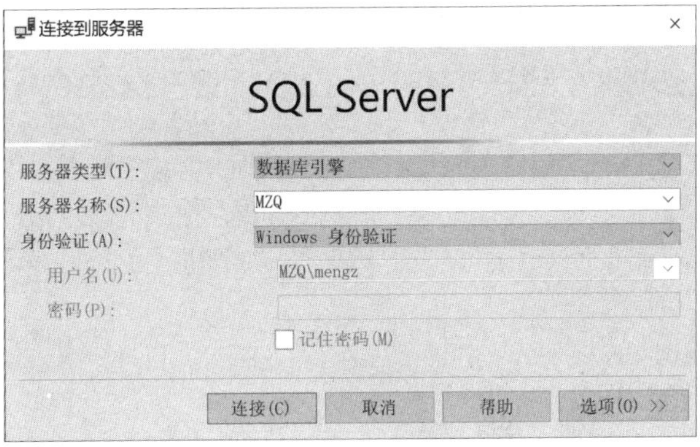

图 12.3　Windows 身份验证模式登录界面

如果使用 Windows 身份验证模式，则用户必须先登录 Windows 系统，然后以此用户名和密码进一步登录到 SQL Server 服务器。当 Windows 用户试图连接 SQL Server 服务器时，SQL Server 服务器将请求 Windows 操作系统对登录用户的账号和密码进行验证。由于 Windows 系统中保存了登录用户的所有信息，所以只要进行对比即可发现该用户是否为 Windows 用户，以决定该用户是否可以连接到 SQL Server 服务器而成为数据库用户。

2. SQL Server 验证模式

在这种验证模式下，当用户要登录 SQL Server 时，SQL Server 服务器要对登录的用户进行身份认证，即必须提供有效的登录名和密码，这些登录名和密码是保存在 SQL Server 数据库中的，与 Windows 无关。SQL Server 验证模式登录界面如图 12.4 所示。

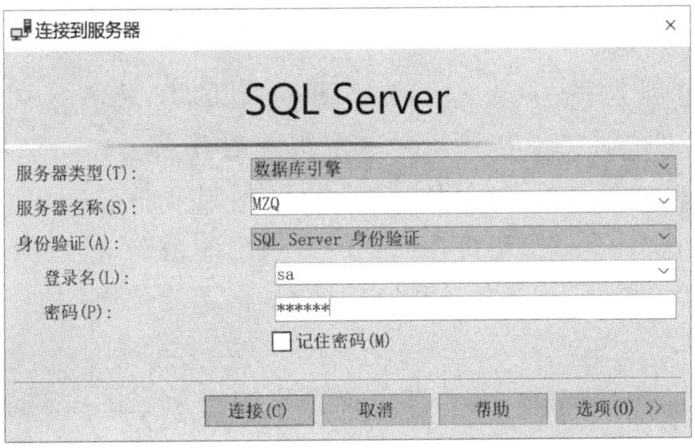

图 12.4　SQL Server 验证模式登录界面

注意，在登录服务器时，“服务器类型”下拉框中要选择“数据库引擎”一项，表示要登录到数据库服务器。

12.3.2 创建登录

1. CREATE LOGIN 的基本语法

创建登录服务器账号的 SQL 语句是 CREATE LOGIN，其语法如下。

```
CREATE LOGIN loginName { WITH <option_list1> | FROM <sources> }
```

其中：

```
<option_list1>::=
    PASSWORD = { 'password' | hashed_password HASHED } [ MUST_CHANGE ]
    [ , <option_list2> [ ,… ] ]

<option_list2>::=
    SID = sid
    | DEFAULT_DATABASE = database
    | DEFAULT_LANGUAGE = language
    | CHECK_EXPIRATION = { ON | OFF}
    | CHECK_POLICY = { ON | OFF}
    | CREDENTIAL = credential_name

<sources>::=
    WINDOWS [ WITH <windows_options> [ ,… ] ]
    | CERTIFICATE certname
    | ASYMMETRIC KEY asym_key_name

<windows_options>::=
    DEFAULT_DATABASE = database
    | DEFAULT_LANGUAGE = language
```

对涉及的参数说明如下。

loginName 指定创建的登录名。有 4 种类型的登录名：SQL Server 登录名、Windows 登录名、证书映射登录名和非对称密钥映射登录名。如果从 Windows 域账户映射 loginName，则 loginName 必须用方括号([ ])括起来。

PASSWORD='password'指定正在创建的登录名的密码，仅适用于 SQL Server 登录名。密码应保持一定的长度，最好是各种字符的组合，不能使用如生日之类的别人容易猜测的密码。

PASSWORD=hashed_password 指定要创建的登录名的密码的哈希值，仅适用于 HASHED 关键字。

HASHED 指定在 PASSWORD 参数后输入的密码已经过哈希运算，仅适用于 SQL Server 登录名。如果未选择此选项，则在将作为密码输入的字符串存储到数据库之前，对其进行哈希运算。

MUST_CHANGE：如果选择此选项，则 SQL Server 将在首次使用新登录名时提示用户输入新密码，即强迫用户更改密码。仅适用于 SQL Server 登录名。

CREDENTIAL＝credential_name 指定映射到新 SQL Server 登录名的凭据的名称。该凭据必须已存在于服务器中。当前此选项只将凭据连接到登录名。在未来的 SQL Server 版本中可能会扩展此选项的功能。

SID＝sid 指定新 SQL Server 登录名的 GUID。如果未选择此选项，则 SQL Server 自动指派 GUID。仅适用于 SQL Server 登录名。

DEFAULT_DATABASE＝database 指定将指派给登录名的默认数据库。如果未包括此选项，则默认数据库将设置为 master。

DEFAULT_LANGUAGE＝language 指定将指派给登录名的默认语言。如果未包括此选项，则默认语言将设置为服务器的当前默认语言。即使将来服务器的默认语言发生更改，登录名的默认语言也仍保持不变。

CHECK_EXPIRATION＝{ ON | OFF }指定是否对此登录账户强制实施密码过期策略。默认值为 OFF，表示不强制。此选项仅适用于 SQL Server 登录名。

CHECK_POLICY＝{ ON | OFF }指定应对此登录名强制实施运行 SQL Server 的计算机的 Windows 密码策略。默认值为 ON。仅适用于 SQL Server 登录名。

只有 CHECK_POLICY 设置为 ON 时，才能指定 MUST_CHANGE 选项，CHECK_EXPIRATION 才能设置为 ON。

WINDOWS 指定将登录名映射到 Windows 登录名。

CERTIFICATE certname 指定将与此登录名关联的证书名称。此证书必须已存在于 master 数据库中。

ASYMMETRIC KEY asym_key_name 指定将与此登录名关联的非对称密钥的名称。此密钥必须已存在于 master 数据库中。

2. 创建 SQL Server 登录

SQL Server sa 是在创建数据库实例时设置的登录名，它具有最高的权限，可以在服务器上执行任何操作。除了修改密码以外，用户不能对 sa 进行删除或任何其他修改操作。通过利用 sa 登录服务器，用户可以创建具有不同权限的各级登录账号。在本节中将介绍 SQL Server 2017 服务器登录名及其密码等的创建、修改和删除方法。

下面举几个例子说明如何创建不同类型的 SQL Server 登录名的方法。

【例 12.3】 以最简洁的方式创建 SQL Server 登录名并设置密码。

这是较简单也是最常用的登录名创建方法，代码如下。

```
CREATE LOGIN myLogin1 WITH PASSWORD = '123456';
GO
```

其中，myLogin1 为登录名，密码为 123456。执行该语句后即可用 myLogin1 登录服务器了。但该语句没有显式指定默认数据库，SQL Server 会自动将 master 设置为默认数据库，因此登录 myLogin1 指定打开 master 数据库。

如果在密码设置项后面再加上选项 MUST_CHANGE，则在第一次用 myLogin1 登录服务器时会强制用户更改密码。

需要说明的是,在实际应用中密码应由字母、数字等多种字符构成,过于简单的密码容易被破解。这里设置得比较简单是为了方便说明问题,实际应用中一定不能这么设置。

【例 12.4】 创建一个指定默认数据库的 SQL Server 登录名。

利用例 12.3 创建的 myLogin1 登录服务器后发现,仅能访问 master 数据库。原因在于,创建该登录时并没有显式指定默认数据库,因此 master 自动被设置为默认数据库。

在本例中,创建名为 myLogin2 的登录,其密码也为 123456,但其默认数据库指定为 MyDatabase。代码如下。

```
CREATE LOGIN myLogin2
WITH PASSWORD ='123456',
DEFAULT_DATABASE =MyDatabase;                    --指定默认数据库
GO
```

由于指定了 master 数据库以外的数据库——MyDatabase 作为默认数据库,因此必须创建一个基于此登录的数据库用户,否则 myLogin2 不能正常登录服务器。以下为数据库 MyDatabase 添加数据库用户 myLogin2(与登录名同名)

```
USE MyDatabase;
EXEC sp_grantdbaccess 'myLogin2';          --创建同名的数据库用户名
GO
```

也可以利用 CREATE USER 语句创建一个与 myLogin2 不同名的数据库用户名 User_myLogin2,但必须指定将该用户映射到 myLogin2。

```
USE MyDatabase;
CREATE USER User_myLogin2 FOR LOGIN myLogin2;
```

执行上述代码,创建登录名 myLogin2,然后用该登录名登录服务器。

3. 创建 Windows 登录

创建 Windows 登录名就是将已有的 Windows 用户名设置为 SQL Server 服务器的登录名。因此,待设置的 Windows 用户名必须是已经存在的,然后利用 CREATE LOGIN 语句将其设置为服务器的登录名。

【例 12.5】 创建 Windows 登录名。

首先用 Windows 系统的控制面板创建一个名为 sql2017 的 Windows 用户,然后利用下列代码将其设置为 SQL Server 服务器的登录名。

```
CREATE LOGIN [MZQ\sql2017]
FROM WINDOWS
WITH DEFAULT_DATABASE =MyDatabase;          --指定默认数据库
GO
USE MyDatabase;
GO
EXEC sp_grantdbaccess 'MZQ\sql2017';        --创建同名的数据库用户名(必需)
```

```
GO
```

其中,MZQ为笔者机器的机器名(即计算机名),“[MZQ\sql2017]”中的方括号不能省略。

执行上述代码,创建Windows登录名sql2017,然后切换到Windows用户sql2017,登录数据库时选择Windows认证验证方式并选择用户sql2017即可登录数据库。

12.3.3 查看登录

1. 查看所有的登录

服务器级主体的信息保存在系统目录视图sys.server_principals中,因此,通过查询系统目录视图sys.server_principals可以获得登录名的相关信息。

【例12.6】 查看服务器登录名的基本信息。

SQL Server登录名和Windows登录名的type列值分别为'S'和'U',因此可以利用下列SELECT语句来查询服务器登录名的基本信息。

```
SELECT name 登录名,type_desc 类型说明,is_disabled '禁用/启用',create_date 创建时间, modify_date 最近修改时间, default_database_name 默认数据库,default_language_name 默认语言
FROM sys.server_principals
WHERE type = 'S' OR type = 'U';
```

执行该SELECT语句即可看到当前服务器上所有登录的基本信息。

2. 查看当前登录

函数SYSTEM_USER可用于返回当前的登录名称。如果当前用户使用Windows身份验证登录到SQL Server,则SYSTEM_USER返回如下形式的Windows登录标识名称。

```
DOMAIN\user_login_name
```

如果当前用户使用SQL Server身份验证登录SQL Server,则SYSTEM_USER返回SQL Server登录标识名称,例如,为以myLogin1登录的用户返回myLogin1。

【例12.7】 查看当前登录名。

```
PRINT SYSTEM_USER;
```

笔者使用sa登录,故执行上述语句后输出:sa。

12.3.4 登录的权限管理

1. 对登录授予权限

对登录授权是指将对服务器级安全对象(包括端点、登录用户和数据库)的操作权限赋给登录用户,使得该登录用户可以对此服务器级安全对象执行相应的操作。每一个刚创建的登录,会自动成为角色public的成员。但这种成员仅拥有公众访问权,而没有任何的操作权。所以,对刚创建的登录(如myLogin1),虽然可以连接服务器和打开其默认的数据库,但它几乎不能做任何事情。为此,需要对它们授权,这样它们才能具有执行相

关操作的权力。可以从两种途径对登录用户授权：一种是利用 GRANT 语句，另一种是利用服务器角色。

1）利用 GRANT 语句

利用 GRANT 语句可以对登录用户授予对服务器级主体的操作权限，其语法如下。

```
GRANT permission [ ,…n ] }
    ON LOGIN :: SQL_Server_login
        TO <server_principal> [ ,…n ]
    [ WITH GRANT OPTION ]
    [ AS SQL_Server_login ]
```

其中：

```
<server_principal>::=
        SQL_Server_login
    | SQL_Server_login_from_Windows_login
    | SQL_Server_login_from_certificate
    | SQL_Server_login_from_AsymKey
```

对涉及的参数说明如下。

permission 指定可对 SQL Server 登录用户授予的权限。这些权限可用下列 SELECT 语句查看。

```
SELECT DISTINCT permission_name
FROM sys.fn_builtin_permissions('SERVER');
```

LOGIN :: SQL_Server_login 指定要对其授予权限的登录名，:: 为作用域限定符，必须使用。

TO <server_principal>指定要向其授予权限的服务器级主体的名称。

SQL_Server_login 指定 SQL Server 登录用户的名称。

SQL_Server_login_from_Windows_login 指定通过 Windows 登录账户创建的 SQL Server 登录用户的名称。

SQL_Server_login_from_certificate 指定映射到证书的 SQL Server 登录用户的名称。

SQL_Server_login_from_AsymKey 指定映射到非对称密钥的 SQL Server 登录用户的名称。

WITH GRANT OPTION 指示该主体还可以向其他主体授予所指定的权限。

AS SQL_Server_login 指定执行此查询的主体要从哪个 SQL Server 登录用户派生其授予该权限的权限。

注意，只有在当前数据库为 master 时，才可授予其服务器作用域内的权限。

【例 12.8】 对登录用户授权。

在下列代码中，将对登录用户 myLogin1 的 IMPERSONATE 操作权限赋给 Windows 用户 MZQ\sql2017。

```
USE master;
GRANT IMPERSONATE ON LOGIN::myLogin1 to [MZQ\sql2017];
```

此后,MZQ\sql2017 用户可以对 myLogin1 用户执行 IMPERSONATE 操作。

如果还希望 MZQ\sql2017 用户具有创建数据库的权限,则可通过下列语句将 CREATE ANY DATABASE 权限赋给它。

```
USE master;
GRANT CREATE ANY DATABASE to [MZQ\sql2017];
```

2) 利用服务器角色

角色的成员拥有该角色所包含的所有权限。因此,通过将一个登录用户添加为一个服务器角色的方法,可以达到对登录用户授权的目的。

向服务器角色添加成员可利用系统存储过程 sp_addsrvrolemember 来完成。该存储过程的语法如下。

```
sp_addsrvrolemember [ @loginame=] 'login'
    , [ @rolename =] 'role'
```

其中,login 为要添加到固定服务器角色中的登录名,role 为要添加登录的固定服务器角色的名称。添加成功时 sp_addsrvrolemember 返回 0,否则返回 1。

【例 12.9】 创建登录,并对它授予超级权限。

角色 sysadmin 拥有所有的操作权限,即超级权限。以下先创建名为 myLogin3 的登录,然后将其添加成为服务器角色 sysadmin 的成员,从而拥有超级权限。

```
CREATE LOGIN myLogin3
WITH PASSWORD ='123456',
DEFAULT_DATABASE =MyDatabase;                --指定默认数据库
GO
USE MyDatabase;
GO
EXEC sp_grantdbaccess 'myLogin3';
GO
EXEC sp_addsrvrolemember 'myLogin3', 'sysadmin';
                                             --将 myLogin3 添加为 sysadmin 的成员
GO
```

执行上述代码后,创建的 myLogin3 将与 sa 具有同样的操作权限。

2. 对登录收回权限

1) 利用 REVOKE 语句

对于利用 GRANT 语句向登录授予的权限,可以利用 REVOKE 语句将其收回。针对服务器权限的收回,REVOKE 语句的语法如下。

```
REVOKE [ GRANT OPTION FOR ] permission [ ,…n ] }
    ON LOGIN :: SQL_Server_login
```

```
{ FROM | TO } <server_principal>[ ,…n ]
[ CASCADE ]
[ AS SQL_Server_login ]
```

其中：

```
<server_principal>::=
      SQL_Server_login
    | SQL_Server_login_from_Windows_login
    | SQL_Server_login_from_certificate
    | SQL_Server_login_from_AsymKey
```

该语法中各参数的意义与前面介绍的 GRANT 语句基本相同。不同的主要是以下两个参数。

GRANT OPTION 用于指示要撤销向其他主体授予指定权限的权限,但不会撤销该权限本身。

CASCADE 用于指示要撤销的权限,也会从此主体授予或拒绝该权限的其他主体中撤销。

【例 12.10】 对登录收回指定的权限。

下列代码用于对登录用户 MZQ\sql2017 收回 IMPERSONATE 权限(对登录的 myLogin1)以及 CREATE ANY DATABASE 权限。

```
USE master;
REVOKE IMPERSONATE ON LOGIN::myLogin1 FROM [MZQ\sql2017];
REVOKE CREATE ANY DATABASE FROM [MZQ\sql2017];
```

2) 利用服务器角色

对于已是某个服务器角色成员的登录,如果取消它的成员身份,那么它原来拥有的该角色权限也将自动被取消,从而达到收回权限的目的。

从服务器角色中删除成员的操作可用系统存储过程 sp_dropsrvrolemember 来完成。该存储过程的语法如下。

```
sp_dropsrvrolemember [ @loginame =] 'login', [ @rolename =] 'role';
```

其中,login 为要从服务器角色中删除的登录的名称,role 为从其中删除成员的服务器角色的名称。删除成功时 sp_dropsrvrolemember 返回 0,否则返回 1。

【例 12.11】 删除服务器角色的成员。

将登录 myLogin3 从服务器角色 sysadmin 中删除：

```
EXEC sp_dropsrvrolemember 'myLogin3', 'sysadmin'
```

执行上述代码后,登录的 myLogin3 将几乎失去所有的操作权限(除非他还拥有其他角色权限)。

3. 对登录拒绝权限

对登录拒绝权限是指拒绝已对登录用户授予的权限,这可利用 DENY 语句来实现。

被拒绝的权限可能是由GRANT语句授予的，也可能是通过服务器角色成员资格继承的权限。与DENY语句不同的是，REVOKE语句不能收回通过服务器角色成员资格继承的权限，但DENY语句可以"收回"这些权限。

用于拒绝服务器权限的DENY语句的语法如下。

```
DENY permission [ ,…n ] }
    ON LOGIN :: SQL_Server_login
    TO <server_principal> [ ,…n ]
    [ CASCADE ]
    [ AS SQL_Server_login ]
```

其中：

```
<server_principal>::=
        SQL_Server_login
    | SQL_Server_login_from_Windows_login
    | SQL_Server_login_from_certificate
    | SQL_Server_login_from_AsymKey
```

显然，该语法中涉及的参数的意义与前面介绍的REVOKE语句一样，故不再说明。

【例12.12】 拒绝对登录名的IMPERSONATE权限。

拒绝登录MZQ\sql2017对myLogin1的IMPERSONATE权限，代码如下。

```
USE master;
DENY IMPERSONATE ON LOGIN::myLogin1 TO [MZQ\sql2017];
```

【例12.13】 拒绝登录用户拥有服务器角色中指定的权限。

服务器角色serveradmin包含SHUTDOWN等服务器级权限，当登录MZQ\sql2017被添加成为该服务器角色成员时，它自动拥有该角色包含的所有权限。如果拒绝登录MZQ\sql2017拥有SHUTDOWN权限，但让它拥有serveradmin中的其他权限时，可利用下列语句来实现。

```
USE master;
EXEC sp_addsrvrolemember [MZQ\sql2017], 'serveradmin';
                                      --将 MZQ\sql2017 添加为 serveradmin 的成员
DENY SHUTDOWN TO [MZQ\sql2017];       --拒绝 serveradmin 中的 SHUTDOWN 权限
```

12.3.5 删除登录

登录的删除可利用SQL的DROP LOGIN语句来实现，该语句的语法如下。

```
DROP LOGIN login_name
```

其中，login_name为要删除的登录名。

【例12.14】 删除已有的登录。

对于已存在的登录myLogin2，可用下列语句删除。

```
DROP LOGIN myLogin2;
```

注意,不能删除 SQL Server sa 登录,不能删除正在使用的登录,也不能删除拥有任何安全对象、服务器级对象或 SQL Server 代理作业的登录。此外,不能同时删除多个登录。

12.4 数据库级的安全控制

数据库级主体包括数据库用户、数据库角色和应用程序角色,数据库级的安全控制主要是通过对这些主体的管理来实现的。

12.4.1 数据库用户的管理

服务器登录名用于连接 SQL Server 服务器,但它不能访问数据库,只有数据库用户才能访问数据库。因此,在创建服务器登录名以后,还需要创建相应的数据库用户。一个数据库可以拥有多个数据库用户,一个数据库用户也可以访问多个数据库(在有权限的前提下)。但有一点是共同的,即所有数据库用户总是与某一个登录名相关联(依赖于一个登录名),且只能关联(依赖)一个登录名。因此,对一个登录名,可以创建多个与它相关联的其他数据库用户,从而可以通过一个登录名访问多个数据库。

1. 两个特殊的数据库用户——dbo 和 guest

在 SQL Server 2017 中,创建数据库时会自动生成两个特殊的数据库用户——dbo 和 guest。dbo 在数据库范围内拥有最高的权限,可以执行一切操作。固定服务器角色 sysadmin 的任何成员都映射到每个数据库内的用户 dbo 上。

【例 12.15】 创建一个超级登录用户。

先创建登录 AdminUser,然后将其添加到固定服务器角色 sysadmin 中,AdminUser 即可形成一个超级登录用户,它可以管理一切事务。代码如下。

```
CREATE LOGIN AdminUser WITH PASSWORD ='123456',
DEFAULT_DATABASE =MyDatabase;            --指定默认数据库
GO
EXEC sp_addsrvrolemember 'AdminUser', 'sysadmin';
                                         --将 AdminUser 添加为 sysadmin 的成员
```

执行上述代码后即可形成登录 AdminUser,它自动映射到所有数据库内的用户 dbo 上,因此就不需要为其创建数据库用户了。

guest 用户允许任何已经登录到 SQL Server 服务器的用户都可以访问数据库,但访问的前提是需要对该用户授予 CONNECT 权限。

【例 12.16】 创建一个 guest 登录用户。

下面创建一个 guest 登录用户,用户名为 GuestUser,使其可以访问数据库 MyDatabase 和 DB_test,但没有任何操作权限(包括 SELECT 等)。代码如下。

```
CREATE LOGIN GuestUser WITH PASSWORD ='123',
```

```
DEFAULT_DATABASE =MyDatabase;            --指定默认数据库
GO
USE MyDatabase;
GRANT CONNECT TO GUEST;
USE DB_test;
GRANT CONNECT TO GUEST;
```

执行上述代码后，创建登录 GuestUser。如果要禁用 GUEST 用户，可通过执行下列语句来收回 SELECT 权限，从而使 GUEST 失效。

```
REVOKE CONNECT TO GUEST;
```

注意，用户 dbo 和 guest 都不能被删除。另外，如果要查看当前在使用的登录名和数据库用户名，则可利用函数 SYSTEM_USER 和 USER_NAME()来完成。

```
PRINT '当前登录名:'+SYSTEM_USER;
PRINT '当前数据库用户名:'+USER_NAME();
```

2. 创建数据库用户

除了两个特殊的数据库用户——dbo 和 guest 以外，也可以使用 CREATE USER 语句创建数据库用户。CREATE USER 语句的语法如下。

```
CREATE USER user_name
    [ { { FOR | FROM }
      {
        LOGIN login_name
        | CERTIFICATE cert_name
        | ASYMMETRIC KEY asym_key_name
      }
      | WITHOUT LOGIN
    ]
    [ WITH DEFAULT_SCHEMA =schema_name ]
```

对涉及参数说明如下。

user_name 指定在此数据库用户的名称。

LOGIN login_name 指定所依赖的服务器登录名。login_name 必须是服务器中已创建的有效的登录名。当此 SQL Server 登录名进入数据库时，它将获取正在创建的数据库用户的名称和 ID。

CERTIFICATE cert_name 指定要创建数据库用户的证书。

ASYMMETRIC KEY asym_key_name 指定要创建数据库用户的非对称密钥。

WITHOUT LOGIN 指定不应将用户映射到现有登录名。

WITH DEFAULT_SCHEMA=schema_name 指定服务器为此数据库用户解析对象名时将搜索的第一个架构。如果不指定 schema_name，则数据库用户将使用 dbo 作为默认架构。注意，在创建映射到 Windows 组、证书或非对称密钥的用户时，不能指定 schema_name。

在 CREATE USER 语句中,如果省略 FOR LOGIN 子句,则数据库用户名 user_name 必须与其所依赖的登录名同名(否则不能创建该数据库用户),表示将创建的数据库用户映射到同名的服务器登录。

【例 12.17】 利用服务器登录创建数据库用户。

首先创建名为 myLogin4 的服务器登录,其密码为'123456',然后基于 myLogin4 创建数据库 MyDatabase 的用户(登录名与数据库用户名同名)。代码如下。

```
CREATE LOGIN myLogin4 WITH PASSWORD ='123456';
GO
USE MyDatabase;                              --必须指定数据库
GO
CREATE USER myLogin4;                        --基于 myLogin4 创建同名的数据库用户
```

这是最简单的数据库用户创建方法,因为在 CREATE USER 语句中只指定了数据库用户名 myLogin4,并不显式指定所依赖的登录名(省略了 FOR LOGIN 子句)。但在这种最简单的方式中,要求所使用的数据库用户名必须与其依赖的登录名同名。

【例 12.18】 基于一个登录创建多个数据库用户。

本例展示如何利用一个登录来创建多个数据库的用户。

(1) 首先创建登录 myLogin5。

```
CREATE LOGIN myLogin5 WITH PASSWORD ='123456';
GO
```

(2) 创建三个数据库 DB_test1、DB_test2、DB_test3。

```
CREATE DATABASE DB_test1;
GO
CREATE DATABASE DB_test2;
GO
CREATE DATABASE DB_test3;
GO
```

(3) 基于登录 myLogin5 创建数据库 DB_test1 的用户 DB_user1。

```
USE DB_test1;                                --指定数据库(必需)
GO
CREATE USER DB_user1 FOR LOGIN myLogin5;
GO
```

同样,创建数据库 DB_test2、DB_test3 的用户,分别为 DB_user2 和 DB_user3。

```
USE DB_test2;                                --指定数据库(必需)
GO
CREATE USER DB_user2 FOR LOGIN myLogin5;
GO
USE DB_test3;                                --指定数据库(必需)
```

```
GO
CREATE USER DB_user3 FOR LOGIN myLogin5;
GO
```

读者可能注意到，虽然对数据库 DB_test1、DB_test2 和 DB_test3 分别创建了用户 DB_user1、DB_user2 和 DB_user3，但在登录服务器时好像只使用了登录名和登录密码就可以进入这三个数据库，而并没有用到用户名 DB_user1、DB_user2 和 DB_user3。那么，数据库用户 DB_user1、DB_user2 和 DB_user3 在登录数据库时起什么作用呢？实际上，在利用登录名成功连接服务器后，试图进入某个数据库时，SQL Server 登录名将获取该数据库用户的名称和 ID，然后做相应的验证才能进入数据库。可见，登录名隐式使用数据库用户。如果没有这些数据库用户，登录名是不能访问数据库的。

3. 查看数据库用户

系统存储过程 sp_helpuser 可用于查看当前数据库中数据库级主体的信息，其语法如下。

```
sp_helpuser [ [ @name_in_db = ] 'security_account' ]
```

其中，security_account 为当前数据库中数据库用户或数据库角色的名称。security_account 必须存在于当前数据库中。如果未指定 security_account，则 sp_helpuser 返回有关所有数据库用户的信息，其结构如表 12.4 所示。

表 12.4　(不带参数的)sp_helpuser 返回结果集的结构

列　名	数据类型	说　明
UserName	sysname	当前数据库中的用户
RoleName	sysname	UserName 所属的角色
LoginName	sysname	UserName 的登录名
DefDBName	sysname	UserName 的默认数据库
DefSchemaName	sysname	数据库用户的默认架构
UserID	smallint	当前数据库中 UserName 的 ID
SID	smallint	用户的安全标识号(SID)

【例 12.19】 利用 sp_helpuser 查看当前数据库的所有数据库用户。

下列代码用于查询数据库 MyDatabase 中的所有数据库用户及其相关信息。

```
USE MyDatabase;                         --指定数据库
GO
sp_helpuser;
```

在笔者机器上执行上述代码，结果如图 12.5 所示。

从图 12.5 容易看出，哪一个用户拥有哪个角色以及依赖于哪个登录等，一目了然。

在编写 SQL 代码的时候，可能需要获得当前数据库用户或指定数据库用户的名称，

	UserName	RoleName	LoginName	DefDBName	DefSchemaName	UserID	SID
1	dbo	db_owner	sa	master	dbo	1	0x01
2	guest	public	NULL	NULL	guest	2	0x00
3	INFORMATION_SCHEMA	public	NULL	NULL	NULL	3	NULL
4	myLogin2	public	myLogin2	MyDatabase	myLogin2	5	0x0E2452C91351A44D8F9FB6
5	myLogin3	public	myLogin3	MyDatabase	myLogin3	7	0x0253B56DDD0B76469954C2
6	myLogin4	public	myLogin4	master	dbo	8	0xD92721EFE30F8040A611BB
7	sys	public	NULL	NULL	NULL	4	NULL
8	USER-20170311JI\sql2014	public	USER-20170311JI\sql2014	MyDatabase	USER-20170311JI\sql2014	6	0x010500000000000515000

图 12.5　数据库 MyDatabase 的用户

这时可以利用函数 USER_NAME 来完成。该函数的语法如下。

```
USER_NAME ( [ id ] )
```

其中,id 表示指定的数据库用户的 id。id 是可选的,如果没有指定 id,则返回当前数据库用户的名称。

【例 12.20】 查看当前数据库用户的名称。

笔者在本次登录时使用了 sa 登录。由于该登录自动映射到用户 dbo,所以下列语句在笔者机器上将返回 dbo。

```
print USER_NAME();
```

4. 修改数据库用户

数据库用户的修改由 ALTER USER 语句来实现,其语法如下。

```
ALTER USER userName WITH <set_item> [ ,…n ]
```

其中:

```
<set_item>::=
    NAME =newUserName
    | DEFAULT_SCHEMA =schemaName
    | LOGIN =loginName
```

其中,userName 为待修改的数据库用户名,newUserName 为修改后新的数据用户名,loginName 表示修改后的用户要映射到的登录名,schemaName 为新的架构名。

可见,利用 ALTER USER 语句可以修改数据库用户的三个属性值:数据库用户的名称、架构和所依赖的登录名。

【例 12.21】 修改数据库用户的架构和所依赖的登录名。

在本例中,先创建两个登录:myLogin6 和 myLogin7,然后为数据库 MyDatabase 创建用户 user1,并映射到 myLogin6,最后将 user1 的架构和依赖的登录分别改为 Purchasing 和 myLogin7。代码如下。

```
CREATE LOGIN myLogin6 WITH PASSWORD ='akh8#Udfgsr7mAcxo3Bfe';
CREATE LOGIN myLogin7 WITH PASSWORD ='akh8#Udfgsr7mAcxo3Bfe';
GO
USE MyDatabase;
```

```
GO
CREATE USER user1 FOR LOGIN myLogin6;
GO
ALTER USER user1 WITH DEFAULT_SCHEMA =Purchasing, LOGIN =myLogin7; --修改用户
```

5. 删除数据库用户

删除数据库用户由 DROP USER 语句来完成，其语法如下。

```
DROP USER user_name
```

其中，user_name 为删除的数据库用户的名称。

【例 12.22】 删除数据库用户。

将数据库 MyDatabase 的用户 user1 删除，代码如下。

```
DROP USER user1;
```

12.4.2　安全对象的权限管理

数据库级主体可以对数据库级安全对象执行相关操作，但这种操作是有前提的，即数据库级主体必须拥有与数据库级安全对象相关的权限。也就是说，只有拥有相关的权限后，数据库级主体才能对数据库级安全对象执行对应的操作。

数据库级安全对象包括用户、角色、应用程序角色、程序集、消息类型、路由、服务、远程服务绑定、全文目录、证书、非对称密钥、对称密钥、约定、架构等。数据库级主体包括数据库用户、数据角色和应用程序角色。

1. 给数据库级主体授权——GRANT

给数据库级主体授权是指将数据库级安全对象的有关操作权限授予数据库级主体，使该主体可以对对应的安全对象执行相应的操作。当然，也可以将其他安全对象的操作权限赋给数据库级主体。

由于数据库级安全对象包含的对象很多，限于篇幅不能一一介绍。下面主要通过举例说明如何将对一个数据库级安全对象的操作权限赋给另一个数据库级安全对象，以及将对数据库的操作权限(如 CREATE TABLE、CREATE VIEW 等)赋给另一个数据库级安全对象。

当然，也可以通过利用角色来对主体授权，即使主体成为角色的成员。

1) 将对数据库级主体的操作权限赋给(另一个)数据库级主体

利用 GRANT 语句可以将对一个数据库级主体的操作权限赋给另一个数据库级主体，其语法如下。

```
GRANT permission [ ,…n ]
    ON
    {   [ USER :: database_user ]
            | [ ROLE :: database_role ]
      | [ APPLICATION ROLE :: application_role ]
    }
```

```
TO <database_principal> [ ,…n ]
[ WITH GRANT OPTION ]
    [ AS <database_principal> ]
```

其中:

```
<database_principal>::=
      Database_user
    | Database_role
    | Application_role
    | Database_user_mapped_to_Windows_User
    | Database_user_mapped_to_Windows_Group
    | Database_user_mapped_to_certificate
    | Database_user_mapped_to_asymmetric_key
    | Database_user_with_no_login
```

对涉及的参数说明如下。

permission 表示可对数据库主体授予的权限。

USER :: database_user 指定要对其授予权限的用户的类和名称。::为作用域限定符,不能省略(下同)。

ROLE :: database_role 指定要对其授予权限的角色的类和名称。

APPLICATION ROLE :: application_role 指定要对其授予权限的应用程序角色的类和名称。

WITH GRANT OPTION 指示该主体还可以向其他主体授予所指定的权限。

AS <database_principal>指定执行此查询的主体要从哪个主体派生其授予该权限的权限。

Database_user 指定数据库用户。

Database_role 指定数据库角色。

Application_role 指定应用程序角色。

Database_user_mapped_to_Windows_User 指定映射到 Windows 用户的数据库用户。

Database_user_mapped_to_Windows_Group 指定映射到 Windows 组的数据库用户。

Database_user_mapped_to_certificate 指定映射到证书的数据库用户。

Database_user_mapped_to_asymmetric_key 指定映射到非对称密钥的数据库用户。

Database_user_with_no_login 指定无相应服务器级主体的数据库用户。

【例 12.23】 将对一个用户的 CONTROL 权限赋给另一个用户。

作为例子,下面先创建登录 myLogin8_1 和 myLogin8_2,然后基于这两个登录,分别创建数据库 MyDatabase 的用户 User1 和 User2,最后将对用户 User2 的 CONTROL 操作权限赋给用户 User1。代码如下。

```
CREATE LOGIN myLogin8_1 WITH PASSWORD = '123456';        --创建登录
```

```
GO
CREATE LOGIN myLogin8_2 WITH PASSWORD = '123456';
GO
USE MyDatabase;                                    --指定数据库(必需)
CREATE USER User1 FOR LOGIN myLogin8_1;            --创建数据库用户
GO
CREATE USER User2 FOR LOGIN myLogin8_2;

USE MyDatabase;
GRANT CONTROL ON USER::User2 TO User1;             --授权
```

对数据库用户的操作权限主要包括：CONTROL、IMPERSONATE、ALTER、VIEW DEFINITION。对数据库角色的操作权限主要包括：CONTROL、TAKE OWNERSHIP、ALTER、VIEW DEFINITION。对应用程序角色的操作权限主要包括：CONTROL、ALTER、VIEW DEFINITION。读者可以模仿例 12.23，将对一个数据库级主体的操作权限赋给另一个数据库级主体。

2）将对数据库的操作权限赋给(一个)数据库级主体

下列 GRANT 语句的语法用于将对当前数据库的操作权限赋给一个数据库级主体。

```
GRANT <permission> [ ,…n ]
    TO <database_principal> [ ,…n ] [ WITH GRANT OPTION ]
    [ AS <database_principal> ]
```

其中：

```
<permission>::=
permission | ALL [ PRIVILEGES ]

<database_principal>::=
        Database_user
    | Database_role
    | Application_role
    | Database_user_mapped_to_Windows_User
    | Database_user_mapped_to_Windows_Group
    | Database_user_mapped_to_certificate
    | Database_user_mapped_to_asymmetric_key
    | Database_user_with_no_login
```

可以看出，此处的参数与前面介绍的 GRANT 语句语法中的参数绝大部分相同，不同的是以下三个参数。

permission 指定可授予的对数据库的操作权限。这些权限可用下列 SELECT 语句来查看。

```
SELECT permission_name
FROM sys.fn_builtin_permissions('DATABASE');
```

ALL 表示同时授予下列权限：BACKUP DATABASE、BACKUP LOG、CREATE DATABASE、CREATE DEFAULT、CREATE FUNCTION、CREATE PROCEDURE、CREATE RULE、CREATE TABLE 和 CREATE VIEW。但注意，它并不表示授予所有可能的权限。

PRIVILEGES 参数的设置是为了符合 ISO 标准。

【例 12.24】 将对数据库的 CREATE TABLE 权限等赋给数据库用户。

下列代码用于将对数据库 MyDatabase 的 CREATE TABLE、CREATE VIEW 和 CREATE PROCEDURE 操作权限(分别表示对数据库 MyDatabase 的创建表、创建视图和创建存储过程的权限)赋给数据库用户 User1，代码如下。

```
USE MyDatabase;
GRANT CREATE TABLE,CREATE VIEW,CREATE PROCEDURE TO User1;
```

执行上述代码后，在利用 User1 登录数据库 MyDatabase 时，就可以在其中创建表、视图和存储过程。

【例 12.25】 让一个数据库用户具有授权的权限。

经授权后，有的用户可能拥有很大的权限，但该用户本身也许不能将其拥有的大量权限赋给别的用户或角色。如果需要让用户能够将其拥有的权限赋给别的用户或角色，则必须在对用户授权时使用 WITH GRANT OPTION 选项。

下列代码用于将对角色 MyRole1 的 VIEW DEFINITION 操作权限赋给用户 user1，同时允许用户 user1 将此权限赋给其他的数据库级主体(即用户 user1 具有将对角色 MyRole1 的 VIEW DEFINITION 操作权限赋给其他数据库级主体的能力)。

```
USE MyDatabase;
GRANT VIEW DEFINITION ON ROLE:: MyRole1 TO user1 WITH GRANT OPTION;
```

2. 查看数据库级安全对象上的权限——sp_helprotect

系统存储过程 sp_helprotect 可用于查看数据库级安全对象上的所有权限。sp_helprotect 的语法如下。

```
sp_helprotect [ [ @name =] 'object_statement' ]
    [ , [ @username =] 'security_account' ]
    [ , [ @grantorname =] 'grantor' ]
    [ , [ @permissionarea =] 'type' ]
```

对涉及的参数说明如下。

[@name=] 'object_statement'指定当前数据库或语句中具有报告权限的对象的名称。默认值为 NULL，表示将返回所有的对象权限和语句权限。如果值为一个对象(表、视图、存储过程或扩展存储过程)，则该对象必须是当前数据库中的有效对象。

如果 object_statement 是一个语句，则该语句可以是下列语句之一。

- CREATE DATABASE
- CREATE DEFAULT
- CREATE FUNCTION

- CREATE PROCEDURE
- CREATE RULE
- CREATE TABLE
- CREATE VIEW
- BACKUP DATABASE
- BACKUP LOG

[@username=] 'security_account'指定为其返回权限的主体的名称。默认值为 NULL,表示将返回当前数据库中的所有主体的权限。security_account 必须存在于当前数据库中。

[@grantorname=] 'grantor'指定给其他主体赋予权限的主体的名称。默认值为 NULL,表示将返回数据库中任意主体授予的权限的全部信息。

[@permissionarea=] 'type'指定是显示对象权限(字符串 o)、语句权限(字符串 s)还是同时显示两者 (os) 的字符串。默认值为 os。type 可以是 o 和 s 的任意组合,o 和 s 之间可以有也可以没有逗号和空格。

【例 12.26】 查看指定用户所拥有的权限。

根据上面系统存储过程 sp_helprotect 的语法,查看数据库用户 User1 所拥有的权限可以利用下列语句来实现。

```
EXEC sp_helprotect @username = 'User1';
```

或

```
EXEC sp_helprotect NULL, 'User1';
```

如果 sp_helprotect 不带参数,则将返回所有对象的权限信息。

3. 对数据库级主体收回权限——REVOKE

在给某个数据库级主体授予某些操作权限后,如果认为没有必要或不应该给它授予这些权限时,可以利用 REVOKE 语句收回已授予的权限。

1) 收回已授予的对数据库级主体的操作权限

将对数据库级主体的操作权限赋给另一个数据库级主体后,如果想收回已赋予的权限,则可使用 REVOKE 语句的下列语法。

```
REVOKE [ GRANT OPTION FOR ] permission [ ,…n ]
    ON
    {   [ USER :: database_user ]
       | [ ROLE :: database_role ]
       | [ APPLICATION ROLE :: application_role ]
    }
    { FROM | TO } <database_principal>[ ,…n ]
        [ CASCADE ]
    [ AS <database_principal>]
```

其中:

```
<database_principal>::=
        Database_user
    | Database_role
    | Application_role
    | Database_user_mapped_to_Windows_User
    | Database_user_mapped_to_Windows_Group
    | Database_user_mapped_to_certificate
    | Database_user_mapped_to_asymmetric_key
    | Database_user_with_no_login
```

该语法中涉及的参数与前面介绍的 GRANT 语句语法中涉及的参数的意义基本相同。需要特别说明的是下列两个参数。

GRANT OPTION 指示要撤销向其他主体授予指定权限的权限,不会撤销该权限本身。但如果主体具有不带 GRANT 选项的指定权限,则将撤销该权限本身。

CASCADE 指示要撤销的权限也会从此主体授予或拒绝该权限的其他主体中撤销。

【例 12.27】 收回一个用户拥有的对另一个用户的 CONTROL 操作权限。

在例 12.23 中,将对用户 User2 的 CONTROL 权限赋给用户 User1,现用 REVOKE 语句对用户 User1 收回该权限,代码如下。

```
USE MyDatabase;
REVOKE CONTROL ON USER:: User2 FROM User1;
```

【例 12.28】 收回一个用户拥有的对其他主体授权的权限。

例 12.25 中,对用户 User1 授予了对角色 MyRole1 的 VIEW DEFINITION 操作权限,并允许用户 User1 将该权限赋给其他主体。如果要收回用户 User1 拥有的对角色 MyRole1 的 VIEW DEFINITION 操作权限赋给其他主体的权限(但不收回 User1 拥有的对角色 MyRole1 的 VIEW DEFINITION 操作权限),则可用下列语句来实现。

```
USE MyDatabase;
REVOKE GRANT OPTION FOR VIEW DEFINITION ON ROLE:: MyRole1 FROM User1;
```

注意,执行上述语句后,User1 仍然可以执行对角色 MyRole1 的 VIEW DEFINITION 操作,只是不能将该操作权限赋给其他主体而已。如果需要同时收回 User1 拥有的对角色 MyRole1 的 VIEW DEFINITION 操作权限,则可用下列语句实现。

```
USE MyDatabase;
REVOKE VIEW DEFINITION ON ROLE:: MyRole1 FROM User1 CASCADE;
```

2) 收回已授予的对数据库的操作权限

将对当前数据库的操作权限赋给一个数据库级主体后,如果需要收回该操作权限,则可使用 REVOKE 语句的下列语法。

```
REVOKE [ GRANT OPTION FOR ] <permission>[ ,…n ]
    { TO | FROM } <database_principal>[ ,…n ]
        [ CASCADE ]
```

```
    [ AS <database_principal>]
```

其中：

```
<permission>::=
permission | ALL [ PRIVILEGES ]

<database_principal>::=
        Database_user
    | Database_role
    | Application_role
    | Database_user_mapped_to_Windows_User
    | Database_user_mapped_to_Windows_Group
    | Database_user_mapped_to_certificate
    | Database_user_mapped_to_asymmetric_key
    | Database_user_with_no_login
```

该语法涉及的参数与前面介绍的 REVOKE 语句语法涉及的参数的意义基本相同。需要注意的是以下两个参数。

ALL：指定该选项时，表示同时收回下列权限：BACKUP DATABASE、BACKUP LOG、CREATE DATABASE、CREATE DEFAULT、CREATE FUNCTION、CREATE PROCEDURE、CREATE RULE、CREATE TABLE 和 CREATE VIEW。但不是所有的数据库权限。

PRIVILEGES：包含此参数是为了符合 ISO 标准。请不要更改 ALL 的行为。

【例 12.29】 收回数据库用户拥有的对数据库的有关操作权限。

例 12.24 中，对用户 User1 授予了对数据库 MyDatabase 的 CREATE TABLE、CREATE VIEW 和 CREATE PROCEDURE 操作权限。如果需要将后面的两个操作权限(CREATE VIEW 和 CREATE PROCEDURE)收回，则可用下列语句实现。

```
USE MyDatabase;
REVOKE CREATE VIEW,CREATE PROCEDURE FROM User1;
```

执行上述语句后，用下列语句来查看用户 User1 所拥有的数据库权限，如图 12.6 所示。这表明，CREATE VIEW 和 CREATE PROCEDURE 权限确实已经被收回。

```
USE MyDatabase;
EXEC sp_helprotect @username ='User1';
```

	Owner	Object	Grantee	Grantor	ProtectType	Action	Column
1	.	.	User1	dbo	Grant	CONNECT	.
2	.	.	User1	dbo	Grant	Create Table	.

图 12.6　User1 当前拥有的权限

4. 对数据库级主体拒绝权限——DENY

主体主要是通过两种途径获得对安全对象的操作权限，一种是利用 GRANT 语句对其授权,另一种是通过组或角色成员资格继承权限。利用 REVOKE 语句可以收回由 GRANT 语句授予的权限,但不能收回通过组或角色成员资格继承权限。因此,要彻底地不允许主体拥有某一种操作权限,则最好使用 DENY 语句来实现。该语句的简化语法如下。

```
DENY { ALL [ PRIVILEGES ] }
        | permission [ ( column [ ,…n ] ) ] [ ,…n ]
        [ ON [ class :: ] securable ] TO principal [ ,…n ]
        [ CASCADE] [ AS principal ]
```

【例 12.30】 拒绝对一个用户授予对另一个用户的 CONTROL 权限。

下列代码用于拒绝用户 User1 对 MyDatabase 用户 User2 的 CONTROL 权限:

```
USE MyDatabase;
DENY CONTROL ON USER::User2 TO User1;
```

此后,用户 User1 不能执行对用户 User2 的 CONTROL 操作。

【例 12.31】 拒绝一个用户拥有对数据库的 CREATE TABLE 权限。

下列代码用于拒绝用户 User1 拥有对数据库 MyDatabase 的 CREATE TABLE 权限。

```
USE MyDatabase;
DENY CREATE TABLE TO User1;
```

此后,用户 User1 不能执行对数据库 MyDatabase 的 CREATE TABLE 操作,即 User1 不能在数据库 MyDatabase 中创建数据表。除非执行下列语句,以将 CREATE TABLE 权限赋给用户 User1(解除拒绝)。

```
USE MyDatabase;
GRANT CREATE TABLE TO User1;                                  --授权
```

12.5 架构级的安全控制

12.5.1 架构及其管理

1. 架构的概念

架构(Schema)是形成单个命名空间的数据库对象的集合,它包括数据类型、XML 架构集合和对象类,其中对象类又包括聚合、约束、函数、过程、队列、统计信息、同义词、表、视图等。在同一个架构中不能存在重名的数据库对象。例如,在一个架构中不允许存在同名的两个表,只有在位于不同架构中的两个表才能重名。从管理的角度看,架构是数据对象管理的逻辑单位。

在 SQL Server 2000 中没有架构的概念,架构是自 SQL Server 2005 开始在 SQL Server 中出现的。实际上,在 SQL Server 2000 中架构和数据库用户是同一个概念,两者是合一的。自 SQL Server 2005 开始,架构与数据库用户分离了。具体地讲,在 SQL

Server 2000 中，数据库用户和架构是隐式连接在一起的。每个数据库用户都是与该用户同名的架构的所有者。因而，SQL Server 2000 中的架构也就是数据库中的用户。

架构和数据库用户分离是 SQL Server 2005 对 SQL Server 2000 的一个重要改进。这种改进的好处体现在以下几个方面。

(1) 多个用户可以通过角色成员身份或 Windows 组成员身份拥有一个架构。

(2) 有效简化了删除数据库用户的操作。

(3) 删除数据库用户时，不需要对该用户架构所包含的对象进行重命名。因此，在删除创建架构所含对象的用户后，不再需要修改和测试显式引用这些对象的应用程序，从而可以有效减少系统开发的总工作量。

(4) 通过默认架构的共享，可以实现统一名称解析；而且通过架构的共享，开发人员可以将共享对象存储在为特定应用程序专门创建的架构中，而不是 DBO 架构中。

(5) 可以用比 SQL Server 2000 中更大的粒度管理架构和架构包含的对象的权限。

在 SQL Server 2017 中，架构分为两种类型：一种是系统内置的架构，称为**系统架构**；另一种是由用户定义的架构，称为**用户自定义架构**。

在创建数据库用户时，必须指定一个默认架构，即每个用户都有一个默认架构。如果不指定，则使用系统架构 dbo 作为用户的默认架构。服务器在解析对象的名称时，第一个要搜索的架构就是用户的默认架构。

2. 创建架构——CREATE SCHEMA

创建架构的语法如下。

```
CREATE SCHEMA schema_name_clause [ <schema_element> [ …n ] ]
```

其中：

```
<schema_name_clause>::=
    {
        schema_name
    | AUTHORIZATION owner_name
    | schema_name AUTHORIZATION owner_name
    }

<schema_element>::=
    {
        table_definition | view_definition | grant_statement
        revoke_statement | deny_statement
    }
```

对涉及参数说明如下。

schema_name 指定待创建的架构的名称，在数据库内是唯一的。

AUTHORIZATION owner_name 指定将拥有架构的数据库级主体（数据库用户或角色）的名称。该主体可以拥有包含当前架构在内的多个架构，并且可以不使用当前架构作为其默认架构。

table_definition 指定在架构内创建表的 CREATE TABLE 语句。执行此语句的主体必须对当前数据库具有 CREATE TABLE 权限。

view_definition 指定在架构内创建视图的 CREATE VIEW 语句。执行此语句的主体必须对当前数据库具有 CREATE VIEW 权限。

grant_statement 指定可对除新架构外的任何安全对象授予权限的 GRANT 语句。

revoke_statement 指定可对除新架构外的任何安全对象收回权限的 REVOKE 语句。

deny_statement 指定可对除新架构外的任何安全对象拒绝授予权限的 DENY 语句。

【例 12.32】 创建架构实例。

以下代码将创建名为 mySchema1 的架构,其拥有者为数据库用户 User1,同时创建数据表 T1(其所属架构自动设置为 mySchema1)。此外,该架构创建语句还向 User2 授予 SELECT 权限,对用户 User2 拒绝授予 INSERT 权限。

```
USE MyDatabase;
GO
CREATE SCHEMA mySchema1 AUTHORIZATION User1
    CREATE TABLE T1(c1 int, c2 int, c3 int)
    GRANT SELECT TO User2
    DENY INSERT TO User2;
```

3. 修改架构——ALTER SCHEMA

架构的修改主要包括在架构之间传输安全对象以及修改架构的拥有者。前者用 ALTER SCHEMA 语句来实现,后者则用 ALTER AUTHORIZATION 语句来完成。以下分别举例说明。

【例 12.33】 在架构之间传输安全对象。

有时候需要将一个架构中的安全对象传输到另一个架构中去,例如,将架构 mySchema1 中的安全对象——数据表 T1 传输到架构 mySchema2 中去,则可利用下列 ALTER SCHEMA 语句来实现。

```
ALTER SCHEMA mySchema2 TRANSFER mySchema1.T1;
```

【例 12.34】 修改架构的拥有者。

将架构 mySchema1 的拥有者由原来的 User1 改为 User2(即将 mySchema1 的所有权传递给 User2),代码如下。

```
ALTER AUTHORIZATION ON SCHEMA::mySchema1 TO User2;
```

4. 查看架构

【例 12.35】 查看当前数据库中的所有架构。

系统目录视图 sys.schemas 保存了当前数据库中的所有架构信息,这些信息包含架构的名称(name)、架构 id(schema_id)和其拥有者的 id(principal_id)。因此,利用下列语句可以返回当前数据库中的所有架构。

```
USE MyDatabase;                                   --指定当前数据库
SELECT name 架构名
FROM sys.schemas;
```

【例 12.36】 查看架构的拥有者。

架构的拥有者为数据库主体，这些主体信息包含在 sys.database_principals 中。因此，通过对 sys.schemas 和 sys.database_principals 的连接查询即可获得架构的拥有者。代码如下。

```
USE MyDatabase;
SELECT a.name 架构, b.name 拥有者
FROM sys.schemas a
JOIN sys.database_principals b
ON a.principal_id =b.principal_id;
```

【例 12.37】 查看指定架构包含的对象。

为了观看效果，下面的代码先在数据库 MyDatabase 中创建架构 mySchema3(其拥有者为 User1)，然后在该架构内创建三个对象——数据表 T3_1、T3_2 和 T3_3，最后查询架构 mySchema3 包含的对象。代码如下。

```
USE MyDatabase;
GO
CREATE SCHEMA mySchema3 AUTHORIZATION User1;              --创建架构
GO
CREATE TABLE mySchema3.T3_1(c1 int, c2 int);              --创建架构内的对象
CREATE TABLE mySchema3.T3_2(c1 int, c2 int);
CREATE TABLE mySchema3.T3_3(c1 int, c2 int);

SELECT b.name 架构名, a.name 包含的对象名, a.type 对象类型  --查询架构包含的对象
FROM sys.objects a
JOIN sys.schemas b
ON a.schema_id =b.schema_id
WHERE b.name = 'mySchema3';
```

5. 删除架构——DROP SCHEMA

从数据库中删除架构可用 DROP SCHEMA 语句来实现，其语法如下。

```
DROP SCHEMA schema_name;
```

schema_name 表示待删除的架构的名称。但需要注意的是，要删除的架构不能包含任何对象，否则删除操作将失败。

【例 12.38】 删除架构实例。

删除在例 12.37 中创建的架构 mySchema3，但该架构包含三个对象：表 T3_1、T3_2 和 T3_3(可用前面介绍的方法查看一个架构包含的所有对象)，因此需要删除这三张数据表。

```
USE MyDatabase;
DROP TABLE mySchema3.T3_1, mySchema3.T3_2, mySchema3.T3_3;
```

或者利用 ALTER SCHEMA…TRANSFER 语句将架构 mySchema3 下的对象传递到其他架构(如 mySchema2)下。

```
USE MyDatabase;
ALTER SCHEMA mySchema2 TRANSFER mySchema3.T3_1
ALTER SCHEMA mySchema2 TRANSFER mySchema3.T3_2
ALTER SCHEMA mySchema2 TRANSFER mySchema3.T3_3
```

然后才能删除架构 mySchema3。

```
DROP SCHEMA mySchema3;                                    --删除架构
```

6. 架构权限的管理

对架构的操作权限可以赋给一个或多个数据库级主体，也可以对已授予的权限进行收回或禁用等操作，这些操作分别使用 GRANT、DENY、REVOKE 语句来实现。

针对对架构的操作权限，其赋权操作由 GRANT 语句的下列语法完成。

```
GRANT permission  [ ,…n ] ON SCHEMA :: schema_name
    TO database_principal [ ,…n ]
    [ WITH GRANT OPTION ]
    [ AS granting_principal ]
```

其中，对涉及的参数说明如下。

permission 指定可授予的、对架构的操作权限。这些权限可以利用下列语句查询。

```
SELECT permission_name 权限名
FROM sys.fn_builtin_permissions('SCHEMA');
```

ON SCHEMA :: schema_name：设置此项时，表示将对其操作的权限赋给 database_principal 架构，schema_name 则表示该架构的名称，需要范围限定符"::"。

database_principal 指定要向其授予权限的主体，为以下类型之一。

- 数据库用户。
- 数据库角色。
- 应用程序角色。
- 映射到 Windows 登录名的数据库用户。
- 映射到 Windows 组的数据库用户。
- 映射到证书的数据库用户。
- 映射到非对称密钥的数据库用户。
- 未映射到服务器主体的数据库用户。

GRANT OPTION 指示该主体还可以向其他主体授予所指定的权限。

AS granting_principal 指定一个主体，执行该查询的主体从该主体获得授予该权限的权利。该主体是以下类型之一。

- 数据库用户。
- 数据库角色。
- 应用程序角色。
- 映射到 Windows 登录名的数据库用户。
- 映射到 Windows 组的数据库用户。
- 映射到证书的数据库用户。
- 映射到非对称密钥的数据库用户。
- 未映射到服务器主体的数据库用户。

【例 12.39】 将对架构的操作权限赋给指定的数据库主体。

下列代码将对架构 mySchema1 的 INSERT、UPDATE 和 DELETE 权限赋给数据库用户 User1。

```
USE MyDatabase;
GRANT INSERT,UPDATE,DELETE ON SCHEMA :: mySchema1 TO User1;
```

REVOKE、DENY、GRANT 语句的使用方法类似。例如，收回或拒绝 User1 对架构 mySchema1 的 INSERT 权限，可分别利用下面的语句来实现。

```
REVOKE INSERT ON SCHEMA :: mySchema1 TO User1;
DENY INSERT ON SCHEMA :: mySchema1 TO User1;
```

12.5.2 安全对象的权限管理

架构级安全对象包括数据类型、XML 架构集合和对象类，其中，对象类又包括聚合、约束、函数、过程、队列、统计信息、同义词、表、视图等。本节将重点介绍如何管理对对象类的操作权限。

可以这样形象地理解：服务器级和数据库级的安全控制分别是对数据的最外层和次外层保护，而架构级的安全控制则是对数据最内层的保护，是数据的“贴身侍卫”。架构是安全对象在逻辑上的集合，如果一个主体拥有了对架构的访问权限，那么它对该架构内的所有安全对象都具有相应的访问权限。如果觉得一个主体仅从架构那里继承来的权限还“不够用”，可以单独给它“开小灶”——将对对象的操作权限逐一地给它赋权，从而使该主体拥有足够的权限。

下面将介绍如何对架构级安全对象的操作权限赋给一个数据库级主体，以及对这些权限的收回和拒绝等。

给一个主体授予对架构级安全对象（表、视图、表值函数、存储过程、扩展存储过程、标量函数、聚合函数、服务队列、同义词）的操作权限，也可以使用 GRANT 语句，相应的语法如下。

```
GRANT <permission> [ ,…n ] ON
    [ OBJECT :: ][ schema_name ]. object_name [ ( column [ ,…n ] ) ]
    TO <database_principal> [ ,…n ]
    [ WITH GRANT OPTION ]
```

```
[ AS <database_principal>]
```

其中:

```
<permission>::=
    ALL [ PRIVILEGES ] | permission [ ( column [ ,…n ] ) ]

<database_principal>::=
        Database_user
    | Database_role
    | Application_role
    | Database_user_mapped_to_Windows_User
    | Database_user_mapped_to_Windows_Group
    | Database_user_mapped_to_certificate
    | Database_user_mapped_to_asymmetric_key
    | Database_user_with_no_login
```

该语法涉及的参数说明如下。

permission 指定可以授予的对架构包含的对象的权限。这些权限可以利用下列 SELECT 语句查看。

```
SELECT permission_name
FROM sys.fn_builtin_permissions('OBJECT');
```

ALL:选择该项表示授予适用于指定对象的所有 ANSI-92 权限。对于不同权限,ALL 的含义有所不同。

- 标量函数权限:EXECUTE、REFERENCES。
- 表值函数权限:DELETE、INSERT、REFERENCES、SELECT、UPDATE。
- 存储过程权限:EXECUTE。
- 表权限:DELETE、INSERT、REFERENCES、SELECT、UPDATE。
- 视图权限:DELETE、INSERT、REFERENCES、SELECT、UPDATE。

PRIVILEGES:选择此参数是为了符合 ANSI-92 标准,不会更改 ALL 的行为。

column 指定表、视图或表值函数中要授予对其权限的列的名称。括号是必需的。只能授予对列的 SELECT、REFERENCES 及 UPDATE 权限。column 可以在权限子句中指定,也可以在安全对象名之后指定。

ON [OBJECT ::] [schema_name].object_name 指定要授予对其权限的对象。如果指定了 schema_name,则 OBJECT 短语是可选的,否则是必选的。如果使用了 OBJECT 短语,则需要作用域限定符(::)。如果未指定 schema_name,则使用默认架构。如果指定了 schema_name,则需要架构作用域限定符(.)。

TO <database_principal>指定要向其授予权限的主体。

WITH GRANT OPTION:选择该选项表示该主体还可以向其他主体授予所指定的权限。

AS <database_principal>指定执行此查询的主体要从哪个主体派生其授予该权限

的权限。

Database_user 指定数据库用户。

Database_role 指定数据库角色。

Application_role 指定应用程序角色。

Database_user_mapped_to_Windows_User 指定映射到 Windows 用户的数据库用户。

Database_user_mapped_to_Windows_Group 指定映射到 Windows 组的数据库用户。

Database_user_mapped_to_certificate 指定映射到证书的数据库用户。

Database_user_mapped_to_asymmetric_key 指定映射到非对称密钥的数据库用户。

Database_user_with_no_login 指定无相应服务器级主体的数据库用户。

【例 12.40】 授予对表的 SELECT 权限。

本例中,将对架构 dbo 内表 student 的 SELECT 权限赋给数据库用户 User1,代码如下。

```
GRANT SELECT ON OBJECT::dbo.student TO User1;
```

【例 12.41】 授予对存储过程的 EXECUTE 权限。

本例中,将对存储过程 MyPro1 的 EXECUTE 权限赋给数据库角色 MyRole1,代码如下。

```
GRANT EXECUTE ON OBJECT::dbo.MyPro1 TO MyRole1;
```

这样,角色 MyRole1 就包含对存储过程 MyPro1 的执行权限。

对于架构级安全对象,权限的收回(REVOKE)、拒绝(DENY)与权限的授予(GRANT)的方法是一样的,具体使用时只需将 GRANT 改为 REVOKE 或 DENY 即可。例如,对于例 12.25 中给 MyRole1 授予的对 dbo.MyPro1 的 EXECUTE 权限,可用下列语句将其收回。

```
REVOKE EXECUTE ON OBJECT::dbo.MyPro1 TO MyRole1;
```

习　　题

一、选择题

1. 安全性控制主要是为了(　　)。
   A. 保证数据的语义正确性
   B. 防止数据遭到恶意破坏和非法操作
   C. 提高数据的查询效率
   D. 保证数据的合理性
2. 关于架构的说法,错误的是(　　)。
   A. 架构是形成单个命名空间的数据库对象的集合
   B. 在同一个架构中不能存在重名的数据库对象
   C. 从管理的角度看,架构是数据对象管理的逻辑单位

D. 架构是伴随着 SQL Server 的出现而形成的

3. 下列说法正确的是(   )。

A. 基于给定的登录和数据库,可以创建多个数据库用户

B. 基于给定的登录和数据库,至多能创建一个数据库用户

C. 在利用登录名登录服务器和访问数据库的过程中,并没有使用到数据库用户

D. 在 SQL Server 2017 中,架构和数据库用户是同一个概念

4. 数据控制语言(DCL)主要用于事务管理、数据保护以及数据库的安全性和完整性控制,这些语句包括(   )。

A. GRANT、REVOKE 等　　B. GRANT、NEW、REVOKE 等

C. GRANT、DENY、CREATE 等　　D. GRANT、DENY、INSERT 等

5. 下面关于角色的说法,不正确的是(   )。

A. 角色是相关操作权限的集合

B. 角色的运用可以有效简化权限管理操作

C. 可以创建、查看、修改和删除角色

D. 角色也可以用于存放数据

二、填空题

1. SQL Server2017 安全体系结构主要由三部分组成:主体、________和________。

2. SQL Server 身份验证模式有两种:________和________。

3. 创建和删除登录用户的 SQL 语句分别是________和________。

4. 对登录用户授予权限和回收的 SQL 语句分别是________和________。

5. 将一个登录用户添加为一个服务器角色的成员后,该登录用户将拥有此服务器角色所包含的所有权限。用于将一个登录用户添加为一个服务器角色成员和从一个服务器角色删除一个登录用户的系统存储过程分别是________和________。

6. 创建和删除数据库用户的 SQL 语句分别是________和________。

7. 利用系统存储过程________查看当前数据库所有的数据库用户,利用系统函数________可以查看当前数据库用户的名称。

8. 查看指定用户所拥有的权限可用系统存储过程________来实现。

三、简答题

1. 简述主体、权限和安全对象的概念。

2. 什么是角色?它有何作用?

3. 在 SQL Server 2017 中创建数据库时,会自动产生两个特殊的用户——dbo 和 guest,请简述它们的作用。

4. 请简述登录名、数据库用户和数据库之间的关系。

四、实验题

1. 创建数据库 DB1,创建登录 login1,使得利用登录 login1 可以在数据库 DB1 中创建和删除视图以及能够查询数据,除此以外不能进行别的操作。

2. 创建一个登录 superlogin,密码为 123,其默认的数据库是 DB1,并对它授予超级权限。

第 13 章 数据库备份与恢复

由于主观和客观因素，数据库并不是绝对安全的。数据库备份和恢复是数据库中数据保护的技术方法。本章先介绍数据备份和恢复的概念，然后详细介绍数据备份和恢复的几种方法。通过本章的学习，读者应该掌握下列内容。

- 了解数据备份和恢复的基本原理。
- 掌握完整数据备份和恢复的方法。
- 掌握差异数据备份和恢复的方法。
- 掌握事务日志备份和恢复的方法。

13.1 备份和恢复

13.1.1 备份和恢复的概念

前面两章分别介绍了通过数据的完整性控制和安全性控制来保证数据的安全，但这种安全是相对的。不但数据库管理系统软件本身可能会出现问题，而且作为硬件支撑的计算机也有可能出现不可修复的故障，还有自然灾害等不可抗拒的客观因素，这些都有可能造成数据的损坏或丢失，而避免这些损坏和丢失不是完整性控制和安全性控制"力所能及"的，因此，需要寻求另一种数据保护措施——数据备份和恢复。

备份，就是定期地把数据库复制到转储设备的过程。其中，转储设备是指用于存储数据库复制的磁带或磁盘，存储的数据称为后备副本或后援副本，或直接称为备份。

恢复，就是利用备份的后备副本把数据库由存在故障的状态转变为无故障状态的过程。备份和恢复的目的是在数据库遭到破坏时能够恢复到破坏前的正确状态，避免或最大限度地减少数据丢失。

如何有效地对数据库进行备份和恢复，使得即使出现数据库故障时也能够避免数据丢失或将数据损失减少到最小程度，这就是数据库备份和恢复要讨论的内容。

13.1.2 恢复模式及其切换

恢复模式一共有三种：简单模式、完整模式和大容量日志模式。数据备份需要在给定的恢复模式下完成，这意味着在不同的恢复模式下所备份的内容和方法将有所不同。本节先介绍这三种模式的主要特点。

1. 简单恢复模式

此恢复模式的主要特点是只对数据进行备份，而不对日志进行备份，因而不需要管理事务日志空间。因此,简单恢复模式可最大程度地减少事务日志的管理开销。简单恢复模式是最简单的备份和还原形式。该恢复模式同时支持数据库备份和文件备份(不支持日志备份)。但是使用这种模式将面临很大的风险:如果数据库损坏,则简单恢复模式只能将数据恢复到最近数据备份的末尾,而在最近数据备份之后所做的更新便会全部丢失。

通常,简单恢复模式用于测试和开发数据库,或用于主要包含只读数据的数据库(如数据仓库)。简单恢复模式并不适合生产系统,因为对生产系统而言,丢失最新的更改是无法接受的。在这种情况下,建议使用完整恢复模式。

2. 完整恢复模式

该模式不但支持数据备份,而且支持日志备份,即此模式完整记录所有事务,并将事务日志记录保留到对其备份完毕为止。如果能够在出现故障后备份日志尾部,则可以使用完整恢复模式将数据库恢复到故障点。完整恢复模式也支持还原单个数据页,支持数据库备份、文件和文件组备份。

由于支持日志备份,因此完整恢复模式可以在最大范围内防止出现故障时丢失数据,可以将数据库还原到日志备份内包含的任何时点("时点恢复")。假定可以在发生严重故障后备份活动日志,则可将数据库一直还原到没有发生数据丢失的故障点处。这是完整恢复模式的优点。但它也存在着缺点:需要使用存储空间并会增加还原时间和复杂性。

从还原程度看,完整恢复模式是最理想的,但是这种模式是很"沉重的"(备份的内容多),因此对包含数据量很大的数据库而言,其时间和空间代价都是昂贵的。

3. 大容量日志恢复模式

此模式是完整恢复模式的附加模式,是一种特殊用途的恢复模式,偶尔用于执行高性能的大容量复制操作。与完整恢复模式相同的是,大容量日志恢复模式也需要日志备份,它将事务日志记录保留到对其备份完毕为止;不同的是,大容量日志恢复模式通过使用最小方式记录大多数大容量操作,减少日志空间使用量,不支持时点恢复,这容易造成一些数据库更改的丢失。

大容量日志恢复模式也支持数据库备份、文件和文件组备份,它适用于进行一些大规模大容量操作(如大容量导入或索引创建),以提高性能并减少日志空间使用量。

恢复模式是数据库的一项属性,可以通过查看系统目录视图来获得数据库的恢复模式信息。例如,查看数据库 MyDatabase 的恢复模式可以利用下列代码实现。

```
SELECT name 数据库名, recovery_model_desc 恢复模式
FROM sys.databases
WHERE name = 'MyDatabase';
```

在输出的结果中,SIMPLE、FULL 和 BULK_LOGGED 分别代表简单恢复模式、完整恢复模式和大容量日志恢复模式。

恢复模式的切换可用 ALTER DATABASE 语句来完成。例如,将数据库 MyDatabase 的恢复模式改为大容量日志恢复模式,可用下列语句实现。

```
ALTER DATABASE MyDatabase SET RECOVERY BULK_LOGGED;
```

将恢复模式改为完整恢复模式或者简单恢复模式,只需要将上述语句中的 BULK_

LOGGED 改为 FULL 或 SIMPLE 即可。

纵观以上三种模式，简单恢复模式一般适合用于测试或开发数据库。但是对于生产数据库，最佳选择通常是完整恢复模式，还可以选择大容量日志恢复模式作为补充。但简单恢复模式有时也适合小型生产数据库或数据仓库使用。

13.1.3　备份类型

备份类型主要包括完整备份、差异备份和事务日志备份。在不同的恢复模式下，所允许的备份类型有所不同。

1. 完整备份

完整备份是指备份包括特定数据库(或者一组特定的文件组或文件)中的所有数据，以及可以恢复这些数据的足够多的日志信息。当数据库出现故障时，可以利用这种完整备份恢复到备份时刻的数据库状态，但备份后到出现故障的这一段时间内所进行的修改将丢失。

完整备份在所有恢复模式下都适用。

2. 差异备份

差异备份又称增量备份，是指对自上次完整备份以来发生过变化的数据库中的数据进行备份。可以看出，对差异备份的恢复操作不能单独完成，在其前面必须有一次完整备份作为参考点(称为基础备份)，因此差异备份必须与其基础备份进行结合才能将数据库恢复到差异备份时刻的数据库状态。此外，由于差异备份的内容与完整备份的内容一样，都是数据库中的数据，因此它所需要的备份时间和存储空间仍然比较大。当然，由于差异备份只记录自基础备份以来发生变化的数据(而不是所有数据)，所以它较完整备份在各方面的性能都有显著的提高，这是它的优点。

差异备份也适用于所有恢复模式。

3. 事务日志备份

事务日志备份简称日志备份，它记录了自上次日志备份到本次日志备份之间的所有数据库操作(日志记录)。由于日志备份记录的内容是一个时间段内的数据库操作，而不是数据库中的数据，因此在备份时所处理的数据量小得多，因而所需要的备份时间和存储空间也就相对小得多。但它也不能单独完成对数据库的恢复，而必须与一次完整备份相结合。实际上，“完整备份+日志备份”是常采用的一种数据库备份方法，这将在下面的学习中有深刻体会。

日志备份又分为纯日志备份、大量日志备份和尾日志备份。纯日志备份仅包含某一个时间段内的日志记录；大量日志备份则主要用于记录大批量的批处理操作；尾日志备份主要包含数据库发生故障后到执行尾日志备份时的数据库操作，以防止故障后相关修改工作的丢失。自 SQL Server 2005 开始，一般要求先进行尾日志备份，然后才能恢复当前数据库。

事务日志备份仅适用于完整恢复模式或大容量日志恢复模式，不适用于简单恢复模式。

13.2 完整数据库备份与恢复

所有的恢复模式都支持完整备份。针对备份的内容不同，本节主要介绍完整数据库备份、完整文件(组)备份及基于这些备份的数据库恢复方法。

完整数据库备份及其恢复分别利用 BACKUP DATABASE 语句和 RESTORE DATABASE 语句来完成。但这两个语句的语法都比较复杂，故本节主要是通过例子介绍常用的完整数据库备份和恢复方法。

13.2.1 完整数据库备份

完整数据库备份是对数据库中所有的数据进行备份，因此需要较大的存储空间。

【例 13.1】 在简单恢复模式下对数据库 MyDatabase 进行完整备份。

首先创建一个逻辑备份设备 MyDatabase_disk，它映射到磁盘文件 D:\Backup\MyDatabase_disk.bak；然后利用 BACKUP DATABASE 语句将数据库 MyDatabase 完全备份到逻辑备份设备 MyDatabase_disk 中，实际上备份的数据将保存到磁盘文件 D:\Backup\MyDatabase_disk.bak 中。代码如下。

```
USE master;                                          --目的是关闭数据库 MyDatabase
GO
ALTER DATABASE MyDatabase SET RECOVERY SIMPLE;       --切换到简单恢复模式下
GO
--创建备份设备
EXEC sp_addumpdevice 'disk', 'MyDatabase_disk', 'D:\Backup\MyDatabase_disk.
bak';
GO
--进行完整数据库备份
BACKUP DATABASE MyDatabase TO MyDatabase_disk WITH FORMAT;
GO
```

选项 FORMAT 的作用是以覆盖媒体标头和备份集的方式向文件 MyDatabase_disk.bak 中写入数据(如果该文件不存在则创建它)。实际上，利用 FORMAT 选项可以覆盖任意现有备份并创建新媒体集，从而创建一个完整数据库备份。

系统目录视图 sys.backup_devices 保存了逻辑备份设备的有关信息，因此通过查询此目录视图可以获取逻辑备份设备的相关情况。

```
SELECT * FROM sys.backup_devices
```

如果要删除已有的备份设备，可用系统存储过程 sp_dropdevice 来实现。例如，执行下列语句将删除备份设备 MyDatabase_disk。

```
EXEC sp_dropdevice 'MyDatabase_disk';
```

本例中也可以不使用逻辑备份设备而直接将数据备份到磁盘文件中。例如，上述代码中的 BACKUP DATABASE 语句也可以写成：

```
BACKUP DATABASE MyDatabase TO DISK = 'D:\Backup\MyDatabase_disk.bak' WITH
FORMAT;
```

备份文件 MyDatabase_disk.bak 保存了备份时刻数据库 MyDatabase 中的所有数据。

13.2.2　完整数据库恢复

利用备份文件，可以将数据库恢复到备份时刻的状态。

【例 13.2】　利用例 13.1 中的完整备份对数据库进行恢复。

例 13.1 中，对数据库 MyDatabase 进行完整备份后得到备份文件 MyDatabase_disk.bak。本例则利用此文件恢复数据库 MyDatabase，代码如下。

```
RESTORE DATABASE MyDatabase FROM DISK = 'D:\Backup\MyDatabase_disk.bak';
```

执行上述语句后，数据库 MyDatabase 将恢复到对其进行备份时的状态。由于是在简单模式下进行备份，故恢复时在任何一种模式下效果都一样。如果备份操作是在完整模式下进行的，则恢复操作时也要在完整模式下进行，这时要涉及尾日志备份和恢复。

【例 13.3】　在完整模式下对数据库 MyDatabase 进行完整备份，然后对其进行恢复。

首先在完整模式下对数据库 MyDatabase 进行完整备份。

```
USE master;                                      --关闭数据库 MyDatabase
GO
ALTER DATABASE MyDatabase SET RECOVERY FULL;     --切换到完整恢复模式下
GO
--完整数据库备份
BACKUP DATABASE MyDatabase TO DISK = 'D:\Backup\MyDatabase_full.bak' WITH
FORMAT;
GO
```

此后在数据库出现故障时利用获得的备份文件 MyDatabase_full.bak 对数据库 MyDatabase 进行恢复。

```
USE master;
GO
ALTER DATABASE MyDatabase SET RECOVERY FULL;     --切换到完整恢复模式下
--先进行尾日志备份才能恢复数据库
BACKUP LOG MyDatabase TO DISK = 'D:\Backup\MyDatabase_full.bak' WITH NORECOVERY;
                              --尾日志备份(必须在完整恢复模式下进行尾日志备份)
GO
--恢复数据库
RESTORE DATABASE MyDatabase FROM DISK = 'D:\Backup\MyDatabase_full.bak';
GO
```

13.3 差异数据库备份与恢复

完整数据库备份相当于对整个数据库进行复制。当数据量很大时,这种操作是费时的,且会严重降低系统的性能。因此,完整数据库备份是一种"沉重"的备份操作,不宜经常进行这种备份。这时可以寻求一种"轻量级"的备份方法——差异备份。

差异备份是指自创建完整备份后对更改的数据区所进行的备份。可见,差异备份需要基于一个最近的完整备份(称为基础备份)。由于它不需要对整个数据库进行备份,因而差异备份具有存储空间耗费少、创建速度快等优点。通常的做法是,在某个特定的时间进行一次完整备份,然后(定时)进行相继的若干个差异备份。还原时,先还原完整备份,然后再还原最新的差异备份即可。

本节主要介绍差异数据库备份及基于完整备份和差异备份的恢复方法。

13.3.1 差异数据库备份

差异数据库备份也是使用 BACKUP DATABASE 语句来完成。与完整数据库备份不同的是,用于差异数据库备份的 BACKUP DATABASE 语句要带 DIFFERENTIAL 选项。

【例 13.4】 创建差异数据库备份。

先创建完整数据库备份,然后创建差异数据库备份,并写入到同一个备份文件或备份设备中。代码如下。

```
USE master;
GO
ALTER DATABASE MyDatabase SET RECOVERY FULL;        --切换到完整恢复模式下
GO
--完整数据库备份(基础备份)
BACKUP DATABASE MyDatabase
TO DISK = 'D:\Backup\MyDatabaseBackup.bak'
WITH DESCRIPTION = '这是基础备份', FORMAT;
GO
```

在创建完整数据库备份后,可定期地多次执行下列代码(相对完整备份来说,其执行时间会很短),以保存最新的数据库状态。

```
--差异数据库备份
BACKUP DATABASE MyDatabase
TO DISK = 'D:\Backup\MyDatabaseBackup.bak'
WITH DESCRIPTION = '第 1 次差异备份',
DIFFERENTIAL;
GO
```

备份文件 MyDatabaseBackup.bak 保存了基础备份以及所有的差异数据库备份。建议每执行一次差异备份代码,就修改一次其描述信息,以示不同的差异备份。例如,在第一次执行时令 DESCRIPTION='第 1 次差异备份',第二次时令 DESCRIPTION='第 2 次差异备份',等等。如果备份时使用同一个备份文件,那么每进行一次备份(包括基础备份),都会在备份设备(备份文件)中形成一个备份集,其位置(Position 属性值)依次为 1, 2, 3, 4, …。可用 RESTORE HEADERONLY 语句查看备份设备中的备份集。

例如,如果在本例中,先执行一次完整数据库备份的代码,然后依次执行 4 次差异备份的代码(间隔一定的时间),接着执行 RESTORE HEADERONLY 语句来查看备份集。RESTORE HEADERONLY 语句如下。

```
RESTORE HEADERONLY FROM DISK ='D:\Backup\MyDatabaseBackup.bak';
```

该语句执行后,产生如图 13.1 所示的结果。

	BackupName	BackupDescription	BackupType	ExpirationDate	Compressed	Position	DeviceType	UserName	ServerName	DatabaseName	DatabaseVersion	DatabaseCreationDate
1	NULL	这是基础备份	1	NULL	0	1	2	sa	MZQ	MyDatabase	869	2019-10-23 09:56:33.000
2	NULL	第1次差异备份	5	NULL	0	2	2	sa	MZQ	MyDatabase	869	2019-10-23 09:56:33.000
3	NULL	第2次差异备份	5	NULL	0	3	2	sa	MZQ	MyDatabase	869	2019-10-23 09:56:33.000
4	NULL	第3次差异备份	5	NULL	0	4	2	sa	MZQ	MyDatabase	869	2019-10-23 09:56:33.000
5	NULL	第4次差异备份	5	NULL	0	5	2	sa	MZQ	MyDatabase	869	2019-10-23 09:56:33.000

图 13.1　差异数据库备份形成的备份集

13.3.2　差异数据库恢复

利用差异备份及其基础备份所得到的备份文件,可以将数据库恢复到任何一次备份时的状态。

【例 13.5】 利用差异备份,将数据库恢复到指定的状态。

本例中利用例 13.4 形成的备份文件 MyDatabaseBackup.bak,将数据库恢复到第 3 次差异备份时的数据库状态。

在例 13.4 中,一共对数据库 MyDatabase 进行 5 次备份,其中,第 1 次是完整备份,接着进行了 4 次差异数据库备份,因此在备份文件 MyDatabaseBackup.bak 中形成了 5 个备份集。显然,第 3 次差异备份所形成的备份集的位置(Position)是 4,因此在利用备份集 1(Position 值为 1 的备份集)来恢复数据库后,接着要利用备份集 4 来恢复数据库,即可满足本例的恢复要求。完整代码如下。

```
USE master;
GO
ALTER DATABASE MyDatabase SET RECOVERY FULL;
GO
--先进行尾日志备份,进入还原状态
BACKUP LOG MyDatabase TO DISK = ' D: \ Backup \ MyDatabaseBackup. bak ' WITH
NORECOVERY;
GO
--利用备份集 1(备份集 1 对应基础备份,必须先对基础备份进行恢复,即先令 FILE =1)
RESTORE DATABASE MyDatabase FROM DISK ='D:\Backup\MyDatabaseBackup.bak'
WITH FILE =1, NORECOVERY;                         --此处 FILE =1
GO
--利用备份集 4(表示要将数据库恢复到第 3 次差异备份时的数据库状态)
```

```
RESTORE DATABASE MyDatabase FROM DISK ='D:\Backup\MyDatabaseBackup.bak'
WITH FILE =4, NORECOVERY;
GO
RESTORE DATABASE MyDatabase WITH RECOVERY;          --恢复数据库(经过此步后,数据库
                                                      才真正恢复完毕)
GO
```

如果希望将数据库恢复到第4次差异备份时的数据库状态,则只需将上述代码中的"FILE=4"改为"FILE=5"即可,其他情况以此类推。

从上述代码可以看到,"恢复到第3次差异备份时的数据库状态"只需要第1个备份集和第4个备份集,而第2个和第3个备份集是不需要的,即它们是多余的。因此,差异备份仍然出现较大的数据冗余。

13.4 事务日志备份与恢复

前面介绍的备份主要是对数据库中的数据进行备份。除此以外,还可以对数据库中的日志信息进行备份,利用这些备份的信息也可以恢复数据库。备份日志信息较备份数据具有更高的效率,可节省更多的空间资源,因而有其自身的优势。

13.4.1 事务日志备份

事务日志备份也简称日志备份,包括创建备份时处于活动状态的部分事务日志,以及先前日志备份中未备份的所有日志记录。日志备份只能在完整模式和大容量日志恢复模式下才能创建。使用日志备份,可以将数据库恢复到故障点或特定的时点。创建日志备份的频率取决于用户对数据丢失风险的容忍程度与用户所能存储、管理和潜在还原的日志备份数量之间的平衡。由于日志备份并不是对数据进行备份,而是对相关操作进行记录,因此日志备份集一般比其他备份集要小得多。日志备份的每一次创建都是对上一次备份之后的操作进行记录,因此备份得越频繁,所形成的备份集就越小。

日志备份也依赖于最近的一次完整数据库备份,没有这样的完整数据库备份,而仅利用日志备份是无法恢复数据库的。在这一点上,日志备份与差异数据库备份很相似,但它们之间存在本质上的差别:每一次日志备份都是对上一次日志备份之后到现在为止所进行的操作进行记录(备份操作记录,而不是数据本身),差异数据库备份则是对自创建完整备份以后被更改的数据区进行备份(对数据本身进行备份)。

创建日志备份可利用BACKUP LOG语句来完成,下面通过例子对其进行说明。

【例13.6】 对指定数据库创建日志备份。

日志备份要依赖于最近一次完整数据库备份,否则不能恢复数据库。本例以数据库MyDatabase为例,介绍如何对其进行日志备份。

本例中,先创建数据库的完整备份,然后依次创建4个日志备份。代码如下。

```
USE master;
GO
```

```
ALTER DATABASE MyDatabase SET RECOVERY FULL;        --切换到完整模式下
GO
--先创建完整数据库备份
BACKUP DATABASE MyDatabase TO DISK = 'D:\Backup\MyDatabase_Log.bak'
WITH DESCRIPTION = '1. 创建完整数据库备份', FORMAT;
GO
--创建日志备份 1
BACKUP LOG MyDatabase TO DISK = 'D:\Backup\MyDatabase_Log.bak'
WITH DESCRIPTION = '2. 创建日志备份 1';
GO
--创建日志备份 2
BACKUP LOG MyDatabase TO DISK = 'D:\Backup\MyDatabase_Log.bak'
WITH DESCRIPTION = '3. 创建日志备份 2';
GO
--创建日志备份 3
BACKUP LOG MyDatabase TO DISK = 'D:\Backup\MyDatabase_Log.bak'
WITH DESCRIPTION = '4. 创建日志备份 3';
GO
--创建日志备份 4
BACKUP LOG MyDatabase TO DISK = 'D:\Backup\MyDatabase_Log.bak'
WITH DESCRIPTION = '5. 创建日志备份 4';
GO
```

13.4.2　事务日志恢复

在利用日志备份(事务日志备份)恢复数据库之前,先利用最近的完整数据库备份来恢复数据库,然后再利用日志备份恢复数据库。日志备份恢复可利用 RESTORE LOG 语句来实现。

【例 13.7】 利用已有的日志备份恢复数据库到指定的状态。

本例中,利用例 13.6 产生的备份文件对数据库 MyDatabase 进行恢复,要求将其恢复到日志备份 3 时的状态。

例 13.6 中,一共进行了 5 次备份,其中,第 1 次是完整数据库备份,后面接着是 4 次日志备份,即这些备份集依次是备份集 1、备份集 2、备份集 3、备份集 4、备份集 5。这些备份集都保存在 D:\Backup\MyDatabase_Log.bak 文件中,可利用 RESTORE HEADERONLY 语句来查看此文件(备份文件或备份设备)中所有备份集的信息。

```
RESTORE HEADERONLY FROM DISK = 'D:\Backup\MyDatabase_Log.bak';
```

可以看到,上述日志备份形成了如图 13.2 所示的备份集。

	BackupName	BackupDescription	BackupType	ExpirationDate	Compressed	Position	DeviceType	UserName	ServerName	DatabaseName	DatabaseVersion	DatabaseCreationDate
1	NULL	1. 创建完整数据库备份	1	NULL	0	1	2	sa	MZQ	MyDatabase	869	2019-10-23 09:56:33.000
2	NULL	2. 创建日志备份1	2	NULL	0	2	2	sa	MZQ	MyDatabase	869	2019-10-23 09:56:33.000
3	NULL	3. 创建日志备份2	2	NULL	0	3	2	sa	MZQ	MyDatabase	869	2019-10-23 09:56:33.000
4	NULL	4. 创建日志备份3	2	NULL	0	4	2	sa	MZQ	MyDatabase	869	2019-10-23 09:56:33.000
5	NULL	5. 创建日志备份4	2	NULL	0	5	2	sa	MZQ	MyDatabase	869	2019-10-23 09:56:33.000

图 13.2　例 13.7 中日志备份形成的备份集

要将数据库恢复到第3次日志备份时的状态,就应该依次用备份集1、备份集2、备份集3和备份集4来恢复数据库,而不是只用备份集1和备份集4,这与差异数据库恢复不同。代码如下。

```
USE master;
GO
IF db_id('MyDatabase') is not null
    ALTER DATABASE MyDatabase SET RECOVERY FULL;    --切换到完整模式下
GO
--尾日志备份,进入还原状态
IF db_id('MyDatabase') is not null
    BACKUP LOG MyDatabase TO DISK = 'D:\Backup\MyDatabase_Log.bak' WITH
NORECOVERY;
GO
--利用备份集1(完整数据库备份时产生)
RESTORE DATABASE MyDatabase FROM DISK ='D:\Backup\MyDatabase_Log.bak'
WITH FILE =1, NORECOVERY;                              --还原完整数据库备份
GO
--利用备份集2(第1次日志备份时产生)
RESTORE LOG MyDatabase FROM DISK ='D:\Backup\MyDatabase_Log.bak'
WITH FILE =2, NORECOVERY;
GO
--利用备份集3(第2次日志备份时产生)
RESTORE LOG MyDatabase FROM DISK ='D:\Backup\MyDatabase_Log.bak'
WITH FILE =3, NORECOVERY;
GO
--利用备份集4(第3次日志备份时产生)
RESTORE LOG MyDatabase FROM DISK ='D:\Backup\MyDatabase_Log.bak'
WITH FILE =4, NORECOVERY;
GO
RESTORE DATABASE MyDatabase WITH RECOVERY;             --恢复数据库
GO
```

13.5 一种备份案例

对于一个投入运行的数据库系统,备份是一项重要的工作。数据备份时需要占用机器资源,占用CPU时间,因而会降低系统的运行效率,同时备份的数据会占用磁盘空间。因此,如果备份频率过高,则会影响系统的正常运行效率,耗费大量的空间资源;如果备份频率太低,则丢失数据的风险就比较大。因此,如何设计一个有效的备份计划,不是一件容易的事情。一般来说,实时性强的重要数据,如银行数据等,一般需要较高的备份频率;如果历史性数据,如交易数据,则备份的频率比较低,甚至不需要备份。

对于一个需要备份的数据库系统而言,有些备份操作是带有共性规律的,可为制定系统

备份计划提供参考。比如,完整数据库备份的频率应该是最低的,而且大多选择在节假日、周末、凌晨进行,因为这时系统处于空闲状态的概率比较高。其次是差异数据库备份,它备份的数据量较完整数据库备份少得多,因此频率可以高一些。频率最高的是日志备份,它记录的是用户对数据进行操作的信息,因而其执行时间和耗费的存储空间都相对少一些。

从实现定期备份的技术层面看,需要借助一种机制和方法来定期执行备份代码。在SQL Server 2017 中,SQL Server 代理可提供这样一种机制,它可以定期执行 SQL 代码或存储过程,其最小执行时间间隔是 1h,或者可以指定每天在某一个时间点上执行。下面通过一个例子来说明如何定期对数据库系统进行备份。

【例 13.8】 制定一个备份程序,使得它可以定期地对 MyDatabase 数据库进行备份。备份的具体要求是:①每个季度第一个周六的凌晨 3:30 做一次完整数据库备份;②每天凌晨 3:30 做一次日志备份。

先对这个备份要求做一个简要的分析。SQL Server 代理可以每天在某一个时间点上执行 SQL 命令,因此可以将备份程序做成一个存储过程,在每天凌晨 3:30 执行一次该存储过程。在存储过程中,用代码对是否为"每个季度第一个周六"进行判断,根据判断结果来决定是执行完整数据库备份还是差异数据库备份。相关步骤如下。

(1) 创建名为 pro_for_backup 的存储过程,其创建代码及说明如下。

```
CREATE PROCEDURE pro_for_backup                    --定义存储过程 pro_for_backup
AS
BEGIN
ALTER DATABASE MyDatabase SET RECOVERY FULL;       --切换到完整模式下
DECLARE @date SMALLDATETIME, @n int, @m int, @dws nvarchar(10);
DECLARE @s1 nvarchar(100), @s2 nvarchar(100);
DECLARE @fg int;
SET @date =GETDATE();                              --获取当前日期、时间
--下列语句获取当前时间在当前月中的第几周
SET @n =DATEPART(WEEK,@date)-DATEPART(WEEK,@date-DAY(@date)+1)+1;
SET @m =DateName(mm, @date);                       --提取月份
SET @dws =DateName(dw, @date);                     --提取当前星期(星期几)
SET @s1 ='创建完整数据库备份,时间:'+CONVERT(varchar(30), @date, 114);
SET @s2 ='创建日志备份,时间:'+CONVERT(varchar(30), @date, 114);
SET @fg =0;
IF @m=1 or @m=4 or @m=7 or @m=10                   --每个季度的第一个月
BEGIN
    IF @n=1 and @dws='星期六'                       --如果现在是当前月份中第一周星期
                                                     六,则创建完整数据库备份
        BACKUP DATABASE MyDatabase TO DISK ='D:\Backup\MyDatabase_Log.bak'
            WITH DESCRIPTION =@s1, FORMAT;         --会覆盖备份集中以前的备份数据
        SET @fg =1;
END
IF @fg =0                                          --如果没有做上述完整数据库备份,则
                                                     做日志备份
```

```
    BACKUP LOG MyDatabase TO DISK ='D:\Backup\MyDatabase_Log.bak'
        WITH DESCRIPTION =@s2;
END
```

(2) 打开 SSMS,在“对象资源管理器”中展开“SQL Server 代理”节点(如果 SQL Server 代理没有启动,则先启动),右击其“作业”节点,在弹出的菜单中选择“新建作业”选项,然后打开“新建作业”窗口,如图 13.3 所示。

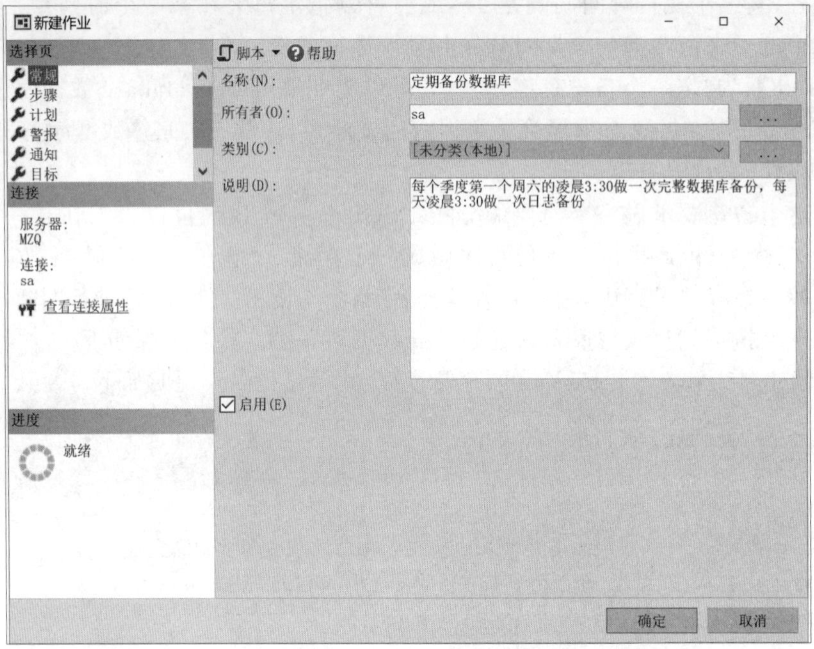

图 13.3 “新建作业”窗口

(3) 在窗口的左边选择“常规”项,然后在右边的“名称”文本框中输入作业的名称(自己拟定),如“定期备份数据库”,在“说明”文本框中输入必要的说明文字,如“每个季度第一个周六的凌晨 3:30 做一次完整数据库备份,每天凌晨 3:30 做一次日志备份”。

(4) 在如图 13.3 所示的窗口的左边选择“步骤”项,然后在打开的界面中单击左下方的“新建”按钮,进而打开“新建作业步骤”窗口。在此窗口中,输入步骤的名称,本例输入“定期备份数据库步骤”,类型选择“Transact-SQL 脚本(T-SQL)”,数据库选择 MyDatabase,在“命令”文本框中输入要执行的 SQL 命令,本例要执行的是存储过程 pro_for_backup,因此输入“EXEC pro_for_backup”,结果如图 13.4 所示。设置完后,单击“确定”按钮。

(5) 在如图 13.3 所示的窗口的左边选择“计划”项,然后在打开的界面中单击左下方的“新建”按钮,进而打开“新建作业计划”窗口。在此窗口中,输入计划的名称,如“定期备份数据库计划”,“计划类型”一栏选择“重复执行”一项,执行频率选择“每天”,执行间隔选择最小值——1 天,“每天频率”选择“执行一次”,时间设置为 3:30。如果希望这种备份永久地执行下去,则选中“无结束日期”单选按钮,否则设置具体的结束日期。设置结果如图 13.5 所示,然后单击“确定”按钮。

图 13.4　“新建作业步骤”窗口

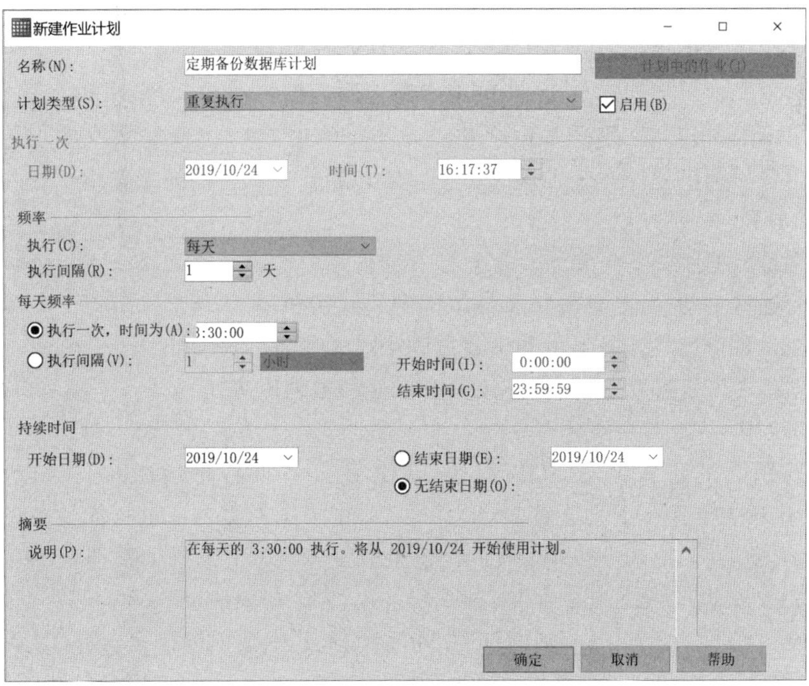

图 13.5　“新建作业计划”窗口

(6) 返回“新建作业”窗口后,单击“确定”按钮即可。

至此,备份程序的编写及设置全部完成。此后,该备份程序会按照既定的要求对数据库 MyDatabase 定期进行完整数据库备份和日志备份。

习　题

一、填空题

1. 数据库恢复模式包括简单恢复模式、________和________。

2. 下列代码对数据库 MyDatabase 进行了完整备份。

```
USE master
GO
EXEC sp_addumpdevice 'disk', 'MyDatabase_simple', 'D:\Backup\MyDatabase_
simple.bak';
GO
BACKUP DATABASE MyDatabase TO MyDatabase_simple WITH FORMAT;
GO
```

请在下列空格中填上适当的代码,使之能够利用上述备份对数据库 MyDatabase 进行恢复:

RESTORE DATABASE ________ FROM ________。

3. 备份类型包括________、________和日志备份。

4. 日志备份分为________、________和尾日志备份。

5. 在数据库备份和恢复过程中,可用系统存储过程________来创建备份设备。

6. 数据库的备份和恢复操作分别用________语句和________语句来实现。

7. 日志备份和恢复操作分别用________语句和________语句来实现。

二、简答题

1. 什么是数据库的备份和恢复?它们有何作用?

2. 请简述完整备份、差异备份和日志备份的区别和联系。

3. 什么是备份设备?是备份和恢复过程中必须具备的设备吗?

4. 数据库在恢复过程中,数据库用户可以使用数据库吗?

三、实验题

1. 请按照下列步骤编写 SQL 代码,体会完整数据备份的效果:①创建数据库 MyDB;②在其中创建一个数据表 MyT 并插入数据;③对数据库进行完整备份;④删除数据表 MyT 中的数据;⑤对 MyDB 进行完整数据库恢复;⑥查询数据表 MyT,看看表 MyT 中的数据是否被恢复。

2. 假设数据库 MyDatabase 处于正常运行状态,其中数据量很大,数据库系统一直处于比较繁忙的状态。如果你作为一个系统管理员,请拟定一个数据库备份计划,对数据库进行日常备份,以便随时进行数据库恢复。

参考答案

第 1 章

一、填空题

1. 人工管理阶段、文件系统阶段、数据库系统阶段

2. 数据项

3. E-R 图

4. 人工管理,数据库系统

5. 层次结构,网状结构,关系结构,面向对象

6. 关系

7. 体量大,速度快,多样化,价值高

8. 流处理,批处理

9. 数据集成,数据分析,数据解释

二、简答题

1. 答：信息是现实世界中对客观事物的反映,这种反映主要体现为事物属性的表现形式,是对事物存在方式或运动状态的刻画。即信息仅由客观事物的属性来确定,而与数据形式无关。数据是信息的载体,可以有多种表现形式,其目的都是为了揭示信息的内容。

2. 答：数据处理也称信息处理,它泛指用计算机对各种类型数据进行的处理操作,这些操作包括对数据进行采集、转换、分类、存储、排序、加工、维护、统计和传输等一系列活动。数据管理主要是指对数据进行分类、组织、编码、存储、检索和维护等数据处理的基本操作,是数据处理的核心内容。

3. 答：数据库是数据库系统存放结构化数据的地方,是长期存储的、有组织的、可共享的数据的集合。数据库管理系统是数据库的管理软件,是应用程序和数据库之间的桥梁,即应用程序必须通过数据库管理系统才能在数据库中存取数据,而不能直接操作数据库中的数据。数据库系统是基于数据库的计算机应用系统,数据库、数据库管理系统、数据库系统、系统用户等都是数据库系统的组成部分。

4. 答：数据库管理系统的功能主要包括：数据库定义功能、数据操纵功能、数据库运行管理功能、数据库的建立和维护功能。

5. 答：数据模型是数据库的形式构架,形式化地描述了数据库的数据组织方式,它用于提供信息表示和操作手段。其基本要素包括数据结构、数据操作、数据的约束条件。

6. 答：数据模型可以分为三种类型：概念模型、逻辑模型和物理模型。

7. 答：层次模型、网状模型、关系模型和面向对象模型,其中,关系模型最为成熟和流行。

8. 答：概念模型又称信息模型,是从用户观方面来对数据和信息进行建模的结果,是问题在信息世界的模型。概念模型一般用 E-R 图表示,它主要是用于信息世界建模,方

便系统设计人员与用户进行沟通，是数据库设计的有力工具。

9. 答：实体是客观存在的，并可以相互区分的事物。两个实体之间的联系有三种类型：一对一(1∶1)、一对多(1∶n)和多对多(m∶n)。实体联系用一个菱形来表示，菱形内标上联系的名称，菱形和两个表示实体的方框之间用线来连接，“一”的一方用“1”在线的旁边标注，“多”的一方则用“n”标注。

10. 答：优点主要包括：①数据组织的结构化；②减少数据冗余度，增强数据共享性；③保证数据的一致性；④具有较高的数据独立性，即使数据与程序相独立；⑤具有统一的数据控制功能。

11. 答：批处理是对数据先存储后统一处理，流处理则是每当新的数据到达系统时立刻对数据进行处理。

第 2 章

一、选择题

1～5：CAAAB　　6～10：BDCBD　　11～15：DADCC

16～20：BDCBD　　21～23：BDD

二、填空题

1. 关系数据结构，关系操作，关系完整性约束
2. 关系
3. 学号，学号，姓名，系别，成绩
4. 实体完整性，参照完整性，用户定义的完整性
5. $\{x \mid x \in \boldsymbol{R} \wedge x \in \boldsymbol{S}\}$
6. $\{(1, 100, a+1), (2, 200, b+1), (3, 300, c+1), (4, 400, d+1), (5, 500, e+1)\}$
7. 职工号，部门号，部门号
8. 等值连接，自然连接
9. 投影分解
10. 保持函数依赖性，无损连接性

三、简答题

1. 答：主要包括选择、投影、连接、除、并、交、差、插入、删除、修改等。

2. 答：关系数据库是以关系模型为基础的数据库，它是利用关系来描述实体及实体之间的联系。简单地说，一个关系数据库是若干个关系的集合。

3. 答：简单地说，关系模式是由属性构成，但与属性值无关。实际上，关系模式是描述关系的“型”，凡是具有相同属性集的关系都属于同一个关系模式，即关系模式是指关系的类型，可以理解为具有相同属性集的关系的集合。关系则是关系模式的一个实例(一个元素)，是随时间变化的。但在实际运用中常常将它们统称为关系，这要根据上下文来区别。

4. 答：可以为空，但前提是被参照关系中与该外码相关联的属性不能是该关系的主码属性，否则不能为空。

5. 答：关系中能够唯一标识每个元组的属性或属性组称为候选码，当指定一个候选码用于唯一标识每个元组时，该候选码就变成关系的主码。主码的作用是保证一个关系中不能出现完全相同的两条或多条记录。

6. 答：主码是(学号，课程号)。因为一个学生可以选修多门课程，一门课程也可以为多名学生所选，所以只有学号和课程号“联合”起来才能唯一标识每个元组。

7. 答：等值连接和自然连接是两种常用的连接运算，其原理基本相同，不同的是自然连接是在等值连接的基础上加上两个条件：①参与比较的属性子集 F 和 M 必须是相同的，即 $F=M$；②形成的新关系中不允许存在重复的属性。因此，自然连接实际上是一种特殊的等值连接。

8. 答：函数依赖的概念见 2.4.1 节。函数依赖主要用于设计关系模式，以避免或减少数据冗余、插入异常、删除异常等问题的出现。

9. 答：第三范式没有考虑主属性和候选码之间的依赖关系，这些依赖关系也会引起数据冗余和操作异常等问题。

10. 答：关系数据库的主要特点包括：具有较小的数据冗余度，支持创建数据表间的关联，支持较为复杂的数据结构；应用程序脱离了数据的逻辑结构和物理存储结构，数据和程序之间的独立性高；实现了数据的高度共享，为多用户的数据访问提供了可能；提供了各种相应的控制功能，有效保证数据存储的安全性、完整性和并发性等，为多用户的数据访问提供了保证。

11. 因为这是一种特定的关系，由此断定 a→b，这是不正确的。但是断定“b 和 c 之间不存在任何函数依赖关系”，这是正确的。

四、设计题

1. 解：按候选码求解算法，求解步骤如下。

(1) 先求 L 类、R 类、N 类、LR 类、LN 类属性，结果 $L=\{a\}$，$R=\{b\}$，$N=\phi$，$\mathrm{LR}=\{c,d,e,f\}$，$\mathrm{LN}=\{a\}$。

(2) $\mathrm{LN}^+=\{a,b\}\neq U$，$\{a,b\}$不是候选码(但任一候选码均包含这两个属性)。

(3) 产生 LN 的所有 1 元子集，并分别将它们跟$\{a\}$进行并集：$\{a,c\}$，$\{a,d\}$，$\{a,e\}$，$\{a,f\}$。

(4) $\{a,c\}^+=U$，$\{a,c\}$是 $R(U)$的一个候选码；同理可知，$\{a,d\}$，$\{a,e\}$，$\{a,f\}$也都是 $R(U)$的候选码。

(5) LN 的任何 2 元、3 元或 4 元子集和$\{a\}$的并集都会包含集合$\{a,c\}$，$\{a,d\}$，$\{a,e\}$，$\{a,f\}$之一，所以根据候选码的定义，这些并集不可能是候选码，因而也不需要继续测试和判断了。结果，$\{a,c\}$，$\{a,d\}$，$\{a,e\}$，$\{a,f\}$为 $R(U)$所有的候选码。

2. 解：

(1) 根据候选码求解算法，其所有候选码是$\{a,c\}$和$\{a,d\}$。

(2) 其非主属性集为$\{b\}$，由于 $a\rightarrow b\in F$，所以$\{a,c\}\xrightarrow{\mathrm{P}}b$，即存在非主属性对候选码的部分依赖，故 $R(U)$不属于第二范式。

(3) 利用 3NF 规范化算法 1，将 $R(U)$分解为若干个属于第三范式的关系模式，步骤如下。

① 经计算,F 的最小函数依赖集 $F_{min}=F$。

② $U_0=\phi$。

③ 按"决定因素聚类"原则,对 F_{min} 中的函数依赖进行极大化处理后,F_{min} 的形式没有变化。

④ 这时 F 中一共有三个不同的函数依赖,因此可转换成三个关系模式:$R_1(a, b)$,$R_2(c, d)$,$R_3(b, c, d)$。

⑤ 由于$\{c, d\}\subseteq\{b, c, d\}$,故 $R_2(c, d)$应该去掉,结果 $R(U)$分解为两个关系模式 $R_1(a, b)$和 $R_3(b, c, d)$,令 $\rho_1=\{R_1(a, b), R_3(b, c, d)\}$。

⑥ 根据定理 2.11 可知,ρ_1 不是无损连接分解,于是根据 3NF 规范化算法 2,令 $\rho_2=\rho_1\cup\{R_4(a, c)\}=\{R_1(a, b), R_3(b, c, d), R_4(a, c)\}$,其中,$\{a, c\}$为候选码。

⑦ 可用表格法验证,ρ_2 是 $R(U)$的一个无损连接分解,且其中的每一个关系模式都属于第三范式(实际属于 BC 范式)。

3. 答:对任意 $a\in\{$姓名, 成绩, 学院, 班级, 备注$\}$,均有学号→a,由于"学号"是单属性,进而不难推出学号$\xrightarrow{f}a$ 且学号$\xrightarrow{f}$ {学号, 姓名, 成绩, 学院, 班级, 备注},故"学号"为该关系模式的唯一的候选码,且每个非主属性都完全函数依赖于码。这说明该关系模式属于第二范式。

但是,易知学号→班级,班级→学院。这说明,非主属性"学院"传递函数依赖于码"学号",因此该关系模式不属于第三范式。

可以看到:

学号→姓名

学号→成绩

学号→学院

学号→备注

以及:

学院→班级

故对它进行投影分解,分为以下两个关系模式。

student1(<u>学号</u>, 姓名, 成绩, 学院, 备注)

student2(<u>学院</u>, 班级)

分解后得到的关系模式 student1 和 student2 属于第三范式。

4. 答:{学号, 课程名}$\xrightarrow{f}${姓名, 专业, 成绩},故{学号, 课程名}是候选码,且是唯一的候选码,"姓名""专业""成绩"是非主属性。由于学号→姓名,故{学号, 课程名}$\xrightarrow{p}$姓名,即存在非主属性"姓名"非完全函数依赖于码{学号, 课程名},所以该关系模式不属于第二范式。

先看看属性之间的函数依赖关系:

学号$\xrightarrow{f}$姓名

学号$\xrightarrow{f}$专业

{学号，课程名}$\xrightarrow{f}$成绩

一共有两种不同类型的完全函数依赖，于是经过投影分解后得到如下两个关系模式。

课程成绩1(学号，姓名，专业)

课程成绩2(学号，课程名，成绩)

分解后所得到的这两个关系模式属于第二范式，也属于第三范式。

5. 答：根据员工和部门的描述信息不难看出：

工号$\xrightarrow{f}${姓名，性别，年龄，职称，部门号}

部门号$\xrightarrow{f}${名称，规模}

因此，“工号”和“部门号”可分别构成如下关系模式。

员工(<u>工号</u>，姓名，性别，年龄，职称，部门号)

部门(<u>部门号</u>，名称，规模)

为方便计算每个员工所创造的价值(产品数量×产品价格)，需要有一个关系能保存每个员工生产每一种产品的数量，于是自然而然想到将“工号”跟“产品号”“数量”“价格”来构造一个关系模式：

员工_产品(<u>工号，产品号</u>，产品名，数量，价格)

其中，“数量”是指某员工生产某产品的数量，{工号，产品号}构成此关系模式的主码，它可以唯一标识每个员工生产每种产品的数量，似乎这样就可以方便计算每个员工所创造的价值，进而计算每个部门所创造的价值。

但是此关系模式存在不足之处：它不属于第二范式，因为产品号→产品名，产品号→价格，因此并非每个非主属性都完全函数依赖于主码，会带来数据冗余等问题。为此，先考察它的函数依赖关系。

产品号→产品名

产品号→价格

{工号，产品号}→数量

因此，可对此关系模式进行投影分解，形成两个关系模式：

产品(<u>产品号</u>，产品名，价格)

员工_产品数(<u>工号，产品号</u>，数量)

这样就得到4个关系模式，不难验证这4个关系模式都属于BC范式。

五、证明题

1. 证明：由 $A\xrightarrow{f}B$，当然有 $A\rightarrow B$。根据 Armstrong 公理，$A\rightarrow A$，于是由合并规则可知，$A\rightarrow A\cup B$，即 $A\rightarrow U$。

对任意 $C\subset A$，由于 $A\xrightarrow{f}B$，故 $C\nrightarrow B$。假设 $C\rightarrow U$，即 $C\rightarrow A\cup B$(因为 $A\cup B=U$)，由分解规则，有 $C\rightarrow B$，但这与前面的结论 $C\nrightarrow B$ 相矛盾，因此 $C\nrightarrow U$。这说明 $A\xrightarrow{f}U$，即 A 是关系模式 $R(U)$的一个候选码。证毕。

2. 证明：因为 $B \to C$，由增广律可知 $B \cup D \to C \cup D$；又因为 $B \to D$，故 $B \cup B \to B \cup D$，即 $B \to B \cup D$。于是由传递律，$B \to C \cup D$。证毕。

3. 先证明 ρ_1 不是无损连接分解(用表格法)。

(1) 先求 F 的最小函数依赖集 $F_{\min}=\{a \to c,\ c \to a,\ b \to a,\ d \to a\}$。

(2) 根据表格法，利用分解 ρ_1 和函数依赖集 $F_{\min}$ 创建并初始化表格 T，结果如表1所示。

表1　表格的初始化结果

	a	b	c	d
a,c	a_1	b_{12}	a_3	b_{14}
a,b	a_1	a_2	b_{23}	b_{24}
a,d	a_1	b_{32}	b_{33}	a_4

(3) 利用 $F_{\min}$ 中的 $a \to c$ 更新表格 T，结果如表2所示。

表2　运用 $a \to c$ 后的结果

	a	b	c	d
a,c	a_1	b_{12}	a_3	b_{14}
a,b	a_1	a_2	a_3	b_{24}
a,d	a_1	b_{32}	a_3	a_4

(4) 利用 $c \to a,\ b \to a,\ d \to a$ 更新表格 T，结果表格无变化。

(5) 重复使用 $F_{\min}$ 中的函数依赖更新表格 T，结果仍无变化，所以终止更新。

(6) 表格 T 中没有任何一行全部为 a，故根据表格法，ρ_1 不是无损连接分解。

其次，再证明 ρ_2 是无损连接分解。

(1) 利用分解 ρ_2 和函数依赖集 $F_{\min}$ 创建并初始化表格 T，结果如表3所示。

表3　表格的初始化结果

	a	b	c	d
a,c	a_1	b_{12}	a_3	b_{14}
a,b	a_1	a_2	b_{23}	b_{24}
a,d	a_1	b_{32}	b_{33}	a_4
b,d	b_{41}	a_2	b_{43}	a_4

(2) 依次运用 $F_{\min}$ 中的所有函数依赖更新表3所示的表格 T，结果如表4所示。

表4　第一次运用 $F_{\min}$ 中所有函数依赖后的结果

	a	b	c	d
a,c	a_1	b_{12}	a_3	b_{14}

续表

	a	b	c	d
a，b	a_1	a_2	a_3	b_{24}
a，d	a_1	b_{32}	a_3	a_4
b，d	a_1	a_2	b_{43}	a_4

(3) 再次依次运用 F_{min} 中的所有函数依赖更新表 4：当使用 $a \to c$ 以后，表格 T 的内容如表 5 所示，此后再使用 F_{min} 中的函数依赖，表格 T 均再无变化，故停止更新。

表 5　第二次运用 F_{min} 中所有函数依赖后的结果

	a	b	c	d
a，c	a_1	b_{12}	a_3	b_{14}
a，b	a_1	a_2	a_3	b_{24}
a，d	a_1	b_{32}	a_3	a_4
b，d	a_1	a_2	a_3	a_4

(4) 如表 5 所示的表格 T 中最后一行都是 a，故 ρ_2 是无损连接分解。

4. 证明：令 $G=F-\{C\cup D\to B\}\cup\{C\to B\}$。一方面，因为 $C\to B\in F^+$（不要求 $C\to B\in F$），而且 $F-\{C\cup D\to B\}\subseteq F\subseteq F^+$，所以 $G=F-\{C\cup D\to B\}\cup\{C\to B\}\subseteq F^+$，即 $G\subseteq F^+$。另一方面，对任意 $X\to Y\in F$，如果 $X\to Y\neq C\cup D\to B$，则显然有 $X\to Y\in G\subseteq G^+$；如果 $X\to Y=C\cup D\to B$，则由于 $C\cup D\subseteq(C\cup D)_G^+$，且 $C\to B\in G$，所以 $B\subseteq(C\cup D)_G^+$，于是 $C\cup D\to B\in G^+$，即 $X\to Y\in G^+$，从而 $F\subseteq G^+$。

综上所述，$G\subseteq F^+$ 且 $F\subseteq G^+$，根据定理 2.5，G 与 F 等价，即 $F-\{C\cup D\to B\}\cup\{C\to B\}$ 与 F 等价，这说明 D 是冗余的属性集。证毕。

5. 证明：由于 $W\xrightarrow{p}B$，根据定理 2.8，必存在 $A\subset W$，使得 $A\xrightarrow{f}B$。显然，$R_1(A\cup B)\in 2NF$。又由于 $W\cap B=\phi$，从而 $A\cap B=\phi$，于是 $(A\cup B)-(U-B)=B$，再加上 $(A\cup B)\cap(U-B)=A$，进而 $(A\cup B)\cap(U-B)\to(A\cup B)-(U-B)$。根据定理 2.11，此分解是无损连接分解，并易知 $R(U)=R_1(A\cup B)\bowtie_A R_2(U-B)$。证毕。

第 3 章

一、简答题

1. 答：数据库设计主要分为 6 个步骤：系统需求分析、概念结构设计、逻辑结构设计、物理结构设计、数据库实施、数据库系统运行和维护。各步骤的主要目的说明如下。

(1) 系统需求分析：分析和明确用户需求；获得的结果是需求分析说明书，包括数据流图和数据字典。

(2) 概念结构设计：经过分析、综合、归纳与抽象等过程，对用户的需求进行建模，形成用户需求在信息世界中的概念模型；获得的结果是 E-R 图描述的概念模型。

(3) 逻辑结构设计：将概念模型转换为DBMS支持的数据模型，并对其进行优化；对关系模型来说，所获得的结果是一系列优化过的关系模式。

(4) 物理结构设计：根据关系模式设计数据库的存储结构和存取方法，配置有关物理参数；所获得的结果是数据库的内模式。

(5) 数据库实施：利用DBMS提供的功能，并根据前面的设计结果来创建数据库，装载测试数据，编写调试应用程序，并进行试运行；所获得的结果是处于调试阶段的数据库系统。

(6) 数据库系统运行和维护：保证数据库系统正常运行，对其进行日常的维护性操作，如数据备份，以及对数据库的客观评价、调整和修改等。

2. 答：概念结构，逻辑结构，物理结构。

3. 答：E-R图是Entity Relationship Diagram的简称，它用于表示实体、属性及实体之间的联系。它是逻辑结构设计阶段的一种建模工具，用于表示信息世界中的概念模型。

4. 答：多采用自顶向下的结构化分析方法(Structured Analysis，SA)。

5. 答：概念结构是用户需求在信息世界中的模型，是对用户需求进行第一次抽象的结果。其设计思想包括自顶向下、自底向上、先主后次、上下混合4种。

概念结构是现实世界中用户需求与机器世界中机器表示之间的中转站。它既有易于用户理解、实现分析员与用户交流的优点，也有易于转换为机器表示的特点。当用户的需求发生改变时，概念结构很容易做出相应的调整。

6. 答：主要问题是各个局部E-R图之间的冲突，包括命名冲突、属性冲突和结构冲突等，需要采用相应的冲突解决方法来解决这些问题。

7. 答：数据字典是数据流图中数据元素的描述，这种描述是由一系列的条目组成，但不同的应用、不同的系统其组成的条目可能有所不同。一般来说，至少应该包括数据流、数据文件、加工和数据项4种条目，这4种条目的组成格式也有较大的差别。

数据字典通常与数据流图结合使用，主要是用于对数据流图中出现的各种元素进行描述，给出所有数据元素的逻辑定义，为下一步的概念设计奠定基础。

8. 答：数据库的逻辑结构设计就是将以E-R图表示的概念结构转换为DBMS支持的数据模型并对其进行优化的过程。

二、设计题

1. 答：

部门(部门编号, 名称, 地址, 人数)
部门经理(工号, 姓名, 性别, 职称, 年龄)
任职(部门编号, 工号, 年限)

或者，

部门_经理_任职(部门编号, 名称, 地址, 人数, 工号, 姓名, 性别, 职称, 年龄, 年限)

2. 答：

隶属1(班级代号, 学院代号)
隶属2(学号, 班级代号)

学院(学院代号，名称，年科研经费，专业数，教师人数)
班级(班级代号，名称，专业，人数)
学生(学号，姓名，性别，专业，籍贯)

3. 答：

组成(零件号，产品号，数量)
零件(零件号，零件名，价格)
产品(产品号，产品名，价格)

4. 答：根据给定的信息，可绘制该系统的 E-R 图(概念结构)，如图 1 所示。

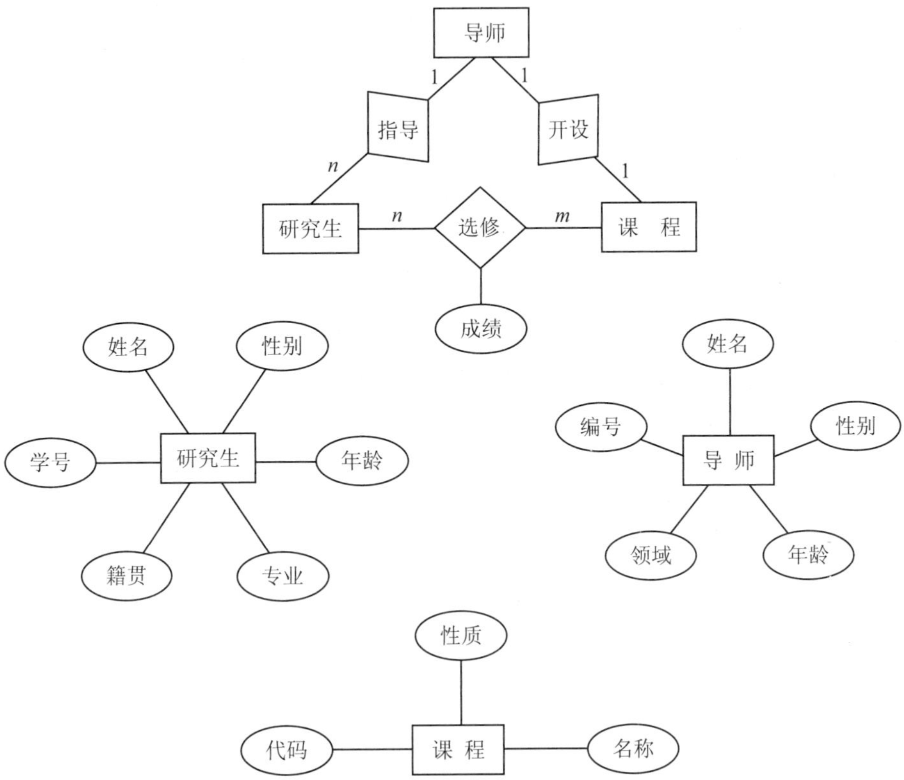

图 1　系统的 E-R 图(概念结构)

根据 E-R 图到关系模型的转换方法，可得到如下的关系模式。

研究生(学号，姓名，性别，年龄，专业，籍贯)
课程(课程代码，名称，性质)
导师(编号，姓名，性别，年龄，研究领域)
选修(学号，课程代码，成绩)

第 4 章

一、选择题

1～5：DDBAC　　6～10：BBBAB　　11～15：DBCAD　　16：B

二、填空题

1. 数据查询,数据操纵,数据定义,数据控制
2. UPDATE 语句、DELETE 语句
3. 98.5, '计算机系', '女', '1992-01-03'
4. ALTER TABLE student Add nationality varchar(20);
5. DML,DDL
6. HAVING

三、简答题

1. 答:SQL 是一种通用的、功能强大而又简单易学的关系数据库语言,其特点主要体现在:高度非过程化语言,统一的数据库操作语言,关系数据库的标准语言,面向集合的数据操纵语言,可嵌入式的数据库语言。

2. 答:(1) 数据查询功能。数据查询是数据库中使用得最多的操作,它是通过 SELECT 语句来完成的。

(2) 数据操纵功能。数据操纵是通过 INSERT、UPDATE、DELETE 语句来完成的。其中,INSERT、UPDATE、DELETE 语句分别用于实现数据插入、数据更新和数据删除功能。

(3) 数据定义功能。数据定义是通过 CREATE、ALTER、DROP 语句来完成的。其中,CREATE、ALTER、DROP 语句分别用于定义、修改和删除数据库和数据库对象。

(4) 数据控制功能。数据控制主要是指事务管理、数据保护(包括数据库的恢复、并发控制等)以及数据库的安全性和完整性控制。数据控制功能主要是通过 GRANT、REVOKE 语句来完成的。

四、实验题

1.

```
--创建表 teacher
CREATE TABLE teacher
(
    t_no        int            PRIMARY KEY,
    t_name      varchar(8)     NOT NULL,
    t_sex       char(2),
    t_salary    money,
    d_no        char(2)        NOT NULL,
    t_remark    varchar(200)
);
```

2.
```
select t_no,t_name,t_salary from teacher
where t_salary>=1000 and t_salary<=3000;
```

3.
```
SELECT d_no 所在院系编号,count(*) 人数
FROM teacher
GROUP BY d_no;
```

4.
```
SELECT s_no 学号, s_name 姓名, s_sex 性别, s_dept 系别 FROM student
WHERE s_no =
  (SELECT s_no FROM SC
   WHERE c_grade =
     (SELECT min(c_grade) FROM SC)
  );
```

5.
```
SELECT * FROM student
WHERE s_speciality IN
(SELECT s_speciality FROM student
WHERE s_name ='刘洋');
```

第 5 章

一、选择题

1～5：BABAC　　　6：A

二、简答题

1. 答：Transact-SQL 即事务 SQL，也简写为 T-SQL，它是 SQL Server 对关系数据库标准语言 SQL 进行扩充的结果，是 SQL 的超集。Transact-SQL 支持所有的标准 SQL 操作。但目前 Transact-SQL 只能在微软的 SQL Server 上使用。

2. 答：CASE 语句实际上是当作函数来使用，这是它与其他 Transact-SQL 控制语句的最大区别。

3. 答：用于捕获执行 INSERT 语句时产生的异常，并做相应的处理，使程序变得更健壮。

4. 答：WHILE 语句是循环控制语句，利用该语句可以有条件地循环执行某一个语句块，它也可以结合 BREAK 语句和 CONTINUE 语句一起使用。

GOTO 语句是一种无条件转移语句，可以实现程序的执行流程从一个地方转移到另外的任意一个地方。与 IF 语句结合，GOTO 语句也可以实现 WHILE 语句的循环功能。但是使用 GOTO 语句会降低程序的可读性，所以在一般情况下不提倡在程序中使用 GOTO 语句。

5. 答：CONTINUE 语句和 BREAK 语句通常与 WHILE 语句结合使用，其中，执行到 CONTINUE 语句时会立即结束本次循环，进入下一轮循环，但不会退出循环体(提前结束本次循环，但不退出循环体)；当执行到 BREAK 语句时，会结束整个循环体，转向执行循环体后面的语句(提前退出循环体)。RETURN 语句可以放在代码中的任何地方，当执行到该语句时，会立即终止整个程序的执行(提前终止程序)。

三、实验题

1. 答：

```
DECLARE @c_grade numeric(4,1), @s_no char(8);
SELECT @c_grade =min(c_grade) FROM SC;
SELECT @s_no =s_no FROM SC
```

```
WHERE c_grade =@c_grade;
SELECT s_no 学号, s_name 姓名, s_sex 性别, s_dept 系别 FROM student
WHERE s_no =@s_no;
```

2. 答:

```
DECLARE @s_speciality varchar(50);
SELECT @s_speciality =s_speciality FROM student
WHERE s_name ='刘洋';
SELECT * FROM student
WHERE s_speciality =@s_speciality;
```

3. 答:

```
CREATE FUNCTION less(@s_no varchar(8)) RETURNS int
AS
BEGIN
  DECLARE @value float, @n int;
  SELECT @value =s_avgrade
  FROM student
  WHERE s_no =@s_no;
  SELECT @n =COUNT(*) FROM student
  WHERE s_avgrade <@value;
  RETURN @n;
END
```

第 6 章

一、填空题

1. 数据文件,日志文件
2. 数据文件
3. CREATE DATABASE
4. sp_helpdb
5. ALTER DATABASE
6. 文件初始大小、文件的增幅、文件最大存储空间
7. 数据库分离
8. 有且仅有,零个或多个
9. 数据表

二、简答题

1. 答:

数据库名:在创建数据库的时候,要给数据库输入一个合法的字符串作为数据库的名称,这个名称称为数据库名。数据库名是数据库的逻辑名称,应用程序对数据库对象的访问必须通过数据库名来完成,即数据库名是面向应用程序的。

数据库文件名:数据库文件包括数据文件和日志文件,它们分别是保存数据和保存

日志信息的操作系统文件，都是面向操作系统的，因此数据文件名和日志文件名都是操作系统文件中的文件名，数据库文件名是这两类文件名的统称。

物理文件名和逻辑文件名：数据库文件的磁盘文件名（面向操作系统的文件名）称为数据库文件的物理文件名；为了让应用程序能引用这些物理文件，SQL Server 数据库为每个物理文件（强制）起了一个名称，称为数据库文件的逻辑名称，即数据库文件的逻辑名称是面向应用程序的。

2. 答：数据文件用于保存数据库中所有的数据。日志文件记录了针对数据库的所有修改操作，其中每条日志记录可能是记录了所执行的逻辑操作，也可能记录了已修改数据的前像和后像。它们共同支撑着数据库，是数据库在磁盘中存在的载体。

3. 答：数据文件分为主数据文件和次要数据文件，它们的默认扩展名分别是.mdf 和.ndf。

4. 答：可以设置的属性主要是：文件名及其存储位置、文件初始大小、文件的增幅、文件最大存储空间。

5. 答：数据库的删除是指将数据库从服务器中分离出来并且将数据库文件（数据文件和日志文件）从磁盘中删除，此后是不可恢复的。数据库的分离则是指将数据库从服务器中分离出来，但数据库的数据文件和日志文件仍然保留在磁盘上，这时的数据文件和日志文件已经完全脱离了数据库服务器，可以对它们进行复制、剪切、删除等磁盘操作。

三、判断题

1. √　2. √　3. ×　4. √　5. ×

四、实验题

1.

```
USE master
GO
CREATE DATABASE DB1
ON PRIMARY(
  NAME = 'DB1_Logic',                          --设置逻辑名称
  FILENAME = 'D:\datafiles\DB1.mdf',           --设置数据文件名称
  SIZE = 100MB,                                --设置初始大小
  MAXSIZE = 900MB,                             --设置数据文件的最大存储空间
  FILEGROWTH = 50MB);                          --设置自动增长幅度
```

2.

```
USE master
GO
ALTER DATABASE DB1                             --修改数据库属性
MODIFY FILE
(
    NAME = DB1_Logic,                          --必须是原来的逻辑文件名
    NEWNAME = DB2_Logic,                       --新的逻辑文件名
    FILENAME = 'D:\datafiles\DB2.mdf', -       --新的物理文件名
```

```
    FILEGROWTH =20MB                                  --数据增长幅度
);
GO
ALTER DATABASE DB1                                    --修改数据库名
MODIFY NAME =DB2;
```

第 7 章

一、选择题

1～5：ABDAD　　　　6：D

二、填空题

1. B-树
2. 带 UNIQUE 选项的 CREATE INDEX
3. sp_helpindex
4. CREATE INDEX,DROP INDEX
5. CREATE VIEW,DROP VIEW
6. sp_help
7. 基本表,基本表

三、简答题

1. 答：聚集索引是以表中记录的物理顺序来体现的,即聚集索引是由记录的物理顺序本身来确定的。对于具体的一张数据表来说,由于记录的物理顺序是唯一的,因此一张数据表只能拥有一个聚集索引。

非聚集索引实际上是以特定顺序保存了指向各个数据记录的指针,因此索引顺序与记录的物理顺序通常是不相同的,一个数据表可以同时拥有多个非聚集索引。

从索引的数据结构看,对于聚集索引的 B-树,其叶子节点中存储的是实际的数据;而对于非聚集索引来说,其叶子节点包含索引键和指向索引键对应记录的指针,而不包含数据。

2. 答：视图是从一个或多个基表中导出的一种虚表,即它并不是真正的数据表。实际上,视图在本质上是一个命令集,当打开它时将由这些命令从基表中抽取数据,这些数据便构成了一个虚表,所以,视图也可以看成是一张或多张数据表的一个数据窗口,它是动态生成的。

视图离不开它的基表,它是按照某种条件和要求对基表进行筛选的结果;离开了基表,视图是没有意义的。

3. 答：①提供个性化的数据显示功能(个性化数据窗口功能)；②简化数据的操作(将复杂的查询操作定义为一个视图)；③自组织数据(用户可以以不同的方式查看数据)；④组合分区数据；⑤便于数据共享；⑥提高安全性。

4. 答：错。视图本质上是若干查询命令的集合,当对视图进行查询时,要先执行这些查询命令,然后对结果集执行对视图的查询命令,从而才形成基表的数据窗口。也就是说,对视图的任何操作实际上都要转换为对其基表的操作。因此,查询视图一般要比直接查询基表效率低。

5. 答：效果完全一样，因为它们都在字段 c2 定义了一个唯一索引，而其余部分均相同。

6. 答：当数据表很大的时候，对于一些用于查询操作比较频繁的字段，应该对其创建索引，而对于其他字段则少创建索引。

7. 答：索引创建后一般不需要显式引用索引，而由查询优化器根据需要自动引用。

8. 答：第一条 UPDATE 语句可以成功执行，第二条语句执行失败，因为第一条语句只涉及一个基表，而第二条语句同时涉及两个基表。

四、设计与实验题

1. 答：

```
CREATE VIEW myView1
AS
SELECT R#订单编号, PN 产品名称, PR * RQ 金额
FROM R1,R2
WHERE R1.P#=R2.P#;
```

2. 答：

```
CREATE VIEW myView2
AS
SELECT R#订单编号, PN 产品名称, 金额=
CASE
  WHEN RQ >=30 THEN 0.7 * PR * RQ
  WHEN RQ >=20 THEN 0.8 * PR * RQ
  WHEN RQ >=10 THEN 0.9 * PR * RQ
ELSE PR * RQ
END
FROM R1,R2
WHERE R1.P#=R2.P#;
```

第 8 章

一、选择题

1～5：DDAAB　　6～8：ACB

二、填空题

1. DML 触发器，DDL 触发器

2. AFTER 触发器，INSTEAD OF 触发器

3. CREATE PROCEDURE，DROP PROCEDURE，CREATE TRIGGER，DROP TRIGGER

4. DISABLE TRIGGER MyTrigger ON ALL SERVER；

5. 可以，不可以

6. 录入,修改,删除,或 INSERT, UPDATE, DELETE

三、简答题

1. 答:存储过程是指封装了可重用代码的、存储在服务器上的程序模块或例程(能够执行特定功能的若干 SQL 语句的集合),是一种数据库对象。其作用主要体现在:①提高程序的执行效率;②提高安全性;③减少网络通信流量;④允许模块化程序设计,提高代码的可重用性。

2. 答:触发器是一种特殊的存储过程,其特殊之处在于,触发器不是由用户调用执行,而是在相应事件发生(多是针对数据表的插入、删除或修改等操作)时被激发而自动执行,并且它不能传递参数和接受参数。

触发器一般用于实现比较复杂的数据完整性规则、检查数据的有效性、实现对用户操作和数据状态的实时监控、实现数据库的一些管理任务和其他的一些附加功能等。

3. 答:AFTER 触发器和 INSTEAD OF 触发器都属于 DML 触发器,即执行 DML 语句会激发这两种触发器。它们的区别在于:在 DML 触发事件发生后 AFTER 触发器才被激发而执行,即先执行 DML 语句,然后接着执行 DML 触发器;INSTEAD OF 触发器则是在 DML 触发事件发生之前被执行,而且在执行完后不再执行 DML 语句(取代 DML 语句的执行)。

4. 答:将代码复制到 SQL 查询分析器(或在其中编写代码)中,然后单击菜单栏上的"执行"按钮,成功执行后,产生的可执行代码将驻留服务器,此后可直接将存储过程的名称当作一条 SQL 命令来执行。

四、实验题

1. 答:

```
CREATE PROCEDURE Pro1
AS
  SELECT * FROM student
  WHERE s_avgrade = (SELECT MAX(s_avgrade) FROM student);
```

2. 答:以下是创建存储过程的代码。

```
CREATE PROCEDURE Pro2                              --定义带 3 个参数的存储过程
    @name char(8),                                 --输入参数
    @n int OUTPUT,                                 --输出参数,用 OUTPUT 声明
    @speciality varchar(50) OUTPUT                 --输出参数,用 OUTPUT 声明
AS
    SET @speciality = (
      SELECT s_speciality
      FROM student
      WHERE s_name = '刘洋'
      )
    SELECT @n = COUNT( * )
    FROM student
    WHERE s_speciality = @speciality;
```

```
    SELECT *
    FROM student
    WHERE s_speciality =@speciality;
```

以下是调用此存储过程的一个实例代码。

```
DECLARE @m int, @speciality varchar(50);
EXEC Pro2 '刘洋', @m OUTPUT, @speciality OUTPUT;
print @m;
print @speciality;
```

3. 答：

```
CREATE TRIGGER Pro3                --创建 INSERT 触发器
ON SC
AFTER INSERT
AS
  DECLARE @s_no char(8), @s_avgrade numeric(4,1);
  SELECT @s_no=s_no                --从临时表 INSERTED 中获取已插入记录的 s_no 字段值
  FROM INSERTED;
  SELECT @s_avgrade=avg(c_grade)
  FROM SC
  WHERE s_no=@s_no
  GROUP BY s_no;
  UPDATE student SET s_avgrade=@s_avgrade
  WHERE s_no=@s_no;
```

4. 答：

```
CREATE TRIGGER Pro4                --创建 INSERT 触发器
ON T
AFTER INSERT
AS
DECLARE @no int;
SELECT @no=no                      --从临时表 INSERTED 中获取已插入记录的 no 字段值
FROM INSERTED;
UPDATE T SET dt =GetDate() WHERE no =@no;
```

第 9 章

一、简答题

1. 答：游标是一种临时的数据库对象，也可以看作是处理数据的一种方法。它可以看作是指向查询结果集的一种指针，提供了从结果集中每次提取一条记录的机制。游标的作用可以分为两种：一种是作为结果集的指针，另一种是用于保存查询的结果集。

2. 答：游标的应用应该遵循“声明游标→打开游标→使用游标→关闭游标→删除游

标”的过程。

3.

```
CLOSE cursor1
DEALLOCATE cursor1
```

二、设计题

1.

```
IF (cursor_status('global','MyCursor16')<>-3) OR (cursor_status('local','
MyCursor16') <>-3)
Deallocate MyCursor16;                              --如果游标已经存在则将之删除
DECLARE MyCursor16 CURSOR
DYNAMIC READ_ONLY
FOR SELECT s_no 学号,s_name 姓名,s_speciality 专业, s_avgrade 平均成绩, s_dept
系别
FROM student
WHERE s_sex='女';
OPEN MyCursor16;                                    --打开游标
FETCH LAST FROM MyCursor16;                         --将最后一行设置为当前行
WHILE @@FETCH_STATUS =0
BEGIN
    FETCH RELATIVE -1 FROM MyCursor16;              --反向输出结果集中的记录
END
CLOSE MyCursor16;
```

2.

```
DECLARE Test_cursor1 CURSOR LOCAL
SCROLL DYNAMIC OPTIMISTIC
FOR SELECT * FROM student;
```

3.

```
DECLARE Test_cursor SCROLL CURSOR;
FOR SELECT s_no 学号,s_name 姓名,s_speciality 专业, s_avgrade 平均成绩, s_dept
系别
FROM student;
OPEN Test_cursor;                                   --打开游标
FETCH LAST FROM Test_cursor;                        --将最后一行设置为当前行
FETCH PRIOR FROM Test_cursor;                       --取倒数第二行
FETCH ABSOLUTE 2 FROM Test_cursor;                  --取顺数第二行
FETCH RELATIVE 3 FROM Test_cursor;                  --取第二行起的第三行,即取五行
FETCH RELATIVE -2 FROM Test_cursor;     --取从当前行(第五行)起的倒数第二行,即取三行
CLOSE Test_cursor
DEALLOCATE Test_cursor
```

第 10 章

一、选择题

1～5：DDCDA　　　　6：D

二、填空题

1. 排他锁

2. COMMIT

3. 读“脏”数据，不可重复读

4. REPEATABLE READ，SERIALIZABLE

三、简答题

1. 答：事务是构成单一逻辑工作单元的数据库操作序列。这些操作是一个统一的整体，要么全部成功执行，要么全部不执行。

事务主要有 4 个特性，称为事务的 ACID 特性：原子性、一致性、隔离性和持久性。

2. 答：事务有两个重要的特性：原子性和一致性。原子性是指事务中的操作要么全部成功执行，要么都不执行。利用这种特性可以保证数据库能够从一种一致状态转换到另一种一致状态，从而保证数据的正确性。如果没有事务，就难以保证数据库的一致性了。

3. 答：显式事务模式和隐式事务模式。在显式事务模式下，事务的启动和结束都有显式的标记；在隐式事务模式下，每一条 SQL 操作语句都自动成为一个事务，而不需要显式标记事务的启动和终止。

4. 答：数据共享是数据库的基本功能之一，这带来一个问题就是存在多个事务（用户）并发访问同一个数据块的可能，这可能造成数据的不一致性等问题。如何有效地控制和调度其交叉执行的数据库操作，使各事务的执行不相互干扰，以避免出现数据库的不一致性和不完整性等问题，这就是并发控制的作用。

5. 答：一种是加锁技术，即通过对数据块进行加锁的方法来实现并发控制；另一种是通过使用事务隔离级别来实现并发控制。

6. 答：主要有 4 种隔离级别：①READ UNCOMMITTED。该隔离级别允许读取已经被其他事务修改过但尚未提交的数据，但可能导致丢失修改，它是 4 种隔离级别中限制最少的一种。②READ COMMITTED。该隔离级别只允许事务读取已提交的数据，其隔离级别比 READ UNCOMMITTED 高一层，可以防止读“脏”，但不能防止不可重复读和“幻影”读。③REPEATABLE READ。该隔离级别不允许事务读取已由其他事务修改但尚未提交的数据，并且其他任何事务都不能在当前事务完成之前修改由当前事务读取的数据。该隔离级别的层次又在 READ COMMITTED 之上，可以防止丢失修改、读“脏”数据和不可重复读，但不能防止“幻影”读。④SERIALIZABLE。该隔离级别只允许事务以顺序（串行）方式来执行，而不允许事务中的命令交替执行。该隔离级别是 4 个隔离级别中层次最高的，可以防止 4 种数据不一致性问题，但其效率最低。

四、实验题

1. 这可以通过对表 student 加上共享锁的方法来实现，相关代码如下。

```
BEGIN TRAN T1
SELECT * FROM student WITH(HOLDLOCK,TABLOCK);
--此处可以添加读取数据的语句
COMMIT TRAN T1
```

2. 该事务采用隔离级别来进行并发控制,其隔离级别是 READ COMMITTED。该隔离级别可以防止读"脏"数据,但不能防止不可重复读。例如,在第一次和第二次读取产品价格之间,别的事务可以修改产品单价(hp),如果出现这样的修改,那么就出现了数据的不一致性,也就是不可重复读问题。解决此问题很简单:只需将事务隔离级别由原来的 READ COMMITTED 改为 REPEATABLE READ(其他代码不变)。

当然,隔离级别 REPEATABLE READ 也有其自己的缺点,最安全的是隔离级别 SERIALIZABLE,但其效率最低。

第 11 章

一、选择题

1～5:DABCD　　　6～7:DB

二、填空题

1. 正确性,相容性

2. 实体完整性,参照完整性

3. 外码(外键),R1,R2

4. 表级

5. 主键或主码

6. 表级约束

三、简答题

1. 答:这是两个不同的概念,但有一定的联系。数据的完整性是为了防止数据库中出现语义上不正确的数据,保证每一个数据都能得到有效的解释。安全性则是为了防止数据库遭到恶意破坏和非法操作,从而引起不正确的数据更新或数据丢失。

2. 答:实体完整性又称行完整性,是指任何一个实体都存在区别于其他实体的特征。对于一个关系来说,如果其中任何一条记录都能够区别于其他的任何记录,则该关系满足实体完整性。

参照完整性又称引用完整性,它是指主关系表(被参照表)中的数据与从关系表(参照表)中数据的一致性,即对于参照表中的每一条记录,被参照表中要存在与之关联的记录,否则这两个表不满足参照完整性。

3. 答:实体完整性主要通过主键(Primary Key)、唯一码(Unique Key)、唯一索引(Unique Index)和标识字段(Identity Column)等机制来实现。参照完整性则通过主键(主码)和外键(外码)之间的关联来实现。

4. 答:如果某属性或属性组能够唯一标识关系中的每一个元组,则该属性或属性组就称为该关系的候选键(候选码),真正用于唯一标识关系中每个元组的候选键称为主键。

外键也称外码,它是针对两个表来说的。对于关系 $\boldsymbol{R}$ 和 $\boldsymbol{S}$,假设 F 是关系 $\boldsymbol{R}$ 的一个

属性或一组属性,但 F 不是 $\boldsymbol{R}$ 的码,K 是关系 $\boldsymbol{S}$ 的主码,且 F 与 K 相对应(或相同),则 F 称为 $\boldsymbol{R}$ 的外码。

5. 答:UNIQUE 约束的作用是限制带 UNIQUE 约束的字段不能出现重复的字段值;NOT NULL 约束的作用是带 NOT NULL 约束的字段不能出现空值(NULL)。

四、设计与实验题

1. 令 DEP(D#, DN, DG)表示"部门"关系模式,其中,D#, DN, DG 分别表示部门编号、部门名称、部门效益,令 EMP(E#, EN, ES, EA, EAD, D#)表示"职工"关系模式,其中,E#, EN, ES, EA, EAD, D# 分别表示职工的编号、姓名、性别、年龄、住址、所属部门的编号,则根据题目要求,可用如下 SQL 代码创建部门表和职工表。

```
CREATE TABLE DEP(
D# int              PRIMARY KEY,
DN varchar(30)      NOT NULL,
DG float);

CREATE TABLE EMP(
E# int,
EN varchar(30)      NOT NULL,
ES char(2) CHECK(ES = '男' OR ES = '女'),
EA int CHECK(EA >= 0 AND EA <= 65) DEFAULT 20,
EAD varchar(100),
D# int,
FOREIGN KEY (D#) REFERENCES DEP(D#)   --定义 D# 为 EMP 的外键
);
```

2.

(1)

答:所有的关系模式如下(答案不唯一,只要能满足设计要求即可)。

员工(<u>工号</u>,姓名,性别,年龄)
图书(书号,书名、价格)
部门(部门号,名称,地址)
借阅(<u>工号,书号</u>,数量)

(2)

答:相应代码如下(答案不唯一,只要能体现 E-R 图既定的关联即可)。

```
create table 员工
(
  工号 int primary key,
  姓名 varchar(10),
  性别 char(2),
  年龄 int
)
```

```
--------------------------------
create table 图书
(
  书号 int primary key,
  书名 varchar(100),
  价格 float
)
--------------------------------
create table 部门
(
  部门号 int primary key,
  名称 varchar(100),
  地址 varchar(1000),
  工号 int,
  foreign key(工号) references 员工(工号)
)
--------------------------------
create table 借阅
(
  工号 int,
  书号 int,
  数量 varchar(1000),
  primary key(工号,书号),
  foreign key(工号) references 员工(工号),
  foreign key(书号) references 图书(书号)
)
```

3.

(1)

```
INSERT DEP VALUES(1, '销售部', 8100);
INSERT DEP VALUES(2, '包装车间', 5900);
INSERT DEP VALUES(3, '生产车间', 11900);
--下面语句与上面语句有先后关系,顺序不能颠倒
INSERT EMP VALUES(10, '李思思', '女', 26, '朝阳路 100 号', 1);
INSERT EMP VALUES(20, '岳灵', '女', 23, '解放路 98 号', 2);
INSERT EMP VALUES(30, '令念祖', '男', 28, '中山路 258 号', 1);
```

(2)

```
DELETE FROM EMP;             --DELETE 语句的顺序不能颠倒
DELETE FROM DEP;
DROP TABLE EMP               --DROP 语句的顺序不能颠倒
DROP TABLE DEP
```

第 12 章

一、选择题

1～5：BDBAD

二、填空题

1. 权限，安全对象
2. Windows 身份验证模式，SQL Server 验证模式
3. CREATE LOGIN，DROP LOGIN
4. GRANT，REVOKE
5. sp_addsrvrolemember，sp_dropsrvrolemember
6. CREATE USER，DROP USER
7. sp_helpuser，USER_NAME()
8. sp_helprotect

三、简答题

1. 答：主体是可以请求 SQL Server 资源的实体，它实际上是拥有一定权限的特定的数据库对象。主体分为 Windows 级主体（如 Windows 本地登录名）、服务器级主体（如 SQL Server 登录名）和数据库级主体（如数据库用户）。

权限是指出用户对特定数据库对象拥有的操作权力，也可以将权限理解为这些操作的集合。

安全对象是 SQL Server 数据库引擎授权系统控制对其进行访问的资源。狭义上，可将数据库中能够访问的数据库对象视为安全对象，例如，表、视图、存储过程等都是安全对象。

2. 答：角色是相关操作权限的集合，可以分为服务器角色、数据库角色和应用程序角色等。当我们将一个主体添加到一个角色中，该主体则拥有该角色所包含的全部权限，从而达到简化权限管理的目的。

3. 答：在 SQL Server 2017 中，dbo 在数据库范围内拥有最高的权限，可以执行一切操作，固定服务器角色 sysadmin 的所有成员都映射到每个数据库内的 dbo 用户上；guest 用户允许任何已经登录到 SQL Server 服务器的登录用户都可以访问数据库，但访问的前提是需要对该 guest 用户授予 CONNECT 权限。

4. 答：登录名是用户登录服务器的“通行证”，但用户能进入服务器并不代表用户能够访问数据库。要访问某一个数据库，必须先基于该登录名建立相应的数据库用户，此后用该登录名登录服务器后才能访问该数据库。在访问数据库时，数据库用户隐式起作用。如果一个登录名要能够访问多个数据库，则必须基于该登录名创建多个对应的数据库用户。

四、实验题

1.

```
CREATE DATABASE DB1;                              --创建数据库
GO
CREATE LOGIN login1 WITH PASSWORD = '123456';     --创建登录
```

```
GO
USE DB1;
GO
CREATE USER User1Onlogin1 FOR LOGIN login1;                  --创建数据库用户
GO
CREATE SCHEMA Schema1 AUTHORIZATION User1Onlogin1            --创建架构
GO
GRANT CREATE VIEW, SELECT TO User1Onlogin1;                  --授予操作权限
```

2.

超级权限是角色 sysadmin 所拥有的权限。以下先创建名为 superlogin 的登录，然后使它成为服务器角色 sysadmin 的成员，从而拥有超级权限。

```
CREATE LOGIN Superlogin
WITH PASSWORD ='123',
DEFAULT_DATABASE =DB1;                                       --指定默认数据库
GO
USE DB1;
GO
EXEC sp_grantdbaccess 'Superlogin';
GO
EXEC sp_addsrvrolemember 'Superlogin', 'sysadmin';    --将 Superlogin 添加为
                                                        sysadmin 的成员
GO
```

第 13 章

一、填空题

1. 完整恢复模式、大容量日志恢复模式
2. MyDatabase，MyDatabase_simple
3. 完整备份，差异备份
4. 纯日志备份，大量日志备份
5. sp_addumpdevice
6. BACKUP DATABASE，RESTORE DATABASE
7. BACKUP LOG，RESTORE LOG

二、简答题

1. 答：备份就是定期地把数据库复制到转储设备的过程，恢复就是利用备份的后备副本把数据库由存在故障的状态转变为无故障状态的过程。备份和恢复的作用是为了在数据库出现故障时，将数据库恢复到最近、故障前的状态，将数据损失减少到最小程度。

2. 答：完整备份是对数据库中的所有数据进行备份，利用完整备份的副本可以将数据库恢复到备份时的状态。但完整备份需要存储空间大、效率低。

差异备份则是对自上次完整备份以来发生过变化的数据库中的数据进行备份，即它

不是对所有的数据进行备份。显然，利用差异备份来恢复数据库时，需要依托最近的上一次完整备份。差异备份需要存储空间小、效率高。

日志备份则记录了自上次日志备份到本次日志备份之间的所有数据库操作(日志记录)。显然，利用日志备份来恢复数据库时，需要最近一次的完整备份以及此完整备份到最后一次日志备份之间的所有日志备份。相对而言，每一次的日志备份所需要的备份时间和存储空间都是很小的。

3. 答：备份设备是一种逻辑设备，它映射到指定的磁盘文件。对备份设备的操作实际上就是对被映射的磁盘文件的操作。

它不是必需具备的设备。我们也可以直接操作磁盘文件，而不需要创建备份设备。

4. 答：不能。一般的做法是，先断开所有的用户，然后恢复数据库。

三、实验题

1.

```
--(1)创建数据库 MyDB
USE master;
CREATE DATABASE MyDB;
GO
--(2)在其中创建一个数据表 MyT 并插入数据
USE MyDB;
CREATE TABLE MyT(S# int, SN varchar(10));
GO
INSERT MyT VALUES(1, 'aaa');
INSERT MyT VALUES(2, 'aaa');
SELECT * FROM MyT;
--(3)对数据库进行完整备份
USE master;
ALTER DATABASE MyDB SET RECOVERY SIMPLE;        --切换到简单恢复模式下
BACKUP DATABASE MyDB TO  DISK = 'D:\Backup\MyDatabase_disk.bak' WITH FORMAT;
                                                --完整数据备份
GO
--(4)删除表 MyT 中的数据
USE MyDB;
DELETE FROM MyT;                                --删除数据表 MyT 中的所有数据
SELECT * FROM MyT;
GO
--(5)对 MyDB 进行完整数据库恢复
USE master;
GO
ALTER DATABASE MyDB SET RECOVERY SIMPLE;        --切换到简单恢复模式下
GO
RESTORE DATABASE MyDB FROM DISK = 'D:\Backup\MyDatabase_disk.bak';
--(6)查询数据表 MyT,看看数据表 MyT 中的数据是否被恢复
USE MyDB;
```

```
SELECT * FROM MyT;                              --这时可以看到数据表 MyT 中的数据已恢复
```

2. 考虑到数据库比较大且繁忙,因此不能过多进行完整数据库备份,应该采用"完整备份+日志备份"较为理想。据此,拟定如下的备份计划。

(1) 间隔较长时间进行一次完整数据库备份(如在每一天或每两天的凌晨进行,当然是程序自动执行),代码如下。

```
USE master;
ALTER DATABASE MyDatabase SET RECOVERY FULL;      --切换到完整模式下
BACKUP DATABASE MyDatabase TO DISK ='D:\Backup\MyDatabase.bak'
WITH DESCRIPTION ='完整数据库备份', FORMAT;
GO
```

(2) 间隔较短时间进行一次日志备份(如2~3h),并对每次的备份进行不同的描述(修改DESCRIPTION的值)。日志备份代码如下。

```
BACKUP LOG MyDatabase TO DISK ='D:\Backup\MyDatabase.bak'
WITH DESCRIPTION ='日志备份 1';  --注意,最好每次备份时都要修改备份集的描述,以示区别
GO
```

这样,当出现故障时,假设已经进行了 n 次日志备份(不含完整备份在内),连同第一次的完整备份,备份设备映射的文件 MyDatabase_Log.bak 中一共有 $n+1$ 备份集,据此可以利用下列代码来恢复数据库(一次性执行,要正确设置@n的值)。

```
USE master;
GO
ALTER DATABASE MyDatabase SET RECOVERY FULL;      --切换到完整模式下
BACKUP LOG MyDatabase TO DISK ='D:\Backup\MyDatabase.bak'
WITH NORECOVERY;                                  --尾日志备份,进入还原状态
GO
RESTORE DATABASE MyDatabase FROM DISK ='D:\Backup\MyDatabase.bak'
WITH FILE =1, NORECOVERY;                         --还原完整数据库备份
GO
DECLARE @n int, @i int;                           --以下还原日志备份
SET @n =10;                                       --假设 n =10,这是关键设置
SET @i =2;
WHILE @i <=@n +1
BEGIN
  --利用备份集 i(第 i-1 次差异备份时产生)
  RESTORE LOG MyDatabase FROM DISK ='D:\Backup\MyDatabase.bak'
  WITH FILE =@i, NORECOVERY;
  SET @i =@i +1;
END
RESTORE DATABASE MyDatabase WITH RECOVERY;        --恢复数据库
GO
```

参 考 文 献

[1] 王珊,萨师煊. 数据库系统概论[M]. 5 版. 北京：高等教育出版社，2014.

[2] Silberschatz A，Korth H F，Sudarshan S. 数据库系统概念[M]. 6 版. 杨冬青，李红燕，唐世渭，译. 北京：机械工业出版社，2012.

[3] 王珊,李盛恩. 数据库基础与应用[M]. 2 版. 北京：人民邮电出版社，2016.

[4] MacLennan J,Tang Z H，Crivat B. 数据挖掘原理与应用. 2 版.——SQL Server 2008 数据库[M]. 董艳,程文俊,译. 北京：清华大学出版社,2010.

[5] 李春葆. 数据库原理与技术——基于 SQL Server 2012[M]. 北京：清华大学出版社，2015.

[6] 程云志，赵艳忠,等. 数据库原理与 SQL Server 2012 应用教程[M]. 2 版. 北京：机械工业出版社，2015.

[7] 王秀英,张俊玲. 数据库原理与应用[M]. 3 版. 北京：清华大学出版社，2017.

[8] 王世民,王雯,刘新亮. 数据库原理与设计——基于 SQL Server 2012[M]. 北京：清华大学出版社，2015.

[9] 孔丽红. 数据库原理[M]. 北京：清华大学出版社，2015.

[10] 黄德才. 数据库原理及其应用教程[M]. 3 版. 北京：科学出版社，2010.

[11] 倪春迪,殷晓伟. 数据库原理及应用[M]. 北京：清华大学出版社,2015.

[12] Kroenke D M，Auer D J. 数据库原理[M]. 5 版. 赵艳铎，葛萌萌,译.北京：清华大学出版社，2011.

[13] 何玉洁,刘福刚. 数据库原理及应用[M]. 2 版. 北京：人民邮电出版社,2012.

[14] 贾铁军. 数据库原理应用与实践 SQL Server 2014[M]. 2 版. 北京：科学出版社，2016.

[15] 蒙祖强.SQL Server 2005 应用开发大全[M]. 北京：清华大学出版社,2007.

[16] 陈志泊,等. 数据库原理及应用教程[M]. 4 版. 北京：人民邮电出版社，2017.

[17] 郝忠孝. 数据库理论研究方法解析[M]. 北京：科学出版社出版，2016.

[18] Date C J. 视图更新与关系数据库理论[M]. 田远帆,译. 北京：人民邮电出版社，2017.

图书资源支持

感谢您一直以来对清华版图书的支持和爱护。为了配合本书的使用，本书提供配套的资源，有需求的读者请扫描下方的“书圈”微信公众号二维码，在图书专区下载，也可以拨打电话或发送电子邮件咨询。

如果您在使用本书的过程中遇到了什么问题，或者有相关图书出版计划，也请您发邮件告诉我们，以便我们更好地为您服务。

资源下载、样书申请

书圈

我们的联系方式：

地　　址：北京市海淀区双清路学研大厦 A 座 701

邮　　编：100084

电　　话：010-83470236　010-83470237

资源下载：http://www.tup.com.cn

客服邮箱：2301891038@qq.com

QQ：2301891038（请写明您的单位和姓名）

扫一扫，获取最新目录

课 程 直 播

用微信扫一扫右边的二维码，即可关注清华大学出版社公众号“书圈”。